# 重庆市节水政策法规及标准规范实务指南

崔正荣　苏　蘅　谢成奎　朱文兰
李立航　唐雪平　娄　群　刁贵芳　主编

黄河水利出版社
·郑州·

## 内容提要

本书重点从提高节水管理效率入手，收集汇编了国家和重庆市现行节水管理法律法规和政策性文件，主要包括法律法规、部门规章、规范性文件，规范性文件细分为综合类、农业节水、工业节水、公共机构节水、非常规水利用、节水载体创建、水效领跑者、用水定额、计划用水、节水评价、水价管理、合同节水、节水型城市、节水型社会等14个小类。

本书既可作为节约用水和水资源管理工程技术人员的工具书，也可供高校师生及相关领域研究人员参考。

**图书在版编目(CIP)数据**

重庆市节水政策法规及标准规范实务指南/崔正荣等主编. —郑州：黄河水利出版社，2023. 3

ISBN 978-7-5509-3432-0

Ⅰ. ①重… Ⅱ. ①崔… Ⅲ. ①节约用水-政策-重庆 ②节约用水-法规-重庆 Ⅳ. ①TU991. 64②D922. 66

中国版本图书馆 CIP 数据核字(2022)第216848号

组稿编辑：田丽萍 电话：0371-66025553 E-mail：912810592@qq. com

出版社：黄河水利出版社 网址：www. yrcp. com

地址：河南省郑州市顺河路黄委会综合楼14层 邮政编码：450003

发行单位：黄河水利出版社

发行部电话：0371-66026940、66020550、66028024、66022620(传真)

E-mail：hhslcbs@126. com

承印单位：河南新华印刷集团有限公司

开本：787 mm×1 092 mm 1/16

印张：30. 75

字数：710千字

版次：2023年3月第1版 印次：2023年3月第1次印刷

定价：180. 00元

# 《重庆市节水政策法规及标准规范实务指南》

## 编委会

# 前　言

水是万物之母，生存之本，文明之源，人类社会的产生和发展皆与水息息相关。节约用水是解决水资源合理开发、干旱缺水、有效保护的主要抓手，是保障经济社会可持续发展、生态环境良性循环的重要措施，是实现生态文明、人与自然和谐发展的必然要求。

党的十八大以来，党和国家领导人多次就节约用水工作做出重要指示。2014 年 3 月，习近平总书记明确提出“节水优先、空间均衡、系统治理、两手发力”的新时代治水思路，指出我国水安全已经全面亮起红灯，要拓宽治水思路，从改变自然、征服自然转向调整人的行为、纠正人的错误行为为主。2020 年 11 月，习近平总书记再次指出要以节水行动实施方案为抓手，狠抓节水工作，坚持以水定城、以水定业；加强节水型社会建设，突出节水及水资源管控要求，提高用水效率；当前的关键环节是节水，从观念、意识、措施等方面要把节水放在优先位置；要坚持特别是要真正落实节水优先方针，像抓节能减排一样抓好节水。2014 年 11 月，李克强总理在考察水利部时指出，要更多地运用市场机制，在加大政府投入盘活存量的同时，创新投融资机制，鼓励和引导社会资本加大投入力度，充分释放民间资本参与水利建设运营管理的活力，用改革的红利促进水利事业加快发展。为扎实贯彻党中央国务院治水部署，水利部指出今后一个时期要加强节约用水监管，把节水作为水资源开发、利用、保护、配置、调度的前提。

根据新时代节水管理的特点和要求，本书对国家及重庆市现行节水法律、法规、规章及政策性、规范性文件进行了分类和整编。本书共分 2 章，第一章为法律法规规章，第二章为规范性文件，并结合节水工作特点，将规范性文件细分为综合类、农业节水、工业节水、公共机构节水、非常规水利用、节水载体创建、水效领跑者、用水定额、计划用水、节水评价、水价管理、合同节水、节水型城市、节水型社会等 14 个小类。

本书由崔正荣、娄群审校、通稿，参加编写的主要人员有崔正荣、苏蘅、谢成奎、朱文兰、李立航、唐雪平、娄群、刁贵芳、陈俊高、毛阳春、程小龙、鲁义奎、熊燃、张宏、高俊海、杨浩、龙承文、史潇然、朱少华、张浩游、李根荣、张敬华、张毅、郭雅娟、罗漫、任华梅、张芸、郭锋。感谢全体人员的辛苦付出。另外，本书的出版得到了重庆市水利局、重庆市经济和信息化委员会、重庆市住房和城乡建设委员会、重庆市城市管理局等单位的领导和专家的指导与帮助，在此一并表示感谢！

由于编者水平有限，书中难免存在疏漏之处，敬请专家读者批评指正。

**作　者**

2022 年 9 月

# 目 录

# 第一章　法律法规规章

## 第一节　法律(节选)

### 中华人民共和国水法

（1988年1月21日第六届全国人民代表大会常务委员会第二十四次会议通过，2002年8月29日第九届全国人民代表大会常务委员会第二十九次会议修订通过，根据2009年8月27日第十一届全国人民代表大会常务委员会第十次会议通过的《全国人民代表大会常务委员会关于修改部分法律的决定》修改，根据2016年7月2日第十二届全国人民代表大会常务委员会第二十一次会议通过的《全国人民代表大会常务委员会关于修改〈中华人民共和国节约能源法〉等六部法律的决定》修改）

**第二条**　在中华人民共和国领域内开发、利用、节约、保护、管理水资源，防治水害，适用本法。

**第八条**　国家厉行节约用水，大力推行节约用水措施，推广节约用水新技术、新工艺，发展节水型工业、农业和服务业，建立节水型社会。

各级人民政府应当采取措施，加强对节约用水的管理，建立节约用水技术开发推广体系，培育和发展节约用水产业。

单位和个人有节约用水的义务。

**第十条**　国家鼓励和支持开发、利用、节约、保护、管理水资源和防治水害的先进科学技术的研究、推广和应用。

**第十一条**　在开发、利用、节约、保护、管理水资源和防治水害等方面成绩显著的单位和个人，由人民政府给予奖励。

**第十三条**　国务院有关部门按照职责分工，负责水资源开发、利用、节约和保护的有关工作。

县级以上地方人民政府有关部门按照职责分工，负责本行政区域内水资源开发、利用、节约和保护的有关工作。

**第四十四条**　国务院发展计划主管部门和国务院水行政主管部门负责全国水资源的宏观调配。全国的和跨省、自治区、直辖市的水中长期供求规划，由国务院水行政主管部门会同有关部门制订，经国务院发展计划主管部门审查批准后执行。地方的水中长期供求规划，由县级以上地方人民政府水行政主管部门会同同级有关部门依据上一级水中长期供求规划和本地区的实际情况制订，经本级人民政府发展计划主管部门审查批准后执行。

水中长期供求规划应当依据水的供求现状、国民经济和社会发展规划、流域规划、区域规划，按照水资源供需协调、综合平衡、保护生态、厉行节约、合理开源的原则制定。

**第四十七条**　国家对用水实行总量控制和定额管理相结合的制度。

省、自治区、直辖市人民政府有关行业主管部门应当制订本行政区域内行业用水定额，报同级水行政主管部门和质量监督检验行政主管部门审核同意后，由省、自治区、直辖市人民政府公布，并报国务院水行政主管部门和国务院质量监督检验行政主管部门备案。

县级以上地方人民政府发展计划主管部门会同同级水行政主管部门，根据用水定额、经济技术条件以及水量分配方案确定的可供本行政区域使用的水量，制定年度用水计划，对本行政区域内的年度用水实行总量控制。

**第四十九条**　用水应当计量，并按照批准的用水计划用水。

用水实行计量收费和超定额累进加价制度。

**第五十条**　各级人民政府应当推行节水灌溉方式和节水技术，对农业蓄水、输水工程采取必要的防渗漏措施，提高农业用水效率。

**第五十一条**　工业用水应当采用先进技术、工艺和设备，增加循环用水次数，提高水的重复利用率。

国家逐步淘汰落后的、耗水量高的工艺、设备和产品，具体名录由国务院经济综合主管部门会同国务院水行政主管部门和有关部门制定并公布。生产者、销售者或者生产经营中的使用者应当在规定的时间内停止生产、销售或者使用列入名录的工艺、设备和产品。

**第五十二条**　城市人民政府应当因地制宜采取有效措施，推广节水型生活用水器具，降低城市供水管网漏失率，提高生活用水效率；加强城市污水集中处理，鼓励使用再生水，提高污水再生利用率。

**第五十三条**　新建、扩建、改建建设项目，应当制订节水措施方案，配套建设节水设施。节水设施应当与主体工程同时设计、同时施工、同时投产。

供水企业和自建供水设施的单位应当加强供水设施的维护管理，减少水的漏失。

**第七十一条**　建设项目的节水设施没有建成或者没有达到国家规定的要求，擅自投入使用的，由县级以上人民政府有关部门或者流域管理机构依据职权，责令停止使用，限期改正，处五万元以上十万元以下的罚款。

## 中华人民共和国长江保护法

（2020年12月26日第十三届全国人民代表大会常务委员会第二十四次会议通过）

### 第一章　总　则

**第五条**　国务院有关部门和长江流域省级人民政府负责落实国家长江流域协调机制

的决策，按照职责分工负责长江保护相关工作。

长江流域地方各级人民政府应当落实本行政区域的生态环境保护和修复、促进资源合理高效利用、优化产业结构和布局、维护长江流域生态安全的责任。

**第七条**　国务院生态环境、自然资源、水行政、农业农村和标准化等有关主管部门按照职责分工，建立健全长江流域水环境质量和污染物排放、生态环境修复、水资源节约集约利用、生态流量、生物多样性保护、水产养殖、防灾减灾等标准体系。

**第八条**　国务院自然资源主管部门会同国务院有关部门定期组织长江流域土地、矿产、水流、森林、草原、湿地等自然资源状况调查，建立资源基础数据库，开展资源环境承载能力评价，并向社会公布长江流域自然资源状况。

**第十六条**　国家鼓励、支持单位和个人参与长江流域生态环境保护和修复、资源合理利用、促进绿色发展的活动。

对在长江保护工作中做出突出贡献的单位和个人，县级以上人民政府及其有关部门应当按照国家有关规定予以表彰和奖励。

## 第二章　规划与管控

**第二十一条**　国务院水行政主管部门统筹长江流域水资源合理配置、统一调度和高效利用，组织实施取用水总量控制和消耗强度控制管理制度。

**第二十二条**　长江流域产业结构和布局应当与长江流域生态系统和资源环境承载能力相适应。禁止在长江流域重点生态功能区布局对生态系统有严重影响的产业。禁止重污染企业和项目向长江中上游转移。

## 第三章　资源保护

**第二十九条**　长江流域水资源保护与利用，应当根据流域综合规划，优先满足城乡居民生活用水，保障基本生态用水，并统筹农业、工业用水以及航运等需要。

**第三十八条**　国务院水行政主管部门会同国务院有关部门确定长江流域农业、工业用水效率目标，加强用水计量和监测设施建设；完善规划和建设项目水资源论证制度；加强对高耗水行业、重点用水单位的用水定额管理，严格控制高耗水项目建设。

## 第六章　绿色发展

**第六十七条**　国务院有关部门会同长江流域省级人民政府建立开发区绿色发展评估机制，并组织对各类开发区的资源能源节约集约利用、生态环境保护等情况开展定期评估。

长江流域县级以上地方人民政府应当根据评估结果对开发区产业产品、节能减排措施等进行优化调整。

**第六十八条**　国家鼓励和支持在长江流域实施重点行业和重点用水单位节水技术改造，提高水资源利用效率。

长江流域县级以上地方人民政府应当加强节水型城市和节水型园区建设，促进节水型行业产业和企业发展，并加快建设雨水自然积存、自然渗透、自然净化的海绵城市。

## 第二节　国务院部门规章

### 城市节约用水管理规定

（1988年12月20日中华人民共和国建设部令第1号）

**第一条**　为加强城市节约用水管理，保护和合理利用水资源，促进国民经济和社会发展，制定本规定。

**第二条**　本规定适用于城市规划区内节约用水的管理工作。

在城市规划区内使用公共供水和自建设施供水的单位和个人，必须遵守本规定。

**第三条**　城市实行计划用水和节约用水。

**第四条**　国家鼓励城市节约用水科学技术研究，推广先进技术，提高城市节约用水科学技术水平。

在城市节约用水工作中作出显著成绩的单位和个人，由人民政府给予奖励。

**第五条**　国务院城市建设行政主管部门主管全国的城市节约用水工作，业务上受国务院水行政主管部门指导。

国务院其他有关部门按照国务院规定的职责分工，负责本行业的节约用水管理工作。

省、自治区人民政府和县级以上城市人民政府城市建设行政主管部门和其他有关行业主管部门，按照同级人民政府规定的职责分工，负责城市节约用水管理工作。

**第六条**　城市人民政府应当在制定城市供水发展规划的同时，制定节约用水发展规划，并根据节约用水发展规划制定节约用水年度计划。

各有关行业行政主管部门应当制定本行业的节约用水发展规划和节约用水年度计划。

**第七条**　工业用水重复利用率低于40%（不包括热电厂用水）的城市，新建供水工程时，未经上一级城市建设行政主管部门的同意，不得新增工业用水量。

**第八条**　单位自建供水设施取用地下水，必须经城市建设行政主管部门核准后，依照国家规定申请取水许可。

**第九条**　城市的新建、扩建和改建工程项目，应当配套建设节约用水设施。城市建设行政主管部门应当参加节约用水设施的竣工验收。

**第十条**　城市建设行政主管部门应当会同有关行业行政主管部门制定行业综合用水定额和单项用水定额。

**第十一条**　城市用水计划由城市建设行政主管部门根据水资源统筹规划和水长期供

求计划制定，并下达执行。

超计划用水必须缴纳超计划用水加价水费。超计划用水加价水费，应当从税后留利或者预算包干经费中支出，不得纳入成本或者从当年预算中支出。

超计划用水加价水费的具体征收办法由省、自治区、直辖市人民政府制定。

**第十二条**　生活用水按户计量收费。新建住宅应当安装分户计量水表；现有住户未装分户计量水表的，应当限期安装。

**第十三条**　各用水单位应当在用水设备上安装计量水表，进行用水单耗考核，降低单位产品用水量；应当采取循环用水、一水多用等措施，在保证用水质量标准的前提下，提高水的重复利用率。

**第十四条**　水资源紧缺城市，应当在保证用水质量标准的前提下，采取措施提高城市污水利用率。

沿海城市应当积极开发利用海水资源。

有咸水资源的城市，应当合理开发利用咸水资源。

**第十五条**　城市供水企业、自建供水设施的单位应当加强供水设施的维修管理，减少水的漏损量。

**第十六条**　各级统计部门、城市建设行政主管部门应当做好城市节约用水统计工作。

**第十七条**　城市的新建、扩建和改建工程项目未按规定配套建设节约用水设施或者节约用水设施经验收不合格的，由城市建设行政主管部门限制其用水量，并责令其限期完善节约用水设施，可以并处罚款。

**第十八条**　超计划用水加价水费必须按规定的期限缴纳。逾期不缴纳的，城市建设行政主管部门除限期缴纳外，并按日加收超计划用水加价水费5‰的滞纳金。

**第十九条**　拒不安装生活用水分户计量水表的，城市建设行政主管部门应当责令其限期安装；逾期仍不安装的，由城市建设行政主管部门限制其用水量，可以并处罚款。

**第二十条**　当事人对行政处罚决定不服的，可以在接到处罚通知次日起15日内，向作出处罚决定机关的上一级机关申请复议；对复议决定不服的，可以在接到复议通知次日起15日内向人民法院起诉。逾期不申请复议或者不向人民法院起诉又不履行处罚决定的，由作出处罚决定的机关申请人民法院强制执行。

**第二十一条**　城市建设行政主管部门的工作人员玩忽职守、滥用职权、徇私舞弊的，由其所在单位或者上级主管部门给予行政处分；构成犯罪的，由司法机关依法追究刑事责任。

**第二十二条**　各省、自治区、直辖市人民政府可以根据本规定制定实施办法。

**第二十三条**　本规定由国务院城市建设行政主管部门负责解释。

**第二十四条**　本规定自1989年1月1日起施行。

# 水效标识管理办法

（2017年9月13日中华人民共和国国家发展和改革委员会 中华人民共和国水利部 国家质量监督检验检疫总局令第6号）

## 第一章 总 则

**第一条** 为推动节水技术进步，提高用水产品水效，促进节水产品推广，依据《中华人民共和国水法》、《中华人民共和国产品质量法》、《中华人民共和国进出口商品检验法》、《中华人民共和国循环经济促进法》和《中华人民共和国计量法》，制定本办法。

**第二条** 本办法所称水效标识，是指采用企业自我声明和信息备案的方式，表示用水产品水效等级等性能的一种符合性标志。

**第三条** 国家对节水潜力大、使用面广的用水产品实行水效标识制度，国家发展和改革委员会（以下简称国家发展改革委）、水利部、国家质量监督检验检疫总局（以下简称国家质检总局）按照部门职责分工，负责水效标识制度的建立并组织实施。

**第四条** 国家发展改革委、水利部、国家质检总局和国家认证认可监督管理委员会（以下简称国家认监委）制定并公布《中华人民共和国实施水效标识的产品目录》（以下简称《目录》），确定适用的产品范围和依据的水效标准。

**第五条** 地方各级发展改革部门、水行政主管部门、质量技术监督部门和出入境检验检疫机构（以下简称地方质检部门），在各自的职责范围内对水效标识制度的实施开展监督检查。

**第六条** 列入《目录》产品的生产者和进口商应当向国家质检总局、国家发展和改革委员会和水利部共同授权的中国标准化研究院（以下简称授权机构）备案水效标识及相关信息。

## 第二章 水效标识的实施

**第七条** 国家发展和改革委员会、水利部、国家质检总局和国家认监委会同有关部门制定产品水效标识实施规则，确定统一的水效标识样式和规格。

**第八条** 凡列入《目录》的产品，应当在产品或者产品最小包装的明显部位标注水效标识，并在产品使用说明书中予以说明。对于网络交易，销售者应当在产品信息展示主页面醒目位置展示相应的水效标识。

**第九条** 列入《目录》产品的生产者和进口商，可以利用自有检验检测实验室或者委托依法取得资质认定的第三方检验检测机构，依据相关产品水效强制性国家标准进行检验检测，确定产品水效等级。

企业自有检验检测实验室应当依据相关产品水效强制性国家标准规定的检测方法和要求进行检测，如实出具产品水效检验检测报告。

第三方检验检测机构接受生产者和进口商的委托，应当依据相关产品水效强制性国家标准规定的检测方法和要求进行检测，保证检验检测结果客观公正，保守受检产品和企业的商业秘密，并承担相应法律责任。

出具产品水效检验检测报告的实验室应当按照国家有关规定参加水效能力验证或者比对。

**第十条** 利用自有检验检测实验室确定水效等级的生产者和进口商，应当保证其检验检测实验室具备按照水效强制性国家标准进行检验检测的能力，检验检测实验室应当对其出具的检验检测报告负责，检验检测设备应当按照有关规定进行检定或校准，并鼓励其取得国家认可机构的认可。

**第十一条** 生产者和进口商应当根据国家统一规定的水效标识样式（基本样式见附件）、规格以及标注规定，印制和使用水效标识。

在产品包装物、说明书、广告宣传以及网络商品交易产品信息展示主页面中使用的水效标识，可按比例放大或者缩小，并清晰可辨。

**第十二条** 水效标识应当包括以下基本内容：

（一）中文名称“中国水效标识”；

（二）英文名称“China Water Efficiency Label”；

（三）生产者名称或者简称；

（四）产品规格型号；

（五）水效等级；

（六）水效指标；

（七）依据的水效强制性国家标准编号；

（八）水效信息码。

**第十三条** 列入《目录》的产品，应当于出厂前或者入境前加施水效标识。生产者应当于产品出厂前、进口商应当于产品入境前向授权机构提交完整备案材料，并申请水效标识备案，申请备案应当提供以下材料：

（一）生产者营业执照或者登记注册证明复制件；进口商营业执照以及与境外生产者订立的相关合同复制件；

（二）产品水效检验检测报告；

（三）水效标识样本；

（四）产品基本配置清单等有关材料；

（五）利用自有检验检测实验室进行检验检测的，应当提供其检验检测能力证明材料，包括实验室人员能力、设备能力和检验检测管理规范等，已经获得国家认可机构认可的，还应当提供相应认可证书及附件复制件；利用第三方检验检测机构进行检验检测的，应当提供检验检测机构的资质认定证书及附件复制件；

（六）由代理人提交备案材料的，应当有生产者或者进口商的委托代理文件等。

上述材料应当真实、准确、完整。

外文材料应当附有中文译本，并以中文文本为准。

**第十四条** 水效标识内容发生变化的，应当重新备案。

**第十五条** 授权机构应当对生产者和进口商使用的水效标识及产品水效检验检测报告进行形式核验。

**第十六条** 授权机构应当自收到完整备案材料之日起10个工作日内完成水效标识

的备案形式核验工作。

授权机构应当在备案的形式核验通过之日起5个工作日内公告备案信息。

水效标识备案不收取费用,企业提交备案材料应保存不少于两年。

## 第三章 监督管理

**第十七条** 质检部门对列入《目录》的产品依法进行水效标识监督检查、专项检查和验证管理。地方质检部门将检查结果通报同级发展改革部门和水行政主管部门,并通知授权机构。

**第十八条** 授权机构不得对水效标识不合格产品生产者或者进口商的相关备案信息予以备案。对已备案的应当予以撤销并及时公告。

**第十九条** 列入《目录》产品的生产者、销售者(含网络商品经营者)、第三方交易平台(场所)经营者、企业自有检验检测部门和第三方检验检测机构等应当接受监督检查、专项检查和验证管理。

**第二十条** 列入《目录》产品的生产者和进口商应当对其使用的水效标识信息真实性和准确性负责,不得伪造或者冒用水效标识。

**第二十一条** 销售者(含网络商品经营者)应当建立并执行进货检查验收制度,对列入《目录》的产品,验明产品水效标识,不得销售应当标注但未标注水效标识的产品,不得伪造或者冒用水效标识。

第三方交易平台(场所)经营者对通过平台(场所)销售的列入《目录》的产品应当建立水效标识检查监控制度,发现有违反本办法规定的行为应当及时采取措施制止。

**第二十二条** 授权机构应当建立规范的工作制度,客观、公正开展备案工作,保守备案产品和企业的商业秘密。授权机构应当定期向国家发展和改革委员会、水利部和国家质检总局报告水效标识的实施情况。

**第二十三条** 任何单位和个人不得利用水效标识对其产品进行虚假宣传,误导消费者。

**第二十四条** 任何单位和个人对违反本办法的行为,可以向地方质检部门举报。有关部门应当及时调查处理,并为举报人保密,授权机构应当给予配合。

**第二十五条** 国家发展和改革委员会、水利部和国家质检总局对违反本办法规定的行为建立信用记录,并纳入全国统一的信用信息共享平台。

## 第四章 罚 则

**第二十六条** 在用水产品中掺杂、掺假,以假充真、以次充好,以不合格品冒充合格品的,或者进口属于掺杂、掺假,以假充真、以次充好,以不合格品冒充合格品的,利用水效标识进行虚假宣传的,依据《中华人民共和国产品质量法》、《中华人民共和国进出口商品检验法》以及其他法律法规的规定予以处罚。

**第二十七条** 违反本办法规定,生产者或者进口商未办理水效标识备案,或者应当办理变更手续而未办理的,予以通报;有下列情形之一的,予以通报,并处一万元以上三万元以下罚款:

(一)应当标注水效标识而未标注的;

(二)使用不符合规定的水效标识的;

（三）伪造、冒用水效标识的。

**第二十八条** 违反本办法规定，销售者（含网络商品经营者）有下列情形之一的，予以通报，并处一万元以上三万元以下罚款：

（一）销售应当标注但未标注水效标识的产品的；

（二）销售使用不符合规定的水效标识的产品的；

（三）在网络交易产品信息主页面展示的水效标识不符合规定的；

（四）伪造、冒用水效标识的。

**第二十九条** 违反本办法规定，第三方检验检测机构、企业自有检验检测实验室，在水效检验检测中伪造检验检测结果或者出具虚假水效检验检测报告，以及水效能力验证或者比对结果不符合规定的，依据《中华人民共和国产品质量法》、《检验检测机构资质认定管理办法》进行处罚，授权机构在一年内不再采信其检验检测结果。

**第三十条** 从事水效标识管理的国家工作人员及授权机构工作人员，玩忽职守、滥用职权、包庇放纵违法行为的，依法给予处分；构成犯罪的，依法追究刑事责任。

### 第五章 附 则

**第三十一条** 对外国驻华使领馆自用、样品检测等特殊情况的列入《目录》的产品，可以免于加施水效标识及备案，具体要求和程序另行规定。

**第三十二条** 本办法由国家发展和改革委员会、水利部和国家质检总局负责解释。

**第三十三条** 本办法自2018年3月1日起施行。

# 第三节 地方法规

## 重庆市城市供水节水条例

（2022年7月22日重庆市第五届人民代表大会常务委员会第三十五次会议通过，
自2022年12月1日起施行）

### 第一章 总 则

**第一条** 为了规范城市供水、用水，维护用水人和供水企业的合法权益，保障城市生活、生产用水和其他用水，建设节水型城市，推动高质量发展、创造高品质生活，根据《中华人民共和国水法》《城市供水条例》等法律、行政法规，结合本市实际，制定本条例。

**第二条** 本市行政区域内的城市供水用水节水及相关监督管理活动，适用本条例。

**第三条** 本市城市供水用水应当遵循安全、节约、优质、高效的原则，优先保障生活用水，统筹安排生产用水和其他用水。

**第四条** 市、区县（自治县）人民政府应当将城市供水节水工作纳入国民经济和社会发展计划。

**第五条** 市城市管理部门是本市城市供水节水主管部门，负责本市行政区域内城市供水节水监督管理和指导工作。

区县（自治县）城市供水节水主管部门负责本行政区域内城市供水节水监督管理工作。

发展改革、经济信息、规划自然资源、住房城乡建设、生态环境、水利、卫生健康、市场监管、应急管理等有关部门，按照各自职责分工开展城市供水节水相关工作。

**第六条** 市、区县（自治县）人民政府及其有关部门应当推进城市供水节水事业科技进步，鼓励供水节水科学技术研究，推广先进技术，提高城市供水节水智能化、信息化水平。

**第七条** 本市各级人民政府和有关部门应当加强节水宣传。

新闻媒体及社会组织应当开展节水宣传工作，增强全社会节水意识，营造节约用水良好氛围。

教育部门应当将节约用水知识纳入学校教育内容，培养学生节水的意识。

## 第二章 供 水

**第八条** 市城市供水节水主管部门应当结合本市经济社会发展需要，按照统一规划、合理布局的原则，编制中心城区供水专项规划，经市规划自然资源部门综合平衡后报市人民政府批准，并纳入国土空间规划。

中心城区以外的区县（自治县）城市供水节水主管部门负责编制本行政区域城市供水专项规划，经区县（自治县）规划自然资源部门综合平衡后报区县（自治县）人民政府批准，并纳入区县（自治县）国土空间规划。

**第九条** 城市供水节水主管部门应当根据城市供水专项规划制定年度建设计划。新建、改建、扩建城市供水工程应当符合城市供水专项规划及年度建设计划。

中心城区及跨区域的城市供水工程建设方案应当经市城市供水节水主管部门审查，按照建设程序批准后分级实施。

中心城区以外的城市供水工程建设方案应当经所在地区县（自治县）城市供水节水主管部门审查，按照建设程序批准后实施。

**第十条** 市、区县（自治县）人民政府依法采用特许经营的方式确定城市供水企业。获得特许经营权的城市供水企业应当与城市供水节水主管部门签订特许经营协议，提供城市供水产品和服务。

本市鼓励社会资本参与城市供水基础设施的建设和运营。

**第十一条** 采用特许经营的，市、区县（自治县）城市供水节水主管部门应当将特许经营项目实施方案、特许经营者、特许经营协议、项目建设运营、公共服务标准等有关信息按规定向社会公开。

获得特许经营权的城市供水企业应当公开有关会计数据、财务核算和其他有关财务指标，并依法接受年度财务审计。

**第十二条** 市城市供水节水主管部门负责中心城区及跨区域城市供水特许经营管理。

中心城区以外的区县（自治县）城市供水节水主管部门负责本行政区域内城市供水特许经营管理。

**第十三条** 城市供水企业应当履行下列义务：

（一）保障安全、稳定、不间断供水；

（二）供水水质符合国家生活饮用水卫生标准；

（三）按照规定设置供水管网测压点，确保供水水压符合规定的标准；

（四）安装的结算水表符合国家计量规定，并定期检定、维修和更换；

（五）建立经营服务信息公开制度，公开水价政策、收费标准等相关信息；

（六）建立查询专线和投诉处理机制，及时答复、处理用水人反映的供水问题；

（七）法律法规规定的其他义务。

**第十四条**　城市供水企业生产运营前应当取得卫生健康部门颁发的卫生许可证。

从事制水、水质检验等直接供水、管水工作的人员应当取得体检合格证、经卫生知识培训后方可上岗，并每年进行一次健康检查。有碍饮用水卫生的疾病患者、病原携带者不得直接从事以上工作。

**第十五条**　城市供水企业应当为用水人建立方便、快捷的服务系统，并与政务服务平台相连接，主动公开办事指南、材料清单、承诺时限信息，提供咨询、指导、协调等便民服务，优化服务流程，提高服务质量。

城市供水接入实行一网通办，依托政务服务平台，推动线上、线下服务融合。

**第十六条**　城市供水企业应当建立供水设施、水质、水压以及用水人等供水、用水信息库，通过科学布置监测点、智能化管理和大数据分析等措施，及时监控供水设施、水质、水量、水压等动态运行信息。

城市供水企业应当按照规定将供水、用水信息库中的信息和数据，接入城市供水节水主管部门的管理信息系统，强化信息应用服务。

城市供水企业应当对供水设施定期进行检修、清洗和消毒，确保其正常、安全运行。

**第十七条**　城市供水企业应当建立健全水质检测制度，加强水质检测能力建设，按照国家和本市规定的检测项目、频次、方法和标准，对原水、出厂水、管网水、管网末梢水进行水质检测，确保供水水质符合国家生活饮用水卫生标准。

城市供水企业应当将水质检测结果报送城市供水节水主管部门、卫生健康部门。

城市供水企业应当按照规定公布水质信息，接受公众的查询与监督。

**第十八条**　城市供水节水主管部门应当对原水、出厂水、管网水、管网末梢水的水质加强监督管理。区县（自治县）城市供水节水主管部门应当定期对本行政区域内城市供水水质实施检测，市城市供水节水主管部门应当对全市的城市供水水质进行抽查。抽查和检测结果应当向社会公布。

卫生健康部门负责开展饮用水卫生监督监测工作，发现饮用水污染危及人体健康的，应当立即采取应急措施，并会同城市供水节水主管部门报本级人民政府批准停止供水。

**第十九条**　城市供水企业的生产用电应当设置双电源或者双回路。

供电企业应当确保供电，确需中止供电的，应当按照规定通知城市供水企业。

**第二十条**　城市供水企业因工程施工、设备维修等原因确需停止供水的，应当经城市供水节水主管部门批准并提前二十四小时通知用水人。因发生灾害或者紧急事故不能提前通知的，应当在抢修的同时通知用水人，尽快恢复正常供水，并报告城市供水节水主管部门。超过二十四小时仍不能恢复供水的，城市供水节水主管部门应当组织应急供水，保证居民基本生活用水。

## 第三章　二次供水

**第二十一条**　新建、改建、扩建的建筑物对供水水压要求超过规定水压标准的，建设单位应当配套建设二次供水设施，并与主体工程同时设计、同时施工、同时投入使用。

鼓励建设单位将居民小区的二次供水设施委托城市供水企业统一建设。

二次供水设施经验收并取得卫生健康部门颁发的卫生许可证后，方可投入使用。

**第二十二条**　居民小区新建、改造的二次供水设施经验收后，应当交由城市供水企业进行维护管理。鼓励居民小区将现有的二次供水设施委托城市供水企业进行维护管理。

居民小区现有二次供水设施不符合建设标准和卫生标准的，区县(自治县)人民政府应当及时组织相关部门、业主、物业服务企业、城市供水企业制定并实施更新改造计划。

**第二十三条**　二次供水设施维护管理单位应当采取安全保障措施，落实卫生管理制度，配备专职或者兼职卫生管理人员。直接从事供水、管水的人员应当符合本条例第十四条第二款的规定。

**第二十四条**　二次供水设施维护管理单位应当按照规范要求对设施、设备进行维护保养，确保二次供水设施正常供水。因设备维修等原因确需停止供水的，应当经所在地区县(自治县)城市供水节水主管部门批准，并提前二十四小时通知用水人；因发生灾害或者紧急事故不能提前通知的，应当在抢修的同时通知用水人，尽快恢复正常供水，并报告所在地区县(自治县)城市供水节水主管部门。

**第二十五条**　二次供水设施维护管理单位应当建立水质管理制度，加强水质管理，每半年进行不少于一次的水质检测和对各类储水设施的清洗消毒。不具备水质检测能力的，应当委托具有相应检测能力的机构进行。发现水质被污染或者不符合国家生活饮用水卫生标准时，应当立即通过清洗消毒等方式进行处理，确保二次供水水质符合国家生活饮用水卫生标准。

二次供水设施维护管理单位应当将水质检测结果报所在地区县(自治县)城市供水节水主管部门，并向用水人公开。

**第二十六条**　区县(自治县)城市供水节水主管部门应当建立二次供水设施维护管理、更新改造、水质检测公示等制度，对本行政区域内二次供水设施和水质进行定期检测。区县(自治县)卫生健康部门对本行政区域内的二次供水，每年应当按照相关规定进行水质监测，并将结果通报本级城市供水节水主管部门。发现饮用水污染危及人体健康必须停止使用的，卫生健康部门应当责令二次供水设施维护管理单位立即停止供水。

## 第四章　用　水

**第二十七条**　城市供水企业应当根据国家和本市规定的服务标准，按照不同用水性质与用水人依法签订《城市供用水合同》，明确双方权利义务和违约责任。

城市供水企业不得拒绝用水人合理的订立合同要求。

**第二十八条**　用水人享有下列权利：

(一)连续稳定用水；

(二)使用符合国家生活饮用水卫生标准的水；

(三)查询用水业务办理、用水量、水质、水价和水费信息；

(四)对供水服务有异议的，可以向城市供水企业、二次供水设施维护管理单位或者

所在地区县(自治县)城市供水节水主管部门及其他有关部门投诉;

(五)法律法规规定的其他权利。

**第二十九条** 用水人应当按照《城市供用水合同》,根据结算水表显示水量和价格主管部门确定的水价标准按时足额交纳水费。

任何单位和个人不得有以下行为:

(一)绕过结算水表取水或者采用其他方式盗用供水;

(二)擅自在城市供水管网上直接装泵加压取水;

(三)擅自向其他单位或者个人转供城市供水;

(四)其他影响城市供水秩序的行为。

**第三十条** 城市供水企业应当建立投诉处理机制,设置供水服务热线,二十四小时接受用水人咨询、求助及投诉,并与政务服务热线联动;受理用水人咨询与投诉后应当在两小时内作出答复,并在五个工作日内处理完毕;对处理期限内不能解决的,应当向用水人说明原因,提出处理方案,并在承诺时限内处理完毕。

**第三十一条** 城市供水价格根据使用性质实行分类水价,遵循覆盖成本、合理收益、节约用水、公平负担的原则,以成本监审为基础,实行政府定价。城市居民生活用水实行阶梯水价制度,城市非居民用水实行超定额累进加价制度。

价格主管部门制定或者调整供水价格,应当按照价格听证的有关规定开展听证,并及时向社会公开制定或者调整价格的决定。

**第三十二条** 城市供水实行一户一表制度,装表到户、计量到户、抄表到户、收费到户、服务到户。结算水表应当检定合格后安装,并依法使用。用水人或者城市供水企业对结算水表计量有异议的,可以委托相关机构对结算水表进行检验,检验费用由委托方支付,但结算水表经检验不合格的,检验费用由城市供水企业承担,并免费为用水人更换合格的结算水表。用水人发现结算水表损坏的,应当及时告知城市供水企业。

城市绿化、环境卫生等用水人应当与城市供水企业协商,在指定位置设置结算水表。

消防供水设施实行专用,因城市绿化、环境卫生、应急用水确需通过消防专用供水设施用水的,应当征得城市供水企业的同意,并报所在地区县(自治县)消防救援机构备案。

**第三十三条** 城市供水企业应当及时通知用水人交纳水费。逾期不交纳的,城市供水企业可以进行催告,用水人应当按照合同约定缴纳水费并支付违约金。

## 第五章 节 水

**第三十四条** 各级人民政府应当推进节约用水,全面建设节水型城市。

单位和个人应当依法履行节约用水义务。

城市供水节水主管部门应当加强计划用水与定额管理。

**第三十五条** 城市供水节水主管部门应当结合本地区水资源承载能力,制定节约用水发展规划,并根据节约用水发展规划制定年度计划。

**第三十六条** 市、区县(自治县)人民政府在新区建设、旧城改造和市政基础设施建设时,应当按照相关规定配套建设雨水利用和再生水利用设施。

使用城市公共供水管网的新建、改建、扩建建设项目,应当制订节水措施方案,配套建设节水设施,节水设施应当与主体工程同时设计、同时施工、同时投产。

**第三十七条**　市级相关行业主管部门应当制订行业用水定额，从严控制钢铁、火力发电、选煤、洗浴、洗车、高尔夫球场、人工滑雪场、洗涤、宾馆、水上娱乐场所等高耗水行业用水定额，积极推广循环用水技术、设备与工艺，降低用水消耗，提高水的重复利用率。

**第三十八条**　城市供水节水主管部门应当建立使用城市供水的重点用水人名录，每年对重点用水人核定年度用水计划，实施超计划用水管理。

重点用水人应当建立健全计划用水、节约用水管理制度和统计台账，并根据城市供水节水主管部门要求，定期进行水平衡测试。

**第三十九条**　国家机关、事业单位、社会团体和其他社会组织应当建立和完善节水制度，强化节水管理，使用节水产品和设备，建设节水型单位。

加强居民节水用水宣传，鼓励居民节约用水、合理用水，建设节水型居民小区。

**第四十条**　鼓励使用再生水，提高再生水利用率。城市绿化、环境卫生等市政用水和生态景观、消防等用水，应当优先使用再生水等非常规水。

**第四十一条**　区县（自治县）城市供水节水主管部门应当建立健全城市供水管网漏损控制制度，完善漏损考核体系，不断提升城市供水管网漏损控制水平。

城市供水企业应当加强供水设施的维护管理，建立分区域计量系统，通过分区计量管理实施管网更新改造、漏损检测、智慧化管理等措施，严格控制城市供水管网漏损。

## 第六章　安全与应急管理

**第四十二条**　城市供水企业应当建立健全供水安全管理制度，加强对供水设施的巡查和经常性维护。

城市供水企业在维护或者抢修供水设施时，有关单位和个人应当予以支持和配合。

**第四十三条**　市、区县（自治县）人民政府应当加强饮用水水源管理，统筹建设城市供水备用水源或者应急水源。

备用供水或者应急供水水质、水量应当符合城市应急供水的要求。

**第四十四条**　城市供水节水主管部门应当制定城市供水应急预案，并报本级人民政府批准。

城市供水企业应当根据城市供水应急预案制定本企业的应急预案，配备必要的应急物资，并定期组织演练。

发生影响城市供水安全的突发事件时，市、区县（自治县）人民政府应当依法启动应急预案，有关部门和城市供水企业应当按照市、区县（自治县）人民政府的要求实施应急处置工作，采取有效措施，保障供水安全。

**第四十五条**　单位或者个人发现供水水质受污染或者不符合国家生活饮用水卫生标准的，应当及时向城市供水节水、卫生健康、生态环境部门或者城市供水企业报告。有关部门或者城市供水企业应当在接到报告后立即处理，必要时城市供水企业应当在两小时内到现场核实。按照城市供水应急预案的规定采取停止供水措施的，经所在地区县（自治县）城市供水节水主管部门、卫生健康部门检验合格后，城市供水企业方可恢复供水。

**第四十六条**　在供水设施的周围应当按照国家或者本市有关规定划定安全保护范围。

在安全保护范围内，禁止从事下列活动：

（一）建造永久性建（构）筑物；

（二）擅自修建临时性建（构）筑物和管线设施；

（三）挖坑取土或者倾倒弃土；

（四）打桩或者顶进作业；

（五）堆放有毒有害、易燃易爆物品；

（六）其他损坏供水设施或者危害供水设施安全的活动。

**第四十七条**　禁止擅自改装、拆除或者迁移供水设施。

因建设工程确需改装、拆除或者迁移供水设施的，建设单位应当在申请建设工程规划许可证前，报城市供水节水主管部门批准，并采取相应的补救措施。建设工程施工影响供水设施安全的，建设单位应当与城市供水企业商定相应的保护措施，并由施工单位负责实施，确保安全正常供水。

**第四十八条**　严重危害城市供水安全，造成或者可能造成较大面积停水的，城市供水节水主管部门应当责令停止侵害，并依法采取应急措施，排除险情，所发生的费用由责任人承担。

## 第七章　法律责任

**第四十九条**　政府和有关部门及其工作人员违反本条例规定的，由有权机关责令改正或者通报批评；情节严重的，对负有责任的领导人员和直接责任人员依法给予处分。

**第五十条**　违反本条例规定，有下列行为之一的，由城市供水节水主管部门责令其停止违法行为，限期改正，处五万元以上十万元以下罚款：

（一）未经审查新建、改建、扩建城市供水工程的；

（二）二次供水设施未配套建设或者未与主体工程同时设计、同时施工、同时投入使用的；

（三）使用城市公共供水管网的新建、改建、扩建建设项目，未制订节水措施方案的，或者节水设施未与主体工程同时设计、同时施工、同时投产的；

（四）在供水设施安全保护范围内，从事损坏供水设施或者危害供水设施安全活动的；

（五）擅自改装、拆除或者迁移供水设施的。

**第五十一条**　城市供水企业违反本条例规定，有下列行为之一的，由城市供水节水主管部门责令限期改正，处一万元以上五万元以下罚款；情节严重的，报经市或者区县（自治县）人民政府批准，可以责令停业整顿；对负有直接责任的主管人员和其他直接责任人员，其所在单位或者上级机关可以给予处分：

（一）未对供水设施定期进行检修、清洗和消毒，确保其正常、安全运行的；

（二）擅自停止供水或者未提前二十四小时通知用水人的；

（三）发生灾难、紧急事故等造成停水时未立即抢修，抢修的同时未通知用水人或者未报告城市供水节水主管部门的；

（四）未根据城市供水应急预案制定本企业的应急预案、配备必要应急物资的，或者未定期组织演练的。

**第五十二条**　城市供水企业、二次供水设施维护管理单位违反本条例规定，有下列行

为之一的,由卫生健康部门责令限期改正,处两千元以上两万元以下的罚款:

(一)未依法取得卫生健康部门颁发的卫生许可证的;

(二)安排有碍饮用水卫生的疾病患者或者病原携带者直接从事供水、管水工作的。

**第五十三条** 违反本条例规定,有下列行为之一的,由城市供水节水主管部门、卫生健康部门按照职责责令限期改正,处一万元以上五万元以下的罚款;情节严重的,报经市或者区县(自治县)人民政府批准,可以责令停业整顿;对负有直接责任的主管人员和其他直接责任人员,其所在单位或者上级机关可以给予处分:

(一)供水水质、水压不符合国家规定标准的;

(二)未按照国家和本市规定对原水、出厂水、管网水、管网末梢水水质进行检测,未报送水质检测结果,或者未公布水质信息的。

**第五十四条** 二次供水设施维护管理单位违反本条例,有下列行为之一的,由城市供水节水主管部门责令限期改正,处五千元以上两万元以下罚款:

(一)擅自停止供水或者未提前二十四小时通知用水人的;

(二)发生灾难、紧急事故等造成停水时未立即抢修,抢修的同时未通知用水人或者未报告城市供水节水主管部门的;

(三)未建立水质管理制度,未按照规定进行水质检测或者对各类储水设施清洗消毒的。

**第五十五条** 用水人违反本条例规定,有下列行为之一的,由城市供水节水主管部门责令限期改正,补交水费,处应当补交水费三倍以上五倍以下的罚款。情节严重的,经市或者区县(自治县)人民政府批准,可以在一定时间内停止供水:

(一)绕过结算水表取水或者采用其他方式盗用供水的;

(二)擅自在城市供水管网上直接装泵加压取水的;

(三)擅自向其他单位或者个人转供城市供水的。

**第五十六条** 供水企业未按国家规定的水质、水压等标准安全供水,造成用水人损失的,应当依法承担赔偿责任。

## 第八章 附 则

**第五十七条** 本条例有关用语含义:

(一)城市供水用水节水,是指城市供水工程管网覆盖范围内的供水用水节水。

(二)阶梯水价,是指居民用水在一定标准基础上,按不同梯次制定的不同用水价格。

(三)一户一表,是指由城市供水企业直接将出户的结算水表安装到每一户住宅,城市供水企业直接对每一户住宅抄表计费。

(四)供水设施,是指自来水处理厂和供水专用取水井、水池、深井、引水管道、输配管网、闸阀、窨井、公用给水站、房屋水箱及其他供水设施。

(五)二次供水,是指集中式供水在入户之前经再度储存、加压和消毒或者深度处理,通过供水管道或者容器输送给用水人的供水方式。

(六)二次供水设施,是指为二次供水设置的水池(箱)、水泵、阀门、电控装置、消毒设备、压力容器、供水管道等设施。

(七)水平衡测试,是指对用水单元或者用水系统的水量进行系统的测试、统计、分析得出水量平衡关系的过程。

（八）再生水，是指污水经过适当处理后，达到一定的水质标准，满足某种使用要求，可以再次利用的水。

（九）非常规水，是指不同于常规地表水和地下水的水源，经处理后可以利用或者在一定条件下可以直接利用的集蓄雨水、废污水、矿井水等。

**第五十八条**　本条例自2022年12月1日起施行。1999年5月28日重庆市第一届人民代表大会常务委员会第十六次会议通过的《重庆市城市供水节水管理条例》同时废止。

## 重庆市水资源管理条例

（1997年10月17日重庆市第一届人民代表大会常务委员会第四次会议通过；2003年11月29日重庆市第二届人民代表大会常务委员会第六次会议第一次修订；根据2010年7月23日重庆市第三届人民代表大会常务委员会第十八次会议《关于修改部分地方性法规的决定》第一次修正，根据2011年11月25日重庆市第三届人民代表大会常务委员会第二十八次会议《关于修改部分地方性法规中有关行政强制条款的决定》第二次修正；2015年5月28日重庆市第四届人民代表大会常务委员会第十八次会议第二次修订；2018年7月26日重庆市第五届人民代表大会常务委员会第四次会议第三次修订）

### 第一章　总　则

**第一条**　为了合理开发、利用、节约和保护水资源，防治水害，实现水资源的可持续利用，适应经济和社会可持续发展的需要，根据《中华人民共和国水法》和有关法律、行政法规，结合本市实际，制定本条例。

**第二条**　在本市行政区域内开发、利用、节约、保护和管理水资源，适用本条例。

本条例所称水资源，包括地表水和地下水。

**第三条**　市、区县（自治县）人民政府应当将水资源的开发、利用、节约和保护纳入国民经济和社会发展规划，促进水资源可持续利用。

市、区县（自治县）人民政府应当增加财政投入，加强水利基础设施建设，建立用水总量控制制度、用水效率控制制度、水功能区限制纳污制度、水资源管理责任和考核制度。

鼓励社会资本按照水资源规划参与开发、利用水资源。

乡（镇）人民政府、街道办事处应当加强水资源的节约和保护工作。

**第四条**　市、区县（自治县）人民政府水行政主管部门负责本行政区域的水资源管理和监督工作。

市、区县（自治县）人民政府其他部门依据各自职责，负责有关的水资源开发、利用、节约和保护工作。

**第五条**　任何单位和个人都有节约用水、保护水资源的义务。

各级人民政府应当加强水资源节约、保护的宣传和普及工作，鼓励基层群众性自治组织、社会组织、志愿者开展水资源节约、保护知识的宣传，营造节约、保护水资源的良好风气。

教育行政部门、学校应当将水资源节约、保护知识纳入学校教育内容，培养学生节约、保护水资源的意识。

新闻媒体应当开展水资源节约、保护法律法规和有关知识的宣传。

## 第二章　水资源规划与利用

**第六条**　开发、利用、节约、保护水资源和防治水害应当按照流域、区域统一制定综合规划和专业规划。

其他有关规划的编制和修改应当与已批准的水资源规划相互衔接。新建项目不得影响已批准的水资源规划中的水工程建设项目的实施，确需调整水资源规划的，应当经原批准部门批准。

**第七条**　新建、扩建以及改建调整原有功能的水工程，应当符合流域综合规划、区域综合规划和防洪规划，未取得流域管理机构或者市、区县（自治县）水行政主管部门按照管理权限审查签署的水工程建设规划同意书的，建设单位不得开工建设。

新建、扩建以及改建调整原有功能的水工程，所在江河、湖泊的流域和区域有关综合规划、防洪规划尚未编制或者批复的，建设单位应当就水工程是否符合流域治理、开发、保护的要求或者防洪的要求编制专题论证报告，并申请办理水工程建设规划同意书。

**第八条**　开发、利用水资源，应当符合水资源规划和水污染防治规划，实行兴利与除害相结合的原则，正确处理上下游、左右岸和地区之间的关系。

开发、利用水资源，应当首先满足城乡居民生活用水，统筹兼顾农业、工业、生态环境用水和水土保持、治涝、航运、发电等方面的需要，充分发挥水资源的综合效益，并服从防洪抗旱的总体安排。水资源紧缺地区应当限制耗水量大的工业、农业和服务业项目。

**第九条**　各级人民政府应当结合本地区水资源的实际情况，按照优先开发利用地表水、合理开发地下水、鼓励污水处理再利用的原则，积极组织综合开发、利用水资源。

对矿泉水、地热水的开采、使用，应当依法严格管理。

**第十条**　建设水力发电站，应当保护生态环境和文物，兼顾防洪、供水、灌溉、航运、竹木流放和渔业等方面的需要。

出让水能资源的开发使用权，应当通过招标等方式公开进行。

## 第三章　水资源监测与保护

**第十一条**　各级人民政府及有关部门和单位应当采取有效措施，加强水资源保护和水污染防治的监督管理，保护自然植被和湿地，涵养水源，防治水污染和水土流失，防止水流堵塞和水源枯竭，改善生态环境，严禁破坏和污染水资源。

**第十二条**　市、区县（自治县）人民政府应当加强饮用水水源地、重要生态保护区、水源涵养区、江河源头区的保护，开展污染治理，推进生态脆弱河流和地区水生态修复工程建设，建立生态修复维护管理长效机制。

开发、利用水资源应当维持河流合理流量和湖泊、水库以及地下水的合理水位，保障基本生态用水需求，维护江河、湖泊健康生态。

**第十三条**　市、区县（自治县）水利、环境保护、国土资源等主管部门应当依照职责分工，建立水资源、水环境监测体系，健全监测制度，统筹规划监测站点建设，共享监测信息。

市、区县（自治县）水行政主管部门应当向社会公布水资源监测站点设置情况，并定期公布监测结果。公布的监测结果应当包含与标准数值的对照情况。

**第十四条**　取水单位或者个人应当在取水口设立醒目标志,安装检定合格的取水计量设施,并保证相关设施、设备的正常运行,不得擅自拆除、停用。

市、区县(自治县)水行政主管部门应当公布获得批准的取水口布局情况,加强取水计量监督管理,根据国家规定开展取水计量设施在线监测,有关取水单位和个人应当予以协助配合。

**第十五条**　市、区县(自治县)水行政主管部门应当按照水功能区对水质的要求和水体的自然净化能力以及流域机构提出的限制排污总量意见,核定水域的纳污能力,向环境保护主管部门提出该水域限制排污总量意见。

市、区县(自治县)环境保护主管部门应当根据上级政府下达的重点水污染物排放总量控制要求,结合同级水行政主管部门提出的水域限制排污总量意见,拟定本行政区域重点水污染物排放总量控制指标分解方案,经同级人民政府批准后,将重点水污染物排放总量控制指标分解落实到排污单位。

市、区县(自治县)水行政主管部门应当对水功能区的水质状况进行监测,发现重点污染物排放总量超过控制指标的,或者水功能区的水质未达到水域使用功能要求的,应当暂停审批本行政区域内的新增取水和入河排污口,并及时报告有关人民政府和通报本级环境保护主管部门。有关人民政府应当及时组织有关部门采取治理措施。

在水功能区内从事工程建设或者旅游、养殖、水上运动等开发利用活动的,不得影响本水功能区及相邻水功能区的使用功能,不得降低水功能区的水质标准。

**第十六条**　市、区县(自治县)环境保护主管部门对饮用水水源的水污染防治实施统一监督管理。

水利、农业等相关部门依据各自职责,负责有关的饮用水水源保护工作。

乡(镇)人民政府、街道办事处对本辖区内分散式饮用水水源的水污染防治实施监督管理。

**第十七条**　市、区县(自治县)水行政主管部门应当会同环境保护等主管部门提出饮用水水源地名录,报本级人民政府核准后向社会公布名录和管理单位。

集中式饮用水水源地应当依法划定保护区。

分散式饮用水水源地应当划定保护范围。区县(自治县)环境保护主管部门应当会同有关部门按照下列规定提出划定保护范围的方案,报同级人民政府批准,并报市环境保护主管部门备案:

(一)湖库型水源地取水口半径不小于两百米范围的区域,但不超过集雨范围;

(二)河流型水源地取水口上游不小于一千米,下游不小于一百米,两岸纵深不小于五十米,但不超过集雨范围;

(三)水窖、水井水源周围,地下水水源取水口周围不小于三十米范围。

**第十八条**　分散式饮用水源保护范围内禁止下列行为:

(一)新建厕所、化粪池;

(二)设立粪便、生活垃圾的收集、转运站,堆放医疗垃圾,设立有毒有害化学品仓库、堆栈;

(三)施用高残留、高毒农药;

(四)从事规模畜禽养殖、网箱网栏养殖;

(五)排放工业污水;

(六)其他污染饮用水水体的行为。

**第十九条** 市、区县(自治县)人民政府应当建立饮用水水源地安全评估制度,开展饮用水水源地安全保障建设,加强饮用水水源应急管理,制定饮用水水源地突发事件应急预案,建立备用饮用水水源。

饮用水水源地管理单位、取水单位应当按照各自职责建立、健全巡查制度,组织对饮用水水源地及相关设施进行巡查,并做好巡查记录。对巡查中发现可能造成饮用水水源污染的行为应当劝阻和制止,劝阻和制止无效的,应当及时向有关执法机关报告,由有关执法机关依法处置。

**第二十条** 各级人民政府及有关部门和单位应当加强污水处理设施建设和营运。

工业污水、城镇居民生活污水应当按照规定进行处理,做到达标排放。

**第二十一条** 开采地下水的单位或者个人,应当按照水资源规划开采,并加强地下水水位、水质的监测,建立技术档案,接受水行政主管部门和有关部门的监督管理。

在地下水超采地区,禁止开采地下水。

**第二十二条** 开采(勘查)煤、石油、天然气、页岩气以及其他矿产资源,修建隧道(洞)等地下工程,建设单位在依法进行环境影响评价时,应当对水环境进行科学评价,并根据评价结果采取相应的工程、非工程防治措施或者搬迁措施。

因开采(勘查)煤、石油、天然气、页岩气以及其他矿产资源,修建隧道(洞)等地下工程,导致水工程原有功能丧失的,建设单位应当采取措施恢复原有功能或者修建与原工程效益相当的替代工程,无法恢复原有功能或者修建替代工程的,建设单位应当按照工程重置价格进行补偿。

**第二十三条** 在城乡规划区公共供水管网覆盖范围内,且能满足用水需要的情况下,禁止单位或者个人自备取水设施取用地下水。禁止在城市、集镇等建筑物密集区直接取用地下水用于地源热泵系统。

鼓励城市街道地面采用透水建筑材料,维持地下水补给平衡。

**第二十四条** 市、区县(自治县)水行政主管部门应当对辖区内的水资源保护工程、取水单位和个人建立监督检查制度。

被检查单位和个人应当积极配合水行政主管部门及其直属水资源管理、监测机构的监督检查,如实反映情况,不得提供虚假数据,不得拒绝或者阻碍监督检查人员以及监测、管理人员依法执行公务。

## 第四章 水资源配置与取用水管理

**第二十五条** 市、区县(自治县)水行政主管部门应当根据流域规划和水中长期供求规划,编制水量分配方案和旱情等紧急情况下的水量调度预案,报本级人民政府批准;跨流域和跨行政区域的水量分配方案和旱情等紧急情况下的水量调度预案,由市水行政主管部门征求有关区县(自治县)人民政府和有关部门的意见后编制,报市人民政府批准。

编制水量分配方案和旱情等紧急情况下的水量调度预案,应当服从防洪抗旱的总体安排，遵循基本生活优先原则，兼顾上下游、左右岸和有关地区之间的利益。

**第二十六条**　水源和引供水工程建设、供水调度应当以径流调蓄计划和水量分配方案为依据。有调蓄任务的水工程，应当按照径流调蓄计划和水量分配方案蓄水、放水。

取水单位或者个人、水工程管理单位应当服从市、区县（自治县）水行政主管部门对水资源的统一调度。

**第二十七条**　各级人民政府应当采取积极措施，加快城乡水工程建设，推进城乡供水统一管理，保障城乡居民的饮用水水量和水质。

**第二十八条**　制定国民经济和社会发展规划、城乡总体规划、涉及利用水资源的产业发展规划，应当开展水资源论证。

申请取水的建设项目应当按照分级管理权限向市、区县（自治县）水行政主管部门一并提交建设项目水资源论证报告书，水行政主管部门应当组织相关单位和专家对提交的建设项目水资源论证报告书进行审查。水资源论证报告审查通过后，建设项目的性质、规模、地点或者取水标的等发生重大变化的，应当按照上述程序重新进行水资源论证。

未依法完成水资源论证工作的建设项目，取水许可审批机关不予批准，建设单位不得擅自开工建设和投产使用，对违反规定的，一律责令停止。

市、区县（自治县）水行政主管部门应当对已通过取水许可审批并建成运行的建设项目，开展水资源论证后评估工作。

**第二十九条**　申请取水的单位或者个人在取水申请批准后方可兴建取水工程或者设施，取水工程或者设施经验收合格后，发给取水许可证。取水单位和个人不得随意改变取水许可规定条件。

市、区县（自治县）水行政主管部门对取用水总量已达到或者超过控制指标的地区，暂停审批建设项目新增取水；对取用水总量接近控制指标的地区，限制审批新增取水。

对不符合国家产业政策或者列入国家产业结构调整指导目录中淘汰类的，产品不符合行业用水定额标准的，具有地表水取用条件却取用地下水的，以及其他不符合取用地下水条件的建设项目取水申请，审批机关不予批准。

**第三十条**　直接从江河、湖泊、地下取水的单位或者个人，应当依法向市、区县（自治县）水行政主管部门缴纳水资源费。

水资源费纳入财政预算管理，用于水资源的开发、节约、保护和管理，任何单位和个人不得截留、侵占或者挪用。

水资源费的征收、管理和使用办法，由市人民政府规定。

## 第五章　节约用水

**第三十一条**　市、区县（自治县）人民政府应当对本行政区域内的用水实行总量控制。全市用水总量不得超过国家给本市确定的用水总量控制目标。区县（自治县）用水总量不得超过市人民政府给本区县（自治县）确定的用水总量控制目标。

市人民政府可以根据实际需要对区县（自治县）之间的用水总量进行调剂。区县（自治县）之间可以通过协商并报经市人民政府批准后，相互转让用水量。

**第三十二条**　取水单位或者个人应当在每年的12月31日前向有管辖权的水行政主管部门报送本年度取水情况和下一年度取水计划申请。市、区县（自治县）水行政主管部门应当根据本行政区域的年度用水计划向取水单位或者个人下达年度取水计划。取水单位或者个人必须按照市、区县(自治县)水行政主管部门批准的计划取水。

水力发电工程,应当向取水审批机关报送其下一年度发电计划。

**第三十三条** 市、区县(自治县)水行政主管部门应当建立用水单位监控名录,对纳入取水许可管理的单位和个人实行计划用水管理。

各项引水、调水、取水、供用水工程建设应当符合节约用水要求。严格控制水资源短缺、生态脆弱地区的城市规模过度扩张,限制高耗水工业项目建设和高耗水服务业发展,遏制农业粗放用水。

鼓励并积极发展污水处理回用、雨水收集等非常规水源开发利用。

**第三十四条** 工业用水单位应当积极研究和采取有效措施降低水的消耗量,增加循环用水次数,提高水的重复利用率。对取水工艺、设施落后,耗水量大,节水措施不力的单位,市、区县(自治县)水行政主管部门应当责令限期整改;逾期未整改的,核减其取水量。

**第三十五条** 各级人民政府及水行政主管部门和有关部门应当推广节水型生活器具、设备的应用,支持节水技术的开发;加强城乡供水管网改造,降低供水管网漏失率,提高生活用水效率;鼓励使用再生水,提高污水再生利用率。

**第三十六条** 新建、扩建、改建建设项目应当配套建设节水设施。已建项目未配套节水设施的,应当进行节水设施的配套建设。

市、区县(自治县)水行政主管部门应当根据降雨、入境水、取用水、排水、出境水等情况变化适时开展区域用水审计。

取用水单位应当定期进行取水、用水、排水水平衡测试,并将测试结果报有管辖权的水行政主管部门备案。因生产技术、工艺流程和规模等发生变化的,应当及时进行新的水平衡测试。

**第三十七条** 使用水工程供应的水,应当缴纳水费。使用农村集体所有水工程供应的水,其水费的收取由农村集体经济组织或者农民用水合作组织决定。

供水工程供应的水实行有利于节约水资源和保护环境的水价政策。供水价格应当按照补偿成本、合理收益、优质优价、公平负担的原则确定,充分考虑城乡居民的经济承受能力。

对城乡用水逐步实行分类水价和超定额累进加价制度。

## 第六章 法律责任

**第三十八条** 市、区县(自治县)水行政主管部门、其他有关部门、水工程管理单位及其工作人员滥用职权、玩忽职守或者徇私舞弊,有下列情形之一的,对负有责任的主管人员和其他责任人员依法给予处分;构成犯罪的,依法追究刑事责任:

(一)对不符合法定条件的单位或者个人核发许可证、签署审查同意意见或者不按照规定程序审批的;

(二)不按照水量分配方案分配水量的;

(三)不按照国家有关规定收取水资源费或者截留、侵占、挪用水资源费的;

(四)其他不依法履行法定职责的。

前款所列单位的工作人员在行使职权时侵犯组织或者个人合法权益,造成损害,当事人要求赔偿的，违法行为人所在单位应当依法赔偿。

**第三十九条**　有本条例第十八条所列行为之一的，由当地乡（镇）人民政府、街道办事处责令限期改正或者采取补救措施；逾期不履行的，对个人处二百元以上五百元以下罚款，对单位处五千元以上二万元以下罚款。

**第四十条**　取水单位和个人有下列行为之一，由市、区县（自治县）水行政主管部门责令停止违法行为，限期改正，处五千元以上二万元以下罚款：

（一）取水口未设置醒目标志，或者标志被损坏后未及时修复、更换的；

（二）未按照规定提交取用水数据等资料或者提供虚假取用水数据、故意关闭取水口、故意减小取水量、隐瞒取水口位置和数量等规避水资源监测工作以及拒绝监督检查的。

**第四十一条**　违反本条例规定取用地下水的由水行政主管部门依照有关法律、行政法规规定予以处罚，水行政主管部门可以责令限期拆除取水设施。

**第四十二条**　取水许可证持有人未按照规定安装取水计量设施的，由市、区县（自治县）水行政主管部门责令限期改正，逾期不改正的，处五千元以上一万元以下罚款；擅自拆除、停用取水计量设施的，由市、区县（自治县）水行政主管部门责令限期安装或者恢复使用，并按照日最大取水能力计算的取水量和水资源费征收标准计征水资源费，处五千元以上二万元以下罚款。

取水单位或者个人、水工程管理单位不执行水资源调度命令或者决定的，由市、区县（自治县）水行政主管部门处一万元以上五万元以下罚款。

不执行取水量核减决定的，由市、区县（自治县）水行政主管部门处二万元以上十万元以下罚款。

**第四十三条**　拒不缴纳、拖延缴纳或者拖欠水资源费的，由市、区县（自治县）水行政主管部门责令限期缴纳；逾期不缴纳的，从滞纳之日起按日加收滞纳部分千分之二的滞纳金，并处应缴或者补缴水资源费一倍以上五倍以下的罚款。

## 第七章　附　则

**第四十四条**　本条例所称水工程，是指在江河、湖泊和地下水源上开发、利用、控制、调配和保护水资源的各类工程，包括水库、拦河闸坝、引（调、提）水工程、堤防、水电站（含航运水电枢纽工程）、导流坝、水下隧洞等。

本条例所称江河、湖泊，包括运河、渠道、水库等水域。

**第四十五条**　本条例自2015年10月1日起施行。

# 第二章　规范性文件

## 第一节　综合类

### 国务院关于加强城市供水节水和水污染防治工作的通知

（国发〔2000〕36号）

各省、自治区、直辖市人民政府，国务院各部委、各直属机构：

我国是水资源短缺的国家，城市缺水问题尤为突出。随着经济发展和城市化进程的加快，当前相当部分城市水资源短缺，城市缺水范围不断扩大，缺水程度日趋严重；与此同时，水价不合理、节水措施不落实和水污染严重等问题也比较突出。为切实加强和改进城市供水、节水和水污染防治工作，促进经济社会的可持续发展，现就有关问题通知如下：

一、提高认识，统一思想

（一）水资源可持续利用是我国经济社会发展的战略问题，核心是提高用水效率。解决城市缺水的问题，直接关系到人民群众的生活，关系到社会的稳定，关系到城市的可持续发展。这既是我国当前经济社会发展的一项紧迫任务，也是关系现代化建设长远发展的重大问题。各地区、各部门要高度重视，采取切实有力的措施，认真做好城市供水、节水和水污染防治工作。

（二）做好城市供水、节水和水污染防治工作，必须坚持开源与节流并重、节流优先、治污为本、科学开源、综合利用的原则，为城市建设和经济发展提供安全可靠的供水保障和良好的水环境，以水资源的可持续利用，支持和保障城市经济社会的可持续发展。

二、统一规划，优化配置，多渠道保障城市供水

（一）各地区研究制定流域和区域水资源规划，要优先考虑和安排城市用水。要依据流域和区域水资源规划，尽快组织制定城市水资源综合利用规划，并将其作为城市总体规划的组成部分，纳入城市经济和社会发展规划。城市水资源综合利用规划应包括水资源中长期供求、供水水源、节水、污水资源化、水资源保护等专项规划。水资源极度短缺的城市，要在综合考虑当地水资源挖潜、大力节水和水污染治理的基础上，依据流域水资源规划实施跨流域调水。

（二）加强城市水资源的综合规划和管理，重点加强地下水资源开发利用的统一管

理。要科学确定供水水源次序,城市用水要做到先地表水、后地下水,先当地水、后过境水。逐步改变过去一个水系、一个水库、一条河道的单一水源向城市供水的方式,采取"多库串联,水系联网,地表水与地下水联调,优化配置水资源"的方式。建立枯水期及连续枯水期应急管理制度,编制供水应急预案,提高城市供水保证率。严格控制并逐步减少地下水的开采量,建立河湖闸坝放水调控制度,保证城市河湖环境用水。严格限制城市自来水可供区域内的各种自备水源。今后,在城市公共供水管网覆盖范围内,原则上不再批准新建自备水源,对原有的自备水源要提高水资源费征收额度,逐步递减许可取水量直至完全取消。地下水已严重超采的城市,严禁新建任何取用地下水的供水设施,不再新批并逐步压减地下水取水单位和取水量。

(三)大力提倡城市污水回用等非传统水资源的开发利用,并纳入水资源的统一管理和调配。干旱缺水地区的城市要重视雨水、洪水和微咸水的开发利用,沿海城市要重视海水淡化处理和直接利用。

## 三、坚持把节约用水放在首位,努力建设节水型城市

(一)城市建设和工农业生产布局要充分考虑水资源的承受能力。各地区特别是设市城市的人民政府要根据本地区水资源状况、水环境容量和城市功能,合理确定城市规模,调整优化城市经济结构和产业布局。要以创建节水型城市为目标,大力开展城市节约用水活动。城市节约用水要做到"三同时、四到位",即建设项目的主体工程与节水措施同时设计、同时施工、同时投入使用;取水用水单位必须做到用水计划到位、节水目标到位、节水措施到位、管水制度到位。有条件的城市要逐步建立行业万元国内生产总值用水量的参照体系,促进产业结构调整和节水技术的推广应用。缺水城市要限期关停并转一批耗水量大的工业企业,严格限制高耗水型工业项目建设和农业粗放型用水,尽快形成节水型经济结构。工业用水重复利用率低于40%的城市,在达标之前不得新增工业用水量,并限制其新建供水工程项目。

(二)加大国家有关节水技术政策和技术标准的贯彻执行力度,制定并推行节水型用水器具的强制性标准。积极推广节水型用水器具的应用,提高生活用水效率,节约水资源。要制定政策,鼓励居民家庭更换使用节水型器具,尽快淘汰不符合节水标准的生活用水器具。所有新建、改建、扩建的公共和民用建筑中,均不得继续使用不符合节水标准的用水器具;凡达不到节水标准的,经城市人民政府批准,可不予供水。各单位现有房屋建筑中安装使用的不符合节水标准的用水器具,必须在2005年以前全部更换为节水型器具。

(三)采取有效措施,加快城市供水管网技术改造,降低管网漏失率。20万人口以上城市要在2002年底前,完成对供水管网的全面普查,建立完备的供水管网技术档案,制定管网改造计划。对运行使用年限超过50年,以及旧城区严重老化的供水管网,争取在2005年前完成更新改造工作。

## 四、坚决治理水污染,加强水环境保护

(一)认真贯彻执行《中华人民共和国水污染防治法》,限期改善地表水水质。严格按照有关规定和城市总体规划的有关要求,组织编制水污染防治规划,划分水功能区,确定

污染物排放容量,实行水污染物总量控制,并分解到排污单位。各直辖市、省会城市、经济特区城市、沿海开放城市及重点旅游城市的地表水水环境质量,必须达到国家规定的标准。“十五”期间,所有设市城市都要制定改善水质的计划,并实施跨地区河流水质达标管理制度。要组织制定饮用水源保护规划,依法划定饮用水源保护区,严禁在饮用水源保护区内进行各项开发建设活动,禁止一切排污行为,重点保护好城市生活饮用水水源地。20万人口以上城市应在2002年底前,建立实施供水水源地水质旬报制度,并在北京、上海等47个环保重点城市实施生活饮用水水源水环境质量公报制度。

(二)加强对地下水资源的保护。因地下水资源超采出现大范围地面沉降或海咸水倒灌的城市,要划定超采区范围,向社会公布,并规划建设替代水源和地下水人工回灌工程。城市绿地建设、河道砌衬和非道路覆盖等,应兼顾自然水生态系统循环的需要。要积极开展农业面源污染防治,特别是畜禽和水产养殖污染的综合治理。要严格执行《中华人民共和国水法》和《中华人民共和国防洪法》,严禁向湖滨、河岸、水体倾倒固体废弃物,并限期整治和清理河道。

(三)积极推行清洁生产,进一步削减污染物排放量,加大对工业污染源的治理。工业污染防治是城市水污染防治工作的一项重要任务。要大力推行清洁生产,加快工业污染防治从以末端治理为主向生产全过程控制的转变。进一步加大“一控双达标”工作力度。对不能达标排放的企业,要责令其限期停产整顿或关闭。“十五”期间,要使工业企业由主要污染物达标排放转向全面达标排放。

(四)“十五”期间,所有设市城市都必须建设污水处理设施。到2005年,50万以上人口的城市,污水处理率应达到60%以上;到2010年,所有设市城市的污水处理率应不低于60%,直辖市、省会城市、计划单列市以及重点风景旅游城市的污水处理率不低于70%。今后,城市在新建供水设施的同时,要规划建设相应的污水处理设施;缺水地区在规划建设城市污水处理设施时,还要同时安排污水回用设施的建设;城市大型公共建筑和公共供水管网覆盖范围外的自备水源单位,都应当建立中水系统,并在试点基础上逐步扩大居住小区中水系统建设。要加强对城市污水处理设施和回用设施运营的监督管理。

## 五、健全机制,加快水价改革步伐

(一)积极引入市场机制,拓展融资渠道,鼓励和吸引社会资金和外资投向城市污水处理和回用设施项目的建设和运营,加快城市污水处理设施的建设步伐。国家将采取积极有效的措施筹集建设资金,进一步加大建设投资力度,对小城镇及西部地区污水处理设施建设给予资金倾斜;对各地收取的污水处理费,免征增值税;对城市供水和污水处理工程所购置的设备可加速折旧。各地要继续落实好国家投资的城市污水处理工程项目的配套资金;对收取的污水处理费实行专款专用、滚动使用,采取有效措施,确保城市污水处理设施的正常运营和建设贷款及债券本息的偿还。

(二)逐步提高水价是节约用水的最有效措施。要加快城市水价改革步伐,尽快理顺供水价格,逐步建立激励节约用水的科学、完善的水价机制。要提高地下水资源费征收标准,控制地下水开采量。地方各级人民政府特别是城市人民政府要根据国家有关规定,尽快制订本行政区域内的用水定额和城市水价调整方案,并结合本地区经济发展水平和水资源的供求情况,适时调整。在逐步提高水价的同时,可继续实行计划用水和定额管理,对超计划和超定额用水要实行累进加价收费制度;缺水城市,要实行高额累进加价制度。

(三)全国所有设市城市都要按照有关规定尽快开征污水处理费。各地在调整城市供水价格和污水处理费标准时,要优先将污水处理费的征收标准调整到保本微利的水平,满足污水处理设施建设和运营的需要。供水和污水处理企业也要不断深化改革,转换经济机制,加强管理,降低成本。国务院有关部门要抓紧研究确定回用污水的合理价格,促进和鼓励污水的再利用。

## 六、加强领导,完善法规,提高城市供水、节水和水污染防治工作水平

(一)各地区、各有关部门要切实加强对城市供水、节水和水污染防治工作的组织领导,把这项工作纳入国民经济和社会发展计划,统筹安排,综合部署。地方各级人民政府的主要领导,特别是城市人民政府的主要领导,要对城市供水、节水和水污染防治工作负总责。国务院各有关部门要严格按照国家有关法律法规规定的程序和职责分工,加强协作,密切配合,及时协调解决工作中遇到的矛盾和问题。

(二)各地区、各有关部门在制定和实施水资源规划中,要明确目标,优化项目,落实措施,协调行动。要把有关水资源的保护、开发、利用等各个环节协调统一起来,统筹考虑城市防洪、排涝、供水、节水、治理水污染、污水回收利用,以及城市水环境保护等各种水的问题,妥善安排居民生活、工农业生产和生态环境等不同的用水需求,处理好各种用水矛盾。

(三)强化取水许可和排污许可制度,建立建设项目水资源论证制度和用水、节水评估制度。各地要加强取水许可监督管理和年审工作,严格取水许可审批,凡需要办理取水许可的建设项目都必须进行水资源论证。今后城市新建和改扩建的工程项目,在项目可行性研究报告中,应有用水、节水评估的内容。要严格执行环境影响评价制度,实行污染物排放总量控制及排污许可制度,排污必须经过许可。

(四)按照社会主义市场经济发展和加强城市供水、节水和水污染防治工作的要求,加快立法步伐,进一步补充、修改和完善有关法律法规,尽快建立起符合我国国情的、科学的城市供水、节水和水污染防治法律法规体系。各地区、各有关部门要坚决依法办事,严格执法,进一步加大执法监督力度,逐步将城市供水、节水和水污染防治工作纳入法制化、规范化轨道。

(五)各地区、各部门和各新闻单位要采取各种有效形式。开展广泛、深入、持久的宣传教育,使全体公民掌握科学的水知识,树立正确的水观念。加强水资源严重短缺的国情教育,增强全社会对水的忧患意识,使广大群众懂得保护水资源、水环境是每个公民的责任。转变落后的用水观念和用水习惯,把建设节水防污型城市目标变成广大干部群众共同的自觉行动。要加强舆论监督,对浪费水、破坏水质的行为公开曝光。同时,大力宣传和推广科学用水、节约用水的好方法,在全社会形成节约用水、合理用水、防治水污染、保护水资源良好的生产和生活方式。

国务院

二〇〇〇年十一月七日

# 国务院关于实行最严格水资源管理制度的意见

（国发〔2012〕3 号）

各省、自治区、直辖市人民政府，国务院各部委、各直属机构：

水是生命之源、生产之要、生态之基，人多水少、水资源时空分布不均是我国的基本国情和水情。当前我国水资源面临的形势十分严峻，水资源短缺、水污染严重、水生态环境恶化等问题日益突出，已成为制约经济社会可持续发展的主要瓶颈。为贯彻落实好中央水利工作会议和《中共中央 国务院关于加快水利改革发展的决定》（中发〔2011〕1 号）的要求，现就实行最严格水资源管理制度提出以下意见：

## 一、总体要求

**（一）指导思想。**深入贯彻落实科学发展观，以水资源配置、节约和保护为重点，强化用水需求和用水过程管理，通过健全制度、落实责任、提高能力、强化监管，严格控制用水总量，全面提高用水效率，严格控制入河湖排污总量，加快节水型社会建设，促进水资源可持续利用和经济发展方式转变，推动经济社会发展与水资源水环境承载能力相协调，保障经济社会长期平稳较快发展。

**（二）基本原则。**坚持以人为本，着力解决人民群众最关心最直接最现实的水资源问题，保障饮水安全、供水安全和生态安全；坚持人水和谐，尊重自然规律和经济社会发展规律，处理好水资源开发与保护关系，以水定需、量水而行、因水制宜；坚持统筹兼顾，协调好生活、生产和生态用水，协调好上下游、左右岸、干支流、地表水和地下水关系；坚持改革创新，完善水资源管理体制和机制，改进管理方式和方法；坚持因地制宜，实行分类指导，注重制度实施的可行性和有效性。

**（三）主要目标。**确立水资源开发利用控制红线，到 2030 年全国用水总量控制在 7 000 亿立方米以内；确立用水效率控制红线，到 2030 年用水效率达到或接近世界先进水平，万元工业增加值用水量（以 2000 年不变价计，下同）降低到 40 立方米以下，农田灌溉水有效利用系数提高到 0.6 以上；确立水功能区限制纳污红线，到 2030 年主要污染物入河湖总量控制在水功能区纳污能力范围之内，水功能区水质达标率提高到 95%以上。

为实现上述目标，到 2015 年，全国用水总量力争控制在 6 350 亿立方米以内；万元工业增加值用水量比 2010 年下降 30%以上，农田灌溉水有效利用系数提高到 0.53 以上；重要江河湖泊水功能区水质达标率提高到 60%以上。到 2020 年，全国用水总量力争控制在 6 700 亿立方米以内；万元工业增加值用水量降低到 65 立方米以下，农田灌溉水有效利用系数提高到 0.55 以上；重要江河湖泊水功能区水质达标率提高到 80%以上，城镇供水水源地水质全面达标。

## 二、加强水资源开发利用控制红线管理，严格实行用水总量控制

**（四）严格规划管理和水资源论证。**开发利用水资源，应当符合主体功能区的要求，按照流域和区域统一制定规划，充分发挥水资源的多种功能和综合效益。建设水工程，必须符合流域综合规划和防洪规划，由有关水行政主管部门或流域管理机构按照管理权限进行审查并签署意见。加强相关规划和项目建设布局水资源论证工作，国民经济和社会发展规划以及城市总体规划的编制、重大建设项目的布局，应当与当地水资源条件和防洪要求相适应。严格执行建设项目水资源论证制度，对未依法完成水资源论证工作的建设项目，审批机关不予批准，建设单位不得擅自开工建设和投产使用，对违反规定的，一律责令停止。

**（五）严格控制流域和区域取用水总量。**加快制定主要江河流域水量分配方案，建立覆盖流域和省市县三级行政区域的取用水总量控制指标体系，实施流域和区域取用水总量控制。各省、自治区、直辖市要按照江河流域水量分配方案或取用水总量控制指标，制定年度用水计划，依法对本行政区域内的年度用水实行总量管理。建立健全水权制度，积极培育水市场，鼓励开展水权交易，运用市场机制合理配置水资源。

**（六）严格实施取水许可。**严格规范取水许可审批管理，对取用水总量已达到或超过控制指标的地区，暂停审批建设项目新增取水；对取用水总量接近控制指标的地区，限制审批建设项目新增取水。对不符合国家产业政策或列入国家产业结构调整指导目录中淘汰类的，产品不符合行业用水定额标准的，在城市公共供水管网能够满足用水需要却通过自备取水设施取用地下水的，以及地下水已严重超采的地区取用地下水的建设项目取水申请，审批机关不予批准。

**（七）严格水资源有偿使用。**合理调整水资源费征收标准，扩大征收范围，严格水资源费征收、使用和管理。各省、自治区、直辖市要抓紧完善水资源费征收、使用和管理的规章制度，严格按照规定的征收范围、对象、标准和程序征收，确保应收尽收，任何单位和个人不得擅自减免、缓征或停征水资源费。水资源费主要用于水资源节约、保护和管理，严格依法查处挤占挪用水资源费的行为。

**（八）严格地下水管理和保护。**加强地下水动态监测，实行地下水取用水总量控制和水位控制。各省、自治区、直辖市人民政府要尽快核定并公布地下水禁采和限采范围。在地下水超采区，禁止农业、工业建设项目和服务业新增取用地下水，并逐步削减超采量，实现地下水采补平衡。深层承压地下水原则上只能作为应急和战略储备水源。依法规范机井建设审批管理，限期关闭在城市公共供水管网覆盖范围内的自备水井。抓紧编制并实施全国地下水利用与保护规划以及南水北调东中线受水区、地面沉降区、海水入侵区地下水压采方案，逐步削减开采量。

**（九）强化水资源统一调度。**流域管理机构和县级以上地方人民政府水行政主管部门要依法制订和完善水资源调度方案、应急调度预案和调度计划，对水资源实行统一调度。区域水资源调度应当服从流域水资源统一调度，水力发电、供水、航运等调度应当服从流域水资源统一调度。水资源调度方案、应急调度预案和调度计划一经批准，有关地方人民政府和部门等必须服从。

## 三、加强用水效率控制红线管理，全面推进节水型社会建设

**（十）全面加强节约用水管理。**各级人民政府要切实履行推进节水型社会建设的责任，把节约用水贯穿于经济社会发展和群众生活生产全过程，建立健全有利于节约用水的体制和机制。稳步推进水价改革。各项引水、调水、取水、供用水工程建设必须首先考虑节水要求。水资源短缺、生态脆弱地区要严格控制城市规模过度扩张，限制高耗水工业项目建设和高耗水服务业发展，遏制农业粗放用水。

**（十一）强化用水定额管理。**加快制定高耗水工业和服务业用水定额国家标准。各省、自治区、直辖市人民政府要根据用水效率控制红线确定的目标，及时组织修订本行政区域内各行业用水定额。对纳入取水许可管理的单位和其他用水大户实行计划用水管理，建立用水单位重点监控名录，强化用水监控管理。新建、扩建和改建建设项目应制订节水措施方案，保证节水设施与主体工程同时设计、同时施工、同时投产（即"三同时"制度），对违反"三同时"制度的，由县级以上地方人民政府有关部门或流域管理机构责令停止取用水并限期整改。

**（十二）加快推进节水技术改造。**制定节水强制性标准，逐步实行用水产品用水效率标识管理，禁止生产和销售不符合节水强制性标准的产品。加大农业节水力度，完善和落实节水灌溉的产业支持、技术服务、财政补贴等政策措施，大力发展管道输水、喷灌、微灌等高效节水灌溉。加大工业节水技术改造，建设工业节水示范工程。充分考虑不同工业行业和工业企业的用水状况和节水潜力，合理确定节水目标。有关部门要抓紧制定并公布落后的、耗水量高的用水工艺、设备和产品淘汰名录。加大城市生活节水工作力度，开展节水示范工作，逐步淘汰公共建筑中不符合节水标准的用水设备及产品，大力推广使用生活节水器具，着力降低供水管网漏损率。鼓励并积极发展污水处理回用、雨水和微咸水开发利用、海水淡化和直接利用等非常规水源开发利用。加快城市污水处理回用管网建设，逐步提高城市污水处理回用比例。非常规水源开发利用纳入水资源统一配置。

## 四、加强水功能区限制纳污红线管理，严格控制入河湖排污总量

**（十三）严格水功能区监督管理。**完善水功能区监督管理制度，建立水功能区水质达标评价体系，加强水功能区动态监测和科学管理。水功能区布局要服从和服务于所在区域的主体功能定位，符合主体功能区的发展方向和开发原则。从严核定水域纳污容量，严格控制入河湖排污总量。各级人民政府要把限制排污总量作为水污染防治和污染减排工作的重要依据。切实加强水污染防控，加强工业污染源控制，加大主要污染物减排力度，提高城市污水处理率，改善重点流域水环境质量，防治江河湖库富营养化。流域管理机构要加强重要江河湖泊的省界水质水量监测。严格入河湖排污口监督管理，对排污量超出水功能区限排总量的地区，限制审批新增取水和入河湖排污口。

**（十四）加强饮用水水源保护。**各省、自治区、直辖市人民政府要依法划定饮用水水源保护区，开展重要饮用水水源地安全保障达标建设。禁止在饮用水水源保护区内设置

排污口,对已设置的,由县级以上地方人民政府责令限期拆除。县级以上地方人民政府要完善饮用水水源地核准和安全评估制度,公布重要饮用水水源地名录。加快实施全国城市饮用水水源地安全保障规划和农村饮水安全工程规划。加强水土流失治理,防治面源污染,禁止破坏水源涵养林。强化饮用水水源应急管理,完善饮用水水源地突发事件应急预案,建立备用水源。

**(十五)推进水生态系统保护与修复。**开发利用水资源应维持河流合理流量和湖泊、水库以及地下水的合理水位,充分考虑基本生态用水需求,维护河湖健康生态。编制全国水生态系统保护与修复规划,加强重要生态保护区、水源涵养区、江河源头区和湿地的保护,开展内源污染整治,推进生态脆弱河流和地区水生态修复。研究建立生态用水及河流生态评价指标体系,定期组织开展全国重要河湖健康评估,建立健全水生态补偿机制。

五、保障措施

**(十六)建立水资源管理责任和考核制度。**要将水资源开发、利用、节约和保护的主要指标纳入地方经济社会发展综合评价体系,县级以上地方人民政府主要负责人对本行政区域水资源管理和保护工作负总责。国务院对各省、自治区、直辖市的主要指标落实情况进行考核,水利部会同有关部门具体组织实施,考核结果交由干部主管部门,作为地方人民政府相关领导干部和相关企业负责人综合考核评价的重要依据。具体考核办法由水利部会同有关部门制订,报国务院批准后实施。有关部门要加强沟通协调,水行政主管部门负责实施水资源的统一监督管理,发展改革、财政、国土资源、环境保护、住房城乡建设、监察、法制等部门按照职责分工,各司其职,密切配合,形成合力,共同做好最严格水资源管理制度的实施工作。

**(十七)健全水资源监控体系。**抓紧制定水资源监测、用水计量与统计等管理办法,健全相关技术标准体系。加强省界等重要控制断面、水功能区和地下水的水质水量监测能力建设。流域管理机构对省界水量的监测核定数据作为考核有关省、自治区、直辖市用水总量的依据之一,对省界水质的监测核定数据作为考核有关省、自治区、直辖市重点流域水污染防治专项规划实施情况的依据之一。加强取水、排水、入河湖排污口计量监控设施建设,加快建设国家水资源管理系统,逐步建立中央、流域和地方水资源监控管理平台,加快应急机动监测能力建设,全面提高监控、预警和管理能力。及时发布水资源公报等信息。

**(十八)完善水资源管理体制。**进一步完善流域管理与行政区域管理相结合的水资源管理体制,切实加强流域水资源的统一规划、统一管理和统一调度。强化城乡水资源统一管理,对城乡供水、水资源综合利用、水环境治理和防洪排涝等实行统筹规划、协调实施,促进水资源优化配置。

**(十九)完善水资源管理投入机制。**各级人民政府要拓宽投资渠道,建立长效、稳定的水资源管理投入机制,保障水资源节约、保护和管理工作经费,对水资源管理系统建设、节水技术推广与应用、地下水超采区治理、水生态系统保护与修复等给予重点支持。中央财政加大对水资源节约、保护和管理的支持力度。

**(二十)健全政策法规和社会监督机制。**抓紧完善水资源配置、节约、保护和管理等方面的政策法规体系。广泛深入开展基本水情宣传教育，强化社会舆论监督，进一步增强全社会水忧患意识和水资源节约保护意识，形成节约用水、合理用水的良好风尚。大力推进水资源管理科学决策和民主决策，完善公众参与机制，采取多种方式听取各方面意见，进一步提高决策透明度。对在水资源节约、保护和管理中取得显著成绩的单位和个人给予表彰奖励。

国务院

二〇一二年一月十二日

# 国家发改委 水利部<br>关于印发《国家节水行动方案》的通知

（发改环资规〔2019〕695号）

各省、自治区、直辖市人民政府，中央和国家机关有关部门：

《国家节水行动方案》已经中央全面深化改革委员会审议通过，现印发实施。

国家发展改革委
水利部
2019年4月15日

## 国家节水行动方案

为贯彻落实党的十九大精神，大力推动全社会节水，全面提升水资源利用效率，形成节水型生产生活方式，保障国家水安全，促进高质量发展，制定本行动方案。

### 一、重大意义

水是事关国计民生的基础性自然资源和战略性经济资源，是生态环境的控制性要素。我国人多水少，水资源时空分布不均，供需矛盾突出，全社会节水意识不强、用水粗放、浪费严重，水资源利用效率与国际先进水平存在较大差距，水资源短缺已经成为生态文明建设和经济社会可持续发展的瓶颈制约。要从实现中华民族永续发展和加快生态文明建设的战略高度认识节水的重要性，大力推进农业、工业、城镇等领域节水，深入推动缺水地区节水，提高水资源利用效率，形成全社会节水的良好风尚，以水资源的可持续利用支撑经济社会持续健康发展。

### 二、总体要求

**（一）指导思想**

以习近平新时代中国特色社会主义思想为指导，全面贯彻党的十九大和十九届二中、三中全会精神，认真落实党中央、国务院决策部署，统筹推进“五位一体”总体布局和协调推进“四个全面”战略布局，牢固树立和贯彻落实新发展理念，坚持节水优先方针，把节水作为解决我国水资源短缺问题的重要举措，贯穿到经济社会发展全过程和各领域，强化水资源承载能力刚性约束，实行水资源消耗总量和强度双控，落实目标责任，聚焦重点领域和缺水地区，实施重大节水工程，加强监督管理，增强全社会节水意识，大力推动节水制度、政策、技术、机制创新，加快推进用水方式由粗放向节约集约转变，提高用水效率，为建设生态文明和美丽中国、实现“两个一百年”奋斗目标奠定坚实基础。

**(二)基本原则**

整体推进、重点突破。优化用水结构,多措并举,在各领域、各地区全面推进水资源高效利用,在地下水超采地区、缺水地区、沿海地区率先突破。

技术引领、产业培育。强化科技支撑,推广先进适用节水技术与工艺,加快成果转化,推进节水技术装备产品研发及产业化,大力培育节水产业。

政策引导、两手发力。建立健全节水政策法规体系,完善市场机制,使市场在资源配置中起决定性作用和更好发挥政府作用,激发全社会节水内生动力。

加强领导、凝聚合力。加强党和政府对节水工作的领导,建立水资源督察和责任追究制度,加大节水宣传教育力度,全面建设节水型社会。

**(三)主要目标**

到2020年,节水政策法规、市场机制、标准体系趋于完善,技术支撑能力不断增强,管理机制逐步健全,节水效果初步显现。万元国内生产总值用水量、万元工业增加值用水量较2015年分别降低23%和20%,规模以上工业用水重复利用率达到91%以上,农田灌溉水有效利用系数提高到0.55以上,全国公共供水管网漏损率控制在10%以内。

到2022年,节水型生产和生活方式初步建立,节水产业初具规模,非常规水利用占比进一步增大,用水效率和效益显著提高,全社会节水意识明显增强。万元国内生产总值用水量、万元工业增加值用水量较2015年分别降低30%和28%,农田灌溉水有效利用系数提高到0.56以上,全国用水总量控制在6 700亿立方米以内。

到2035年,形成健全的节水政策法规体系和标准体系、完善的市场调节机制、先进的技术支撑体系,节水护水惜水成为全社会自觉行动,全国用水总量控制在7 000亿立方米以内,水资源节约和循环利用达到世界先进水平,形成水资源利用与发展规模、产业结构和空间布局等协调发展的现代化新格局。

## 三、重点行动

**(一)总量强度双控**

1. 强化指标刚性约束。严格实行区域流域用水总量和强度控制。健全省、市、县三级行政区域用水总量、用水强度控制指标体系,强化节水约束性指标管理,加快落实主要领域用水指标。划定水资源承载能力地区分类,实施差别化管控措施,建立监测预警机制。水资源超载地区要制定并实施用水总量削减计划。到2020年,建立覆盖主要农作物、工业产品和生活服务业的先进用水定额体系。

2. 严格用水全过程管理。严控水资源开发利用强度,完善规划和建设项目水资源论证制度,以水定城、以水定产,合理确定经济布局、结构和规模。2019年底,出台重大规划水资源论证管理办法。严格实行取水许可制度。加强对重点用水户、特殊用水行业用水户的监督管理。以县域为单元,全面开展节水型社会达标建设,到2022年,北方50%以上、南方30%以上县(区)级行政区达到节水型社会标准。

3. 强化节水监督考核。逐步建立节水目标责任制,将水资源节约和保护的主要指标纳入经济社会发展综合评价体系,实行最严格水资源管理制度考核。完善监督考核工作机制，强化部门协作，严格节水责任追究。严重缺水地区要将节水作为约束性指标纳入政绩考核。到2020年，建立国家和省级水资源督察和责任追究制度。

**（二）农业节水增效**

4. 大力推进节水灌溉。加快灌区续建配套和现代化改造，分区域规模化推进高效节水灌溉。结合高标准农田建设，加大田间节水设施建设力度。开展农业用水精细化管理，科学合理确定灌溉定额，推进灌溉试验及成果转化。推广喷灌、微灌、滴灌、低压管道输水灌溉、集雨补灌、水肥一体化、覆盖保墒等技术。加强农田土壤墒情监测，实现测墒灌溉。2020年前，每年发展高效节水灌溉面积2 000万亩、水肥一体化面积2 000万亩。到2022年，创建150个节水型灌区和100个节水农业示范区。

5. 优化调整作物种植结构。根据水资源条件，推进适水种植、量水生产。加快发展旱作农业，实现以旱补水。在干旱缺水地区，适度压减高耗水作物，扩大低耗水和耐旱作物种植比例，选育推广耐旱农作物新品种；在地下水严重超采地区，实施轮作休耕，适度退减灌溉面积，积极发展集雨节灌，增强蓄水保墒能力，严格限制开采深层地下水用于农业灌溉。到2022年，创建一批旱作农业示范区。

6. 推广畜牧渔业节水方式。实施规模养殖场节水改造和建设，推行先进适用的节水型畜禽养殖方式，推广节水型饲喂设备、机械干清粪等技术和工艺。发展节水渔业、牧业，大力推进稻渔综合种养，加强牧区草原节水，推广应用海淡水工厂化循环水和池塘工程化循环水等养殖技术。到2022年，建设一批畜牧节水示范工程。

7. 加快推进农村生活节水。在实施农村集中供水、污水处理工程和保障饮用水安全基础上，加强农村生活用水设施改造，在有条件的地区推动计量收费。加快村镇生活供水设施及配套管网建设与改造。推进农村"厕所革命"，推广使用节水器具，创造良好节水条件。

**（三）工业节水减排**

8. 大力推进工业节水改造。完善供用水计量体系和在线监测系统，强化生产用水管理。大力推广高效冷却、洗涤、循环用水、废污水再生利用、高耗水生产工艺替代等节水工艺和技术。支持企业开展节水技术改造及再生水回用改造，重点企业要定期开展水平衡测试、用水审计及水效对标。对超过取水定额标准的企业分类分步限期实施节水改造。到2020年，水资源超载地区年用水量1万立方米及以上的工业企业用水计划管理实现全覆盖。

9. 推动高耗水行业节水增效。实施节水管理和改造升级，采用差别水价以及树立节水标杆等措施，促进高耗水企业加强废水深度处理和达标再利用。严格落实主体功能区规划，在生态脆弱、严重缺水和地下水超采地区，严格控制高耗水新建、改建、扩建项目，推进高耗水企业向水资源条件允许的工业园区集中。对采用列入淘汰目录工艺、技术和装备的项目，不予批准取水许可；未按期淘汰的，有关部门和地方政府要依法严格查处。到2022年，在火力发电、钢铁、纺织、造纸、石化和化工、食品和发酵等高耗水行业建成一批节水型企业。

10. 积极推行水循环梯级利用。推进现有企业和园区开展以节水为重点内容的绿色高质量转型升级和循环化改造，加快节水及水循环利用设施建设，促进企业间串联用水、分质用水,一水多用和循环利用。新建企业和园区要在规划布局时,统筹供排水、水处理及循环利用设施建设,推动企业间的用水系统集成优化。到 2022 年,创建 100 家节水标杆企业、50 家节水标杆园区。

**(四)城镇节水降损**

11. 全面推进节水型城市建设。提高城市节水工作系统性,将节水落实到城市规划、建设、管理各环节,实现优水优用、循环循序利用。落实城市节水各项基础管理制度,推进城镇节水改造;结合海绵城市建设,提高雨水资源利用水平;重点抓好污水再生利用设施建设与改造,城市生态景观、工业生产、城市绿化、道路清扫、车辆冲洗和建筑施工等,应当优先使用再生水,提升再生水利用水平,鼓励构建城镇良性水循环系统。到 2020 年,地级及以上缺水城市全部达到国家节水型城市标准。

12. 大幅降低供水管网漏损。加快制定和实施供水管网改造建设实施方案,完善供水管网检漏制度。加强公共供水系统运行监督管理,推进城镇供水管网分区计量管理,建立精细化管理平台和漏损管控体系,协同推进二次供水设施改造和专业化管理。重点推动东北等管网高漏损地区的节水改造。到 2020 年,在 100 个城市开展城市供水管网分区计量管理。

13. 深入开展公共领域节水。缺水城市园林绿化宜选用适合本地区的节水耐旱型植被,采用喷灌、微灌等节水灌溉方式。公共机构要开展供水管网、绿化浇灌系统等节水诊断,推广应用节水新技术、新工艺和新产品,提高节水器具使用率。大力推广绿色建筑,新建公共建筑必须安装节水器具。推动城镇居民家庭节水,普及推广节水型用水器具。到 2022 年,中央国家机关及其所属在京公共机构、省直机关及 50%以上的省属事业单位建成节水型单位,建成一批具有典型示范意义的节水型高校。

14. 严控高耗水服务业用水。从严控制洗浴、洗车、高尔夫球场、人工滑雪场、洗涤、宾馆等行业用水定额。洗车、高尔夫球场、人工滑雪场等特种行业积极推广循环用水技术、设备与工艺,优先利用再生水、雨水等非常规水源。

**(五)重点地区节水开源**

15. 在超采地区削减地下水开采量。以华北地区为重点,加快推进地下水超采区综合治理。加快实施新型窖池高效集雨。严格机电井管理,限期关闭未经批准和公共供水管网覆盖范围内的自备水井。完善地下水监测网络,超采区内禁止工农业及服务业新增取用地下水。采取强化节水、置换水源、禁采限采、关井压田等措施,压减地下水开采量。到 2022 年,京津冀地区城镇力争全面实现采补平衡。

16. 在缺水地区加强非常规水利用。加强再生水、海水、雨水、矿井水和苦咸水等非常规水多元、梯级和安全利用。强制推动非常规水纳入水资源统一配置,逐年提高非常规水利用比例,并严格考核。统筹利用好再生水、雨水、微咸水等用于农业灌溉和生态景观。新建小区、城市道路、公共绿地等因地制宜配套建设雨水集蓄利用设施。严禁盲目扩大景观、娱乐水域面积,生态用水优先使用非常规水,具备使用非常规水条件但未充分利用的建设项目不得批准其新增取水许可。到 2020 年,缺水城市再生水利用率达到 20%以上。到 2022 年,缺水城市非常规水利用占比平均提高 2 个百分点。

17. 在沿海地区充分利用海水。高耗水行业和工业园区用水要优先利用海水,在离岸有居民海岛实施海水淡化工程。加大海水淡化工程自主技术和装备的推广应用,逐步提高装备国产化率。沿海严重缺水城市可将海水淡化水作为市政新增供水及应急备用的重要水源。

**(六)科技创新引领**

18.加快关键技术装备研发。推动节水技术与工艺创新,瞄准世界先进技术,加大节水产品和技术研发,加强大数据、人工智能、区块链等新一代信息技术与节水技术、管理及产品的深度融合。重点支持用水精准计量、水资源高效循环利用、精准节水灌溉控制、管网漏损监测智能化、非常规水利用等先进技术及适用设备研发。

19.促进节水技术转化推广。建立“政产学研用”深度融合的节水技术创新体系,加快节水科技成果转化,推进节水技术、产品、设备使用示范基地、国家海水利用创新示范基地和节水型社会创新试点建设。鼓励通过信息化手段推广节水产品和技术,拓展节水科技成果及先进节水技术工艺推广渠道,逐步推动节水技术成果市场化。

20.推动技术成果产业化。鼓励企业加大节水装备及产品研发、设计和生产投入,降低节水技术工艺与装备产品成本,提高节水装备与产品质量,提升中高端品牌的差异化竞争力,构建节水装备及产品的多元化供给体系。发展具有竞争力的第三方节水服务企业,提供社会化、专业化、规范化节水服务,培育节水产业。到2022年,培育一批技术水平高、带动能力强的节水服务企业。

## 四、深化体制机制改革

**(一)政策制度推动**

1.全面深化水价改革。深入推进农业水价综合改革,同步建立农业用水精准补贴。建立健全充分反映供水成本、激励提升供水质量、促进节约用水的城镇供水价格形成机制和动态调整机制,适时完善居民阶梯水价制度,全面推行城镇非居民用水超定额累进加价制度,进一步拉大特种用水与非居民用水的价差。

2.推动水资源税改革。与水价改革协同推进,探索建立合理的水资源税制度体系,及时总结评估水资源税,扩大试点改革经验,科学设置差别化税率体系,加大水资源税改革力度,发挥促进水资源节约的调节作用。

3.加强用水计量统计。推进取用水计量统计,提高农业灌溉、工业和市政用水计量率。完善农业用水计量设施,配备工业及服务业取用水计量器具,全面实施城镇居民“一户一表”改造。建立节水统计调查和基层用水统计管理制度,加强对农业、工业、生活、生态环境补水四类用水户涉水信息管理。对全国规模以上工业企业用水情况进行统计监测。到2022年,大中型灌区渠首和干支渠口门实现取水计量。

4.强化节水监督管理。严格实行计划用水监督管理。对重点地区、领域、行业、产品进行专项监督检查。实行用水报告制度,鼓励年用水总量超过10万立方米的企业或园区设立水务经理。建立倒逼机制,将用水户违规记录纳入全国统一的信用信息共享平台。到2020年,建立国家、省、市三级重点监控用水单位名录。到2022年,将年用水量50万立方米以上的工业和服务业用水单位全部纳入重点监控用水单位名录。

5.健全节水标准体系。加快农业、工业、城镇以及非常规水利用等各方面节水标准制修订工作。建立健全国家和省级用水定额标准体系。逐步建立节水标准实时跟踪、评估和监督机制。到2022年,节水标准达到200项以上,基本覆盖取水定额、节水型公共机构、节水型企业、产品水效、水利用与处理设备、非常规水利用、水回用等方面。

**(二)市场机制创新**

6.推进水权水市场改革。推进水资源使用权确权,明确行政区域取用水权益,科学核定取用水户许可水量。探索流域内、地区间、行业间、用水户间等多种形式的水权交易。在满足自身用水情况下,对节约出的水量进行有偿转让。建立农业水权制度。对用水总量达到或超过区域总量控制指标或江河水量分配指标的地区,可通过水权交易解决新增用水需求。加强水权交易监管,规范交易平台建设和运营。

7.推行水效标识建设。对节水潜力大、适用面广的用水产品施行水效标识管理。开展产品水效检测,确定水效等级,分批发布产品水效标识实施规则,强化市场监督管理,加大专项检查抽查力度,逐步淘汰水效等级较低产品。到2022年,基本建立坐便器、水嘴、淋浴器等生活用水产品水效标识制度,并扩展到农业、工业和商用设备等领域。

8.推动合同节水管理。创新节水服务模式,建立节水装备及产品的质量评级和市场准入制度,完善工业水循环利用设施、集中建筑中水设施委托运营服务机制,在公共机构、公共建筑、高耗水工业、高耗水服务业、农业灌溉、供水管网漏损控制等领域,引导和推动合同节水管理。开展节水设计、改造、计量和咨询等服务,提供整体解决方案。拓展投融资渠道,整合市场资源要素,为节水改造和管理提供服务。

9.实施水效领跑和节水认证。在用水产品、用水企业、灌区、公共机构和节水型城市开展水效领跑者引领行动。制定水效领跑者指标,发布水效领跑者名单,树立节水先进标杆,鼓励开展水效对标达标活动。持续推动节水认证工作,促进节水产品认证逐步向绿色产品认证过渡,完善相关认证结果采信机制。到2022年,遴选出50家水效领跑者工业企业、50个水效领跑者用水产品型号、20个水效领跑者灌区以及一批水效领跑者公共机构和水效领跑者城市。

## 五、保障措施

**(一)加强组织领导**。加强党对节水工作的领导,统筹推动节水工作。国务院有关部门按照职责分工做好相关节水工作。水利部牵头,会同发展改革委、住房城乡建设部、农业农村部等部门建立节约用水工作部际协调机制,协调解决节水工作中的重大问题。地方各级党委和政府对本辖区节水工作负总责,制定节水行动实施方案,确保节水行动各项任务完成。

**(二)推动法治建设**。完善节水法律法规,规范全社会用水行为。开展节约用水立法前期研究。加快制订和出台节约用水条例,到2020年力争颁布施行。各省(自治区、直辖市)要加快制定地方性法规,完善节水管理。

**(三)完善财税政策**。积极发挥财政职能作用,重点支持农业节水灌溉、地下水超采区综合治理、水资源节约保护、城市供水管网漏损控制、节水标准制修定、节水宣传教育等。完善助力节水产业发展的价格、投资等政策,落实节水税收优惠政策,充分发挥相关税收优惠政策对节水技术研发、企业节水、水资源保护和再利用等方面的支持作用。

**（四）拓展融资模式。**完善金融和社会资本进入节水领域的相关政策，积极发挥银行等金融机构作用，依法合规支持节水工程建设、节水技术改造、非常规水源利用等项目。采用直接投资、投资补助、运营补贴等方式，规范支持政府和社会资本合作项目，鼓励和引导社会资本参与有一定收益的节水项目建设和运营。鼓励金融机构对符合贷款条件的节水项目优先给予支持。

**（五）提升节水意识。**加强国情水情教育，逐步将节水纳入国家宣传、国民素质教育和中小学教育活动，向全民普及节水知识。加强高校节水相关专业人才培养。开展世界水日、中国水周、全国城市节水宣传周等形式多样的主题宣传活动，倡导简约适度的消费模式，提高全民节水意识。鼓励各相关领域开展节水型社会、节水型单位等创建活动。

**（六）开展国际合作。**建立交流合作机制，推进国家间、城市间、企业和社团间节水合作与交流。对标国际节水先进水平，加强节水政策、管理、装备和产品制造、技术研发应用、水效标准标识及节水认证结果互认等方面的合作，开展节水项目国际合作示范。

# 国家发改委办公厅 水利部办公厅<br>关于印发《〈国家节水行动方案〉分工方案》的通知

(发改办环资〔2019〕754号)

教育部、科技部、工业和信息化部、司法部、财政部、自然资源部、生态环境部、住房城乡建设部、交通运输部、农业农村部、商务部、卫生健康委、人民银行、税务总局、市场监管总局、统计局、国管局、能源局办公厅(室、综合司):

现将《〈国家节水行动方案〉分工方案》印发给你们,请结合各自职能,认真贯彻落实。请于每年2月底前,将实施进展情况报送国家发展改革委办公厅、水利部办公厅。

国家发展改革委办公厅
水利部办公厅
2019年7月3日

## 《国家节水行动方案》分工方案

为贯彻落实党的十九大精神,大力推动全社会节水,全面提升水资源利用效率,形成节水型生产生活方式,保障国家水安全,促进高质量发展,制定本行动方案。

一、重大意义

水是事关国计民生的基础性自然资源和战略性经济资源,是生态环境的控制性要素。我国人多水少,水资源时空分布不均,供需矛盾突出,全社会节水意识不强、用水粗放、浪费严重,水资源利用效率与国际先进水平存在较大差距,水资源短缺已经成为生态文明建设和经济社会可持续发展的瓶颈制约。要从实现中华民族永续发展和加快生态文明建设的战略高度认识节水的重要性,大力推进农业、工业、城镇等领域节水,深入推动缺水地区节水,提高水资源利用效率,形成全社会节水的良好风尚,以水资源的可持续利用支撑经济社会持续健康发展。

二、总体要求

**(一)指导思想**

以习近平新时代中国特色社会主义思想为指导,全面贯彻党的十九大和十九届二中、三中全会精神,认真落实党中央、国务院决策部署,统筹推进“五位一体”总体布局和协调推进“四个全面”战略布局,牢固树立和贯彻落实新发展理念,坚持节水优先方针,把节水作为解决我国水资源短缺问题的重要举措，贯穿到经济社会发展全过程和各领域，强化水资源承载能力刚性约束，实行水资源消耗总量和强度双控，落实目标责任，聚焦重点领域和缺水地区，实施重大节水工程，加强监督管理，增强全社会节水意识，大力推动节水制度、政策、技术、机制创新，加快推进用水方式由粗放向节约集约转变，提高用水效率，为建设生态文明和美丽中国、实现"两个一百年"奋斗目标奠定坚实基础。

**（二）基本原则**

整体推进、重点突破。优化用水结构，多措并举，在各领域、各地区全面推进水资源高效利用，在地下水超采地区、缺水地区、沿海地区率先突破。

技术引领、产业培育。强化科技支撑，推广先进适用节水技术与工艺，加快成果转化，推进节水技术装备产品研发及产业化，大力培育节水产业。

政策引导、两手发力。建立健全节水政策法规体系，完善市场机制，使市场在资源配置中起决定性作用和更好发挥政府作用，激发全社会节水内生动力。

加强领导、凝聚合力。加强党和政府对节水工作的领导，建立水资源督察和责任追究制度，加大节水宣传教育力度，全面建设节水型社会。

**（三）主要目标**

到2020年，节水政策法规、市场机制、标准体系趋于完善，技术支撑能力不断增强，管理机制逐步健全，节水效果初步显现。万元国内生产总值用水量、万元工业增加值用水量较2015年分别降低23%和20%，规模以上工业用水重复利用率达到91%以上，农田灌溉水有效利用系数提高到0.55以上，全国公共供水管网漏损率控制在10%以内。

到2022年，节水型生产和生活方式初步建立，节水产业初具规模，非常规水利用占比进一步增大，用水效率和效益显著提高，全社会节水意识明显增强。万元国内生产总值用水量、万元工业增加值用水量较2015年分别降低30%和28%，农田灌溉水有效利用系数提高到0.56以上，全国用水总量控制在6 700亿立方米以内。

到2035年，形成健全的节水政策法规体系和标准体系、完善的市场调节机制、先进的技术支撑体系，节水护水惜水成为全社会自觉行动，全国用水总量控制在7 000亿立方米以内，水资源节约和循环利用达到世界先进水平，形成水资源利用与发展规模、产业结构和空间布局等协调发展的现代化新格局。

（牵头单位：水利部；参与单位：国家发展改革委、教育部、科技部、工业和信息化部、司法部、财政部、自然资源部、生态环境部、住房城乡建设部、交通运输部、农业农村部、商务部、卫生健康委、人民银行、税务总局、市场监管总局、统计局、国管局、能源局）

## 三、重点行动

**（一）总量强度双控**

1. 强化指标刚性约束。严格实行区域流域用水总量和强度控制。健全省、市、县三级行政区域用水总量、用水强度控制指标体系，强化节水约束性指标管理，加快落实主要领域用水指标。划定水资源承载能力地区分类，实施差别化管控措施，建立监测预警机制。水资源超载地区要制定并实施用水总量削减计划。到2020年，建立覆盖主要农作物、工业产品和生活服务业的先进用水定额体系。（牵头单位：水利部；参与单位：国家发展改

革委、工业和信息化部、自然资源部、住房城乡建设部、农业农村部、商务部、市场监管总局)

2. 严格用水全过程管理。严控水资源开发利用强度,完善规划和建设项目水资源论证制度,以水定城、以水定产,合理确定经济布局、结构和规模。2019 年底,出台重大规划水资源论证管理办法。严格实行取水许可制度。加强对重点用水户、特殊用水行业用水户的监督管理。以县域为单元,全面开展节水型社会达标建设,到 2022 年,北方 50%以上、南方 30%以上县(区)级行政区达到节水型社会标准。(牵头单位:水利部;参与单位:国家发展改革委、教育部、工业和信息化部、自然资源部、住房城乡建设部、交通运输部、农业农村部、商务部、国管局)

3. 强化节水监督考核。逐步建立节水目标责任制,将水资源节约和保护的主要指标纳入经济社会发展综合评价体系,实行最严格水资源管理制度考核。完善监督考核工作机制,强化部门协作,严格节水责任追究。严重缺水地区要将节水作为约束性指标纳入政绩考核。到 2020 年,建立国家和省级水资源督察和责任追究制度。(牵头单位:水利部;参与单位:国家发展改革委、工业和信息化部、财政部、自然资源部、住房城乡建设部、农业农村部、国管局)

**(二)农业节水增效**

4. 大力推进节水灌溉。加快灌区续建配套和现代化改造,分区域规模化推进高效节水灌溉。结合高标准农田建设,加大田间节水设施建设力度。开展农业用水精细化管理,科学合理确定灌溉定额,推进灌溉试验及成果转化。推广喷灌、微灌、滴灌、低压管道输水灌溉、集雨补灌、水肥一体化、覆盖保墒等技术。加强农田土壤墒情监测,实现测墒灌溉。2020 年前,每年发展高效节水灌溉面积 2 000 万亩、水肥一体化面积 2 000 万亩。到 2022 年,创建 150 个节水型灌区和 100 个节水农业示范区。(牵头单位:农业农村部;参与单位:国家发展改革委、水利部、科技部、财政部)

5. 优化调整作物种植结构。根据水资源条件,推进适水种植、量水生产。加快发展旱作农业,实现以旱补水。在干旱缺水地区,适度压减高耗水作物,扩大低耗水和耐旱作物种植比例,选育推广耐旱农作物新品种;在地下水严重超采地区,实施轮作休耕,适度退减灌溉面积,积极发展集雨节灌,增强蓄水保墒能力,严格限制开采深层地下水用于农业灌溉。到 2022 年,创建一批旱作农业示范区。(牵头单位:农业农村部;参与单位:国家发展改革委、水利部、财政部、自然资源部)

6. 推广畜牧渔业节水方式。实施规模养殖场节水改造和建设,推行先进适用的节水型畜禽养殖方式,推广节水型饲喂设备、机械干清粪等技术和工艺。发展节水渔业、牧业,大力推进稻渔综合种养,加强牧区草原节水,推广应用海淡水工厂化循环水和池塘工程化循环水等养殖技术。到 2022 年,建设一批畜牧节水示范工程。(牵头单位:农业农村部;参与单位:科技部、自然资源部)

7. 加快推进农村生活节水。在实施农村集中供水、污水处理工程和保障饮用水安全基础上,加强农村生活用水设施改造,在有条件的地区推动计量收费。加快村镇生活供水设施及配套管网建设与改造。推进农村"厕所革命",推广使用节水器具,创造良好节水条件。(牵头单位:水利部;参与单位:国家发展改革委、财政部、住房城乡建设部、农业农

村部、卫生健康委）

**（三）工业节水减排**

8. 大力推进工业节水改造。完善供用水计量体系和在线监测系统，强化生产用水管理。大力推广高效冷却、洗涤、循环用水、废污水再生利用、高耗水生产工艺替代等节水工艺和技术。支持企业开展节水技术改造及再生水回用改造，重点企业要定期开展水平衡测试、用水审计及水效对标。对超过取水定额标准的企业分类分步限期实施节水改造。到2020年，水资源超载地区年用水量1万立方米及以上的工业企业用水计划管理实现全覆盖。（牵头单位：工业和信息化部；参与单位：国家发展改革委、水利部、科技部、自然资源部、住房城乡建设部、市场监管总局）

9. 推动高耗水行业节水增效。实施节水管理和改造升级，采用差别水价以及树立节水标杆等措施，促进高耗水企业加强废水深度处理和达标再利用。严格落实主体功能区规划，在生态脆弱、严重缺水和地下水超采地区，严格控制高耗水新建、改建、扩建项目，推进高耗水企业向水资源条件允许的工业园区集中。对采用列入淘汰目录工艺、技术和装备的项目，不予批准取水许可；未按期淘汰的，有关部门和地方政府要依法严格查处。到2022年，在火力发电、钢铁、纺织、造纸、石化和化工、食品和发酵等高耗水行业建成一批节水型企业。（牵头单位：工业和信息化部；参与单位：国家发展改革委、水利部、自然资源部、生态环境部、能源局）

10. 积极推行水循环梯级利用。推进现有企业和园区开展以节水为重点内容的绿色高质量转型升级和循环化改造，加快节水及水循环利用设施建设，促进企业间串联用水、分质用水，一水多用和循环利用。新建企业和园区要在规划布局时，统筹供排水、水处理及循环利用设施建设，推动企业间的用水系统集成优化。到2022年，创建100家节水标杆企业、50家节水标杆园区。（牵头单位：工业和信息化部；参与单位：国家发展改革委、水利部、自然资源部、住房城乡建设部）

**（四）城镇节水降损**

11. 全面推进节水型城市建设。提高城市节水工作系统性，将节水落实到城市规划、建设、管理各环节，实现优水优用、循环循序利用。落实城市节水各项基础管理制度，推进城镇节水改造；结合海绵城市建设，提高雨水资源利用水平；重点抓好污水再生利用设施建设与改造，城市生态景观、工业生产、城市绿化、道路清扫、车辆冲洗和建筑施工等，应当优先使用再生水，提升再生水利用水平，鼓励构建城镇良性水循环系统。到2020年，地级及以上缺水城市全部达到国家节水型城市标准。（牵头单位：住房城乡建设部；参与单位：国家发展改革委、水利部、工业和信息化部、财政部、自然资源部）

12. 大幅降低供水管网漏损。加快制定和实施供水管网改造建设实施方案，完善供水管网检漏制度。加强公共供水系统运行监督管理，推进城镇供水管网分区计量管理，建立精细化管理平台和漏损管控体系，协同推进二次供水设施改造和专业化管理。重点推动东北等管网高漏损地区的节水改造。到2020年，在100个城市开展城市供水管网分区计量管理。（牵头单位：住房城乡建设部；参与单位：国家发展改革委、水利部、财政部、自然资源部）

13. 深入开展公共领域节水。缺水城市园林绿化宜选用适合本地区的节水耐旱型植被，采用喷灌、微灌等节水灌溉方式。公共机构要开展供水管网、绿化浇灌系统等节水诊断，推广应用节水新技术、新工艺和新产品，提高节水器具使用率。大力推广绿色建筑，新建公共建筑必须安装节水器具。推动城镇居民家庭节水，普及推广节水型用水器具。到2022年，中央国家机关及其所属在京公共机构、省直机关及50%以上的省属事业单位建成节水型单位，建成一批具有典型示范意义的节水型高校。（牵头单位：住房城乡建设部；参与单位：国家发展改革委、水利部、教育部、国管局）

14. 严控高耗水服务业用水。从严控制洗浴、洗车、高尔夫球场、人工滑雪场、洗涤、宾馆等行业用水定额。洗车、高尔夫球场、人工滑雪场等特种行业积极推广循环用水技术、设备与工艺，优先利用再生水、雨水等非常规水源。（牵头单位：水利部；参与单位：国家发展改革委、住房城乡建设部、商务部）

**（五）重点地区节水开源**

15. 在超采地区削减地下水开采量。以华北地区为重点，加快推进地下水超采区综合治理。加快实施新型窖池高效集雨。严格机电井管理，限期关闭未经批准和公共供水管网覆盖范围内的自备水井。完善地下水监测网络，超采区内禁止工农业及服务业新增取用地下水。采取强化节水、置换水源、禁采限采、关井压田等措施，压减地下水开采量。到2022年，京津冀地区城镇力争全面实现采补平衡。（牵头单位：水利部；参与单位：国家发展改革委、工业和信息化部、财政部、自然资源部、住房城乡建设部、农业农村部）

16. 在缺水地区加强非常规水利用。加强再生水、海水、雨水、矿井水和苦咸水等非常规水多元、梯级和安全利用。强制推动非常规水纳入水资源统一配置，逐年提高非常规水利用比例，并严格考核。统筹利用好再生水、雨水、微咸水等用于农业灌溉和生态景观。新建小区、城市道路、公共绿地等因地制宜配套建设雨水集蓄利用设施。严禁盲目扩大景观、娱乐水域面积，生态用水优先使用非常规水，具备使用非常规水条件但未充分利用的建设项目不得批准其新增取水许可。到2020年，缺水城市再生水利用率达到20%以上。到2022年，缺水城市非常规水利用占比平均提高2个百分点。（牵头单位：水利部；参与单位：国家发展改革委、工业和信息化部、自然资源部、住房城乡建设部、农业农村部、能源局）

17. 在沿海地区充分利用海水。高耗水行业和工业园区用水要优先利用海水，在离岸有居民海岛实施海水淡化工程。加大海水淡化工程自主技术和装备的推广应用，逐步提高装备国产化率。沿海严重缺水城市可将海水淡化水作为市政新增供水及应急备用的重要水源。（牵头单位：国家发展改革委；参与单位：水利部、科技部、工业和信息化部、自然资源部、住房城乡建设部、卫生健康委）

**（六）科技创新引领**

18. 加快关键技术装备研发。推动节水技术与工艺创新，瞄准世界先进技术，加大节水产品和技术研发，加强大数据、人工智能、区块链等新一代信息技术与节水技术、管理及产品的深度融合。重点支持用水精准计量、水资源高效循环利用、精准节水灌溉控制、管网漏损监测智能化、非常规水利用等先进技术及适用设备研发。（牵头单位：科技部；参与单位：国家发展改革委、水利部、工业和信息化部、自然资源部、住房城乡建设部、农业农村部、市场监管总局）

19. 促进节水技术转化推广。建立“政产学研用”深度融合的节水技术创新体系，加快节水科技成果转化，推进节水技术、产品、设备使用示范基地、国家海水利用创新示范基地和节水型社会创新试点建设。鼓励通过信息化手段推广节水产品和技术，拓展节水科技成果及先进节水技术工艺推广渠道，逐步推动节水技术成果市场化。（牵头单位：科技部；参与单位：国家发展改革委、水利部、工业和信息化部、自然资源部、住房城乡建设部、农业农村部、国管局）

20. 推动技术成果产业化。鼓励企业加大节水装备及产品研发、设计和生产投入，降低节水技术工艺与装备产品成本，提高节水装备与产品质量，提升中高端品牌的差异化竞争力，构建节水装备及产品的多元化供给体系。发展具有竞争力的第三方节水服务企业，提供社会化、专业化、规范化节水服务，培育节水产业。到2022年，培育一批技术水平高、带动能力强的节水服务企业。（牵头单位：科技部；参与单位：国家发展改革委、水利部、工业和信息化部、住房城乡建设部、商务部、市场监管总局）

## 四、深化体制机制改革

### （一）政策制度推动

1. 全面深化水价改革。深入推进农业水价综合改革，同步建立农业用水精准补贴。建立健全充分反映供水成本、激励提升供水质量、促进节约用水的城镇供水价格形成机制和动态调整机制，适时完善居民阶梯水价制度，全面推行城镇非居民用水超定额累进加价制度，进一步拉大特种用水与非居民用水的价差。（牵头单位：国家发展改革委；参与单位：水利部、工业和信息化部、财政部、自然资源部、住房城乡建设部、农业农村部）

2. 推动水资源税改革。与水价改革协同推进，探索建立合理的水资源税制度体系，及时总结评估水资源税扩大试点改革经验，科学设置差别化税率体系，加大水资源税改革力度，发挥促进水资源节约的调节作用。（牵头单位：财政部；参与单位：国家发展改革委、水利部、住房城乡建设部、税务总局）

3. 加强用水计量统计。推进取用水计量统计，提高农业灌溉、工业和市政用水计量率。完善农业用水计量设施，配备工业及服务业取用水计量器具，全面实施城镇居民“一户一表”改造。建立节水统计调查和基层用水统计管理制度，加强对农业、工业、生活、生态环境补水四类用水户涉水信息管理。对全国规模以上工业企业用水情况进行统计监测。到2022年，大中型灌区渠首和干支渠口门实现取水计量。（牵头单位：水利部；参与单位：工业和信息化部、住房城乡建设部、农业农村部、商务部、市场监管总局、统计局）

4. 强化节水监督管理。严格实行计划用水监督管理。对重点地区、领域、行业、产品进行专项监督检查。实行用水报告制度，鼓励年用水总量超过10万立方米的企业或园区设立水务经理。建立倒逼机制，将用水户违规记录纳入全国统一的信用信息共享平台。到2020年，建立国家、省、市三级重点监控用水单位名录。到2022年，将年用水量50万立方米以上的工业和服务业用水单位全部纳入重点监控用水单位名录。（牵头单位：水利部；参与单位：国家发展改革委、工业和信息化部、住房城乡建设部、农业农村部、商务部、统计局）

5. 健全节水标准体系。加快农业、工业、城镇以及非常规水利用等各方面节水标准制修订工作。建立健全国家和省级用水定额标准体系。逐步建立节水标准实时跟踪、评估和监督机制。到2022年，节水标准达到200项以上，基本覆盖取水定额、节水型公共机构、节水型企业、产品水效、水利用与处理设备、非常规水利用、水回用等方面。（牵头单位：国家发展改革委；参与单位：水利部、工业和信息化部、自然资源部、住房城乡建设部、农业农村部、市场监管总局、国管局）

**（二）市场机制创新**

6.推进水权水市场改革。推进水资源使用权确权，明确行政区域取用水权益，科学核定取用水户许可水量。探索流域内、地区间、行业间、用水户间等多种形式的水权交易。在满足自身用水情况下，对节约出的水量进行有偿转让。建立农业水权制度。对用水总量达到或超过区域总量控制指标或江河水量分配指标的地区，可通过水权交易解决新增用水需求。加强水权交易监管，规范交易平台建设和运营。（牵头单位：水利部；参与单位：国家发展改革委、工业和信息化部、自然资源部、住房城乡建设部、农业农村部）

7.推行水效标识建设。对节水潜力大、适用面广的用水产品施行水效标识管理。开展产品水效检测，确定水效等级，分批发布产品水效标识实施规则，强化市场监督管理，加大专项检查抽查力度，逐步淘汰水效等级较低产品。到2022年，基本建立坐便器、水嘴、淋浴器等生活用水产品水效标识制度，并扩展到农业、工业和商用设备等领域。（牵头单位：国家发展改革委；参与单位：水利部、工业和信息化部、住房城乡建设部、市场监管总局）

8.推动合同节水管理。创新节水服务模式，建立节水装备及产品的质量评级和市场准入制度，完善工业水循环利用设施、集中建筑中水设施委托运营服务机制，在公共机构、公共建筑、高耗水工业、高耗水服务业、农业灌溉、供水管网漏损控制等领域，引导和推动合同节水管理。开展节水设计、改造、计量和咨询等服务，提供整体解决方案。拓展投融资渠道，整合市场资源要素，为节水改造和管理提供服务。（牵头单位：水利部；参与单位：国家发展改革委、工业和信息化部、住房城乡建设部、农业农村部、商务部、市场监管总局、国管局）

9.实施水效领跑和节水认证。在用水产品、用水企业、灌区、公共机构和节水型城市开展水效领跑者引领行动。制定水效领跑者指标，发布水效领跑者名单，树立节水先进标杆，鼓励开展水效对标达标活动。持续推动节水认证工作，促进节水产品认证逐步向绿色产品认证过渡，完善相关认证结果采信机制。到2022年，遴选出50家水效领跑者工业企业、50个水效领跑者用水产品型号、20个水效领跑者灌区以及一批水效领跑者公共机构和水效领跑者城市。（牵头单位：国家发展改革委；参与单位：水利部、工业和信息化部、住房城乡建设部、农业农村部、市场监管总局、国管局、能源局）

## 五、保障措施

**（一）加强组织领导**。加强党对节水工作的领导，统筹推动节水工作。国务院有关部门按照职责分工做好相关节水工作。水利部牵头，会同发展改革委、住房城乡建设部、农业农村部等部门建立节约用水工作部际协调机制，协调解决节水工作中的重大问题。地方各级党委和政府对本辖区节水工作负总责，制定节水行动实施方案，确保节水行动各项

任务完成。(牵头单位:水利部;参与单位:各部门按职责分工共同推进)

**(二)推动法治建设**。完善节水法律法规,规范全社会用水行为。开展节约用水立法前期研究。加快制订和出台节约用水条例,到2020年力争颁布施行。各省(自治区、直辖市)要加快制定地方性法规,完善节水管理。(牵头单位:水利部;参与单位:国家发展改革委、工业和信息化部、司法部、自然资源部、住房城乡建设部、农业农村部、市场监管总局)

**(三)完善财税政策**。积极发挥财政职能作用,重点支持农业节水灌溉、地下水超采区综合治理、水资源节约保护、城市供水管网漏损控制、节水标准制修定、节水宣传教育等。完善助力节水产业发展的价格、投资等政策,落实节水税收优惠政策,充分发挥相关税收优惠政策对节水技术研发、企业节水、水资源保护和再利用等方面的支持作用。(牵头单位:财政部;参与单位:国家发展改革委、水利部、工业和信息化部、自然资源部、住房城乡建设部、农业农村部、税务总局)

**(四)拓展融资模式**。完善金融和社会资本进入节水领域的相关政策,积极发挥银行等金融机构作用,依法合规支持节水工程建设、节水技术改造、非常规水源利用等项目。采用直接投资、投资补助、运营补贴等方式,规范支持政府和社会资本合作项目,鼓励和引导社会资本参与有一定收益的节水项目建设和运营。鼓励金融机构对符合贷款条件的节水项目优先给予支持。(牵头单位:人民银行;参与单位:国家发展改革委、水利部、工业和信息化部、财政部、自然资源部、住房城乡建设部、农业农村部、银保监会)

**(五)提升节水意识**。加强国情水情教育,逐步将节水纳入国家宣传、国民素质教育和中小学教育活动,向全民普及节水知识。加强高校节水相关专业人才培养。开展世界水日、中国水周、全国城市节水宣传周等形式多样的主题宣传活动,倡导简约适度的消费模式,提高全民节水意识。鼓励各相关领域开展节水型社会、节水型单位等创建活动。(牵头单位:水利部;参与单位:国家发展改革委、教育部、住房城乡建设部、农业农村部、国管局)

**(六)开展国际合作**。建立交流合作机制,推进国家间、城市间、企业和社团间节水合作与交流。对标国际节水先进水平,加强节水政策、管理、装备和产品制造、技术研发应用、水效标准标识及节水认证结果互认等方面的合作,开展节水项目国际合作示范。(各部门按职责分工共同推进)

# 水利部关于实施黄河流域深度节水控水行动的意见

水节约〔2021〕263 号

黄河水利委员会,山西省、内蒙古自治区、山东省、河南省、四川省、陕西省、甘肃省、青海省、宁夏回族自治区水利厅:

为深入贯彻习近平总书记关于黄河流域生态保护和高质量发展的重要讲话和指示批示精神,加快落实《黄河流域生态保护和高质量发展规划纲要》,全面实施黄河流域深度节水控水行动,深挖全流域节水潜力,大力提升全流域用水效率,现制定以下意见。

一、总体要求

**(一)指导思想**

以习近平新时代中国特色社会主义思想为指导,深入贯彻黄河流域生态保护和高质量发展战略,落实《国家节水行动方案》,坚持量水而行、节水为重,把水资源作为最大的刚性约束,坚决抑制不合理用水需求,深度开展节水控水,降低水资源开发利用强度,加快形成节水型生产生活方式,实现黄河流域用水方式由粗放低效向节约集约的根本转变,以节约用水扩大发展空间。

**(二)基本原则**

严格管控、两手发力。立足全流域缺水水情,严格实行用水总量控制和定额管理,强化节水指标刚性约束,加强节水目标责任考核和责任追究,发挥水价水权在促进节约用水方面的调节作用,推进水资源节约集约利用。

对标先进、全面提升。按照达到或接近国内外先进用水水平的原则,制定各领域节水标准和政策制度,健全节水体制机制,加快普及先进节水技术,全面提升全社会用水效率。

整体布局、突出重点。根据黄河流域上中下游不同水资源条件、产业结构和用水水平,统筹布局,综合施策,聚焦高耗水领域和重点用水单位,加快推进节水规范化和精细化管理。

统一部署、协同推进。水利部加强统一领导和部署,指导和推动有关省区落实责任,强化部门沟通协调,上下联动、紧密协作,共同推进行动见效。

**(三)主要目标**

到 2025 年,黄河流域建成行业用水定额体系,全面实行规模以上用水单位计划用水管理,全社会节水意识显著增强,节水型社会建设取得明显成效。万元 GDP 用水量比 2020 年下降 16%,万元工业增加值用水量比 2020 年下降 16%,农田灌溉水有效利用系数提高到 0.586,非常规水源利用量增加到 20 亿立方米,县(区)级行政区基本达到节水型社会标准。

到 2030 年,建成完善的节水政策法规和技术标准体系,形成健全的市场调节机制,节水护水惜水成为全社会自觉行动,流域内各区域用水效率达到国际类似地区先进水平,全面建成节水型社会。

## 二、强化用水总量强度控制

### (一)严格用水总量指标约束

黄河流域要健全省、市、县三级行政区用水总量管控指标体系,将用水总量控制指标落实到地表水源和地下水源。完善流域跨行政区界断面、水量分配重要控制断面、地下水等监测体系。各地区取用的地表水总量,不得超过水量分配方案明确的地表水可用水量,主要控制断面下泄流量应满足基本生态流量要求;开采的地下水总量,不得超过地下水可用水量,并符合地下水水位控制要求。水资源超载地区按规定暂停新增取水许可。对涉及水资源开发利用的工程规划和重大产业、项目布局规划以及各类开发区(新区、工业园区)规划开展规划水资源论证,通过水资源刚性约束指标管控限制高耗水产业发展,坚决杜绝以引黄调蓄为名建设水景观项目。

### (二)强化用水强度指标管控

健全省、市、县三级行政区用水强度控制指标体系。制定覆盖主要用水行业的省级用水定额。率先在火电行业开展用水定额对标达标,并逐步在其他行业领域开展。开展超定额用水核查行动,督促超用水定额的单位采取节水措施,限期达标。加强农业生产和城乡居民生活用水管理,逐步将水效控制在定额范围。2025 年前,已建火电、钢铁、化工、建材等工业和机关、学校、宾馆等服务业用水单位用水水平全部达到国家定额通用值标准,新建项目全部达到国家定额先进值标准。

### (三)开展节水目标责任考核

建立健全节水目标责任制,完善监督考核工作机制。制定深度节水控水行动年度工作计划,并将具体工作纳入实行最严格水资源管理制度考核。积极协调相关部门把节约用水纳入当地国民经济和社会发展规划,将节水作为约束性指标纳入当地党政领导班子和领导干部政绩考核范围。节水考核结果与国务院督查激励工作挂钩,考核不合格的地区将不得列入水利部拟予激励的地方名单。

### (四)严把建设项目节水关

在取水项目取水许可阶段,要将节水评价作为水资源论证的重要内容,对项目节水水平进行严格审核把关,严格控制高耗水项目建设。已批准取水许可的项目,因用水工艺、技术、设备落后未达到现行节水标准的,要督促相关单位限期进行节水改造,改造后仍达不到现行节水标准的,延续取水许可时不予批准。加强节水评价后续监管,跟踪落实节水措施方案。新建、改建、扩建的取水项目,严格落实节水设施“三同时”制度。

## 三、深度实施农业节水增效

### (一)促进农业用水压减

坚持以水定地、以水定产,严格控制农业用水总量,合理减少作物非生育期灌溉水量。联合有关部门在宁蒙引黄灌区严格控制农业灌溉面积增长,优化种植结构,减少高耗水作物种植面积;在汾渭平原地下水超采灌区实施保护性耕作,推广轮作技术模式,严控取用地下水灌溉,压减地下水开采;在鲁豫引黄灌区控制引黄规模,大力发展节水灌溉。在黄河上中游因水制宜推广旱作节水技术,发展旱作节水农业。

**(二)推进大中型灌区续建配套和现代化改造**

积极推动黄河上游甘肃黄河高抽灌区和宁蒙引黄灌区、中游汾渭灌区、下游引黄灌区等重点灌区续建配套和现代化改造,推进灌区用水量测设施配套建设,加强灌区用水管理,提高输配水效率。按照“成熟一批,建设一批”的原则,实施大中型灌区现代化建设。结合高标准农田建设,积极推广微灌、管灌、喷灌等高效节水灌溉技术。完善灌溉试验站网体系,科学收集灌溉基础数据,为推广适宜的节水灌溉制度和技术提供支撑。

**(三)深化农业水价综合改革**

加快推动完善农业水价形成机制,推动灌区供水成本核算和价格调整,建立农业用水精准补贴和节水奖励机制,引导社会资本参与灌区建设与运营管理,逐步扩大农业水价综合改革面积。到2025年,全面完成农业水价综合改革任务。

## 四、深度实施工业节水减排

**(一)推动节水型企业和园区建设**

建立促进节水型企业、节水型工业园区建设的激励政策,大力推动节水型企业和节水型工业园区建设,对照国家标准,引导工业企业实施节水技术改造,工业园区实行企业间串联用水、梯级用水、循环用水,促进工业废水“近零排放”,对达标企业、园区组织开展抽查和复评。到2025年,火电、钢铁、化工行业规模以上企业全部建成节水型企业,建成一批节水型园区。

**(二)推广先进工业节水技术装备**

按照国家发布的高耗水工艺、技术、装备鼓励目录和淘汰目录,推动工业企业应用高效冷却、无水清洗、循环用水、废污水再生利用、高耗水生产工艺替代等节水工艺和技术,淘汰落后的技术装备。建立健全节水装备及产品的质量评级和市场准入制度。在火电、钢铁、化工等行业大力推广循环用水技术,到2025年工业用水重复利用率达到98%以上。黄河上游新建火电机组全面采用空冷技术。

## 五、深度实施城乡生活节水

**(一)推进城乡居民生活节水**

研究制订节水器具推广补贴政策,引导消费者主动选购节水器具,提高节水器具普及率。完善农村集中供水和节水配套设施建设,逐步推行计量收费。制定节水型社区、节水型乡村建设标准,引导城乡居民形成节水型生活方式。

**(二)强化服务业节水管理**

对照节水型公共机构标准,推进政府机关、学校、医院等单位开展对标达标建设,示范引领全社会节水。到2025年,地级以上城市政府机构率先建成节水机关,普通高等院校力争全面建成节水高校。严控高耗水服务业用水,洗浴、洗车、宾馆等行业强制安装节水器具设备,提高水循环利用率。限期更换机场、车站、高速公路服务区等公共建筑的非节水型用水器具。

## 六、加快非常规水源利用

**(一)积极开发利用再生水**

将再生水纳入水资源统一配置,实行再生水配额管理,县级以上水行政主管部门应当逐步明确年度再生水最低利用额度。对再生水管网覆盖范围内、水量水质满足要求的工业和服务业项目,新建的要严格审批新增取水许可,已建的要核减用水计划。工业冷却、服务业非接触性用水、市政杂用和景观用水应优先使用再生水,农业灌溉鼓励使用水质符合条件的再生水。

**(二)优化利用矿井水**

重要采矿区、重大涌水矿区应建设矿井水处理利用设施,矿区生产必须充分使用矿井水,矿区生活优先使用矿井水。在城市规划中推动将矿井水纳入地方供水规划,向周边城镇居民和工业企业供水。在办理取水许可时,优先考虑配置矿井水,对未合理利用矿井水的企业,应当督促其限期改正。

**(三)推进雨水集蓄利用**

黄河流域新建小区、城市道路、公共绿地等要因地制宜配套建设雨水集蓄利用设施,加强雨水在旱作农业、工业生产、城市杂用、生态景观等方面的应用。总结雨水高效收集和利用模式,加强雨水集蓄利用技术创新与示范推广。

## 七、严格用水单位监督管理

**(一)全面实行计划用水管理**

加强对规模以上单位用水总量指标的控制,将区域用水计划分解下达至用水单位,实现年用水量1万立方米以上的工业和服务业单位计划用水管理全覆盖。积极探索推进流域内农业计划用水管理工作,逐步明确灌区的年度计划用水量并分解到地。实施计划用水监督检查,规范计划用水的核定、下达和加价收费管理,督促未依据定额核定或未按规定下达用水计划的有关部门依法严格整改,推动落实超计划用水累进加价制度。

**(二)加强各行业用水计量监控**

加快农业用水计量设施建设,到2023年大中型灌区渠首取水口实现计量全覆盖,有条件的重要引、退水口门实现在线计量监测,小型灌区渠首用水计量率显著提升。对农业灌溉机井要积极采用IC卡、以电折水等多种方式完善用水计量。协调有关部门逐步推进工业和服务业用水智能计量。建立黄河流域节水信息化平台,采集分析各类用水单位的水量等信息,对纳入国家、省、市三级名录的重点监控用水单位逐步实现在线监控,提升智慧决策水平。

**(三)积极开展用水审计**

在年用水量10万立方米以上且年超计划用水10%以上的企事业单位开展用水审计,对照用水定额指标和有关标准对用水的各个环节进行剖析、审核,开展水平衡测试,分析水量平衡关系和用水效率情况,督促存在问题的单位采取措施挖掘节水潜力,引导用水单位水效达到定额标准。

## 八、广泛开展节水宣传教育

**(一)加大节水宣传力度**

加强流域水情教育,结合“世界水日”和“中国水周”等开展形式多样的节水宣传活动,向公众宣传水法规,解读节水政策,普及节水知识,提高公众对节约用水的认知度和认可度。完善公众参与机制,鼓励公众自觉参与节水行动,推动节水进企业、进校园、进机关、进社区、进家庭,引领全社会形成珍惜水、节约水和爱护水的良好风尚。

**(二)创新节水宣传形式**

积极探索宣传新模式,充分发挥传统媒体主渠道和新媒体生力军作用,提高节水宣传的吸引力和传播力。注重整合宣传教育资源,与文明办、普法办、共青团、妇联、工会等建立合作机制,扩大节水宣传影响力和覆盖面,切实提高节水宣传的针对性和有效性。

**(三)深化节水教育培训**

充分发挥重点水利工程、水情教育基地、水文化馆等平台作用,制作并向社会公众推介相关专题宣传片,组织开展各具特色的节水教育实践活动,引导公众特别是在校学生树立节水理念,养成节水习惯。针对不同类型用水主体和从事节水的基层工作人员,组织开展节水培训和讲座,提升用水管理水平。

## 九、保障措施

**(一)加强组织领导**

《黄河流域生态保护和高质量发展规划纲要》规划范围内的各县级以上地方水行政主管部门要加强深度节水控水工作的组织领导,按照《国家节水行动方案》要求,积极协调有关部门推动建立节约用水工作部门协调机制,协调解决节水工作中的重点难点问题,统筹推进区域节水工作。各省级水行政主管部门要制定区域年度节水控水工作任务清单,加强指导,狠抓工作任务落实。水利部将加强监督检查,对工作落实不力的,依法依规严肃问责,确保节水控水落地见效。

**(二)健全激励机制**

研究拓宽节水投资渠道,建立节水支持政策,落实国家节水税收优惠措施。对推动黄河流域深度节水控水工作表现优秀的单位和个人可按有关规定予以表彰。在节水型单位中遴选发布水效领跑者,发挥节水先进标杆的示范引领作用。

**(三)完善市场机制**

在公共机构、公共领域、高耗水工业、高耗水服务业、农业灌溉等领域,进一步推行合同节水管理,发展节水服务产业。协调有关部门严格水效标识市场监管,规范节水产品生产和流通。加快推进水资源税改革,发挥水资源税对用水需求的调节作用。积极开展水权交易和水市场建设,鼓励和引导相关主体通过国家级水权交易平台转让节水量。

水利部<br>2021 年 8 月 30 日

鼓励和引导社会资本和专业技术力量，在工业、公共机构、公共建筑、高耗水服务业等重点领域，利用合同节水管理模式开展节水设施建设等，推动合同节水管理健康有序发展。对社会资本投资的节水项目，应依法依规实行同类项目的优惠扶持政策。

**（十二）健全节水技术转化推广机制。**充分发挥雄安新区科研创新优势，激励开展节水技术研发、转化和推广，建立“政产学研用”深度融合的节水技术创新体系。探索利用5G、人工智能、物联网等新技术，大力推广高效冷却、洗涤、循环用水、废污水再生利用、高耗水生产工艺替代等节水工艺和技术。

## 四、大力开展节水基础建设

**（十三）全面开展节水载体建设。**制定实施雄安新区节水型社会建设规划，深入推进节水型社会达标建设。新建政府机关、学校、医院、企业、居民小区等重点用水单位，要对照相应节水标准开展规划、设计、建设和管理。推动节水载体建设规范化、标准化，加强对节水载体的日常监管和动态管理。年用水量1万立方米以上的工业和生活服务业用水单位，力争全面建成节水载体。

**（十四）强化计量监控设施建设。**雄安新区要建立用水信息化管理平台，对纳入计划用水管理的用水单位实现在线监控。用水单位应按不同水源、不同用途实施用水计量，一级用水计量率达到100%。年用水量1万立方米以上的工业和生活服务业用水单位，要对次级用水单位、主要用水设备（系统）用水分别计量，二级用水计量率达到95%以上。推动年用水量10万立方米以上的用水单位建立智慧节水系统，加强用水监控和管理。

**（十五）加强非常规水源利用。**将非常规水源纳入水资源统一配置。建设循环再生的污水处理系统，污水资源化再生利用率≥99%。统筹考虑污水收集处理和再生利用的便捷性、经济性，建设适度分散的设施，同步铺设再生水管网。在特色小镇、村庄推广生态化的污水处理技术。新建雨水系统全部实行雨水、污水分流，鼓励有条件的企业、园区和公共建筑建设雨水收集利用设施。建筑施工、城市生态景观、道路清扫、车辆冲洗、工业生产和冷却用水等，应当优先使用再生水。

**（十六）加强中央空调节水。**中央空调冷却用水是城市用水的重要领域。用水单位在选用中央空调时，要综合衡量水耗、能耗等指标，进行风冷模式和水冷模式中央空调的比对分析。具备制冷负荷变化频繁、单元制冷面积小特征，且建筑总面积在1万平方米以下、高度在50米以下的公共建筑，应当采用风冷模式中央空调。加强水冷模式中央空调节水管理，循环水浓缩倍率应达到5倍以上。

## 五、实施城镇节水降损

**（十七）加强管网漏损管控。**建设集约高效的供水系统，划分城镇供水分区，提高供水效率。建立供水管网分区计量系统，推广运用漏损传感器和物联网设施，提高管网精细化、信息化管理水平。加强公共供水管网漏损管控，将管网漏损率控制在5%以内。

**（十八）推广普及节水器具。**将符合国家标准的节水器具纳入推荐使用和集中采购目录，新建公共建筑必须安装使用节水器具。向居民推广普及节水器具，探索建立家庭安装高效节水器具补贴制度。加强水效标识监督管理，禁止生产和销售不符合节水标准的产品。

**（十九）实施绿化景观节水。**坚持因地制宜、适地适绿，园林绿化应优先选用耐旱型植被，采用喷灌、微灌等高效节水灌溉方式和技术。减少种植高耗水草坪，不得过度打造人工绿化景观，严禁脱离实际建设人工湖、人造水景观。

**（二十）加强高耗水服务业监管。**加强对洗浴、洗车、洗涤、宾馆等高耗水服务业的监管力度，从严控制用水计划。高耗水服务业应当采用国家规定的低耗水、循环用水等节水技术、设备和设施。

## 六、实施工业节水减排

**（二十一）落实企业节水措施。**强化企业内部工业用水循环利用，规模以上工业企业水重复利用率应达到95%以上。工业循环冷却系统原则上采用空冷工艺。对重点用水企业定期开展用水审计、水效对标，对未达到用水定额先进值标准要求的，限期开展节水改造。

**（二十二）建设废水近零排放园区。**推进园区内企业间用水系统集成优化，实现串联用水、分质用水、一水多用和梯级利用。完善园区污水处理设施建设，提高运营管理水平。打造污水资源化技术、工程与服务、管理、政策等协同发力的示范样板，推动建设废水近零排放园区。

**（二十三）强化内部用水管理。**指导推动园区和企业加强内部用水管理，建立健全节约用水管理制度。推动园区和年用水量10万立方米以上的企业，设立水务经理，接受节水管理培训，实现节水管理专业化。

## 七、实施农业节水增效

**（二十四）实施高效节水灌溉。**加强农业节水，积极发展喷灌、微灌、管道输水灌溉、水肥一体化等高效节水措施，综合采用工程、农机、农艺以及生物技术、管理等措施，提高灌溉用水效率，高效节水灌溉比例达到95%以上。

**（二十五）优化调整作物种植结构。**根据水资源承载能力，推进适水种植、量水生产。发展绿色生态农业，适度压减高耗水作物，扩大低耗水和耐旱作物种植比例，推广低耗水耐旱农作物新品种及旱作农业配套技术，建立作物生育阶段与天然降水相匹配的农业种植结构与种植制度。

**（二十六）实施用水全计量全收费。**加强村镇生活供水设施及配套管网建设与改造，实现农村生活用水一户一表计量管理。农业灌溉用水要安装计量设施，用水计量率要达到100%。农村生活用水和农业灌溉用水全面推行按量收费，禁止实行包费制，水费实收率达到100%。

## 八、保障措施

**（二十七）加强组织领导。**河北省水利厅要加强行业指导和监督管理，推动将节水主要指标纳入政绩考核；指导雄安新区管委会建立节约用水工作协调机制和节水目标责任制，推动雄安新区落实节水指标体系要求，加强节水制度创新，全面提高水资源集约节约利用水平。海河水利委员会要按照管理权限，对各项节水工作任务落实情况做好跟踪指导。

**(二十八)严格节水监督检查。**建立完善重点监控用水单位名录,对用水计划执行情况、用水定额落实情况进行监控。加强节约用水监督管理,对重点监控用水单位和重点领域、行业、产品用水情况进行监督检查。建立监督检查台账,对发现的问题限期整改、逐一销号。检查结果向社会公开,并按规定将用水单位违规记录纳入全国统一的信用信息共享平台。

**(二十九)提升全社会节水意识。**加强国情水情教育以及节水信息公开和政策解读,积极开展节水进机关、进企业、进社区、进家庭活动,将节水纳入国民素质教育和中小学教育活动,向全民普及节水知识,鼓励引导社会公众自觉参与爱水、惜水、节水行动,形成全社会节约保护水资源的良好氛围。

水利部

2021 年 12 月 4 日

# 水利部关于建立健全节水制度政策的指导意见

（水资管〔2021〕390号）

各流域管理机构，各省、自治区、直辖市水利（水务）厅（局），各计划单列市水利（水务）局，新疆生产建设兵团水利局：

人多水少、水资源时空分布极不均衡是我国的基本水情。在全面建设社会主义现代化国家进程中，统筹发展和安全面临着水资源短缺的瓶颈制约，必须坚持量水而行、节水为重，从观念、意识、措施等各方面把节水摆在优先位置，强化水资源刚性约束，全面提升水资源集约节约利用能力，为全面建设社会主义现代化国家提供水安全支撑。现就建立健全节水制度政策提出如下指导意见：

## 一、总体要求

**（一）指导思想。**以习近平新时代中国特色社会主义思想为指导，深入贯彻党的十九大和十九届历次全会精神，完整、准确、全面贯彻新发展理念，落实“节水优先、空间均衡、系统治理、两手发力”治水思路，全方位贯彻“四水四定”原则，守住生态保护红线，严守水资源开发利用上限，健全初始水权分配，精打细算用好水资源，从严从细管好水资源，走好水安全有效保障、水资源高效利用、水生态明显改善的集约节约发展之路。

**（二）基本原则。**坚持节水优先、绿色发展，“四水四定”、量水而行，总量控制、定额管理，统筹协调、分类施策，改革创新、两手发力，面向社会、共同参与。

**（三）工作目标。**到2025年，初始水权分配和交易制度基本建立，水资源刚性约束“硬指标”基本建立，水资源监管“硬措施”得到有效落实，推动落实“四水四定”的“硬约束”基本形成，面向全社会的节水制度与约束激励机制基本形成，水资源开发利用得到严格管控，用水效率效益明显提升，全国经济社会用水总量控制在6 400亿立方米以内，全国万元GDP用水量下降16%左右，北方60%以上、南方40%以上县（区）级行政区达到节水型社会建设标准；万元工业增加值用水量下降16%，农田灌溉水有效利用系数提高到0.58，新增高效节水灌溉面积0.6亿亩，城市公共供水管网漏损率低于9%，全国非常规水源利用量超过170亿立方米。

## 二、建立健全初始水权分配和交易制度

**（四）科学确定河湖基本生态流量保障目标和地下水水位控制目标。**将河湖基本生态流量保障目标和地下水控制水位作为河湖健康和地下水可持续利用必须守住的底线。“十四五”时期，要全面完成全国生态流量保障重点河湖名录明确的477条河湖生态基本流量目标确定工作；各省（自治区、直辖市）要完成省内重点河湖生态流量保障目标确定工作。全面完成以县级行政区为单元特别是地下水超采区、重点防护区的地下水水位控

制目标。

**（五）逐步明晰区域初始水权。**健全流域和省、市、县行政区用水总量管控指标体系，将区域用水总量控制指标细化落实到具体水源。加快开展跨行政区域江河流域水量分配，明确流域地表水可用水量和相关市县的水量分配份额。全面完成以县为单元的地下水取用水总量控制指标确定工作，明确各县的地下水可用水量。结合已有调水工程和相关规划，明确相关市县的外调水可用水量。依据江河流域水量分配、地下水取水总量指标、相关市县的外调水可用水量等成果，规范明晰各地区的初始水权。

**（六）逐步明晰取用水户的用水权。**在规范取水许可管理的基础上，对直接从江河、湖泊或者地下取用水资源的取水户，依法明晰取水权。根据需要，在条件具备的灌区，将取水许可水量合理配置到斗口等用水单元，因地制宜逐步明晰村组集体组织、农民用水合作组织、农民合作社、农户等用水权。

**（七）引导推进水权交易。**制定出台推进用水权改革的指导意见，指导推动用水权交易市场发展。推进区域水权交易、取水权交易、灌溉用水户用水权交易。鼓励通过用水权回购、收储等方式促进水权交易。在条件具备的地区探索实行用水权有偿取得。研究完善交易制度和价格形成机制。建立健全统一的水权交易系统，统一交易规则、技术标准、数据规范，统一部署、分级使用。健全取用水监测计量设施，强化水权交易监管。

三、严格水资源监管

**（八）严格生态流量监管与地下水水位管控。**对河湖生态流量实施清单式管理，组织制定河湖生态流量保障实施方案，加强生态流量监测预警、水资源调度，落实生态流量保障目标，严格生态流量监管。严格地下水水位管控，开展新一轮地下水超采区划定，推进区域地下水禁采区、限采区划定。严格地下水水位变化通报，督促地方政府落实地下水超采治理主体责任。

**（九）严控水资源开发利用总量。**各级水行政主管部门按照管理权限，根据生态流量保障目标和水量分配方案等，制定水资源调度方案和年度调度计划，强化水资源统一调度，严控地表水开发利用总量；地方各级水行政主管部门根据地下水水位和取水总量管控目标，依法制定地下水年度取水计划，对取用地下水实行总量控制。按照管理权限制定调水工程水资源调度方案和年度调度计划，严格监管执行情况。加强南水北调东中线一期工程调度管理，完成各年度供水计划。强制推动再生水等非常规水源纳入水资源统一配置，具备非常规水源利用条件但未充分利用的，取水许可审批机关不得批准新增取水许可。

**（十）实行水资源用途管制。**地方各级水行政主管部门根据本地区可用水量，合理配置本地区生活、农业、工业和河道外生态环境用水，明确水资源行业配置方案，经地方政府同意后，作为“四水四定”的重要依据。水资源论证、取水许可等相关水资源管理工作需遵守水资源行业配置方案。优质可靠的供水水源优先用于保障城乡居民生活用水。加大饮用水水源地保护力度。禁止挤占基本生态用水和农田灌溉合理用水。在水资源丰沛、具有开发潜力的水域，预留水量用于国家水资源战略配置和储备。难以更新的地下水原则上只能作为应急和战略储备水源。严禁脱离实际建设人工湖、人造水景观。

**（十一）全面开展规划水资源论证。**制定规划水资源论证管理办法，健全规划水资源论证技术要求。各级水行政主管部门要全力推动工业、农业、畜牧业、林业、能源、自然资源开发等规划，重大产业、项目布局，各类开发区、新区规划开展规划水资源论证，从规划源头促进产业结构布局规模与水资源承载能力相协调。

**（十二）严格建设项目水资源论证和取水许可监管。**健全取水许可管理制度，推进取水许可“放管服”改革，完成取水许可电子证照推广应用工作，推进水资源论证区域评估和取水许可告知承诺制，健全以“双随机、一公开”为基本手段、以重点监管对象为补充，以信用监管为基础的新型监管机制。严格建设项目水资源论证，未通过建设项目水资源论证技术审查的不得批准取水许可。深入推进取用水管理专项整治行动整改提升。对依法应纳入取水许可管理的取水户，全面实施取水许可。严格取用水事中事后监管，加强取用水管理执法检查。

**（十三）实行水资源超载地区暂停新增取水许可。**开展水资源承载能力监测分析，建立水资源承载能力监测预警机制。根据水资源家底及变化趋势、各地经济社会发展和水资源开发利用状况，发布水资源超载、临界超载地区名录。在水资源超载地区，按超载的水源类型暂停相应水源的新增取水许可；对合理的新增生活用水需求以及通过水权转让获得取用水指标的项目，可以继续审批新增取水许可，但需严格进行水资源论证，原由市级、县级水行政主管部门负责审批的，审批权限调整为省级水行政主管部门。临界超载地区限制审批新增取水许可，防止水资源超载。有关省（自治区、直辖市）应当组织水资源超载地区制定水资源超载治理方案，综合采取节约用水、产业结构调整、科学调水、水源置换、严格监管等措施，削减超用水量，切实降低黄河、海河、西辽河等流域水资源开发利用强度。

**（十四）健全水资源监测系统。**建立健全国家水资源监测体系，完善水资源前端信息采集、传输系统及承接管理平台。加强江河流域跨行政区界断面、水量分配和生态流量重要控制断面、地下水、取退水口、重要饮用水水源地等监测分析。推动工业、生活和服务业地表水年许可水量50万立方米以上、地下水年许可水量5万立方米以上的取水户，以及调水工程及5万亩以上大中型灌区渠首取水口安装取水在线监测计量设施，并将监测计量结果实时传输到有关水行政主管部门。各地可结合实际进一步提高取水在线监测要求。强化水资源预报预警预演预案，提高水资源数字化、网络化、智能化管理水平。

## 四、建立健全全社会节水制度政策

**（十五）建立健全节水指标与标准。**建立健全各省级行政区万元国内生产总值用水量、万元工业增加值用水量、农田灌溉水有效利用系数等用水效率管控指标，各省级行政区进一步分解明确到各市县级行政区。推动将节水纳入经济社会发展综合评价体系和政绩考核。推动制定高耗水工业和服务业用水定额强制性国家标准，新建、改建、扩建建设项目不符合强制性用水定额的，不得批准取水许可；已建建设项目用水不符合强制性用水定额的，督促实施节水改造。健全用水产品水效强制性国家标准，促进提升用水产品水效水平。

**（十六）做好国家节水行动实施的组织推动。**充分发挥节约用水工作部际协调机制作用，制定协调机制年度工作要点，协同解决节水工作重大问题，督促落实各项任务措施。各省（自治区、直辖市）水行政主管部门要健全部门协调机制，协同推动落实各项节水工作。开展国家节水行动评估工作，跟踪督导各地区节水行动实施方案落实情况。落实《“十四五”节水型社会建设规划》，深入推进农业节水增效、工业节水减排，城镇节水降损。各省（自治区、直辖市）要制定实施本地区“十四五”节水型社会建设规划。

**（十七）建立健全节水监督管理制度。**强化用水定额管理，加强用水定额在取水许可、计划用水等领域的执行。强化计划用水管理，实现重点区域年用水量1万立方米及以上的工业和服务业用水单位计划用水管理全覆盖。强化节水评价，严格规划和建设项目节水评价审查，加强节水评价台账管理，抽查复核节水评价内容。制定建设项目节水设施“三同时”管理办法，指导监督用水户将节水设施“三同时”管理工作落到实处。

**（十八）强化重点区域领域节水。**加快落实《水利部关于实施黄河流域深度节水控水行动的意见》，全面实施黄河流域深度节水控水行动。根据《“十四五”重大农业节水供水工程实施方案》，优先对124处大型灌区实施续建配套和现代化改造。落实《全国中型灌区续建配套与节水改造实施方案（2021—2022年）》有关要求，组织461处中型灌区实施改造。滚动编制全国中型灌区续建配套与节水改造实施方案，持续推进中型灌区节水改造。推动制定水资源短缺和超载地区高耗水工业产业准入负面清单和淘汰类高耗水产业目录，坚决遏制盲目上马高耗水项目。推进企业内部用水梯级、循环利用，提高重复利用率。黄河流域新上能源、化工项目用水效率必须达到国际先进水平。公共机构和场所应当使用符合国家标准的节水产品，机关、高校、医院等公共机构要发挥节水表率作用。

**（十九）健全节水激励机制。**深入推进农业水价综合改革，加快落实《关于深入推进农业水价综合改革的通知》，推进灌区供水成本核算，开展成本审计和水价调整，配合有关部门修订《水利工程供水价格管理办法》《水利工程供水定价成本监审办法》。健全城乡供水价格动态调整机制，完善居民阶梯水价制度，适度拉大分档差价；有序推进城镇非居民用水超定额累进加价制度，拉开高耗水行业与其他行业、水资源超载地区与其他地区的水价差价。持续推进水资源税改革。大力推动合同节水管理，推动出台财政、税收、金融信贷等支持政策，建立完善合同节水管理服务平台，加强政策扶持引导。持续推进节水认证工作，将节水认证纳入统一的绿色产品认证标识体系。完善水效标识管理办法，扩大水效标识范围，逐步淘汰低水效等级产品。

## 五、强化法治、科技和宣传支撑

**（二十）强化法治支撑。推进节约用水、取水许可和水资源费征收管理、地下水管理等方面制度建设。**完善生态流量管理、水资源有偿使用、用水权改革、水资源用途管制、取用水监测计量统计、节水调查统计等方面的制度建设。加大水行政执法力度，深入开展水资源领域突出问题专项执法行动。完善执法机制，建立信息共享机制，加强水资源管理部门与执法部门的沟通协调，发挥执法在水资源管理领域的支撑保障作用。

**（二十一）强化科技支撑。**开展水资源宏观战略等重大专题研究。加强节水基础和应用技术研究，支持用水精确计量、水资源高效循环利用、精准节水灌溉控制、非常规水源利用等先进技术及适用设备研发，促进节水科技成果转化。推进节水管理与服务智慧化建设,构建节水管理与服务平台,加强节水信息分析应用,开展用水潜力评估和用水效率评价。推广节水技术,制定成熟适用节水技术推广工作管理规程,建立完善节水产品推广机制,研究制定节水装备及产品的质量评级和市场准入管理制度。

**(二十二)加强水资源节约保护宣传与科普。**深入开展国情水情宣传教育,推动将水资源节约保护和刚性约束制度相关内容纳入国家宣传、国民素质教育、中小学教育和干部培训。推动节水宣传教育走向规范化、常态化和社会化。充分利用各种媒体宣传水资源集约节约利用政策制度和先进典型,广泛宣传普及节水知识。以节水为主要内容推动建设水利科普基地。宣传推广《公民节约用水行为规范》,推动社会各界和公众参与节水护水活动,强化社会监督,形成全社会节约保护水资源的良好氛围。

## 六、组织保障

**(二十三)加强组织领导。**各级水行政主管部门要把建立健全节水制度政策、提升水资源集约节约利用能力作为事关新阶段水利高质量发展的根本性长远任务,主要负责同志负总责,加强组织领导和工作推动,调动各方力量,确保各项措施落实落地。各流域管理机构、各省(自治区、直辖市)水行政主管部门要结合实际制定本流域、本地区"十四五"时期建立健全节水制度政策实施方案,建立方案落实情况工作台账,加强监督检查和跟踪督促,及时解决工作中的问题和困难,保质保量完成目标任务。

**(二十四)加强与有关部门的沟通协作。**落实以水定城、以水定地、以水定人、以水定产,建立健全节水制度政策,需要各有关部门各司其职、密切配合、共享信息、形成合力。各级水行政主管部门要加强水资源的统一监督管理,强化水资源刚性约束制度的统筹协调;要健全协调机制,与发展改革、财政、农业农村、工业和信息化、住房城乡建设、自然资源、生态环境、市场监管、统计等有关部门充分沟通协调,形成工作合力。

**(二十五)切实加大投入。**各级水行政主管部门要与有关部门积极沟通协调,切实加大水资源管理、节约和保护的投入,保障各项工作的有效落实。健全多渠道投入机制,发挥政府投资的引导和撬动作用,支持社会资本参与水资源节约和保护。规范有序推进政府和社会资本合作(PPP),引导社会资本积极参与建设运营。

**(二十六)健全考核制度。**按照建立水资源刚性约束制度的要求,修订考核办法,健全考核内容,完善考核方式和工作机制。考核结果交由干部主管部门,作为地方人民政府及相关领导干部综合考核评价的重要依据。强化问题整改和责任追究,发挥考核的激励鞭策和导向作用。采取"四不两直"方式,强化水资源管理和节约用水日常监督检查,检查结果作为考核的依据。

水利部

2021年12月14日

## 国家发改委 水利部 住建部 工信部 农业农村部关于印发黄河流域水资源节约集约利用实施方案的通知

（发改环资〔2021〕1767号）

山西省、内蒙古自治区、山东省、河南省、四川省、陕西省、甘肃省、青海省、宁夏回族自治区发展改革委、水利厅、住房和城乡建设厅、工业和信息化主管部门、农业农村（农牧）厅，水利部黄河水利委员会：

为深入贯彻习近平生态文明思想，落实习近平总书记关于推动黄河流域生态保护和高质量发展的重要讲话和指示批示精神，落实《黄河流域生态保护和高质量发展规划纲要》，打好黄河流域深度节水控水攻坚战，提升水资源节约集约利用水平，国家发展改革委、水利部、住房和城乡建设部、工业和信息化部、农业农村部制定了本方案，经推动黄河流域生态保护和高质量发展领导小组办公室衔接审核，现就有关要求通知如下。

### 一、总体要求

**（一）指导思想**。以习近平新时代中国特色社会主义思想为指导，深入贯彻习近平生态文明思想，全面贯彻党的十九大和十九届二中、三中、四中、五中、六中全会精神，立足新发展阶段，完整、准确、全面贯彻新发展理念，构建新发展格局，坚定走生态优先、绿色低碳的高质量发展道路，坚持系统观念，把水资源作为最大的刚性约束，全方位贯彻“四水四定”，实施黄河流域及引黄调水工程受水区深度节水控水，精打细算用好水资源，从严从细管好水资源，坚持政府和市场两手发力，大力推动全社会节水，加快形成水资源节约集约利用的产业结构、生产方式、生活方式、空间格局，以节约用水扩大发展空间，实现人与自然和谐共生，促进黄河流域生态保护和高质量发展。

**（二）主要目标**。到2025年，黄河流域万元GDP用水量控制在47立方米以下，比2020年下降16%；农田灌溉水有效利用系数达到0.58以上；上游地级及以上缺水城市再生水利用率达到25%以上，中下游力争达到30%；城市公共供水管网漏损率控制在9%以内。黄河流域水资源消耗总量和强度双控体系基本建立，流域水资源配置进一步优化，重点领域节水取得明显成效，非常规水源利用全面推进。

### 二、强化水资源刚性约束

**（一）贯彻“四水四定”**。坚持“以水定城、以水定地、以水定人、以水定产”，以水资源刚性约束倒逼发展方式转变。优化国土空间格局，结合水资源禀赋，合理确定黄河流域经济、产业布局和城市发展规模，加大对重大生产力布局的统筹力度。强化城镇开发边界管控，城市群和都市圈要集约高效发展，不能盲目扩张。水资源短缺和超载地区，限制新建各类开发区和发展高耗水服务行业，不搞中小城镇“摊大饼发展”。从严控制建设引黄调蓄工程。坚决遏制“造湖大跃进”，黄河干支流严禁脱离实际建设人工湖、人造水景观。合理确定灌溉规模，引导适水种植、量水生产，推进农牧业生产向水资源优势地区集中。水资源短缺和超载地区调整种植结构，压减高耗水作物规模。年均降雨量小于400毫米地区，严格限制大规模种树营造景观林。充分考虑水资源约束，科学引导人口流动。推进工业企业向园区集聚，沿黄重点地区拟建工业项目，一律按要求进入合规工业园区。严格控制高耗水项目盲目上马。

**（二）严格用水指标管理。**县级以上人民政府制定年度取用水计划，年用水量1万立方米以上的工业和服务业单位实现计划用水全覆盖。健全省、市、县行政区用水总量和强度控制指标体系。推动将用水总量控制指标落实到具体河流和水源。分解落实并考核县级以上地方各级行政区万元GDP用水量、农田灌溉水有效利用系数、公共供水管网漏损率等指标。强化用水定额在规划编制、取水许可方面的刚性约束作用。水资源超载地区制定水资源超载治理方案。

**（三）严格用水过程管理。**严格取水许可管理，强化动态监管，全面推广取水许可电子证照应用。水资源超载地区按规定要求暂停新增取水许可。具备使用非常规水源条件但未有效利用的项目和采用已淘汰工艺、技术和装备的项目，不予批准取水许可。工业、生活和服务业取用地表水年许可水量50万立方米以上、取用地下水年许可水量5万立方米以上的取水单位或个人，调水工程及大中型灌区渠首取水口，应当安装取用水在线监测计量设施，并将监测计算结果实时传输到取水主管部门。严格实行计划用水监督管理，开展重点地区、领域、行业、产品专项监督检查。落实用水统计管理要求，全面加强对农业、工业、生活、生态环境补水等用水量的统计管理。

## 三、优化流域水资源配置

**（一）优化黄河分水方案。**坚持生态优先，大稳定、小调整，优化细化《黄河可供水量分配方案》（黄河“八七”分水方案），下游地区更多使用南水北调供水，腾出适当水量用于增加生态流量和保障中上游省份生活等基本用水需求。确定重点河湖主要控制断面生态流量保障目标。按照优先保障基本生态用水原则，推进大通河、窟野河等跨省主要支流水量分配。推动省内黄河分水指标细化和跨市县河流水量分配。

**（二）强化流域水资源调度。**建立健全干流和主要支流生态流量监测预警机制，根据水资源本底条件、水文气象变化和经济社会发展情况等，统筹干支流水资源调度。做好与南水北调工程、大运河相关河段水资源调配工作的衔接。开展龙羊峡、刘家峡、三门峡等黄河干流骨干水库协调调度，推进渭河、汾河、湟水河、洮河等主要支流水量调度。强制推动将非常规水纳入统一配置，实行区域配额管理，逐年提高利用比例，并严格考核。

**（三）做好地下水采补平衡。**加强黄河流域地下水开发利用管控，实施重点区域地下水超采综合治理，加大中下游地下水超采漏斗治理力度。统筹考虑地下水、地表水联合配置与时空合理利用，有效控制、合理削减地下水开采量。加强超采地区地下水监测，实行地下水取水总量和水位双控，实施节水工程、水源置换工程、地下水补源工程，推动实现地下水位回升。

## 四、推动重点领域节水

### （一）强化农业节水

推行节水灌溉。以甘肃黄河高抽灌区、宁蒙灌区、汾渭平原、下游引黄灌区为重点，实施节水改造，按规划开展高标准农田建设，推广喷灌、微灌、低压管灌等高效节水灌溉技术。深入开展节水型灌区创建工作。水资源短缺和超载地区原则上不再扩大灌溉面积和新增灌溉用水量，因国家战略确需新增的，严格进行水资源论证，并由相关流域管理机构审批取水许可。

发展旱作农业。黄河上中游地区发展高效旱作农业，推广玉米—豆类轮作、生态农业和农林牧复合模式，加快选育推广抗旱抗逆等节水品种，完善充分利用降水的垄沟覆膜栽培技术体系，扩大低耗水和耐旱作物种植比例。下游河南、山东等粮食主产区，加强小麦、玉米节水抗旱品种选育，推广测墒灌溉、保水剂应用、水肥一体化等节水措施。

开展畜牧渔业节水。稳步推进牧区高效节水灌溉饲草料地建设。引导畜禽规模养殖场节约场舍冲洗用水。发展节水渔业，积极推广水产养殖节水减排新技术，积极推广循环水养殖、稻渔综合种养等节水减排新技术，鼓励水产养殖尾水资源化利用。

### （二）加强工业节水

优化产业结构。大力发展战略性新兴产业，鼓励高产出低耗水新型产业发展，培育壮大绿色发展动能。严把项目准入关，严格高耗水项目审批、备案和核准。不符合产业政策、规划环评、水耗等有关要求的工业项目严禁上马，已备案尚未开工的拟建高耗水项目开展重新评估，属于落后产能的已建高耗水项目坚决淘汰。

开展节水改造。引导企业水效对标达标，开展节水改造，提升用水效率。在钢铁、石化化工、建材、有色等行业开展重点用水企业水效领跑者引领行动。推广应用高效冷却、无水清洗、循环用水、废水资源化利用等技术工艺，提高用水重复利用率。

推广园区集约用水。鼓励工业园区内企业间分质串联用水，梯级用水。推广产城融合废水高效循环利用模式。兰州—西宁城市群、宁夏沿黄城市群、呼包鄂榆城市群、关中平原城市群、山西中部城市群等地区，新建园区应统筹供排水及循环利用设施建设，实现工业废水循环利用和分级回用。

### （三）厉行生活节水

建设节水型城市。充分发挥国家节水型城市示范带动作用，以建设节水型城市为抓手，系统提升城市节水水平。到2025年，黄河流域缺水城市全部达到国家节水型城市标准。加快推进县域节水型社会达标建设。新改扩建公共建筑必须采用节水器具，限期淘汰不符合水效标准要求的用水器具。

实行供水管网漏损控制。结合老旧小区、厂区、街区和城中村改造，加压调蓄设施改造和一户一表改造等，优先对超过合理使用年限、材质落后或受损失修的供水管网进行更新改造。完善供水管网检漏制度，实施分区计量工程，开展智能化改造，对设施进行实时监测，精准识别管网漏损点位。建设一批供水管网漏损控制示范城市，实施供水管网漏损治理工程。

开展农村生活节水。完善农村集中供水和节水配套设施建设，有条件的地方实行计量收费。结合村镇生活供水设施及配套管网建设与改造、农村厕所革命等，推广普及农村生活节水器具。

## 五、推进非常规水源利用

**（一）强化再生水利用**。以现有污水处理厂为基础，合理布局污水再生利用设施，推广再生水用于工业生产、市政杂用和生态补水等。鼓励结合组团式城市发展，建设分布式污水处理及再生利用设施。推进区域污水资源化利用。开展污水资源化利用示范城市建设。高尔夫球场、人工滑雪场、洗车等特种行业优先使用再生水。鼓励工业园区与市政再生水生产运营单位合作，实施点对点供水。

**（二）促进雨水利用**。将海绵城市建设理念融入城市规划建设管理各环节，提升雨水资源涵养能力和综合利用水平。在城市公园、居住社区、建筑、绿地、道路广场等新改扩建过程中合理推广雨水渗滞、调蓄、利用等设施，减少雨水地表径流外排，推进就地消纳、就地利用。因地制宜推进新型雨水集蓄利用工程，建设屋顶绿化、植草沟、下沉式绿地、地下调蓄池等设施。鼓励黄河上游雨养旱作农业区通过雨水净化、集雨补灌等发展集雨增效现代农业示范区。

**（三）推动矿井水、苦咸水、海水淡化水利用**。推进陇东、宁东、蒙西、陕北、晋西等能源基地的煤炭矿井水综合利用。在矿井疏干水质符合《农田灌溉水质标准》（GB 5084—2021）前提下，具备条件地区可推广用于农业灌溉。到2025年，黄河流域矿井水利用率达到68%以上。根据当地苦咸水特点，采取适用的苦咸水淡化技术，解决部分城乡供水、工业生产、畜牧业和水产养殖的用水需求。在盐分指标符合要求的前提下，鼓励采用直接利用、咸淡混用和咸淡轮用等方式，将苦咸水用于农业灌溉和景观绿化。推动沿海缺水地区将海水淡化水作为生活补充水源、市政新增供水及重要应急备用水源，逐年提高海水淡化水在水资源配置中的占比。

## 六、推动减污降碳协同增效

在流域、区域和城市尺度上，构建健康的自然水循环和社会水循环，实现水城共融、人水和谐。坚持“节水即减排”“节水即治污”理念，在取水、用水、水处理、污水资源化利用等全过程中强化节水，减少新鲜水取用量、污水产生量和处理量，降低城市水系统运行过程中的能耗物耗等。探索“供—排—净—治”设施建设运维一体化改革，强化城市水系统管理体系化水平。示范推广资源能源标杆再生水厂，减少污水处理能源消耗和碳排放。鼓励具备条件的供水、水处理企业，因地制宜发展沼气发电、分布式光伏发电，推广区域热电冷联供。结合城市更新行动和新型城市基础设施建设等，提升数字化智能化管理水平，推进水资源节约集约利用。

## 七、健全保障措施

**（一）强化责任落实**。坚持正确政绩观，准确把握保护和发展关系，打好深度节水控水攻坚战，沿黄河开发建设必须严守资源特别是水资源开发利用上限。按照省级统筹、市县负责要求，系统谋划黄河流域水资源节约集约利用工作。黄河流域各省（区）合理明确本地区目标任务，各市县人民政府担负主体责任，将节水作为约束性指标纳入当地党政领导班子和领导干部政绩考核范围。完善基层节水载体（企业、单位、灌区等）、县（区）、市各级节水评价规范，健全主体责任指标体系和考核激励政策。

**（二）健全政策措施。** 健全黄河流域节水法律法规，完善节水标准体系，严格执行高耗水用水定额和用水产品水效标准，推进节水认证。完善用水权交易制度，在建立健全统一的水权交易系统和开展集中交易的基础上，逐步纳入公共资源交易平台体系。强化水权交易监管，推进区域水权、取水权、灌区用水户用水权交易。用好财税杠杆、发挥价格机制作用，倒逼提升节水效果。建立健全充分反映供水成本、激励提升供水质量、促进节约用水的城镇供水价格形成机制，实行居民用水阶梯水价和非居民用水超定额累进加价制度。深入推进农业水价综合改革，建立健全农业用水精准补贴和节水奖励机制。合理制定特种用水价格政策。鼓励发展具有竞争力的第三方节水服务企业，推广合同节水管理模式，拓展合同节水管理服务范围和深度。完善节水激励政策，引导社会资本积极参与，培育节水产业。

**（三）加强宣传引导。** 结合世界水日、中国水周、全国城市节约用水宣传周等，加大节水宣传力度，普及节水知识，倡导节约用水。充分发挥水博物馆、水科技馆、水文化馆、重点水利工程等平台作用，组织开展各具特色的宣传实践。推进节水教育进校园、进社区、进企业、进机关，提高用水付费意识和节水支付意愿，引导广大群众增强水资源节约与保护的思想认识和行动自觉，形成全社会节约用水的良好氛围。

国家发展改革委<br>
水利部<br>
住房和城乡建设部<br>
工业和信息化部<br>
农业农村部<br>
2021 年 12 月 6 日

# 十部门关于公布《公民节约用水行为规范》的公告

（2021年第15号）

为增强全民节约用水意识，引领公民践行节约用水责任，推动形成节水型生产生活方式，保障国家水安全，促进高质量发展，水利部、中央文明办、国家发展改革委、教育部、工业和信息化部、住房城乡建设部、农业农村部、国管局、共青团中央、全国妇联编制了《公民节约用水行为规范》，现予发布。

特此公告。

水利部 中央文明办 国家发展改革委 教育部
工业和信息化部 住房城乡建设部 农业农村部
国管局 共青团中央 全国妇联
2021年12月9日

## 公民节约用水行为规范

**第一条** 了解水情状况，树立节水观念。懂得水是万物之母、生命之源，知道水是战略性经济资源、控制性生态要素，明白节水即开源增效、节水即减排降损；了解当地水情水价，关注家庭用水节水。提升节水文明素养，履行节水责任义务；强化节水观念意识，争当节水模范表率；以节约用水为荣，以浪费用水为耻。

**第二条** 掌握节水方法，养成节水习惯。按需取用饮用水，带走未尽瓶装水；洗漱间隙关闭水龙头，合理控制水量和时间；洗衣机清洗衣物宜集中，小件少量物品宜用手洗；清洗餐具前擦去油污，不用长流水解冻食材；正确使用大小水按钮，不把垃圾扔进坐便器；洗车宜用回收水，控制水量和频次；浇灌绿植要适量，多用喷灌和滴灌。适量使用洗涤用品，减少冲淋清洗水量；家中常备盛水桶，浴前冷水要收集；暖瓶剩水不放弃，其他剩水再利用；优先选用节水型产品，关注水效标识与等级；检查家庭供用水设施，更换已淘汰用水器具。

**第三条** 弘扬节水美德，参与节水实践。宣传节水洁水理念，传播节水经验知识；倡导节水惜水行为，营造节水护水风尚。志愿参与节水活动，制止用水不良现象；发现水管漏水，及时报修；发现水表损坏，及时报告；发现水龙头未关紧，及时关闭；发现浪费水行为，及时劝阻。

# 水利部关于公布国家级重点监控用水单位名录的通知

（水节约〔2020〕154号）

各流域管理机构，各省、自治区、直辖市水利（水务）厅（局），新疆生产建设兵团水利局：

为深入贯彻节水优先方针，认真落实《国家节水行动方案》要求，强化节水监督管理，我部组织开展了建立国家、省、市三级重点监控用水单位名录工作。经各地上报、我部复核，确定中国石油化工股份有限公司北京燕山分公司等1 489个用水单位纳入国家级重点监控用水单位名录，现将纳入名录单位予以公布（详见附件1），并就有关工作提出要求如下。

一、建立省、市两级名录。各省级水行政主管部门要按照分级管理原则，于2020年底前组织建立完善省、市两级重点监控用水单位名录，省、市两级名录确定后，由相应的水行政主管部门进行公布，并向上一级水行政主管部门备案。

二、严格节约用水管理。地方各级水行政主管部门要对重点监控用水单位严格实行计划用水管理，使用用水定额核定用水计划，发挥用水定额的刚性约束和引导作用。实行用水报告制度，鼓励年用水总量超过10万立方米的企业设立水务经理。

三、加强监督检查。水利部将制定重点监控用水单位管理办法，定期开展专项监督检查。地方各级水行政主管部门要会同有关部门根据职责分工，加强重点监控用水单位节水管理和日常监管，督促其严格执行节约用水有关规定，落实各项节水措施。

四、强化用水监控。地方各级水行政主管部门要督促重点监控用水单位强化用水计量监控，推进用水在线监控。各省级水行政主管部门负责组织填报国家级重点监控用水单位的年计划用水量、实际用水量等相关监控信息，并于下一年度3月底前通过国家水资源信息管理系统节约用水管理数据平台填报，网址：https://10.1.7.31:7012/slyyzy，信息报送表见附件2。

五、强化用水单位节水管理。地方各级水行政主管部门要引导重点监控用水单位建立节水管理制度，明确节水目标责任，提高节水水平和用水效率，争当本行业水效“领跑者”，发挥节水示范带动作用，为实现水资源节约集约利用、推进高质量发展作出更大贡献。

联系人：朱厚华 李建昌

联系电话：010-63203789　63206045

水利部

2020年7月21日

附件：

1. 国家级重点监控用水单位名录(略)

2. 重点监控用水单位信息表

附件 2

# 重点监控用水单位信息表

## 一、工业和服务业

________省(自治区、直辖市)

| 序号 | 单位名称 | 取水许可审批取水量(万 $m^3$) | 2020 年下达计划用水量(万 $m^3$) | 2019 年下达计划用水量(万 $m^3$) | 2019 年实际用水量(万 $m^3$) | | | | 备注 |
|---|---|---|---|---|---|---|---|---|---|
| | | | | | 合计 | 取水许可水源地取用水量 | 公共管网取用水量 | 非常规水取用水量 | |
| | | | | | | | | | |
| | | | | | | | | | |
| … | | | | | | | | | |

注：按照公布的国家级重点监控用水单位名录顺序填写相关信息。

## 二、农业灌区

________省(自治区、直辖市)

| 序号 | 灌区名称 | 2020 年计划用水量(万 $m^3$) | 2019 年实际灌溉面积(万亩) | 2019 年计划用水量(万 $m^3$) | 2019 年实际用水量(万 $m^3$) | 备注 |
|---|---|---|---|---|---|---|
| | | | | | | |
| | | | | | | |
| … | | | | | | |

注：按照公布的国家级重点监控用水单位名录顺序填写相关信息。

# 长江委办公室关于加强重点监控用水单位节水监督管理工作的通知

（办节保〔2022〕98 号）

江西省、湖北省、湖南省、重庆市、四川省、西藏自治区水利厅（局）：

为进一步贯彻节水优先方针，落实《水利部关于公布国家级重点监控用水单位名录的通知》（水节约〔2020〕154 号）和《2022 年水利系统节约用水工作要点》（办节约〔2022〕61 号）相关要求，有效加强长江流域重点监控用水单位的节水监督管理，现就有关事项通知如下，请结合实际认真贯彻落实。

## 一、加强名录动态管理

**（一）严格分级管理制度。**省级水行政主管部门应加强国家级重点监控用水单位的节水日常监督管理，依据本省（自治区、直辖市）实际情况和监督管理要求，明确省级、市级重点监控用水单位名录分级管理权限。鼓励在国家、省、市三级重点监控用水单位名录（以下简称"名录"）基础上，探索建立县级重点监控用水单位名录。

**（二）实行名录动态管理。**省级水行政主管部门应严格按照国家节水行动方案及其省级实施方案以及水利部文件要求，持续完善和修订省、市级重点监控用水单位名录，鼓励在水利部标准基础上，确定本地区用水单位纳入名录标准。对于应纳入而未纳入的用水单位或已纳入名录中的单位发生迁址、兼并、破产、生产规模或者用水量发生重大变化的，应根据本省（自治区、直辖市）确定的分级管理原则及时对名录进行修订，并向上一级水行政主管部门备案。省级水行政主管部门应建立本省（自治区、直辖市）国家、省、市三级重点监控用水单位动态名录台账并于当年 12 月 31 日前抄报长江委节约保护局。

## 二、健全计量监控体系

**（三）建立健全计量设施。**相关水行政主管部门应督促指导重点监控用水单位建立健全用水计量体系，督促用水单位按照相关规定和标准配备经计量检定合格的计量设施，并定期检查维护，保障计量设施正常运行。

**（四）落实分类分用途计量。**同一用水单位有两个以上不同水源的，应当分别计量。工业企业、服务业企业、公共机构要按规定实施用水二级、三级计量。农业灌区要结合灌区节水改造、节水灌溉项目建设等，在主要引水口、管理分界断面开展用水计量。

**（五）推进用水计量监控信息化建设。**相关水行政主管部门应逐步将名录中的重点监控用水单位全部纳入国家和地方水资源监控管理系统，安装远传水表等监控设施，逐步实现用水数据在线采集、实时监测和互联共享，着重加强用水在线计量、超计划超定额用水预警等应用系统建设。

三、加强计划用水管理

**（六）规范下达用水计划。**重点监控用水单位应当全部纳入计划用水管理。相关水行政主管部门应当按照管理权限和规定下达、调整用水计划，并积极协调住建等部门共同将供水管网内的大用水户纳入计划用水管理。用水计划应严格依据已发布的国家和省、市用水定额以及区域计划科学下达，控制用水总量、提高用水效率。

**（七）严格计划执行监管。**相关水行政主管部门应定期检查重点监控用水单位用水计划执行情况，建立超计划用水预警机制。应督促超定额超计划的用水单位开展水平衡测试，制定并落实节水方案，限期实施节水改造，提高用水效率。应严格落实超定额超计划用水累进加价制度。

**（八）制定计划用水台账。**相关水行政主管部门应督促指导用水单位建立用水统计台账和提供真实、准确、完整的用水数据信息。应结合实际，制定本地区计划用水台账，分析相关用水单位及区域用水量和用水效率，进一步提高计划用水管理水平。

**（九）探索开展节水调查。**各省水行政主管部门应积极组织开展本省国家、省、市三级重点监控用水单位节水情况摸底调查。调查成果于当年 6 月 30 日前抄报长江委节约保护局。

同时，为加强流域重点监控用水单位节水管理和探索研究制定计划用水台账，长江委决定开展国家级重点监控用水单位范围内节约用水情况调查工作（2022 年工作方案详见附件），请各相关省级水行政主管部门做好配合工作。

四、督促落实节水措施

**（十）督促开展水平衡测试。**应督促重点监控用水单位按相关规定开展水平衡测试，分析用水合理性，找出薄弱环节，挖掘节水潜力，提高用水效率。

**（十一）指导节水技术改造。**指导重点监控用水单位积极采用国家鼓励的节水工艺、技术和装备，淘汰落后的用水工艺、技术和装备，禁止使用列入国家淘汰目录的用水工艺、设备和产品。

**（十二）鼓励非常规水利用。**鼓励重点监控用水单位加大雨水、再生水等非常规水源利用设施建设力度，提高非常规水利用率。

**（十三）指导节水档案管理。**应指导重点监控用水单位强化用水档案管理，明确责任部门和人员，做好用水规章制度、取用水基础资料、用水过程记录以及相关日常管理资料的整理与归档工作。

五、切实履行节水义务

**（十四）引导节水载体建设。**鼓励和引导重点监控用水单位积极参与节水载体创建和水效领跑者遴选等达标对标创建工作，持续提高用水水平，发挥节约用水示范带动作用。

**（十五）支持节水宣传教育。**支持重点监控用水单位制定节水宣传教育工作计划，开展节水培训和宣传教育工作，提高节水管理水平，积极参与或自行组织节水公益宣传活动，促进节水意识提升。

附件：江西等六省（区、市）重点监控用水单位节约用水情况调查工作方案

长江委办公室

2022 年 8 月 1 日

附件

## 江西等六省（区、市）重点监控用水单位节约用水情况调查工作方案

一、调查范围与对象

**（一）调查范围**

本次节约用水情况调查范围为江西、湖南、湖北、重庆、四川、西藏等 6 个省（自治区、直辖市）。

**（二）调查对象**

本次节约用水情况调查对象为调查范围内的国家级重点监控用水单位，具体名录根据《水利部关于公布国家级重点监控用水单位名录的通知》（水节约〔2020〕154 号）确定。

二、调查内容

**（一）取用水情况**

下达的 2021 年度计划用水量、2021 年度实际用水量。

**（二）用水效率情况**

工业企业主要产品、年产量及单位产品用水量；服务业用水单位用水定额核算单元与相应数量、用水效率指标；农业灌区主要作物、灌溉形式与灌溉面积与灌溉水利用系数。

**（三）节水管理情况**

重复利用水量与非常规水利用情况。

## 三、调查方式

本次调查主要通过表格填报形式进行，我委制定了《国家级重点监控用水单位节水情况调查表》（详见附件），分为工业企业、服务业用水单位、农业灌区三类，各重点监控用水单位按照主要用水用途选择相应表类进行填写。

## 四、其他要求

（一）相关人员应如实填报有关数据，确保基础数据完整、真实、可靠。

（二）省级水行政主管部门应做好审核把关工作，加强数据质量管控。

（三）各有关工作机构和人员对调查中获得的商业秘密数据信息，须按照相关规定严格遵守保密义务。

（四）请各省级水行政主管部门确定一名工作联络员并于8月10日前将联系方式报送至我委联系人电子邮箱，各省级水行政主管部门应在9月30日前向我委提交本省汇总成果。

## 五、联系方式

（一）长江委水资源节约与保护局

联系人：杨帆

电话：027-82828214

（二）长江科学院

联系人：朱苏葛

电话：027-82829756、15827008960

邮箱：339122341@qq.com

附件

## 国家级重点监控用水单位节水情况调查表(工业企业)

________省(自治区、直辖市)　________市(州)　________县(区、市)

<table>
<tr><td>单位名称</td><td></td><td>统一社会信用代码</td><td colspan="2"></td></tr>
<tr><td rowspan="2">取用水情况[1]</td><td>自建设施用水量($m^3/a$)</td><td>城市公共用水量($m^3/a$)</td><td colspan="2">年度计划下达量($m^3/a$)</td></tr>
<tr><td></td><td></td><td colspan="2"></td></tr>
<tr><td>用水效率情况[2]</td><td colspan="2">产品名称</td><td>年产量</td><td>单位产品用水量</td></tr>
<tr><td>产品 1</td><td colspan="2">(火核电企业填写装机容量及冷却方式〔直流/循环/其他〕)</td><td></td><td></td></tr>
<tr><td>产品 2</td><td colspan="2"></td><td></td><td></td></tr>
<tr><td>产品 3</td><td colspan="2"></td><td></td><td></td></tr>
<tr><td colspan="5">节水管理情况</td></tr>
<tr><td colspan="2">重复利用水量[3]($m^3$)</td><td colspan="3"></td></tr>
<tr><td colspan="2">非常规水源利用量[4]($m^3$)</td><td colspan="3"></td></tr>
<tr><td colspan="2">1. 再生水利用量($m^3$)</td><td colspan="3"></td></tr>
<tr><td colspan="2">2. 雨水利用量($m^3$)</td><td colspan="3"></td></tr>
<tr><td colspan="2">3. 其他($m^3$)</td><td colspan="3"></td></tr>
<tr><td colspan="2">新增节水能力($m^3$)</td><td colspan="3"></td></tr>
</table>

填表人:　　　　联系电话:　　　　填表日期:　　年　月　日

**填表说明**:1. 本表由工业企业填报,统计时段为 2021 年 1 月 1 日至 12 月 31 日。

2. 按年产量由高到低(不超过 3 种)依次填写本年度主要产品名称、年产量及单位产品用水量,用水量不包括外供水量,不含重复利用水量、非常规水量;火核电企业"年产量"应填写发电量(MW·h),采用直流冷却系统的企业取水量不包括从江河湖等水体取水用于凝汽器及其他换热器开式冷却并排回原水体的水量。

3. 重复利用水量指企业内所使用的所有未经处理和处理后重复使用的水量的总和。含直接冷却水重复利用量、间接冷却水重复利用量、锅炉蒸汽冷凝水回用量等。

4. 非常规水源是指区别于传统意义上的地表水、地下水的水资源,主要有雨水、再生水(城市污水和生活废水经处理达标后可重复利用的水)、海水、矿井水、苦咸水等。

## 国家级重点监控用水单位节水情况调查表(服务业用水单位)

________省(自治区、直辖市)________市(州)________县(区、市)

<table>
<tr><td>单位名称</td><td colspan="2"></td><td>统一社会信用代码</td><td colspan="2"></td></tr>
<tr><td rowspan="2">取用水情况[1]</td><td colspan="2">自建设施<br>用水量($m^3$/a)</td><td>城市公共<br>用水量($m^3$/a)</td><td colspan="2">年度计划<br>下达量($m^3$/a)</td></tr>
<tr><td colspan="2"></td><td></td><td colspan="2"></td></tr>
<tr><td rowspan="2">用水效率情况[2]</td><td colspan="3">用水定额核算单元</td><td>数量</td><td>用水单耗</td></tr>
<tr><td colspan="3"></td><td></td><td></td></tr>
<tr><td colspan="6">节水管理情况</td></tr>
<tr><td colspan="2">重复利用水量[3]($m^3$)</td><td colspan="4"></td></tr>
<tr><td colspan="2">非常规水源利用量[4]($m^3$)</td><td colspan="4"></td></tr>
<tr><td colspan="2">1. 再生水利用量($m^3$)</td><td colspan="4"></td></tr>
<tr><td colspan="2">2. 雨水利用量($m^3$)</td><td colspan="4"></td></tr>
<tr><td colspan="2">3. 其他($m^3$)</td><td colspan="4"></td></tr>
<tr><td>新增节水能力($m^3$)</td><td colspan="5"></td></tr>
</table>

填表人:　　　　　　　　联系电话:　　　　　　　　填表日期:　　　年　月　日

**填表说明**:1. 本表由服务业用水单位填报,统计时段为2021年1月1日至12月31日。

2. 用水效率核算单位及相应数量分类型确定。宾馆酒店填写床位数,数量中应附床位出租率,其对应用水效率指标单位为$m^3$/(床·年);医院按住院部和门、急诊部分别核算,其中住院部核算单位为开放床日数,其对应用水效率指标单位为L/(床·日),门、急诊部用水定额核算单元为就诊人次,其用水效率指标单位为L/(人·次);学校核算单位为标准人数,其对应用水效率指标单位为$m^3$/(人·a),高等教育标准人数为学生人数+0.5×教职工人数,中等及初等教育标准人数为非住宿生人数+2×住宿生人数+教职工人数)。其他如会展中心、批发市场、机场、港区、物业、铁路供电段等填写营业面积,其对应用水效率指标单位为$m^3$/($m^2$·a),或根据用水实际情况填写。

3. 重复利用水量指单位内所使用的所有未经处理和处理后重复使用的水量的总和。含直接冷却水重复利用量、间接冷却水重复利用量、锅炉蒸汽冷凝水回用量等。

4. 非常规水源是指区别于传统意义上的地表水、地下水的水资源,主要有雨水、再生水(城市污水和生活废水经处理达标后可重复利用的水)、海水、矿井水、苦咸水等。

## 国家级重点监控用水单位节水情况调查表(农业灌区)

________省(自治区、直辖市) ________市(州) ________县(区、市)

<table>
<tr><td>灌区名称</td><td></td><td>统一社会信用代码</td><td colspan="2"></td></tr>
<tr><td>灌区规模</td><td colspan="2">(大型/中型)</td><td>实际灌溉面积<br>(万亩)</td><td></td></tr>
<tr><td rowspan="2">取用水情况[1]</td><td colspan="2">2021 年度实际用水量(万 $m^3$)</td><td colspan="2">2021 年度计划下达量(万 $m^3$)</td></tr>
<tr><td colspan="2"></td><td colspan="2"></td></tr>
<tr><td>用水效率情况[2]</td><td>作物名称</td><td colspan="2">主要灌溉型式</td><td>灌溉面积(亩)</td></tr>
<tr><td>作物 1</td><td></td><td colspan="2">(渠道防渗/管道输水/喷灌/<br>微灌/土渠输水/其他)</td><td></td></tr>
<tr><td>作物 2</td><td></td><td colspan="2"></td><td></td></tr>
<tr><td>作物 3</td><td></td><td colspan="2"></td><td></td></tr>
<tr><td>灌溉水利用系数</td><td colspan="4"></td></tr>
</table>

填表人: 联系电话: 填表日期: 年 月 日

**填表说明**:1. 本表由农业灌区管理单位填报,统计时段为 2021 年 1 月 1 日至 12 月 31 日。

2. 按作物种植面积由大到小依次填写本年度相关信息。

# 重庆市人民政府关于印发《重庆市节约用水管理办法(试行)》的通知

(渝府发〔2018〕42号)

各区县(自治县)人民政府,市政府各部门,有关单位:

现将《重庆市节约用水管理办法(试行)》印发给你们,请认真贯彻执行。

重庆市人民政府

2018年9月7日

# 重庆市节约用水管理办法(试行)

(2018年8月6日重庆市第五届人民政府第20次常务会议审议通过)

## 第一章 总 则

**第一条** 为加强用水总量控制管理,提高水资源利用效率和效益,实施国家节水行动,建设节水型社会,促进生态文明建设,保障国民经济和社会可持续发展,根据《中华人民共和国水法》《重庆市水资源管理条例》《重庆市城市供水节水管理条例》等有关法律法规,结合本市实际,制定本办法。

**第二条** 本市行政区域内的节约用水及其监督管理活动,适用本办法。

本办法所称节约用水,是指采取经济、技术、管理等综合措施,降低水资源消耗和损失,防止用水浪费,优化用水结构,合理高效利用水资源的各类活动。

**第三条** 市、区县(自治县,以下简称区县)政府应当在经济社会发展全过程坚持节水优先方针,建立政府引导、市场调节、公众参与的节约用水机制。

节约用水工作应当遵循统筹规划、总量控制、优化配置、全程管理、因地制宜、注重效率的原则。

**第四条** 市、区县政府应当将节约用水纳入国民经济和社会发展规划,发展节水型工业、农业和服务业,创建节水型城市,建设节水型社会。

市、区县政府应当把节约用水目标任务完成情况纳入本级政府经济社会发展综合实绩考核内容。

**第五条** 市水行政主管部门负责全市的节约用水工作;市发展改革主管部门负责做好节约用水规划、指标与国民经济和社会发展规划以及资源节约和综合利用规划的协调衔接;市城市管理主管部门负责城市节约用水监督管理。

工业、能源、农业、商务等有关行业主管部门根据节约用水政策、规划和标准,结合行业管理落实节约用水工作要求。

区县政府及其各部门应当按各自职责做好本行政区域内的节约用水工作。

乡镇政府、街道办事处应当配合做好节约用水工作。

**第六条**　市、区县政府及其有关部门应当加强节约用水科学技术推广，培育和发展节水产业。

鼓励和支持企业开展节约用水科学技术研究、节水产品研究开发，推广应用先进节水技术和产品。

**第七条**　全市各级政府应当加强节约用水宣传和普及工作，鼓励基层群众性自治组织、社会组织、志愿者开展节约用水知识的宣传，营造节约用水的良好风气。

教育行政部门、学校应当将节约用水知识纳入学校教育内容，培养学生节约用水的意识。

新闻媒体应当开展节约用水法律法规和有关知识的宣传。

**第八条**　任何单位和个人都有节约用水的义务，有权对浪费水资源的行为进行监督和举报。

## 第二章　节约用水管理

**第九条**　市、区县政府水行政主管部门应当会同有关部门，根据本行政区域经济社会发展规划、水资源综合规划，编制本行政区域节约用水规划，按同级专项规划要求报批，并报上一级水行政主管部门备案。

节约用水规划经批准后必须严格执行。经批准的节约用水规划需要修改的，应当按照规划编制程序经原批准机关批准。

**第十条**　市、区县政府应当建立本行政区域内的用水总量控制指标体系，根据用水总量控制指标，制定年度用水计划，对本行政区域内的年度用水实行总量控制管理。

行政区域的年度用水计划不得超过经批准的用水总量控制指标。

**第十一条**　市政府有关行业主管部门应当制定行业用水定额，报市水行政主管部门和质量监督行政主管部门审核同意后，由市政府或其授权部门发布，并报国务院水行政主管部门和国务院质量监督行政主管部门备案。

用水定额应当根据地方经济社会发展、产业结构变化、技术进步情况及时修订。

规划编制、水资源论证、取水许可审批和用水计划核定，应当严格执行用水定额标准。

**第十二条**　对纳入取水许可管理的单位和其他用水大户（以下统称用水单位）实行计划用水管理。

其他用水大户的类别和规模，由市水行政主管部门会同城市管理主管部门确定。

**第十三条**　纳入计划用水管理的用水单位，应当在每年12月31日前向有管辖权的水行政主管部门或城市管理主管部门提出下一年度的用水计划建议；新增用水单位应在用水前30日内提出本年度用水计划建议。

**第十四条**　市、区县政府水行政主管部门和城市管理主管部门应当按照各自职责，根据用水定额、用水单位的用水计划、前三年用水情况、用水项目情况等核定用水计划，每年1月31日前下达用水单位的本年度用水计划；新增用水单位的用水计划，应当自收到建议之日起20日内下达。

**第十五条** 用水单位因调整生产经营规模、用水设施设备变化等情况要求调整用水计划的,应当向有管辖权的水行政主管部门或城市管理主管部门提出用水计划调整建议,并提交调整说明和相关证明材料。用水单位不调整年计划用水总量,仅调整月计划用水量的,应当报管理机关备案。

水行政主管部门和城市管理主管部门应当在收到调整建议后 15 日内向用水单位下达用水调整计划。

**第十六条** 用水单位应当加强计划用水管理,建立健全节约用水制度和工作机制,制定节水目标,落实节水措施,按照规定向有管辖权的水行政主管部门或城市管理主管部门报送用水情况。

**第十七条** 用水单位应当根据国家规定和有关技术标准,定期组织开展水平衡测试。水平衡测试结果按分级管理权限报送市、区县政府水行政主管部门或城市管理主管部门,作为核定用水计划的依据。

**第十八条** 市、区县政府水行政主管部门应当会同同级行业主管部门建立用水计量、统计、通报制度。

用水单位应当依法安装和使用经质量技术监督部门检验合格的计量器具,并定期检查和维护,保证计量准确。

用水单位有两个及以上不同水源或者两类以上不同用途用水的,应当分别安装用水计量器具。

**第十九条** 市、区县政府水行政主管部门会同城市管理主管部门建立用水单位重点监控名录。

重点监控用水单位的用水计量设施应当符合水资源远程监控要求,并与水行政主管部门的水资源管理信息系统联网运行。

**第二十条** 新建、改建、扩建的建设项目,应当配套建设节水设施,保证节水设施与主体工程同时设计、同时施工、同时投入使用。

**第二十一条** 对城乡居民生活用水逐步实行阶梯水价制度。

非居民用水实行超定额超计划用水累进加价制度。

## 第三章 节水措施

**第二十二条** 工业企业应当建立节约用水管理制度,加强节约用水管理,实施节水技术改造,采用先进技术、工艺和设备,加强工业用水循环利用,提高水的重复利用率,建设节水型企业。

**第二十三条** 鼓励工业园区推广园区内企业串联用水,优先使用再生水,建设节水型工业园区。

**第二十四条** 市、区县政府及其有关部门、乡(镇)政府应当根据当地水资源条件,优化农业生产布局和作物种植结构,推广渠道防渗、管道输水灌溉、喷灌、微灌等灌溉技术,提高农业灌溉用水利用率,发展节约用水高效现代农业,建设节水型农业示范区和节水型灌区。

**第二十五条** 供水企业和自建供水设施的单位应当加强供水设施的维护管理,降低管网漏损率。

**第二十六条**　国家机关、事业单位、社会团体和其他社会组织当按照制度完善、管理严格、设施规范、宣传到位的要求，建设节水型单位。

**第二十七条**　鼓励居民节约用水、合理用水。街道办事处、社区应当加强对辖区内物业公司和居民生活节约用水的指导，建设节水型居民小区。

**第二十八条**　对用水产品，按照国家规定推行用水效率标识管理制度。

**第二十九条**　市、区县政府应当将非常规水源纳入水资源统一配置。

城市绿化、环境卫生等市政用水以及生态景观用水应当优先使用再生水、雨水等非常规水源。有条件使用再生水的单位，应当优先使用再生水。

城市建设应当结合城市雨水、污水管网和排水设施改造，采取措施加强雨水收集利用，配套建设雨水滞留渗透、收集利用等设施。

市、区县政府进行城镇新区建设、旧城改造和市政基础设施建设，应当配套建设雨水利用和再生水利用设施。

## 第四章　监督和保障

**第三十条**　市、区县政府应当建立健全节约用水监督检查机制。市、区县政府水行政主管部门和有关行业主管部门，应当按照职责分工，对用水单位的节约用水情况进行监督检查。

被检查的单位应当予以配合，提供真实情况，不得拒绝、阻挠、妨碍监督检查人员监督检查。

**第三十一条**　市、区县政府应当加大财政投入，制定促进节约用水的政策措施，通过水价调节、财政补助、节水奖励等方式，鼓励和支持开发利用非常规水源。统筹安排农田水利建设、最严格水资源管理考核等各项水利发展、考核奖励资金，对节水型社会建设，节水型城市，节水型企业、工业园区、单位、居民小区建设，水平衡测试、节水技术改造和非常规水源利用等项目给予支持。

**第三十二条**　鼓励节水服务机构与用水单位或个人签订节约用水管理合同，并以节约用水效益分享方式回收投资和获得合理利润。

**第三十三条**　鼓励节水服务机构发展，支持节水服务机构开展节约用水咨询、检测、水平衡测试、认证和合同节水管理等服务。

**第三十四条**　市、区县政府应当加强节约用水管理队伍建设，配备专业技术人员，保障工作经费，健全各项管理制度，落实工作责任制。

## 第五章　附　则

**第三十五条**　本办法自印发之日起施行。

# 重庆市水利局关于印发《贯彻落实〈重庆市节约用水管理办法(试行)〉工作方案》的函

(渝水函〔2018〕387号)

各区县(自治县)人民政府,市政府各部门,有关单位:

经市政府同意,现将《贯彻落实〈重庆市节约用水管理办法(试行)〉工作方案》印发给你们,请认真贯彻执行。

重庆市水利局

2018年11月28日

## 贯彻落实《重庆市节约用水管理办法(试行)》工作方案

《重庆市节约用水管理办法(试行)》(以下简称《办法》)于2018年8月6日经市第五届人民政府第20次常务会议审议通过,2018年9月7日印发施行。根据常务会议有关精神和《重庆市节约用水管理办法(试行)》有关规定,特制定本方案。

### 一、指导思想

深入贯彻落实党的十九大精神,认真践行习近平生态文明思想,全面落实习近平总书记“节水优先、空间均衡、系统治理、两手发力”的新时代治水思想和长江经济带建设“共抓大保护、不搞大开发”的重要讲话精神,牢牢把握习近平总书记对重庆提出的“两点”定位、“两地”“两高”目标和“四个扎实”要求,坚持“以水定城、以水定地、以水定人、以水定产”,实行最严格水资源管理制度,着力健全完善节约用水管理体制机制,扎实推动农业、工业、服务业等各领域节水,把节约用水贯穿于生活、生产和消费全过程,使节水成为国家行动和全社会自觉行为,加快推进用水方式由粗放利用向节约集约利用的根本性转变,不断提高用水质量和效率,真正把重视水、节约水、治理水、管好水落到实处。

### 二、工作目标

坚持全民参与、久久为功,以制度规范全社会节水行为,培育节约用水生活方式和消费模式,形成全面自觉节水的良好社会风尚。到2022年,全市节水型社会达标建设要迈出实质性步伐,取得明显效果,全市水资源利用效率和效益显著提高,全面推进用水方式转变,用水结构进一步优化,最严格水资源管理制度得到全面落实。到2035年,全社会节约水、保护水的理念深入人心,节水法规标准体系、政府监管体系、市场激励机制、公众参与机制更加完善,节水型社会全面建成。

## 三、重点工作任务

**（一）健全节水制度，落实水资源消耗总量和强度双控行动**

1. 制定和落实节约用水规划。按照“节水优先”的治水方针，根据区域经济社会发展规划、水资源综合规划，定期编制节约用水规划。做好节约用水规划、指标与国民经济和社会发展规划以及资源节约和综合利用规划的协调、衔接，强化对节约用水工作的监督和指导。全市范围内大力推进节水型社会建设，到2020年，永川区、璧山区、南川区、合川区、大足区、荣昌区、潼南区、铜梁区等8区达到节水型社会达标建设要求。

2. 严格用水总量和强度控制管理。把用水总量、万元国内生产总值用水量降幅、万元工业增加值用水量降幅和农田灌溉水有效利用系数分解至各区县，明确区域用水总量和强度控制要求。建立用水总量控制指标体系，根据用水总量控制指标，制定年度用水计划，实行年度用水控制管理。年度用水计划不得超过经批准的用水总量控制指标。

3. 严格用水定额管理。行业主管部门组织制定行业用水定额，建立覆盖主要农作物、工业产品和城市生活的用水定额体系。用水定额应当根据地方经济社会发展、产业结构变化、技术进步情况及时修订。在规划编制、水资源论证、取水许可审批和用水计划核定中严格执行用水定额标准。

4. 完善计划用水管理制度。对纳入取水许可管理的单位和其他用水大户实行计划用水管理。根据用水户取用水规模、水源类型及用途，扩大计划用水覆盖范围，逐步将取得取水许可证的取水户、公共供水管网的用水大户、特种用水行业用水户等全部纳入计划管理，严格监督用水计划执行情况。定期组织重点取用水单位开展水平衡测试工作，对用水水平未达到用水定额标准的用水户，核减其年度计划用水量。

5. 建立用水计量、统计、通报制度。加强对用水单位计量设施管理，确保用水单位依法安装和使用法定计量检定机构检定合格的计量设施，并定期检查和维护，保证计量准确。加强用水统计和通报，建立规范统计台账，健全年报制度，定期通报不按规定开展计量和统计的用水单位。

6. 加强重点用水单位监控。建立用水单位重点监控名录，将所有火电企业，年地表取水量300万立方米以上（含本数，下同）、年地下水（地热水、矿泉水）取水量50万立方米的取水单位，大型和5万亩以上重点中型灌区，年用水量100万立方米以上的工业企业、服务企业和公共机构纳入重点用水单位监控名录，初步建立重点用水单位监控管理体系，并逐步扩大监控范围。重点监控用水单位的用水计量设施应当符合水资源远程监控要求，并与水行政主管部门的水资源管理信息系统联网运行。

7. 严格落实节水“三同时”管理要求。新建、改建和扩建的建设项目应当制订节水措施方案，配套建设节水设施，严格执行节水设施与主体工程同时设计、同时施工、同时投入使用“三同时”制度。

8. 加快推进水价改革。适时完善城市居民生活用水阶梯价格制度，并逐步在具备实施条件的建制镇推行。非居民用水逐步实行超定额累进加价制度。

**（二）推进水的循环使用，着力抓好各行业各领域节约用水**

9. 优化调整工业产业结构。根据我市水资源条件和行业特点，科学调整产业结构布局，将发展节水型工业与产业结构调整、建设先进制造业基地有机结合起来，发展符合国家产业政策、水资源消耗少、用水效率高的产业，严格控制高耗水、高污染的项目建设。

10. 推广先进节水工艺、技术和设备。积极引导火电、钢铁、化工、纺织、造纸、食品等高耗水行业企业利用先进技术工艺，实施节水改造，提升装备水平。

11. 开展节水型企业创建。加大钢铁、火电、纺织染整、造纸等重点用水行业节水型企业建设力度，加快培育一批节水管理制度健全、用水指标先进的节水型示范企业，充分发挥标杆企业引领示范带动作用。

12. 加强工业水循环利用。加大工业用水重复利用和废水处理回用，重点推进工业园区水循环改造，建设节水型工业园区，重点支持国家级园区和省级园区开展循环改造。

13. 优化调整农业种植结构。充分考虑水资源条件，优化调整农业种植结构，合理调整农业生产，优化用水结构，缓解重点农业生产区的用水压力，提高农业用水总体保障水平。加强节水抗旱农作物品种推广，在水资源短缺地区，严格限制种植高耗水农作物，鼓励种植耗水少、附加值高的农作物。

14. 大力发展农业节水灌溉。加快骨干水源工程、区域水资源配置工程和五小水利工程建设，优先推进粮食主产区和严重缺水地区节水灌溉发展，积极推广渠道防渗、管道输水灌溉、喷灌、微灌等灌溉技术，提高农业灌溉用水利用率，发展节约用水高效现代农业，推进农业节水综合示范工作，建设节水型农业示范区和节水型灌区。

15. 加快实施公共供水管网改造。科学制定和实施公共供水管网改造技术方案，对受损失修、使用年限较长的供水管网进行改造，加强公共供水系统运行监督管理。

16. 推进城镇节水。开展节水型城市建设，强化规划引领，在城市总体规划、控制性详细规划中落实城市节水要求，以水定产、以水定城。定期开展用水效率评价，强化节水技术改造和用水节水管理，推进教育、餐饮、洗浴、宾馆、洗车、娱乐等行业实施节水改造，严格限制高耗水服务业用水，强制推行节水措施。

17. 加强公共机构节水型单位建设。组织开展国家机关、事业单位等公共机构完善节水管理规章制度，严格用水设施设备日常管理，杜绝跑冒滴漏，积极推进节水型单位建设，加强示范引领作用。

18. 加强节水型居民小区建设。鼓励居民节约用水、合理用水，以物业公司统一管理、实行集中供水的城镇居民小区为重点，加强对物业公司和居民生活节约用水的指导，建设节水型居民小区。

19. 加强水效标识管理。建立先进节水技术、设备、产品推广机制，落实《水效标识管理办法》，对节水潜力大、使用面广的用水产品逐步实行水效标识制度。

20. 加大非常规水源利用。把再生水、矿井水利用作为水资源和节约用水规划的重要内容，纳入水资源统一配置，鼓励和支持非常规水源开发利用。推进再生水、集蓄雨水、矿井水等非常规水源利用。工业生产、城市绿化、道路清扫、车辆冲洗及生态景观等领域优先使用非常规水源。

21. 加快再生水回用示范工程建设。在渝西地区率先开展再生水回用示范工程建设，加大污水处理力度，提升污水处理能力和标准，以城镇污水处理厂为中心，建设区域性系统再生水回用系统示范工程，逐步提高城市再生水回用比例。鼓励城镇大型公共建筑、居住小区内建设再生水回用示范项目，推广城市建筑再生水利用技术。

22. 推进雨水利用设施建设。城市建设应当结合城市雨水、污水管网和排水设施改造，采取措施加强雨水收集利用，配套建设雨水滞留渗透、收集利用等设施。城镇新区建设、旧城改造和市政基础设施建设，应当配套建设雨水利用设施。结合海绵城市建设，新建小区、城市道路、公共绿地等要配套建设雨水资源利用设施，积极推进雨水利用，老旧小区因地制宜实施雨水集蓄利用改造。

**（三）加快节水技术推广，强化节水服务和支撑**

23. 推广节水型器具和产品。严格执行国家节水型生活用水器具标准，禁止生产和销售不符合节水强制性标准的产品，严格节水产品市场监管。城镇所有新建、改建和扩建的公共和民用建筑，应采用符合节水标准的用水器具。在政府采购中，必须采购符合水效标准和其他节水标准的用水器具。

24. 加强节水技术创新。鼓励和支持企业开展节约用水科学技术研究、节水产品研究开发，推广应用先进节水技术和产品。

25. 推行合同节水管理。公共机构、公共建筑、高耗水工业、高耗水服务业等领域，率先推行合同节水管理，鼓励节水服务机构与用水单位或个人签订节约用水管理合同，以节约用水效益分享方式回收投资和获得合理利润。

26. 出台节水激励政策。加大财政投入，制定促进节约用水的政策措施，通过水价调节、财政补助、节水奖励等方式，鼓励和支持开发利用非常规水源。对节水型社会、节水型城市和节水型企业、工业园区、单位、居民小区建设，以及水平衡测试、节水技术改造、非常规水源利用等项目给予支持。

27. 鼓励节水服务机构发展。支持节水服务机构开展节约用水咨询、检测、水平衡测试、认证和合同节水管理等服务。

**（四）加强宣传和知识普及，营造良好节水风气**

28. 加强节约用水宣传。新闻媒体应当开展节约用水法律法规和有关知识的宣传，积极宣传节水行动中涌现出的先进典型、经验做法、实施效果等，引导公众自觉参与爱水、节水、护水行动，营造良好的节约用水风尚。

29. 加强节约用水知识普及。将节约用水知识纳入学校教育内容，培养学生节约用水的意识。

## 四、保障措施

**（一）加强组织领导。**坚持“统一领导、部门协作、属地管理”的原则，落实节约用水管理责任。各区县政府要加强对节约用水工作的统一领导，结合区县实际，制定节约用水实施方案，细化量化工作任务，层层落实责任，狠抓任务落实。市级有关部门（单位）要按照职责进一步明确、细化具体工作任务，落实工作责任，并加强对各区县的工作指导。

**（二）加强队伍建设。**培养节约用水管理专家型人才，强化节水管理人员教育培训，提升业务技能，形成素质过硬、结构合理的节水管理队伍，强化担当意识，提升工作积极性。

**（三）强化资金保障。**市、区县两级财政要加大投入规模和补助强度，将节约用水工作作为重大生态保护和民生工程，纳入公共财政重点支持领域。发挥市场作用，鼓励和引导各方面资金投入节水型社会建设。

**（四）严格督查考核。**建立工作台账，各项工作的牵头单位于每季度结束前5日内将工作进展报市水利局。相关目标任务完成情况纳入目标责任考核内容。建立健全责任追究机制，对工作推进不力、不作为、慢作为的单位和个人进行追责问责。

附表

**节约用水管理办法贯彻落实意见重点任务分解表**

| 重点任务 | | 工作内容 | 牵头单位 | 责任单位 | 配合单位 |
|---|---|---|---|---|---|
| （一）健全节水制度，落实水资源消耗总量和强度双控行动 | 1.制定和落实节约用水规划 | 按照“节水优先”的治水方针，根据区域经济社会发展规划、水资源综合规划，定期编制节约用水规划 | 市水利局 | 各区县政府（含两江新区、万盛经开区管委会，下同） | 市发展改革委、市经济信息委、市规划自然资源局、市住房城乡建委、市城管局 |
| | | 做好节约用水规划、指标与国民经济和社会发展规划以及资源节约和综合利用规划的协调、衔接，强化对节约用水工作的监督和指导 | 市发展改革委 | 各区县政府 | 市水利局 |
| | | 全市范围内大力推进节水型社会建设，到2020年，永川区、璧山区、南川区、合川区、大足区、荣昌区、潼南区、铜梁区等8区达到节水型社会达标建设要求 | 市水利局 | 各区县政府 | 市发展改革委、市经济信息委、市财政局、市住房城乡建委、市城管局、市机关事务局 |
| | 2.严格用水总量和强度控制管理 | 把用水总量、万元国内生产总值用水量降幅、万元工业增加值用水量降幅和农田灌溉水有效利用系数分解至各区县，明确区域用水总量和强度控制要求。建立用水总量控制指标体系，根据用水总量控制指标，制定年度用水计划，实行年度用水控制管理。年度用水计划不得超过经批准的用水总量控制指标 | 市水利局 | 各区县政府 | 市经济信息委、市城管局、市农业农村委、市统计局 |
| | 3.严格用水定额管理 | 行业主管部门组织制定行业用水定额，建立覆盖主要农作物、工业产品和城市生活的用水定额体系。用水定额应当根据地方经济社会发展、产业结构变化、技术进步情况及时修订 | 市经济信息委、市农业农村委、市城管局 | 各区县政府 | 市教委、市水利局、市商务委、市文化旅游委、市卫生健康委、市市场监督局等 |
| | | 在规划编制、水资源论证、取水许可审批和用水计划核定中严格执行用水定额标准 | 市规划自然资源局、市水利局 | 各区县政府 | |

**续表**

| 重点任务 | | 工作内容 | 牵头单位 | 责任单位 | 配合单位 |
|---|---|---|---|---|---|
| （一）健全节水制度，落实水资源消耗总量和强度双控行动 | 4. 完善计划用水管理制度 | 对纳入取水许可管理的单位和其他用水大户实行计划用水管理。根据用水户取用水规模、水源类型及用途，扩大计划用水覆盖范围，逐步将取得取水许可证的取水户、公共供水管网的用水大户、特种用水行业用水户等全部纳入计划管理，严格监督用水计划执行情况 | 市水利局、市城管局 | 各区县政府 | |
| | | 定期组织重点取用水单位开展水平衡测试工作，对用水水平未达到用水定额标准的用水户，核减其年度计划用水量 | 市水利局、市城管局 | 各区县政府 | |
| | 5. 建立用水计量、统计、通报制度 | 加强对用水单位计量设施管理，确保用水单位依法安装和使用法定计量检定机构检定合格的计量设施，并定期检查和维护，保证计量准确。加强用水统计和通报，建立规范统计台账，健全年报制度，定期通报不按规定开展计量和统计的用水单位 | 市城管局、市水利局 | 各区县政府 | 市市场监督局 |
| | 6. 加强重点用水单位监控 | 建立用水单位重点监控名录，将所有火电企业，年地表取水量300万立方米以上（含本数，下同）、年地下水（地热水、矿泉水）取水量50万立方米的取水单位，大型和5万亩以上重点中型灌区，年用水量100万立方米以上的工业企业、服务企业和公共机构纳入重点用水单位监控名录，初步建立重点用水单位监控管理体系，并逐步扩大监控范围。重点监控用水单位的用水计量设施应当符合水资源远程监控要求，并与水行政主管部门的水资源管理信息系统联网运行 | 市水利局、市规划自然资源局、市城管局 | 各区县政府 | 市经济信息委 |
| | 7. 严格落实节水“三同时”管理要求 | 新建、改建和扩建的建设项目应当制订节水措施方案，配套建设节水设施，严格执行节水设施与主体工程同时设计、同时施工、同时投入使用“三同时”制度 | 市住房城乡建委、市城管局 | 各区县政府 | 市经济信息委、市水利局 |
| | 8.加快推进水价改革 | 适时完善城市居民生活用水阶梯价格制度，并逐步在具备实施条件的建制镇推行。非居民用水实行超定额累进加价制度 | 市发展改革委、市城管局 | 各区县政府 | 市经济信息委、市水利局 |

**续表**

| 重点任务 | | 工作内容 | 牵头单位 | 责任单位 | 配合单位 |
|---|---|---|---|---|---|
| （二）推进水的循环使用，着力抓好各行业各领域节约用水 | 9. 优化调整工业产业结构 | 根据我市水资源条件和行业特点，科学调整产业结构布局，将发展节水型工业与产业结构调整、建设先进制造业基地有机结合起来，发展符合国家产业政策、水资源消耗少、用水效率高的产业，严格控制高耗水、高污染的项目建设 | 市发展改革委、市经济信息委 | 各区县政府 | 市水利局、市规划自然资源局 |
| | 10. 推广先进节水工艺、技术和设备 | 积极引导火电、钢铁、化工、纺织、造纸、食品等高耗水行业企业利用先进技术工艺，实施节水改造，提升装备水平 | 市经济信息委、市发展改革委 | 各区县政府 | |
| | 11. 开展节水型企业创建 | 加大钢铁、火电、纺织染整、造纸等重点用水行业节水型企业建设力度，加快培育一批节水管理制度健全、用水指标先进的节水型示范企业，充分发挥标杆企业引领示范带动作用 | 市经济信息委 | 各区县政府 | 市水利局 |
| | 12. 加强工业水循环利用 | 加大工业用水重复利用和废水处理回用。重点推进工业园区水循环改造，建设节水型工业园区，重点支持国家级园区和省级园区开展循环改造 | 市经济信息委、市发展改革委 | 各区县政府 | 市生态环境局、市水利局 |
| | 13. 优化调整农业种植结构 | 充分考虑水资源条件，优化调整农业种植结构，合理调整农业生产，优化用水结构，缓解重点农业生产区的用水压力，提高农业用水总体保障水平。推广节水抗旱农作物品种，在水资源短缺地区，严格限制种植高耗水农作物，鼓励种植耗水少、附加值高的农作物 | 市农业农村委 | 各区县政府 | 市水利局 |
| | 14. 大力发展农业节水灌溉 | 加快骨干水源工程、区域水资源配置工程和五小水利工程建设，优先推进粮食主产区和严重缺水地区节水灌溉发展，积极推广渠道防渗、管道输水灌溉、喷灌、微灌等灌溉技术，提高农业灌溉用水利用率，发展节约用水高效现代农业，推进农业节水综合示范工作，建设节水型农业示范区和节水型灌区 | 市农业农村委、市水利局 | 各区县政府 | |

**续表**

| 重点任务 | | 工作内容 | 牵头单位 | 责任单位 | 配合单位 |
|---|---|---|---|---|---|
| （二）推进水的循环使用，着力抓好各行业各领域节约用水 | 15. 加快实施公共供水管网改造 | 科学制定和实施公共供水管网改造技术方案，对受损失修、使用年限较长的供水管网进行改造，加强公共供水系统运行监督管理 | 市城管局 | 各区县政府 | |
| | 16. 推进城镇节水 | 开展节水型城市建设，强化规划引领，在城市总体规划、控制性详细规划中落实城市节水要求，以水定产、以水定城。定期开展用水效率评价，强化节水技术改造和用水节水管理，推进教育、餐饮、洗浴、宾馆、洗车、娱乐等行业实施节水改造，严格限制高耗水服务业用水，强制推行节水措施 | 市城管局 | 各区县政府 | 市发展改革委、市教委、市经济信息委、市规划自然资源局、市商务委、市文化旅游委 |
| | 17. 加强公共机构节水型单位建设 | 组织开展国家机关、事业单位等公共机构完善节水管理规章制度，严格用水设施设备日常管理，杜绝跑冒滴漏，积极推进节水型单位建设，加强示范引领作用 | 市机关事务局 | 各区县政府 | 市教委、市卫生健康委 |
| | 18. 加强节水型居民小区建设 | 鼓励居民节约用水、合理用水，以物业公司统一管理、实行集中供水的城镇居民小区为重点，加强对物业公司和居民生活节约用水的指导，建设节水型居民小区 | 市住房城乡建委、市城管局、市水利局 | 各区县政府 | |
| | 19. 加强水效标识管理 | 建立先进节水技术、设备、产品推广机制，落实《水效标识管理办法》，对节水潜力大、使用面广的用水产品逐步实行水效标识制度 | 市发展改革委 | 各区县政府 | 市水利局、市市场监督局 |
| | 20. 加大非常规水源利用 | 把再生水、矿井水利用作为水资源和节约用水规划的重要内容，纳入水资源统一配置 | 市水利局 | 各区县政府 | 市发展改革委、市城管局 |
| | | 推进再生水、集蓄雨水、矿井水等非常规水源利用 | 市住房城乡建委、市城管局 | 各区县政府 | 市经济信息委、市生态环境局、市水利局 |
| | | 工业生产、城市绿化、道路清扫、车辆冲洗及生态景观等领域优先使用非常规水源 | 市经济信息委、市城管局 | 各区县政府 | 市发展改革委 |

**续表**

| 重点任务 | | 工作内容 | 牵头单位 | 责任单位 | 配合单位 |
|---|---|---|---|---|---|
| (二)推进水的循环使用,着力抓好各行业各领域节约用水 | 21.加快再生水回用示范工程建设 | 在渝西地区率先开展再生水回用示范工程建设,加大污水处理力度,提升污水处理能力和标准 | 市城管局 | 各区县政府 | |
| | | 以城镇污水处理厂为中心,建设区域性系统再生水和中水回用系统示范工程,逐步提高城市污水处理回用比例 | 市城管局 | 各区县政府 | |
| | | 鼓励城镇大型公共建筑、居住小区内建设区域性系统再生水回用示范项目,推广城市建筑再生水利用技术 | 市城管局 | 各区县政府 | 市住房城乡建委 |
| | 22.推进雨水利用设施建设 | 城市建设应当结合城市雨水、污水管网和排水设施改造,采取措施加强雨水收集利用,配套建设雨水滞留渗透、收集利用等设施 | 市住房城乡建委 | 各区县政府 | 市规划自然资源局、市城管局 |
| | | 城镇新区建设、旧城改造和市政基础设施建设,应当配套建设雨水利用设施 | 市住房城乡建委 | 各区县政府 | 市规划自然资源局、市城管局 |
| | | 结合海绵城市建设,新建绿色生态住宅小区、城市道路、公共绿地等要配套建设雨水资源利用设施,积极推进雨水利用,实施改造的老旧小区因地制宜实施雨水集蓄利用改造 | 市住房城乡建委 | 各区县政府 | 市发展改革委、市交通局、市城管局 |
| (三)加快节水技术推广,强化节水服务和支撑 | 23.推广节水型器具和产品 | 严格执行国家节水型生活用水器具标准,禁止生产和销售不符合节水强制性标准的产品,严格节水产品市场监管 | 市市场监督局 | 各区县政府 | 市发展改革委 |
| | | 新建、改建和扩建的民用建筑,应采用符合节水标准的用水器具 | 市住房城乡建委 | 各区县政府 | 市市场监督局 |
| | | 在政府采购中,必须采购符合水效标准和其他节水标准的用水器具 | 市级有关单位 | 各区县政府 | 市财政局、市市场监督局 |
| | 24.加强节水技术创新 | 鼓励和支持企业开展节约用水科学技术研究、节水产品研究开发,推广应用先进节水技术和产品 | 市科学技术局、市经济信息委 | 各区县政府 | 市发展改革委、市财政局、市城管局、市水利局、市农业农村委 |

**续表**

| 重点任务 | | 工作内容 | 牵头单位 | 责任单位 | 配合单位 |
|---|---|---|---|---|---|
| （三）加快节水技术推广，强化节水服务和支撑 | 25. 推行合同节水管理 | 鼓励节水服务机构与用水单位或个人签订节约用水管理合同，以节约用水效益分享方式回收投资和获得合理利润 | 市发展改革委 | 各区县政府 | 市经济信息委、市教委、市商务委、市城管局、市水利局、市卫生健康委、国家税务总局重庆市税务局、市机关事务局 |
| | 26. 出台节水激励政策 | 加大财政投入，制定促进节约用水的政策措施，通过水价调节、财政补助、节水奖励等方式，鼓励和支持开发利用非常规水源。对节水型社会、节水型城市和节水型企业、工业园区、单位、居民小区建设，以及水平衡测试、节水技术改造、非常规水源利用等项目给予支持 | 市财政局、市发展改革委、市经济信息委、市城管局、市水利局 | 各区县政府 | 市机关事务局 |
| | 27. 鼓励节水服务机构发展 | 支持节水服务机构开展节约用水咨询、检测、水平衡测试、认证和合同节水管理等服务 | 市发展改革委 | 各区县政府 | 市水利局、市市场监督局 |
| （四）加强宣传和知识普及，营造良好节水风气 | 28. 加强节约用水宣传 | 新闻媒体应当开展节约用水法律法规和有关知识的宣传，积极宣传节水行动中涌现出的先进典型、经验做法、实施效果等，引导公众自觉参与爱水、节水、护水行动，营造良好的节约用水风尚 | 市水利局 | 各区县政府 | 市经济信息委、市城管局、市机关事务局 |
| | 29. 加强节约用水知识普及 | 将节约用水知识纳入学校教育内容，培养学生节约用水意识 | 市教委 | 各区县政府 | 市水利局 |

# 重庆市水利局 重庆市发展改革委关于印发《重庆市节水行动实施方案》的通知

（渝水〔2020〕30号）

各区县（自治县）人民政府，市级相关部门：

为大力推动全社会节水，全面提升水资源利用效率，促进经济社会高质量发展，经市政府同意，现将《重庆市节水行动实施方案》印发你们，请认真贯彻执行。

重庆市水利局
重庆市发展和改革委员会
2020年4月3日

## 重庆市节水行动实施方案

为贯彻落实党的十九大精神，坚持“节水优先”方针，大力推动全社会节水，全面提升水资源利用效率，形成节水型生产生活方式，保障我市水安全，促进经济社会高质量发展，根据《国家节水行动方案》和有关规定，制定本实施方案。

### 一、总体要求

以习近平新时代中国特色社会主义思想为指导，认真落实党中央、国务院决策部署，坚持“节水优先”方针，把节水作为解决我市“新老水问题”的重要举措，贯穿到经济社会发展全过程和各领域，落实目标责任，加强监督管理，增强全社会节水意识，大力推动节水制度、政策、技术、机制创新，加快推进用水方式由粗放向节约集约转变，为重庆市在推进新时代西部大开发中发挥支撑作用、在推进共建“一带一路”中发挥带动作用、在推进长江经济带绿色发展中发挥示范作用，为建设生态文明和山清水秀美丽之地奠定坚实基础。

### 二、主要目标

1. 2020年底，节水政策法规、市场机制、标准体系逐步完善，技术支撑能力不断增强，管理机制逐步健全，节水效果初见成效。万元国内生产总值用水量、万元工业增加值用水量较2015年分别降低29%和30%，规模以上工业用水重复利用率达到85%以上，农田灌溉水有效利用系数提高到0.5以上，城市公共供水管网漏损率控制在10%以内。

2. 到2022年，节水型生产和生活方式初步建立，节水产业初具规模，非常规水利用规模有所增大，用水效率和效益显著提高，全社会节水意识明显增强。万元国内生产总值用水量、万元工业增加值用水量较 2015 年分别降低 30%和 31%，农田灌溉水有效利用系数提高到 0. 51 以上，全市用水总量控制在 98. 82 亿立方米以内。

3. 到 2035 年，形成健全的节水政策法规体系和标准体系、完善的市场调节机制、先进的技术支撑体系，节水护水惜水成为全社会自觉行动，全市用水总量控制在 105. 58 亿立方米以内，水资源节约和循环利用达到国内先进水平，形成水资源利用与发展规模、产业结构和空间布局等协调发展的现代化新格局。

## 三、重点行动

### （一）总量强度双控

1. 强化指标刚性约束。严格实行区域流域用水总量和强度控制。健全市、区县（自治县）两级行政区域用水总量、用水强度控制指标体系，强化节水约束性指标管理，加快落实主要领域用水指标。

2. 严格用水全过程管理。严控水资源开发利用强度，实施规划和建设项目节水评价工作审查制度，严格实行取水许可制度。加强对重点用水户、特殊用水行业用水户的监督管理。以县域为单元，全面开展节水型社会达标建设。

3. 强化节水监督考核。建立管行业必管节水的工作机制，逐步建立节水目标责任制，将水资源节约和保护的主要指标纳入经济社会发展综合评价体系，实行最严格水资源管理制度考核。完善监督考核工作机制，强化部门协作，严格节水责任追究。

### （二）农业节水增效

4. 大力推进节水灌溉。加快农业灌溉续建配套和现代化改造，分区域规模化推进高效节水灌溉。结合高标准农田建设，加大田间节水设施建设力度。开展农业用水精细化管理，推广喷灌、微灌、滴灌、低压管道输水灌溉、集雨补灌、水肥一体化、覆盖保墒等技术。加强农田土壤墒情监测，推广测墒灌溉。

5. 优化调整作物种植结构。根据水资源条件，推进适水种植、量水生产。在干旱缺水区域，适度压减高耗水作物，扩大低耗水和耐旱作物种植比例，推广耐旱农作物新品种，积极发展稻田冬季蓄水，增强蓄水抗旱能力。

6. 推广畜牧渔业节水方式。实施规模养殖场节水改造和建设，推行先进适用的节水型畜禽养殖方式，推广节水型饲喂设备、机械干清粪等技术和工艺。发展节水渔业、牧业，大力推进稻渔综合种养，推广池塘工程化循环水等养殖技术。

7. 加快推进农村生活节水。在实施农村集中供水、污水处理工程和保障饮用水安全基础上，加强农村生活用水设施改造，在有条件的乡镇和社区推动计量收费。加快村镇生活供水设施及配套管网建设与改造。实施“厕所革命”，推广使用节水器具。

### （三）工业节水减排

8. 大力推进工业节水改造。完善供用水计量体系和在线监测系统，强化生产用水管理。大力推广高效冷却、洗涤、循环用水、废污水再生利用、高耗水生产工艺替代等节水工艺和技术。支持企业开展节水技术改造及再生水回用改造，重点企业要定期开展水平衡测试、用水审计及水效对标。对超过取水定额标准的企业分类分步限期实施节水改造。

9. 推动高耗水行业节水增效。实施节水管理和改造升级，采用差别水价以及树立节水标杆等措施，促进高耗水企业加强废水深度处理和达标再利用。严格落实主体功能区规划，在生态脆弱、缺水区域，严格控制高耗水新建、改建、扩建项目，推进高耗水企业向水资源条件允许的工业园区集中。对采用列入淘汰目录工艺、技术和装备的项目，不予批准取水许可；未按期淘汰的，要依法严格查处。

10. 积极推行水循环梯级利用。推进现有企业和园区开展以节水为重点内容的绿色高质量转型升级和循环化改造，加快节水及水循环利用设施建设，促进企业间串联用水、分质用水，一水多用和循环利用。新建企业和园区要在规划布局时，统筹供排水、水处理及循环利用设施建设，推动企业间的用水系统集成优化。

**（四）城镇节水降损**

11. 全面推进节水型城市建设。提高城市节水工作系统性，将节水落实到城市规划、建设、管理各环节，实现优水优用、循环循序利用。落实城市节水各项基础管理制度，推进城镇节水改造；结合海绵城市建设，提高雨水资源利用水平；重点抓好再生水利用设施建设与改造，城市生态景观、工业生产、城市绿化、道路清扫、车辆冲洗和建筑施工等，优先使用再生水，提升再生水利用水平，鼓励构建城镇良性水循环系统。

12. 大幅降低供水管网漏损。加快制定和实施供水管网改造建设实施方案，完善供水管网检漏制度。加强公共供水系统运行监督管理，推进城镇供水管网分区计量管理，建立精细化管理平台和漏损管控体系，协同推进二次供水设施改造和专业化管理。重点推动老城区、老校区等管网高漏损区域的节水改造。

13. 深入开展公共领域节水。缺水城市园林绿化宜选用适合本区域的节水耐旱型植被，采用喷灌、微灌等节水灌溉方式。公共机构要开展供水管网、绿化浇灌系统等节水诊断，推广应用节水新技术、新工艺和新产品，提高节水器具使用率。大力推广绿色建筑，新建公共建筑必须安装节水器具。推动城镇居民家庭节水。

14. 严控高耗水服务业用水。从严控制洗浴、洗车、高尔夫球场、人工滑雪场、洗涤、宾馆等行业用水定额。洗车、高尔夫球场、人工滑雪场等特种行业积极推广循环用水技术、设备与工艺，优先利用再生水、雨水等非常规水源。

15. 加强缺水区域非常规水利用。加强再生水、雨水、矿井水和苦咸水等非常规水多元、梯级和安全利用。强制推动非常规水纳入水资源统一配置，逐年提高非常规水利用比例，并严格考核。统筹利用好再生水、雨水、微咸水等用于农业灌溉和生态景观。新建小区、城市道路、公共绿地等必须因地制宜配套建设雨水集蓄利用设施。缺水地区禁止盲目扩大景观、娱乐水域面积，生态用水优先使用非常规水，具备使用非常规水条件但未充分利用的建设项目不得批准其新增取水许可。

**（五）科技创新引领**

16. 加快关键技术装备研发。推动节水技术与工艺创新，瞄准全国和世界先进技术，加大节水产品和技术研发，加强大数据、人工智能、区块链等新一代信息技术与节水技术、管理及产品的深度融合。重点支持用水精准计量、水资源高效循环利用、精准节水灌溉控制、管网漏损监测智能化、非常规水利用等先进技术及适用设备研发。

17. 促进节水技术转化推广。建立"政产学研用"深度融合的节水技术创新体系，加快节水科技成果转化，推进节水技术、产品、设备使用示范基地和节水型社会创新试点建设。鼓励通过信息化手段推广节水产品和技术，拓展节水科技成果及先进节水技术工艺推广渠道，逐步推动节水技术成果市场化。

18. 推动技术成果产业化。鼓励企业加大节水装备及产品研发、设计和生产投入，降低节水技术工艺与装备产品成本，提高节水装备与产品质量，提升中高端品牌的差异化竞争力，构建节水装备及产品的多元化供给体系。

## 四、深化体制机制改革

### （一）政策制度推动

1. 全面深化水价改革。深入推进农业水价综合改革，同步建立农业用水精准补贴。建立健全充分反映供水成本、激励提升供水质量、促进节约用水的城镇供水价格形成机制和动态调整机制，适时完善居民阶梯水价制度，全面推行城镇非居民用水超定额累进加价制度，进一步拉大特种用水和非居民用水的价差。

2. 推动水资源税改革。与水价改革协同推进，探索建立合理的水资源税制度体系，结合水资源税改革，科学设置差别化税率体系，加大水资源税改革力度，发挥促进水资源节约的调节作用。

3. 加强用水计量统计。推进取用水计量统计，提高农业灌溉、工业和市政用水计量率。完善农业用水计量设施，配备工业及服务业取用水计量器具，全面实施城镇居民"一户一表"改造。建立节水统计调查和基层用水统计管理制度，加强对农业、工业、生活、生态环境补水四类用水户涉水信息管理。对全市规模以上工业企业用水情况进行统计监测。

4. 强化节水监督管理。严格实行计划用水监督管理。对重点地区、领域、行业、产品进行专项监督检查。实行用水报告制度，鼓励年用水总量超过10万立方米的企业或园区设立水务经理。建立倒逼机制，将用水户违规记录纳入全国统一的信用信息共享平台。

5. 健全节水标准体系。加快农业、工业、城镇以及非常规水利用等各方面节水标准制（修）订工作。建立健全市级用水定额标准体系。逐步建立节水标准实时跟踪、评估和监督机制。

### （二）市场机制创新

6. 推进水权水市场改革。推进水资源使用权确权，明确行政区域取用水权益，科学核定取用水户许可水量。探索流域内、区域间、行业间、用水户间等多种形式的水权交易。在满足自身用水情况下，对节约出的水量进行有偿转让。探索建立农业水权制度。对用水总量达到或超过区域总量控制指标或江河水量分配指标的地区，可通过水权交易解决新增用水需求。加强水权交易监管,规范交易平台建设和运营。

7. 推行水效标识建设。按照国家水效标识管理相关规定,对节水潜力大、适用面广的用水产品施行水效标识管理。开展产品水效检测,确定水效等级,分批发布产品水效标识实施细则,强化市场监督管理,加大专项检查抽查力度,逐步淘汰水效等级较低产品。

8. 推动合同节水管理。创新节水服务模式,建立节水装备及产品的质量评级和市场准入制度,完善工业水循环利用设施、集中建筑中水设施委托运营服务机制,在公共机构、公共建筑、高耗水工业、高耗水服务业、农业灌溉、供水管网漏损控制等领域,引导和推动合同节水管理。开展节水设计、改造、计量和咨询等服务,提供整体解决方案。拓展投融资渠道,整合市场资源要素,为节水改造和管理提供服务。

9. 实施水效领跑和节水认证。在用水产品、用水企业、灌区、公共机构和节水型城市开展水效领跑者引领行动。

## 五、保障措施

**(一)加强组织领导**。加强党对节水工作的领导,统筹推动节水工作。成立重庆市节约用水领导小组,市水利局牵头,会同市发展改革委等部门建立节约用水工作协调机制,协调解决节水工作中的重大问题,市级有关部门按照职责分工做好相关节水工作。区县(自治县)党委和政府对本辖区节水工作负总责,制定节水行动实施方案,确保节水行动各项任务完成。

**(二)推动法治建设**。完善节水法规规章,规范全社会用水行为。开展节约用水立法前期研究,加快推进《重庆市节约用水条例》制订、《重庆市城市供水节水管理条例》修订工作等。

**(三)完善财税政策**。积极发挥财政职能作用,重点支持农业节水灌溉、水资源节约保护、城市供水管网漏损控制、节水标准制订、节水宣传教育和培训等。完善助力节水产业发展的价格、投资等政策,落实节水税收优惠政策,充分发挥相关税收优惠政策对节水技术研发、企业节水、水资源保护和再利用等方面的支持作用。

**(四)拓展融资模式**。完善金融和社会资本进入节水领域的相关政策,积极发挥银行等金融机构作用,依法合规支持节水工程建设、节水技术改造、非常规水源利用等项目。采用直接投资、投资补助、运营补贴等方式,规范支持政府和社会资本合作项目,鼓励和引导社会资本参与有一定收益的节水项目建设和运营。鼓励金融机构对符合贷款条件的节水项目优先给予支持。

**(五)提升节水意识**。加强国情市情水情教育,逐步将节水纳入国家宣传、国民素质教育和中小学教育活动,向全民普及节水知识。加强高校节水相关专业人才培养。开展世界水日、中国水周、城市节水宣传周、节水志愿者活动和“节水使者”评选活动、中小学“绿色小使者”评选活动等形式多样的主题宣传活动,倡导简约适度的消费模式,提高全民节水意识。鼓励各相关领域开展节水型社会、节水型单位等创建活动。

附件

## 重庆市节水行动实施方案重点任务分解表

| 序号 | 目标任务 | 工作内容 | 牵头单位 | 责任单位 |
| --- | --- | --- | --- | --- |
| 1 | 强化指标刚性约束 | 严格实行区域流域用水总量和强度控制。健全市、区县（自治县）两级行政区域用水总量、用水强度控制指标体系，强化节水约束性指标管理，加快落实主要领域用水指标。划定水资源承载能力区域分类，实施差别化管控措施，建立监测预警机制。水资源临界和超载地区要制定并实施用水总量削减计划。2020 年，建立覆盖主要农作物、工业产品和生活服务业的先进用水定额体系 | 市水利局 | 市发展改革委、市经济信息委、市规划自然资源局、市住房城乡建委、市城管局、市农业农村委、市商务委、市市场监管局、市机关事务局 |
| 2 | 严格用水全过程管理 | 严控水资源开发利用强度，完善规划和建设项目水资源论证制度，实施规划和建设项目节水评价工作审查制度，以水定城、以水定产，合理确定经济布局、结构和规模。严格实行取水许可制度。加强对重点用水户、特殊用水行业用水户的监督管理。以县域为单元，全面开展节水型社会达标建设，到 2022 年，全市 30%以上区县（自治县）达到节水型社会标准 | 市水利局 | 市发展改革委、市教委、市经济信息委、市规划自然资源局、市住房城乡建委、市城管局、市交通局、市农业农村委、市商务委、市机关事务局 |
|  |  | 对城镇新区规划、工业园区规划、经济技术开发区规划、高耗水行业专项规划、涉及取用水项目的相关产业发展规划开展节水评价工作 | 市发展改革委 | 市水利局、市规划自然资源局、市经济信息委、市住房城乡建委 |
|  |  | 开展城镇新区规划、工业园区规划、经济技术开发区规划、高耗水行业专项规划、涉及取用水项目的相关产业发展规划时，同步规划节约用水内容 | 市规划自然资源局 | 市水利局、市发展改革委、市生态环境局 |
|  |  | 加强对公共供水管网供水的重点用水户、特殊用水行业用水户的监督管理 | 市城管局 | 市水利局、市规划自然资源局、市经济信息委 |

**续表**

| 序号 | 目标任务 | 工作内容 | 牵头单位 | 责任单位 |
| --- | --- | --- | --- | --- |
| 3 | 强化节水监督考核 | 建立管行业必管节水的工作机制，实行节水目标责任制，将水资源节约和保护的主要指标纳入经济社会发展综合评价体系，实行最严格水资源管理制度考核。完善监督考核工作机制，强化部门协作，严格节水责任追究 | 市水利局 | 市发展改革委，市教委、市科技局、市经济信息委、市司法局、市财政局、市规划自然资源局、市生态环境局、市住房城乡建委、市城管局、市交通局、市农业农村委、市商务委、市卫生健康委、市市场监管局、市统计局、市机关事务局、人行重庆营管部、重庆市税务局、市能源局、市委宣传部、团市委 |
| | | 建立工作台账，各项工作的牵头单位于每半年结束后至下一个月 15 日前将工作进展情况报市发展改革委和市水利局 | 市水利局 | 市发展改革委，市教委、市科技局、市经济信息委、市司法局、市财政局、市规划自然资源局、市生态环境局、市住房城乡建委、市城管局、市交通局、市农业农村委、市商务委、市卫生健康委、市市场监管局、市统计局、市机关事务局、人行重庆营管部、重庆市税务局、市能源局、市委宣传部、团市委 |

**续表**

| 序号 | 目标任务 | 工作内容 | 牵头单位 | 责任单位 |
| --- | --- | --- | --- | --- |
| 4 | 大力推进节水灌溉 | 加快农业灌溉续建配套和现代化改造,分区域规模化推进高效节水灌溉。结合高标准农田建设,加大田间节水设施建设力度。开展农业用水精细化管理,科学合理确定灌溉定额,推进灌溉试验及成果转化。推广喷灌、微灌、滴灌、低压管道输水灌溉、集雨补灌、水肥一体化、覆盖保墒等技术。加强农田土壤墒情监测,推广测墒灌溉。2022年前,加大水肥一体化技术推广力度,每年发展高效节水灌溉面积10万亩,创建5个节水型灌区和永川水肥一体化、忠县绿肥覆盖保墒节水农业示范片区 | 市农业农村委 | 市发展改革委、市水利局、市科技局、市财政局 |
| 5 | 优化调整作物种植结构 | 根据水资源条件,推进适水种植、量水生产。在干旱缺水区域,适度压减高耗水作物,扩大低耗水和耐旱作物种植比例,推广耐旱农作物新品种,积极发展稻田冬季蓄水,增强蓄水抗旱能力 | 市农业农村委 | 市水利局、市财政局、市规划自然资源局 |
| 6 | 推广畜牧渔业节水方式 | 实施规模养殖场节水改造和建设,推行先进适用的节水型畜禽养殖方式,推广节水型饲喂设备、机械干清粪等技术和工艺。发展节水渔业、牧业,大力推进稻渔综合种养,推广池塘工程化循环水等养殖技术。到2022年,建设一批畜牧节水示范工程 | 市农业农村委 | 市科技局、市规划自然资源局、市水利局 |
| 7 | 加快推进农村生活节水 | 在实施农村集中供水、污水处理工程和保障饮用水安全基础上,加强农村生活用水设施改造,在有条件的乡镇和社区推动计量收费。加快村镇生活供水设施及配套管网建设与改造 | 市水利局 | 市发展改革委、市财政局、市农业农村委、市住房城乡建委 |
|  |  | 以全面开展农村“厕所革命”为契机,推广使用节水器具,创造良好节水条件 | 市卫生健康委 | 市住房城乡建委、市农业农村委、市财政局 |

**续表**

| 序号 | 目标任务 | 工作内容 | 牵头单位 | 责任单位 |
|---|---|---|---|---|
| 8 | 大力推进工业节水改造 | 完善供用水计量体系和在线监测系统，强化生产用水管理。大力推广高效冷却、洗涤、循环用水、废污水再生利用、高耗水生产工艺替代等节水工艺和技术。支持企业开展节水技术改造及再生水回用改造，重点企业要定期开展水平衡测试、用水审计及水效对标。对超过取水定额标准的企业分类分步限期实施节水改造 | 市经济信息委 | 市发展改革委、市水利局、市科技局、市规划自然资源局、市住房城乡建委、市城管局、市市场监管局 |
| | | 到2022年，水资源超载和临界超载区县（自治县）年用水量1万立方米及以上的工业企业用水计划管理实现全覆盖 | 市水利局（直接取水企业）、市城管局（自来水供水企业） | 市发展改革委、市科技局、市规划自然资源局、市住房城乡建委、市市场监管局 |
| 9 | 推动高耗水行业节水增效 | 实施节水管理和改造升级，采用差别水价以及树立节水标杆等措施，促进高耗水企业加强废水深度处理和达标再利用。对采用列入淘汰目录工艺、技术和装备的项目，未按期淘汰的，要依法严格查处。到2022年，在火力发电、钢铁、纺织、造纸、石化和化工、食品和发酵等高耗水行业建成一批节水型企业 | 市经济信息委 | 市发展改革委、市水利局、市规划自然资源局、市生态环境局、市能源局、市住房城乡建委、市城管局、重庆市税务局 |
| | | 严格落实主体功能区规划，在生态脆弱、严重缺水地区，严格控制高耗水新建、改建、扩建项目，推进高耗水企业向水资源条件允许的工业园区集中 | 市发展改革委 | 市市场监管局、市城管局、市水利局、市规划自然资源局、市住房城乡建委 |
| | | 对采用列入淘汰目录工艺、技术和装备的项目，不予批准取水许可 | 市水利局 | 市发展改革委、市市场监管局 |

续表

| 序号 | 目标任务 | 工作内容 | 牵头单位 | 责任单位 |
|---|---|---|---|---|
| 10 | 积极推行水循环梯级利用 | 推进现有企业和园区开展以节水为重点内容的绿色高质量转型升级和循环化改造，加快节水及水循环利用设施建设，促进企业间串联用水、分质用水，一水多用和循环利用。到 2022 年，创建 5 家节水标杆企业、1 家节水标杆园区 | 市经济信息委 | 市发展改革委、市水利局、市规划自然资源局、市住房城乡建委、市城管局 |
| | | 新建企业和园区要在规划布局时，统筹供排水、水处理及循环利用设施建设，推动企业间的用水系统集成优化 | 市发展改革委 | 市经济信息委、市水利局、市规划自然资源局、市住房城乡建委、市城管局 |
| 11 | 全面推进节水型城市建设 | 提高城市节水工作系统性，将节水落实到城市规划、建设、管理各环节，实现优水优用、循环循序利用。落实城市节水各项基础管理制度，推进城镇节水改造。到 2020 年，主城区全部达到城市节水Ⅱ级标准 | 市城管局 | 市住房城乡建委、市发展改革委、市水利局、市经济信息委、市财政局、市规划自然资源局 |
| | | 结合海绵城市建设，提高雨水资源利用水平；重点抓好再生水利用设施建设与改造，城市生态景观、工业生产、城市绿化、道路清扫、车辆冲洗和建筑施工等，优先使用再生水，提升再生水利用水平，鼓励构建城镇良性水循环系统 | 市住房城乡建委 | 市城管局、市水利局、市经济信息委、市财政局、市规划自然资源局 |
| 12 | 大幅降低供水管网漏损 | 加快制定和实施供水管网改造建设实施方案，完善供水管网检漏制度。加强公共供水系统运行监督管理，推进城镇供水管网分区计量管理，建立精细化管理平台和漏损管控体系，协同推进二次供水设施改造和专业化管理。重点推动老城区、老校区等管网高漏损区域的节水改造 | 市城管局 | 市住房城乡建委、市发展改革委、市水利局、市财政局、市规划自然资源局、市机关事务局、市教委 |

续表

| 序号 | 目标任务 | 工作内容 | 牵头单位 | 责任单位 |
|---|---|---|---|---|
| 13 | 深入开展公共领域节水 | 缺水城市园林绿化宜选用适合本区域的节水耐旱型植被，采用喷灌、微灌等节水灌溉方式 | 市城管局 | 市住房城乡建委、市发展改革委、市水利局、市教委、市机关事务局 |
| | | 公共机构要开展供水管网、绿化浇灌系统等节水诊断，推广应用节水新技术、新工艺和新产品，提高节水器具使用率。到2022年，全部市级机关及50%以上的市属公共机构建成节水型单位 | 市机关事务局 | 市住房城乡建委、市城管局、市水利局、市教委、市卫生健康委 |
| | | 建成一批具有典型示范意义的节水型高校。推动高校合同节水项目实施 | 市教委 | 市机关事务局、市水利局、市城管局、市住房城乡建委 |
| | | 大力推广绿色建筑，新建公共建筑必须安装节水器具。推动城镇居民家庭节水，普及推广节水型用水器具 | 市住房城乡建委 | 市发展改革委、市城管局、市水利局 |
| 14 | 严控高耗水服务业用水 | 从严控制洗浴、洗车、高尔夫球场、人工滑雪场、洗涤、宾馆等行业用水定额。洗车、高尔夫球场、人工滑雪场等特种行业积极推广循环用水技术、设备与工艺，优先利用再生水、雨水等非常规水源 | 市城管局 | 市发展改革委、市水利局、市住房城乡建委、市文化旅游委、市商务委、重庆市税务局 |
| 15 | 控制地下水开采量 | 严格机电井管理，限期关闭未经批准和公共供水管网覆盖范围内的自备水井。完善地下水监测网络。压减地下水开采量 | 市水利局 | 市发展改革委、市经济信息委、市财政局、市规划自然资源局、市住房城乡建委、市城管局、市农业农村委 |

续表

| 序号 | 目标任务 | 工作内容 | 牵头单位 | 责任单位 |
|---|---|---|---|---|
| 16 | 加强缺水区域非常规水利用 | 加强再生水、雨水、矿井水和苦咸水等非常规水多元、梯级和安全利用。强制推动非常规水纳入水资源统一配置,逐年提高非常规水利用比例,并严格考核。统筹利用好再生水、雨水、微咸水等用于农业灌溉和生态景观。新建小区、城市道路、公共绿地等因地制宜配套建设雨水集蓄利用设施。严禁盲目扩大景观、娱乐水域面积,生态用水优先使用非常规水。到2022年,永川、大足、璧山、铜梁、潼南、荣昌、南川、梁平、垫江等缺水区县非常规水利用率达到20%以上 | 市住房城乡建委 | 市发展改革委、市水利局、市经济信息委、市规划自然资源局、市城管局、市农业农村委、市教委、市机关事务局、市能源局 |
| | | 具备使用非常规水条件但未充分利用的建设项目不得批准其新增取水许可 | 市水利局 | 市住房城乡建委、市城管局 |
| 17 | 加快关键技术装备研发 | 推动节水技术与工艺创新,瞄准全国和世界先进技术,加大节水产品和技术研发,加强大数据、人工智能、区块链等新一代信息技术与节水技术、管理及产品的深度融合。重点支持用水精准计量、水资源高效循环利用、精准节水灌溉控制、管网漏损监测智能化、非常规水利用等先进技术及适用设备研发 | 市科技局 | 市发展改革委、市水利局、市经济信息委、市规划自然资源局、市住房城乡建委、市城管局、市农业农村委、市市场监管局 |
| 18 | 促进节水技术转化推广 | 建立“政产学研用”深度融合的节水技术创新体系,加快节水科技成果转化,推进节水技术、产品、设备使用示范基地和节水型社会创新试点建设。鼓励通过信息化手段推广节水产品和技术,拓展节水科技成果及先进节水技术工艺推广渠道,逐步推动节水技术成果市场化 | 市科技局 | 市发展改革委、市水利局、市经济信息委、市规划自然资源局、市住房城乡建委、市城管局、市农业农村委、市机关事务局、市商务委 |

**续表**

| 序号 | 目标任务 | 工作内容 | 牵头单位 | 责任单位 |
| --- | --- | --- | --- | --- |
| 19 | 推动技术成果产业化 | 鼓励企业加大节水装备及产品研发、设计和生产投入，降低节水技术工艺与装备产品成本，提高节水装备与产品质量，提升中高端品牌的差异化竞争力，构建节水装备及产品的多元化供给体系。发展具有竞争力的第三方节水服务企业，提供社会化、专业化、规范化节水服务，培育节水产业和节水产品市场。到 2022 年，培育一批技术水平高、带动能力强的节水服务企业 | 市科技局 | 市发展改革委、市水利局、市经济信息委、市住房城乡建委、市城管局、市商务委、市市场监管局 |
| 20 | 全面深化水价改革 | 深入推进农业水价综合改革，同步建立农业用水精准补贴。建立健全充分反映供水成本、激励提升供水质量、促进节约用水的城镇供水价格形成机制和动态调整机制，适时完善居民阶梯水价制度，全面推行城镇非居民用水超定额累进加价制度，进一步拉大特种用水和非居民用水的价差 | 市发展改革委 | 市城管局、市水利局、市经济信息委、市财政局、市规划自然资源局、市住房城乡建委、市农业农村委 |
| 21 | 推动水资源税改革 | 与水价改革协同推进，探索建立合理的水资源税制度体系，结合全国水资源税试点改革经验，科学设置差别化税率体系，加大水资源税改革力度，发挥促进水资源节约的调节作用 | 市财政局 | 重庆市税务局、市发展改革委、市水利局、市住房城乡建委、市城管局 |
| 22 | 加强用水计量统计 | 推进取用水计量统计。建立节水统计调查和基层用水统计管理制度，加强对农业、工业、生活、生态环境补水四类用水户涉水信息管理。到 2022 年，大中型灌区渠首和干支渠供用水分界断面实现取水计量并统计汇总用水量 | 市水利局 | 市经济信息委、市城管局、市住房城乡建委、市农业农村委、市市场监管局、市商务委、市统计局 |
| | | 完善农业用水计量设施，提高农业灌溉用水计量率 | 市农业农村委 | 市水利局 |
| | | 配备工业取用水计量器具，提高工业用水计量率。对全市规模以上工业企业用水情况进行统计监测并统计汇总用水量 | 市经济信息委 | 市水利局、市市场监管局、市城管局 |
| | | 配备服务业取用水计量器具，提高市政用水计量率并统计汇总用水量 | 市城管局 | 市水利局 |
| | | 全面实施城镇居民“一户一表”改造 | 市住房城乡建委 | 市城管局、市水利局 |

**续表**

| 序号 | 目标任务 | 工作内容 | 牵头单位 | 责任单位 |
|---|---|---|---|---|
| 23 | 强化节水监督管理 | 严格实行计划用水监督管理。对重点地区、领域、行业、产品进行专项监督检查。实行用水报告制度,鼓励年用水总量超过 10 万立方米的企业或园区设立水务经理。建立倒逼机制,将用水户违规记录纳入全国统一的信用信息共享平台。到 2022 年,将年用水量 50 万立方米以上的工业和服务业用水单位全部纳入重点监控用水单位名录 | 市水利局 | 市发展改革委、市经济信息委、市城管局、市住房城乡建委、市农业农村委、市商务委、市统计局 |
| | | 城市公共供水管网的计划用水监督管理、专项监督检查、用水报告制度、重点单位监控用水 | 市城管局 | 市发展改革委、市经济信息委、市水利局、市农业农村委、市住房城乡建委、市商务委 |
| 24 | 健全节水标准体系 | 加快农业、工业、城镇以及非常规水利用等各方面节水标准制(修)订工作。建立健全市级用水定额标准体系。逐步建立节水标准实时跟踪、评估和监督机制。到 2022 年,完善节水标准,基本覆盖取水定额、节水型公共机构、节水型企业、产品水效、水利用与处理设备、非常规水利用、中水回用等方面 | 市发展改革委 | 市水利局、市经济信息委、市规划自然资源局、市城管局、市住房城乡建委、市农业农村委、市市场监管局、市机关事务局 |
| | | 建立健全农村生活用水定额体系 | 市水利局 | 市农业农村委、市市场监管局 |
| | | 建立健全农业、畜牧、渔业用水定额体系 | 市农业农村委 | 市市场监管局、市水利局 |
| | | 建立健全工业产品用水定额体系 | 市经济信息委 | 市市场监管局、市水利局 |
| | | 建立健全城市服务业及生活用水定额体系 | 市城管局 | 市市场监管局、市水利局 |

续表

| 序号 | 目标任务 | 工作内容 | 牵头单位 | 责任单位 |
| --- | --- | --- | --- | --- |
| 25 | 推进水权水市场改革 | 推进水资源使用权确权，明确行政区域取用水权益，科学核定取用水户许可水量。探索流域内、地区间、行业间、用水户间等多种形式的水权交易。在满足自身用水情况下，对节约出的水量进行有偿转让。探索建立农业水权制度。对用水总量达到或超过区域总量控制指标或江河水量分配指标的地区，可通过水权交易解决新增用水需求。加强水权交易监管，规范交易平台建设和运营 | 市水利局 | 市规划自然资源局、市发展改革委、市经济信息委、市住房城乡建委、市城管局、市农业农村委 |
| 26 | 推行水效标识建设 | 按照国家水效标识管理相关规定，对节水潜力大、适用面广的用水产品施行水效标识管理。开展产品水效检测，确定水效等级，分批发布产品水效标识实施细则，强化市场监督管理，加大专项检查抽查力度，逐步淘汰水效等级较低产品。到 2022 年，落实和推广国家发布的产品水效标识实施规则，建立相关产品水效标识制度，并扩展到农业、工业和商用设备等领域 | 市市场监管局 | 市发展改革委、市经济信息委、市水利局、市城管局、市住房城乡建委、市农业农村委、市机关事务局、市商务委 |
| 27 | 推动合同节水管理 | 创新节水服务模式，建立节水装备及产品的质量评级和市场准入制度，完善工业水循环利用设施、集中建筑中水设施委托运营服务机制，在公共机构、公共建筑、高耗水工业、高耗水服务业、农业灌溉、供水管网漏损控制等领域，引导和推动合同节水管理。开展节水设计、改造、计量和咨询等服务，提供整体解决方案。拓展投融资渠道，整合市场资源要素，为节水改造和管理提供服务 | 市水利局 | 市教委、市发展改革委、市经济信息委、市机关事务局、市城管局、市住房城乡建委、市农业农村委、市市场监管局 |
| 28 | 实施水效领跑和节水认证 | 在用水产品、用水企业、灌区、公共机构和节水型城市开展水效领跑者引领行动。制定水效领跑者指标，发布水效领跑者名单，树立节水先进标杆，鼓励开展水效对标达标活动。持续推动节水认证工作，大力推进节水产品认证，促进节水产品认证逐步向绿色产品认证过渡，完善相关认证结果采信机制，出台认证结果采信文件。积极组织有关企业、灌区、公共机构和区县（自治县）参加国家水效领跑者工业企业、水效领跑者单位、水效领跑者产品和水效领跑者城市遴选 | 市发展改革委 | 市水利局、市经济信息委、市住房城乡建委、市城管局、市农业农村委、市财政局、市市场监管局、市机关事务局、市能源局 |

续表

| 序号 | 目标任务 | 工作内容 | 牵头单位 | 责任单位 |
|---|---|---|---|---|
| 29 | 加强组织领导 | 加强党对节水工作的领导，统筹推动节水工作。市水利局会同市发展改革委、市教委、市科技局、市经济信息委、市财政局、市规划自然资源局、市住房城乡建委、市城管局、市农业农村委、市机关事务局等部门建立节约用水工作协调机制，协调解决节水工作中的重大问题，市级有关部门按照职责分工做好相关节水工作。区县（自治县）党委和政府对本辖区节水工作负总责，制定节水行动实施方案，确保节水行动各项任务完成 | 市水利局 | 市级有关部门 |
| 30 | 推动法治建设 | 完善节水法规规章，规范全社会用水行为。开展节约用水立法前期研究。加快推进《重庆市节约用水条例》、《重庆市城市供水节水管理条例》的制（修）订工作等 | 市水利局、市城管局 | 市发展改革委、市经济信息委、市司法局、市规划自然资源局、市住房城乡建委、市农业农村委、市市场监管局 |
| 31 | 完善财税政策 | 积极发挥财政职能作用，重点支持农业节水灌溉、水资源节约保护、城市供水管网漏损控制、节水标准制订、节水宣传教育和培训等。完善助力节水产业发展的价格、投资等政策，落实节水税收优惠政策，充分发挥相关税收优惠政策对节水技术研发、企业节水、水资源保护和再利用等方面的支持作用 | 市财政局 | 市发展改革委、市水利局、市经济信息委、市规划自然资源局、市住房城乡建委、市城管局、市农业农村委、重庆市税务局 |
| 32 | 拓展融资模式 | 完善金融和社会资本进入节水领域的相关政策，积极发挥银行等金融机构作用，依法合规支持节水工程建设、节水技术改造、非常规水源利用等项目。采用直接投资、投资补助、运营补贴等方式，规范支持政府和社会资本合作项目，鼓励和引导社会资本参与有一定收益的节水项目建设和运营。鼓励金融机构对符合贷款条件的节水项目优先给予支持 | 人行重庆营管部 | 市发展改革委、市水利局、市经济信息委、市财政局、市规划自然资源局、市住房城乡建委、市城管局、市农业农村委 |

**续表**

| 序号 | 目标任务 | 工作内容 | 牵头单位 | 责任单位 |
| --- | --- | --- | --- | --- |
| 33 | 提升节水意识 | 加强国情市情水情教育，逐步将节水纳入宣传、国民素质教育和中小学教育活动，向全民普及节水知识。加强高校节水相关专业人才培养。开展世界水日、中国水周、城市节水宣传周等形式多样的主题宣传活动，倡导简约适度的消费模式，提高全民节水意识。鼓励各相关领域开展节水型社会、节水型单位等创建活动 | 市水利局 | 市发展改革委、市教委、市住房城乡建委、市城管局、市农业农村委、市机关事务局、市委宣传部、团市委 |
| | | 积极开展节水志愿者活动和“节水使者”评选活动 | 团市委 | 市水利局、市教委 |
| | | 在中小学开展“绿色小使者”评选活动等形式多样的主题宣传活动 | 市教委 | 市水利局、团市委 |
| 34 | 开展国际合作 | 建立交流合作机制，推进与其他国家及其城市间、企业和社团间节水合作与交流。对标国际国内节水先进水平，加强节水政策、管理、装备和产品制造、技术研发应用、水效标准标识及节水认证结果互认等方面的合作，开展节水项目国际合作示范 | 市水利局 | 市级有关部门 |

## 重庆市水利局
## 关于印发节约用水工作手册的通知

各区县(自治县)、两江新区、西部科学城重庆高新区、万盛经开区水行政主管部门：

为深入贯彻实施国家节水行动和重庆市节水行动实施方案，按照国务院实行最严格水资源考核工作要求，结合工作实际，我局梳理总结了节约用水工作主要内容清单，现印发给你们，请及时印送取用水单位，并结合工作手册内容开展节约用水工作和监督检查。

重庆市水利局

2022年9月28日

(联系人：熊燃；联系电话：89079375)

# 重庆市节约用水

# 工作手册

重庆市水利局

2022年9月

# 目 录



# 前 言

水资源是不可替代的基础性自然资源和战略资源,节约资源是我国的基本国策,是维护国家资源安全、推进生态文明建设、推动高质量发展的一项重大任务。坚持“节水优先”方针、实施国家节水行动,是以习近平同志为核心的党中央部署开展的一项功在当代、利在千秋的长期性重大改革举措,也是保障国家水安全的重要举措。

为深入贯彻实施国家节水行动和重庆市节水行动实施方案,按照国务院最严格水资源考核工作要求,结合实际,我局梳理、总结了节水工作主要内容清单,旨在指导区县行业主管部门、用水单位的节水工作,也可用于市、区县级节约用水监督检查。

节约用水监督检查是政府监管工作的重要组成部分,我局将联合相关行业主管部门,每年按照“双随机、一公开”方式,采用飞检(暗访)、检查、调查、考核等方法,抽取节水重点工作内容对区县有关部门节约用水监管职责履行情况、用水单位用水行为等进行监督,不断提高全市水资源节约集约高效利用能力。

## 节水工作主要内容清单(区县)

| 序号 | 内容 | 工作要求 | 检查要求 | 备注 |
|---|---|---|---|---|
| 1 | 节水协调机制建立运行 | 1. 建立:适时优化节水联席会议(领导小组)等协调机制。<br>2. 运行:可通过年初、年中的“全体会议”安排布置、全面总结辖区内节水工作;适时的“专题会议”研究重点领域节水工作,合力解决跨部门节水问题。要求每年至少召开2次节水联席(领导小组)会议 | 1. 协调机制建立、优化调整(包括成员单位、制度等)的相关文件。<br>2. 会议召开文件、会议材料(参会人员名单、议程、发言材料)及会议纪要等 | 参照国家、市级节约用水部门联席会议制度 |
| 2 | 国家节水行动和节水型社会建设规划推进 | 1. 年初:分解年度任务(年度节水工作要点)。<br>2. 期间:跟踪、督促任务落实。<br>3. 年终:汇总任务完成情况,全面总结节水经验、存在的问题。<br>4. 考核:节水指标纳入区县政府对部门、镇街考核 | 1. 年度任务清单(要点)等文件。<br>2. 各行业主管部门任务完成情况。<br>3. 区县年度节水工作总结。<br>4. 将节水指标纳入区县政府对部门、镇街考核的文件、结果资料 | 1. 国家发展改革委、水利部《国家节水行动方案》(发改环资规〔2019〕695号)<br>2. 国家发展改革委、水利部、住房城乡建设部、工业和信息化部、农业农村部《“十四五”节水型社会建设规划》(发改环资规〔2021〕1516号)<br>3. 重庆水利局、重庆市发展改革委《重庆市节水行动实施方案》(渝水〔2020〕30号)<br>4. 重庆市水利局、重庆市发展改革委、重庆市经济信息委、重庆市城市管理局、重庆市农业农村委、重庆市机关事务局《重庆市“十四五”节水型社会建设规划》(渝水函〔2021〕354号) |

续表

| 序号 | 内容 | 工作要求 | 检查要求 | 备注 |
| --- | --- | --- | --- | --- |
| 3 | 计划用水管理 | 1. 范围:纳入取水许可管理单位、其他用水大户(需明确规模)。水利、城管部门按职责管理。<br>2. 比率:计划用水管理率达 100%,即:纳入计划用水管理的城镇非居民用水单位数量占应纳入计划用水管理的城镇非居民用水单位数量的比率达 100%。<br>3. 日常管理:申报(纳入管理的用水单位每年 12 月 31 日前提出下一年度用水计划建议,新增用水单位用水前 30 日内提出本年度用水计划建议)、核定(根据用水定额、用水计划、前三年用水情况、用水项目情况等)、下达(纳入管理的用水单位 1 月 31 日前,新增用水单位收到建议之日 20 日内)、调整(用水单位提出调整建议、管理机构 15 日内下达)等。<br>3. 超计划:包括但不限于警示、督促、指导其开展水平衡测试,查找超量原因,制定节约用水方案和措施、执行加价收取水资源费等方式 | 1. 明确规模:纳入计划用水管理的城镇非居民用水单位规模的相关文件;<br>2. 分母台账:应纳入计划用水管理的城镇非居民用水单位名录表(取水许可单位名录、规模以上的其他用水大户);<br>3. 分子台账:已纳入计划用水管理的城镇非居民用水单位名录表;<br>4. 过程管理:已纳入计划用水管理的城镇非居民用水单位当年用水的申请文件、核定资料(定额使用、水量计算)、主管部门的计划下达文件;<br>5. 超计划用水处理案例及证明材料 | 1.《水法》第四十九条,用水应当计量,并按照批准的用水计划用水。<br>2.《计划用水管理办法》(水资源〔2014〕360 号)第二条规定,对纳入取水许可管理的单位和其他用水大户实行计划用水管理。<br>3.《重庆市城市供水节水条例》第四章。<br>4.《重庆市节约用水管理办法(试行)》(渝府发〔2018〕42 号)第十二、十三、十四条 |
| 4 | 用水定额管理 | 1. 范围:水资源论证、取水许可、节水评价中使用先进值;计划用水、节水载体建设、用水审计和日常用水管理等环节中使用通用值。<br>2. 审查:报告、专家组意见、批复文件等须体现用水定额使用情况及结论。<br>3. 超定额:指导、督促限期实施节水改造;累进加价制度。节水评价中达不到规定用水定额的,应提出改进节水措施要求,改进后仍达不到的应从严叫停。节水载体创建评选中,用水定额符合性实行一票否决,已授予的由原评选单位撤销,并督促限期节水改造 | 1. 台账:水资源论证、取水许可、节水评价、计划用水、节水载体建设、用水审计等项目清单;<br>2. 项目报告书、专家组意见、批复文件等包含用水定额使用情况及审查的内容节选。<br>3. 超定额用水处理案例及证明材料。<br>4. 其他开展用水定额日常管理有关材料。 | 1.《水法》第四十七条、四十九条。<br>2.《重庆市水利局关于进一步加强用水定额管理的函》(渝水函〔2021〕295 号)<br>3. 重庆市发展改革委《关于印发中心城区非居民用水超定额累进加价制度的通知》(渝发规范〔2020〕1 号)<br>4. 重庆市城市管理局《关于印发重庆市中心城区非居民用水超定额累进加价收费实施细则(试行)的通知》(渝城管局发〔2021〕6 号) |

续表

| 序号 | 内容 | 工作要求 | 检查要求 | 备注 |
|---|---|---|---|---|
| 5 | 节水评价 | 1. 范围:与取用水相关的水利规划,包括区域供水工程规划、引水调水规划、水库建设规划、灌区建设规划等。与取用水相关的水利工程项目,包括蓄水工程、引水工程、提水工程、调水工程、地下水利用工程等。需开展水资源论证的相关规划,包括城镇新区规划、工业园区规划、经济技术开发区规划、高耗水行业的专项规划、涉及取用水的相关产业发展规划等。办理取水许可的非水利建设项目,包括直接从江河、湖泊、地下以及水库、渠道等取水,并需要申请取水许可的非水利建设项目。<br>2. 建库:与取用水相关的水利规划、与取用水相关的水利工程项目、需开展水资源论证的相关规划、办理取水许可的非水利建设项目清单。<br>3. 审查:专家组意见、批复文件等须形成明确的节水评价结论意见。<br>4. 台账:及时填报、内容完整、逻辑关系清晰 | 1. 分母台账:应开展节水评价项目的清单。<br>2. 分子台账:节水评价登记台账表、节水评价登记台账。<br>3. 节水评价章节、审查意见 | 1.《关于开展规划和建设项目节水评价工作的通知》(渝水节水〔2019〕3号);<br>2.《关于进一步规范节水评价登记工作的通知》;<br>3.《关于转发〈水利部办公厅关于印发规划和建设项目节水评价技术要求的通知〉的通知》 |
| 6 | 节水“三同时”制度 | 1. 建库:近两年新(改、扩)建涉水项目清单。<br>2. 行政监管:新(改、扩)建建设项目,制订节水措施方案,配套建设节水设施。节水设施应当于主体工程同时设计、同时施工、同时投产。<br>3. 行政执法:建设项目的节水设施没有建成或者没有达到国家规定要求,擅自投入使用的,由县级以上人民政府有关部门责令停止使用,限期改正,处五万元以上十万元以下的罚款 | 1. 分母台账:近两年新(改、扩)建涉水项目清单。<br>2. 分子台账:已落实节水“三同时”制度的项目清单。<br>3. 开展建设项目节水“三同时”工作的相关材料,包括节水在设计、施工、验收等阶段的文件或节选资料。<br>4. 其他节水“三同时”管理有关材料 | 1.《水法》第五十三条、七十一条。<br>2.《重庆市城市供水节水条例(修订草案)》中,城市公共供水管网的项目节水“三同时”执法责任主体由城市供水节水主管部门负责实施并在《修订草案》中明确,其他项目节水“三同时”的执法责任主体待论证后在《重庆市节约用水条例》中规定 |

续表

| 序号 | 内容 | 工作要求 | 检查要求 | 备注 |
|---|---|---|---|---|
| 7 | 节水载体建设 | 1. 建库:节水型灌区(灌区名录表、已创建节水型灌区名录)、节水型企业(规上企业名录、已创建节水型企业名录)、节水型生活服务单位(区县级机关、事业单位、学校、医院、宾馆等名录,已创建节水型生活服务单位名录)、节水型小区(有物业公司管理且实行集中供水的城镇居民小区名录、已创成节水型小区名录)、已创建水效领跑者名录。<br>2. 创建:程序规范(创建评选文件、申报材料、评选过程资料、发布文件)、指标达标(技术、管理等指标符合创建要求)。<br>3. 动态管理:定期复核,实行退出制度。<br>4. 创建率:持续推进,不断提高创建率。 | 1. 分母台账:应建节水载体名录。<br>2. 分子台账:已建节水载体名录。<br>3. 创建过程资料:包括申报、评选、验收、发布文件等。<br>4. 动态管理资料。<br>5. 现场抽查:已创建节水载体单位的节水成效 | 1.《关于深入开展节水型企业创建的通知》(渝经信发〔2018〕76 号),到 2025 年,钢铁、纺织染整、造纸、食品发酵、化工、有色、火电等 7 个重点用水行业年用水 10 万立方米以上的规模以上企业全覆盖。<br>2.《关于深入推进全市公共机构节约用水工作的通知》,到 2022 年末,80%的市级公共机构建成节水型单位,渝西地区全部区级机关和 50%的区县级公共机构建成节水型单位,其他区县 80%的区县级机关和 35%的区县级公共机构建成节水型单位。<br>3.《关于进一步做好节水型高校建设工作的通知》(渝教建函〔2020〕72 号),到 2025 年末,我市节水型高校建成数达到高校总数的 40%。<br>4.《重庆市水利行业节水型单位建设方案》(渝水节水〔2021〕4 号),2022 年 9 月底,各区县水行政主管部门所属单位全部完成创建 |

续表

| 序号 | 内容 | 工作要求 | 检查要求 | 备注 |
| --- | --- | --- | --- | --- |
| 8 | 重点用水单位监控 | 1. 建库：分级建库，国家级、市级、区县级，属地化管理。<br>2. 动态管理：用水单位发生迁址、兼并、转（停）产或生产规模和用水量发生较大变化，及时调整。<br>3. 日常监管：计划用水、监控信息化、用水统计、水平衡测试、节水型载体创建（2022 年 80%，2023 年全部）、监督检查 | 1. 发布、调整名单。<br>2. 日常监管资料 | 1.《水利部办公厅关于建立和完善重点监控用水单位名录的通知》（办节约〔2019〕151 号），明确将年用水量 50 万立方米及以上的全部工业和服务业用水单位，具有专业管理机构的大型、5 万亩以上重点中型灌区纳入名录范围。<br>2. 重庆市水利局、重庆市城市管理局《关于公布市级重点监控用水单位名录的通知》（渝水〔2020〕86 号），按用水规模每个区县至少 7 家区县级重点监控用水单位 |
| 9 | 再生水利用 | 1. 目标：到 2025 年，全市再生水利用率达 15%，主城都市区、再生水利用配置试点区县达 25%以上。<br>2. 统计计量：污水处理总量、分类统计经过处理并再次利用的污水量（工业、农业、市政杂用、生态补水）。<br>3. 再生水利用配置试点：按批复的实施方案，推进试点工作。<br>注：指市政处理部分，不含企业内部循环利用部分 | 1. 污水处理总量。<br>2. 分类统计经过处理并再次利用的污水量（工业、农业、市政杂用、生态补水）。<br>3. 对照批复的再生水利用配置试点方案，检查实施情况 | 1.《重庆市污水资源化利用实施方案》（渝发改资环〔2022〕581 号）。<br>2.《关于确定再生水利用配置试点区县的函》（渝水函〔2022〕40 号） |

续表

| 序号 | 内容 | 工作要求 | 检查要求 | 备注 |
|---|---|---|---|---|
| 10 | 节水宣传教育 | 1. 宣传教育活动:重要时间节点宣传和常态化宣传结合,积极打造节水宣传教育品牌。<br>2. 宣传信息报道:在中央、市级、地方等媒体宣传报道节水信息;在水利报、水利部网站、节水办官微(节水护水在行动)、节约用水信息专报、重庆水利水务网宣传报道节水信息。<br>3. 科普教育:倡导建设节水科普教育基地 | 1. 开展节水宣传活动的部署文件及相关证明材料(文件、照片、视频、信息、总结等)。<br>2. 节水宣传信息报道情况。 | |
| 11 | 节水统计制度 | 1. 填报:“国家水资源监控管理信息系统”中“用水效率控制”模块,每月10日前填报上月产生的节水统计数据,每年1月10日前填报上年度统计数据。<br>2. 质量:市级不定期对数据填报进行审核(及时性、完整性、准确性)。<br>3. 年报:编制完成区县级节水年报 | 存在节水统计数据3次及以上仍审核不通过的,将被通报 | 重庆市水利局《关于印发重庆市节约用水管理年报编制工作方案和编制技术大纲的通知》(渝水节水〔2021〕2号) |
| 12 | 节水监督检查 | 1. 区县级:制定年度检查方案,开展节水监督检查,督促整改落实。<br>2. 市级、国家级:监督检查发现问题整改、举一反三 | 1. 区县级节水监督检查计划方案通知、整改通知、整改落实情况。<br>2. 市级、国家级监督检查发现问题整改、举一反三情况 | |
| 13 | 节水档案资料 | 收集、整理、立卷、归档,完整地记述包括但不限于以上12项节水工作内容 | 查阅节水档案资料的完整性、准确性 | |

## 节水工作主要内容清单(用水单位)

| 序号 | 内容 | 对象 | 工作要求 | 检查要求 | 备注 |
|---|---|---|---|---|---|
| 1 | 节水“三同时” | 新(改、扩)建涉水项目 | 1. 法律要求:新(改、扩)建建设项目,制订节水措施方案,配套建设节水设施。节水设施应当于主体工程同时设计、同时施工、同时投产。<br>2. 行政处罚:建设项目的节水设施没有建成或者没有达到国家规定要求,擅自投入使用的,由县级以上人民政府有关部门责令停止使用,限期改正,处五万元以上十万元以下的罚款 | 现场查看节水设施,查阅节水“三同时”工作的相关材料,包括节水在设计、施工、验收等阶段的文件或节选资料 | 《水法》第五十三条、七十一条 |
| 2 | 节水器具 | 所有用水户 | 节水设备和器具采用节水产品 | 现场查看节水器具和设备 | |
| 3 | 用水管网(设备)管理 | 所有用水户 | 建立日常巡查和保修检修制度,定期对管道和设备进行检修 | 查阅巡查记录和落实情况 | |
| 4 | 节水技术改造 | 1. 超定额的用水户<br>2. 有条件的用水户 | 1. 积极推进节水重点技术改造项目实施。<br>2. 积极研发或采用节水新技术、新工艺、新设备,加快淘汰落后用水工艺、设备和器具 | 现场查看节水新技术、新工艺、新设备,查阅相关资料 | |

**续表**

| 序号 | 内容 | 对象 | 工作要求 | 检查要求 | 备注 |
| --- | --- | --- | --- | --- | --- |
| 5 | 用水计划 | 纳入计划用水管理的用水户 | 1. 上报:用水计划建议+用水情况说明。每年12月31日前向管理机关提出下一年度的用水计划建议;新增用水单位应当在用水前30日内提出本年度用水计划建议。用水情况说明应当包括用水单位基本情况、用水需求、用水水平及所采取的相关节水措施和管理制度。<br>2. 分解:根据核定下达的年计划用水总量自行确定月分解用水计划,并报管理机关备案。<br>3. 超计划:包括但不限于开展水平衡测试,查找超量原因,制定节约用水方案和措施、执行加价收取水资源费等方式 | 1. 查看上报的水计划建议+用水情况说明。<br>2. 核查月分解用水计划。<br>3. 若存在超计划情况,查阅用水户的处理措施 | 《计划用水管理办法》(水资源〔2014〕360号)第二条:对纳入取水许可管理的单位和其他用水大户(以下统称用水单位)实行计划用水管理 |

**续表**

| 序号 | 内容 | 对象 | 工作要求 | 检查要求 | 备注 |
|---|---|---|---|---|---|
| 6 | 用水计量 | 所有用水户 | 1. 计量设施:安装经计量主管部门检定合格的用水计量设施;若有两个以上不同水源或者两类以上不同用途用水的,须分别安装。<br>2. 统计分析:建立用水原始记录和统计台账,定期分析用水总量、效率情况。<br>3. 结果运用:建立节奖超罚等节水制度。<br>补充一:《用水单位水计量器具配备和管理通则》(GB 24789—2009)。<br>4.1.1　应满足对各类供水进行分质计量,对取水量、用水量、重复利用水量、排水量等进行分项统计的需要。<br>4.1.2　公共供水与自建设施供水应分别计量。<br>4.1.3　生活用水与生产用水应分别计量。<br>4.1.4　开展企业水平衡测试的水计量器具配备应满足 GB/T 12452 的要求。<br>工业企业应满足工业用水分类计量的要求 | 1. 现场查看安装的分级计量设施,用水计量设施的检定证明材料是否符合要求。<br>2. 现场查阅用水原始记录、统计台账、用水分析、水费交纳凭证。<br>3. 现场查阅节奖超罚等制度建立、执行情况。<br>补充二:水表检定周期<br>1. 每月用水量在 2 000 立方米及其以上的结算用户使用的水表,检定周期为 12 个月;<br>2. 每月用水量在 2 000 立方米以下的结算用户,检定周期为 18 个月;<br>3. 住宅楼和居民用水表,检定周期为 24 个月 | 1.《计划用水管理办法》(水资源〔2014〕360 号)第十七条:用水单位应当按照法律法规和有关技术标准要求,安装经质量技术监督部门检定合格的用水计量设施,并进行定期检查和维护,保证计量设施的正常运行。用水单位有两个以上不同水源或者两类以上不同用途用水的,应当分别安装用水计量设施。未按规定安装用水计量设施,用水计量设施不合格或者运行不正常的,按照其设计最大取水能力或者取水设备额定流量全时程运行核定用水量。<br>2.《计划用水管理办法》(水资源〔2014〕360 号)第十八条:管理机关应当加强计划用水的指导、协调和监督检查,建立用水统计台账和重点用水单位监控名录,实施用水在线监控和动态管理。用水单位应当建立健全用水原始记录和统计台账,按月向管理机关报送用水情况。<br>补充三:国家质检总局《计量检定规程》<br>1. 口径 25 毫米及以下的水表使用期限一般不超过 6 年;<br>2. 口径大于 25 毫米至 50 毫米的水表使用期限一般不超过 4 年;<br>3. 工业用水表实行周期检测,生活用水表只做首次强制检定,到期轮换 |

**续表**

| 序号 | 内容 | 对象 | 工作要求 | 检查要求 | 备注 |
| --- | --- | --- | --- | --- | --- |
| 7 | 定额管理 | 所有用水户 | 1. 定额值：查阅国家、市级印发的用水定额，确定产品（作物、行业）定额值。<br>2. 计算对比：确定计算方法，定期计算产品（作物、行业）用水量的数据，与国家定额、市级定额比较。<br>3. 超定额：实施节水改造，强化节水管理；累进加价的交费情况 | 1. 计算单位产品用水量，并与用水定额对比。<br>2. 若存在超定额情况，查阅用水户的处理措施 | 1. 重庆市水利局、重庆市经济和信息化委员会、重庆市城市管理局、重庆市市场监督管理局《重庆市第二三产业用水定额（2020年版）》（渝水〔2021〕56号）。<br>2. 重庆市水利局、重庆市农业委员会《重庆市灌溉用水定额（2017年修订版）》（渝水〔2018〕68号） |
| 8 | 非常规水利用 | 有条件的用水户 | 1. 循环再利用：冷凝水、冷切水、空调水、废水等回用，提高水资源重复利用率。<br>2. 开源：雨水、矿坑水等收集利用，污水资源化再生利用等 | 现场查看非常规水利用情况，包括设施、设备、计量等 | |
| 9 | 水平衡测试 | 重点监控用水户、创建节水载体的用水户 | 1. 测试时间：重点监控用水户每三年一次，其他每五年一次。<br>2. 测试方式：自行组织或委托第三方节水服务机构开展。须具备条件：具备必要的并经市场监督管理部门检定合格的计量检测仪器设备；具备节水管理、给排水等相关知识和测试、分析技能，熟练相关法律法规和规范标准的专业技术人员。<br>3. 测试内容：对用水环节、用水工艺、用水设备及用水量等开展测试，并进行用水合理化分析 | 查阅水平衡测试报告及有关文件 | 1.《用水单位水计量器具配备和管理通则》（GB/T 24789）<br>2.《企业水平衡测试通则》（GB/T 12452）<br>3.《节水型企业评价导则》（GB/T 7119）<br>4. 水利部《水平衡测试管理办法》已征求各省意见 |

续表

| 序号 | 内容 | 对象 | 工作要求 | 检查要求 | 备注 |
|---|---|---|---|---|---|
| 10 | 节水载体创建 | 符合创建条件的用水户 | 对照创建标准，积极创建、申报节水载体和水效领跑者 | 查阅申报材料 | |
| 11 | 节水宣传教育 | 所有用水户 | 1. 张贴节水宣传标识、标语等。<br>2. 开展节水宣传和教育活动 | 1. 现场查看节水宣传标识、标语。<br>2. 查阅节水宣传相关的活动资料 | |
| 12 | 节水监督检查 | 所有用水户 | 近两年国家级、市级、区县级节水监督检查发现问题整改、举一反三 | 国家级、市级、区县级节水监督检查发现问题整改、举一反三情况 | |
| 13 | 节水台账资料 | 所有用水户 | 收集、整理、立卷、归档，完整地记述包括但不限于以上节水工作内容 | 查阅节水档案资料的完整性、准确性 | |

## 节水监督检查表(区县)

| 序号 | 内容 | 检查情况<br>(包括基本情况、好的做法、存在问题、整改要求等) |
|---|---|---|
| 检查区县 | | |
| 1 | 节水协调机制建立运行 | |
| 2 | 国家节水行动和节水型社会建设规划推进 | |
| 3 | 计划用水管理 | |
| 4 | 用水定额管理 | |
| 5 | 节水评价 | |
| 6 | 节水"三同时"制度 | |
| 7 | 节水载体建设 | |
| 8 | 重点用水单位监控 | |
| 9 | 再生水利用 | |
| 10 | 节水宣传教育 | |
| 11 | 节水统计制度 | |
| 12 | 节水监督检查 | |
| 13 | 节水档案资料 | |
| 14 | 其他 | |

检查时间:

检查组签字:

被检查单位签字:

**注**:根据年度监督检查内容,对该表进行删减。

**节水监督检查表(用水单位)**

| 序号 | 内容 | 检查情况<br>(包括基本情况、好的做法、存在问题、整改要求等) |
|---|---|---|
| 检查的用水单位 | | |
| 1 | 节水“三同时” | |
| 2 | 节水器具 | |
| 3 | 用水管网<br>(设备)管理 | |
| 4 | 节水技术改造 | |
| 5 | 用水计划 | |
| 6 | 用水计量 | |
| 7 | 定额管理 | |
| 8 | 非常规水利用 | |
| 9 | 水平衡测试 | |
| 10 | 节水载体创建 | |
| 11 | 节水宣传教育 | |
| 12 | 节水监督检查 | |
| 13 | 节水台账资料 | |
| 14 | 其他 | |

检查时间：

检查组签字：

被检查单位签字：

注:根据年度监督检查内容,对该表进行删减。

# 第二节　农业节水

## 国务院办公厅关于印发《国家农业节水纲要(2012—2020年)》的通知

(国办发〔2012〕55号)

各省、自治区、直辖市人民政府,国务院各部委、各直属机构:

《国家农业节水纲要(2012—2020年)》已经国务院同意,现印发给你们,请认真贯彻执行。

国务院办公厅

2012年11月26日

## 国家农业节水纲要(2012—2020年)

水资源是基础性的自然资源和重要的战略资源。我国是一个水资源严重短缺的国家,水资源供需矛盾突出仍然是可持续发展的主要瓶颈。农业是用水大户,近年来农业用水量约占经济社会用水总量的62%,部分地区高达90%以上,农业用水效率不高,节水潜力很大。大力发展农业节水,在农业用水量基本稳定的同时扩大灌溉面积、提高灌溉保证率,是促进水资源可持续利用、保障国家粮食安全、加快转变经济发展方式的重要举措。为贯彻落实《中共中央 国务院关于加快水利改革发展的决定》(中发〔2011〕1号)和《国务院关于实行最严格水资源管理制度的意见》(国发〔2012〕3号)精神,把节水灌溉作为经济社会可持续发展的一项重大战略任务,全面做好农业节水工作,特制定本纲要。

一、总体要求

**(一)指导思想。**以邓小平理论、“三个代表”重要思想、科学发展观为指导,按照中央关于加快水利改革发展、推进农业科技创新的决策和部署,以改善和保障民生为宗旨,以提高农业综合生产能力为目标,以水资源高效利用为核心,严格水资源管理,优化农业生产布局,转变农业用水方式,完善农业节水机制,着力加强农业节水的综合措施,着力强化农业节水的科技支撑,着力创新农业节水工程管理体制,着力健全基层水利服务和农技推广体系,以水资源的可持续利用保障农业和经济社会的可持续发展。

**(二)基本原则。**

——坚持科学规划,统筹兼顾。编制全国性、区域性的农业节水相关规划,以供定需,量水而行,因水制宜,合理确定农业节水发展目标和建设重点。

——坚持因地制宜,分区实施。根据各地水土资源条件、农业生产布局等实际情况,抓住影响农业用水效率和效益的关键环节,分区采取适宜的农业节水措施,兼顾节水的经济效益、社会效益和生态效益,促进农业增产和农民增收。

——坚持突出重点,示范推广。突出抓好重点区域、主要农作物的节水技术应用,集中连片建设农业节水工程,实行规模化发展。建设旱作节水农业示范工程,加快节水技术推广。

——坚持政府主导,多方参与。建立政府调控、市场引导、公众参与的农业节水机制。充分尊重农民意愿,加大公共财政投入,明确各方职责,调动和发挥广大农民以及社会力量的积极性。

——坚持建管并重,深化改革。在加强农业节水工程建设的同时,建立健全工程管理体制和运行机制,推行用水总量控制和定额管理,深化农业水价综合改革,完善农业节水产业支持、技术服务、财政补助等政策措施。

**(三)发展目标。**到2020年,在全国初步建立农业生产布局与水土资源条件匹配、农业用水规模与用水效率相协调、工程措施与非工程措施相结合的农业节水体系。基本完成大型灌区、重点中型灌区续建配套与节水改造和大中型灌排泵站更新改造,小型农田水利重点县建设基本覆盖农业大县;全国农田有效灌溉面积达到10亿亩,新增节水灌溉工程面积3亿亩,其中新增高效节水灌溉工程面积1.5亿亩以上;全国农业用水量基本稳定,农田灌溉水有效利用系数达到0.55以上;全国旱作节水农业技术推广面积达到5亿亩以上,高效用水技术覆盖率达到50%以上。

## 二、建立农业节水体系

**(四)优化配置农业用水。**通过建设骨干水源工程和实施区域水资源配置工程,进一步优化用水结构,缓解重点农业生产区的用水压力。充分利用天然降水,合理配置地表水和地下水,重视利用非常规水源,提高农业用水总体保障水平。在渠灌区因地制宜实行蓄水、引水、提水相结合。在井渠结合灌区实行地表水和地下水联合调度。在井灌区严格控制地下水开采。在不具备常规灌溉条件的地区,利用当地水窖、水池、塘坝等多种手段集蓄雨水,解决抗旱播种和保苗用水。

**(五)调整农业生产和用水结构。**根据各地水资源承载能力和自然、经济、社会条件,优化配置水、土、光、热、种质等资源,合理调整农业生产布局、农作物种植结构以及农、林、牧、渔业用水结构。在水资源短缺地区严格限制种植高耗水农作物,鼓励种植耗水少、附加值高的农作物。在规划建设商品粮、棉、油、菜等基地时,要充分考虑当地水资源条件,避免加剧用水供需矛盾。积极发展林果业和养殖业节水。

**(六)完善农业节水工程措施。**优先推进粮食主产区、严重缺水和生态环境脆弱地区节水灌溉发展。除有回灌补源要求的渠段以外,对渠道要进行防渗处理。要平整土地,合理调整沟畦规格,推广抗旱坐水种和移动式软管灌溉等地面灌水技术,提高田间灌溉水利用率。在井灌区和有条件的渠灌区,大力推广管道输水灌溉。在水资源短缺、经济作物种植和农业规模化经营等地区,积极推广喷灌、微灌、膜下滴灌等高效节水灌溉和水肥一体化技术。因地制宜实施坡耕地综合治理、雨水集蓄利用等措施。

**（七）推广农机、农艺和生物技术节水措施**。合理安排耕作和栽培制度，选育和推广优质耐旱高产品种，提高天然降水利用率。大力推广深松整地、中耕除草、镇压耙耱、覆盖保墒、增施有机肥以及合理施用生物抗旱剂、土壤保水剂等技术，提高土壤吸纳和保持水分的能力。在干旱和易发生水土流失地区，加快推广保护性耕作技术。

**（八）健全农业节水管理措施**。加强水资源统一管理，强化农业用水管理和监督，严格控制农业用水量，合理确定灌溉用水定额。明确农业节水工程设施管护主体，落实管护责任。完善农业用水计量设施，加强水费计收与使用管理。完善农业节水社会化服务体系，加强技术指导和示范培训。积极推行农业节水信息化，有条件的灌区要实行灌溉用水自动化、数字化管理。加强技术监督，规范节水材料和设备市场。

## 三、实行分区指导

**（九）东北地区**。包括辽宁、吉林、黑龙江三省以及内蒙古自治区东部。西部要根据水资源承载能力，大力推广高效节水灌溉技术，积极采用深松整地、抗旱坐水种等措施，合理施用生物抗旱剂和土壤保水剂；合理发展膜下滴灌、喷灌，在有规模化耕作条件的地区集中连片发展大、中型机械化行走式喷灌。东部要加大现有灌区续建配套与节水改造力度，新建灌区应达到节水灌溉工程规范要求，大力推广水稻控制灌溉技术。

**（十）西北地区**。包括陕西、甘肃、青海、宁夏、新疆五省（区）和内蒙古自治区中西部以及山西省西部，要严格按照水资源配置总量，控制灌溉发展规模。在灌区重点发展渠道防渗，在适宜地区大力推广膜下滴灌、喷灌技术。在水资源条件允许的地区，适度发展大、中型机械化行走式喷灌，兼顾发展小型移动机组式喷灌和管道输水灌溉；在具有水力自流条件的地区优先发展自压喷灌、微灌和管道输水灌溉。在内陆河区优先发展高效节水灌溉，维护生态安全。要加强土地平整，改进沟畦灌水技术，推广垄膜沟灌、覆盖保墒等技术，配套施用长效、缓释肥料及抗旱、抗逆制剂。根据水资源条件，在草原牧区积极发展节水灌溉饲草料地。大力实施小流域、坡耕地综合治理和黄土高原淤地坝等工程建设，有效改善农业生产条件和生态环境。

**（十一）黄淮海地区**。包括北京、天津、河北、山东、河南五省（市）和山西东部以及江苏、安徽两省北部。在井灌区重点发展管道输水灌溉，积极发展喷灌、微灌和水肥一体化，推广用水计量和智能控制技术。在渠灌区、井渠结合灌区重点发展渠道防渗，因地制宜发展低压管道输水灌溉，推广水稻控制灌溉技术。在地下水超采区严格控制新增灌溉面积，大力提倡合理利用雨洪资源、微咸水、再生水等。

**（十二）南方地区**。包括长江沿岸及其以南的各省（区、市），要以渠道防渗为主，重点加快灌排工程更新改造，适当发展管道输水灌溉，大力发展水稻控制灌溉。在丘陵山区兴建小水窖、小水池、小塘坝、小泵站、小水渠等“五小水利”工程，积极推广节水灌溉技术，提高抗旱减灾能力；搞好水土保持和生态建设，推广坡耕地综合治理，采取覆盖等农艺措施，提高土壤蓄水保墒能力。东南沿海经济发达地区要采取各类节水综合措施，提高灌溉保证率，率先实现农田水利现代化。

## 四、推进重点工程

**（十三）大中型灌区节水改造工程。**优先安排粮食主产区、严重缺水和生态环境脆弱地区的灌区续建配套与节水改造，着力解决工程不配套、渠（沟）系建筑物老化、渗漏损失大、计量设施不全、管理手段落后等问题。加强末级渠系建设，加快解决"最后一公里"问题。

**（十四）高效节水灌溉技术规模化推广工程。**以东北、西北、黄淮海地区为重点，选择农业生产急需、发展条件好、农民积极性高的地区，集工程、农艺、农机和管理等措施于一体，建设一批高效节水灌溉技术规模化推广工程，为周边农户开展技术咨询和培训，让实用节水技术进村入户到人，努力做到节水效果明显、经济效益显著、示范作用较大。

**（十五）旱作节水农业技术推广示范工程。**建设旱作节水农业示范县，突出工程措施与农艺措施集成配套，旱作节水农业技术与区域优势产业发展相结合，完善田间基础设施，发展补充灌溉和微水灌溉，推广改土、覆盖、倒茬、平整土地和秸秆还田、土壤墒情监测等技术，提高降雨入渗量，增强田间蓄墒能力。

**（十六）农业节水技术创新工程。**积极发挥科研单位、大专院校的优势，建立企业、用水户广泛参与、产学研相结合的农业节水技术创新和推广机制。注重引进、消化和吸收国外先进节水技术，集成和再创新形成适应我国不同地区的农业节水模式。加强主要农作物高效用水基础科学研究，开展节水灌溉技术标准、灌溉制度、新产品与新技术研发和综合节水技术集成模式等方面的联合攻关，在喷灌、微灌关键设备和低成本大口径管材及生产工艺等方面实现新突破，推广具有自主核心知识产权的智能控制和精量灌溉装备。开展灌区自动化控制、信息化管理等应用技术研究，逐步建立农田水利管理信息网络。重视发挥节水材料和设备生产、销售骨干企业在农业节水技术创新与集成中的主体作用，落实相关财税优惠政策，完善其售后服务网络。

**（十七）山丘区"五小水利"工程。**以西南地区为重点，在具有一定降水条件的地区大力推进"五小水利"工程建设，实现人均占有半亩以上具有补充灌溉条件的基本农田，使中等干旱年生产生活用水有保障、粮食不减产，严重干旱年生活用水有保障、粮食少减产。积极发挥人工增雨（雪）的抗旱减灾作用。

## 五、健全体制机制

**（十八）完善法规政策。**积极推进农田水利立法工作。各地区要实行最严格水资源管理制度，加强水资源论证和取水许可管理加大水行政执法力度，规范农业节水工程建设和管理。针对农村劳动力大量外出、农业比较效益下降等实际情况，研究支持农田水利特别是发展节水灌溉的长效机制。进一步完善占用农业灌溉水源和灌排工程设施补偿制度。

**（十九）推行节水灌溉制度。**建立取用水总量控制指标体系，逐级分解农业用水指标，落实到各地区和各灌区。各地区要发布适合本地区条件的主要作物灌溉用水定额。有条件的地区要逐步建立节约水量交易机制，构建交易平台，保障农民在水权转让中的合法权益。

**（二十）增加农业节水投入。**进一步加大中央和地方对大型和中型灌区节水改造、高效节水灌溉和旱作节水农业示范等投入力度；增加中央和省级小型农田水利设施建设补助专项资金规模；全面落实从土地出让收益中提取10%用于农田水利建设政策，抓好中央统筹资金的使用管理，重点向粮食主产区、中西部地区和革命老区、少数民族地区、边疆地区、贫困地区倾斜，大力发展节水灌溉。农业发展银行要在风险可控的前提下，为发展节水灌溉提供中长期政策性贷款支持。加大节水灌溉研发投入，提高科技装备水平。扩大节水和抗旱机具购置补贴范围。

**（二十一）发挥农民的主体作用。**农民是开展农业节水和受益的主体，要充分尊重农民意愿和首创精神，鼓励农民建立用水户协会等多种形式的农民用水合作组织，让农民广泛参与农业节水工程的建设和管理，对用水节水中的问题进行民主协商、自主决策。通过政策引导、项目带动、"一事一议"财政奖补、技术指导、制度约束、信息服务等多种形式，调动农民节水积极性，让农民得到实实在在的经济利益。

**（二十二）完善技术服务体系。**建立健全以乡镇或小流域为单元的基层水利服务机构、专业化服务队伍和农民用水合作组织"三位一体"的基层水利服务体系。强化基层水利服务机构水资源管理、防汛抗旱、农田水利建设、水利科技推广等公益性职能，按规定核定人员编制，充实技术力量，经费纳入县级财政预算；加强与农机、农业技术服务机构等的合作，在节水灌溉技术模式、设备选型与运行维护等方面为农民提供指导。充分发挥灌溉试验站、抗旱服务组织、节水灌溉公司等专业化服务队伍在节水灌溉、抗旱减灾、设备维修、技术推广等方面的作用。大力扶持农民用水合作组织发展。组织开展针对基层水利技术人员、农技推广人员、农民的技术培训，提高其管水、用水的能力。重视解决基层水利技术人员和农技推广人员在生产生活中的实际困难。

**（二十三）深化工程管理体制改革。**明晰农业节水工程产权，落实管护主体责任和管护经费，逐步建立职能清晰、权责明确、管理规范的运行机制。深化水管单位管理体制改革，落实公益性、准公益性水管单位基本支出和维修养护经费。以产权制度改革为核心，采取租赁、承包等方式，不断创新工程管理模式，大力推行用水户参与管理，逐步形成小型农业节水工程良性运行机制。

**（二十四）推进农业水价综合改革。**按照促进节约用水、降低农民水费支出、保障灌排工程良性运行的原则，建立科学合理的农业用水价格形成机制，合理确定农业水价。在渠灌区逐步实现计量到斗口，有条件的地区要计量到田头；在井灌区推广地下水取水计量和智能监控系统。重视利用经济杠杆促进农业节水，探索实行农民定额内用水享受优惠水价、超定额用水累进加价的办法，农业灌排工程运行管理费用由财政适当补助。强化农业水价制定、水费计收与使用监管，增加工作透明度，坚决制止中间环节搭车收费和截留挪用。

## 六、组织实施

**（二十五）加强组织领导。**地方各级人民政府要将农业节水摆在重要位置，及时研究解决工作中遇到的突出问题，在政策制定、资金安排等方面发挥主导作用。各省（区、市）要根据本纲要，结合本地区实际，制定具体实施办法。水利、农业、发展改革、财政、国土资源、科技、林业、气象等部门要各司其职，密切配合，共同做好农业节水工作。

**（二十六）制订相关规划。**地方各级水利、农业等部门要根据经济社会发展的总体目标和水资源承载能力，制订节水灌溉、旱作节水农业等相关中长期发展规划和年度实施计划，经各方面专家论证、审查和政府审批后，作为安排农业节水补助资金和整合相关资金的重要依据。规划要与流域、区域的水资源开发利用和总量控制指标相适应，与抗旱、农村土地整治、农业发展、资源能源节约、生态环境保护、节水型社会建设等规划相衔接。

**（二十七）加强监督检查。**结合落实最严格水资源管理制度，对农业节水目标和任务完成情况进行考核，并将考核结果与下年度项目和投资计划安排相挂钩。对在发展农业节水中作出优异成绩的单位和个人按照国家有关规定进行表彰；对严重破坏农业节水设施、违反节水有关规定、扰乱用水秩序的行为依法追究责任。建立农业用水和农业节水监测评估制度，进行年度监测和定期评估，确保工程长期发挥效益，避免对环境造成不利影响。

**（二十八）强化宣传教育。**充分运用广播、电视、报刊、网络等多种媒体，大力宣传节水的重要性和紧迫性，不断扩大水情宣传教育覆盖面，营造节水的良好社会氛围，形成全社会治水兴水的强大合力。围绕水与生命、水与粮食、水与生态等主题，大力普及农业节水知识和先进实用节水方法，广泛宣传和交流各地开展农业节水取得的成效、经验和做法。

# 水利部办公厅关于加强农业用水管理大力推进节水灌溉的通知

（办农水函〔2022〕456 号）

各省、自治区、直辖市水利（水务）厅（局），各计划单列市水利（水务）局，新疆生产建设兵团水利局，各流域管理机构：

近年来，水利部深入贯彻节水优先方针，会同各地严格落实农业用水总量控制和定额管理制度，灌溉用水效率和效益不断提升，但监督检查和巡视发现仍有部分地区存在农业节水设施不配套、灌溉取用水管理不到位、用水浪费等现象。为进一步加强农业用水管理，推进节水灌溉，坚决遏制“大水漫灌”现象，现就有关事项通知如下：

一、加强农业节水设施建设

各地要按照大中型灌区续建配套与现代化改造相关规划或实施方案要求，在加大财政投入的同时，充分利用政府专项债券、社会资本投入等渠道，加快推进大中型灌区现代化改造，采取渠道防渗、管道化改造等措施减少输配水过程中的渗漏和损失，因地制宜加强灌溉供水计量设施建设，提高灌溉用水管理水平和用水效率。暂未纳入相关规划或实施方案的，要做好灌区现代化改造规划、可行性研究等前期工作，积极储备项目，多渠道筹集资金，推动项目中华人民共和国水利部办公厅实施。各地要进一步加强灌区骨干工程现代化改造与高标准农田、高效节水灌溉等项目统筹，形成从水源到田间完整的灌排工程体系，优先将大中型灌区建成高标准农田。要大力推进农业节水工程措施与农机、农艺、生物等措施的结合，提高农业综合节水能力。各流域管理机构要加强流域内大中型灌区改造项目的监督检查，建立项目清单台账，强化项目建设管理，指导做好农业节水设施建设。

二、强化农业用水管理

各级水行政主管部门要加强灌溉用水管理，指导大中型灌区全面落实取水许可制度，尚未申领取水许可的大中型灌区，要在 2022 年 12 月底前完成申领工作。有条件的地区要以取水许可水量为依据，将用水权分配到合理用水单元。灌区管理单位要细化用水计划，严格总量控制和定额管理，加强灌溉用水调度，在灌溉季节前，根据灌溉水源、工程设施情况和作物种植结构等提前做好供用水方案，并根据天气、土壤墒情、作物长势等情况及时调整优化，保障灌溉用水需求。省级水行政主管部门要建立大中型灌区用水台账，加强灌溉用水调度，每年 3 月到 5 月底期间以半月为周期将大中型灌区春灌情况报送水利部农水水电司。各流域管理机构要结合流域用水总量控制、取水许可、计划用水等制度，联合流域内各省份建立流域旱情反馈、农业灌溉用水调度机制，研究建立农业用水调度预案。

三、加强农业节水监管

各地要结合落实最严格水资源管理制度，加强农业用水监管。灌区管理单位要加强灌区用水巡查，及时发现并制止偷水、抢水、用水浪费等行为，对破坏节水设施，违反节水有关规定，扰乱用水秩序的行为要会同相关部门依法追究责任。各级水行政主管部门，要加强辖区内取用水管理、灌溉用水定额执行、灌溉水利用效率等情况的监测评估，对落实节水优先方针不到位、用水粗放的要采取措施督促整改。各流域管理机构要加强流域内灌溉用水情况调研和日常检查，建立问题清单台账，对不合理用水地区采取通报、约谈等措施，督促整改到位，实现问题"动态清零"，坚决遏制"大水漫灌"现象，并在每年1月底前将上年度灌溉工作总结报送水利部农水水电司。

四、强化农业节水基础研究

各地要加强灌溉制度、作物水肥调控、水分运移等灌溉试验基础研究，加大农业节水新技术、新材料、新设备的研发和推广应用。要加强水土资源适配性研究，依据水资源承载能力，积极推进适水农业发展。要积极完善农业节水技术标准，科学规范节水灌溉设施建设和设备器材生产应用。要建立健全农业节水评价体系，加强灌溉用水效率和效益的跟踪观测，探索利用遥感等手段提高评价工作的效率和准确性。

水利部办公厅

2022年5月20日

## 第三节 工业节水

### 工信部 国家发改委 科技部 生态环境部 住建部 水利部关于印发《工业废水循环利用实施方案》的通知

工信部联节〔2021〕213 号

各省、自治区、直辖市、计划单列市及新疆生产建设兵团工业和信息化主管部门、发展改革委、科技厅(委、局)、生态环境厅(局)、住房城乡建设厅(建设局、建委)、水利厅、水务厅(局),各有关单位:

现将《工业废水循环利用实施方案》印发给你们,请认真贯彻落实。

工业和信息化部 国家发展改革委 科技部
生态环境部 住房城乡建设部 水利部
2021 年 12 月 24 日

### 工业废水循环利用实施方案

为贯彻落实党中央、国务院关于污水资源化利用的决策部署,推进工业废水循环利用,提升工业水资源集约节约利用水平,促进经济社会全面绿色转型,根据《关于推进污水资源化利用的指导意见》(发改环资〔2021〕13 号),制定本实施方案。

一、总体要求

**(一)指导思想。**以习近平新时代中国特色社会主义思想为指导,全面贯彻党的十九大和十九届历次全会精神,完整、准确、全面贯彻新发展理念,坚持"节水优先、空间均衡、系统治理、两手发力"治水思路,以主要用水行业为重点,以试点示范为引领,以先进技术推广应用为抓手,分类统筹推进工业废水循环利用,促进工业绿色高质量发展。

**(二)主要目标。**到 2025 年,力争规模以上工业用水重复利用率达到 94%左右,钢铁、石化化工、有色等行业规模以上工业用水重复利用率进一步提升,纺织、造纸、食品等行业规模以上工业用水重复利用率较 2020 年提升 5 个百分点以上,工业用市政再生水量大幅提高,万元工业增加值用水量较 2020 年下降 16%,基本形成主要用水行业废水高效循环利用新格局。

表 主要行业用水重复利用率目标

| 序号 | 行业 | 2020 年规上工业用水重复利用率 | 2025 年规上工业用水重复利用率 |
|---|---|---|---|
| 1 | 全国 | 92.5% | 94%左右 |
| 2 | 钢铁 | 97% | >97% |
| 3 | 石化化工 | 93% | >94% |
| 4 | 有色 | 94% | >94% |
| 5 | 造纸 | 82% | >87% |
| 6 | 纺织 | 73% | >78% |
| 7 | 食品 | 60% | >65% |

## 二、重点任务

**(一)聚焦重点行业,实施废水循环利用提升行动。**聚焦废水排放量大、改造条件相对成熟、示范带动作用明显的石化化工、钢铁、有色、造纸、纺织、食品等行业,稳步推进废水循环利用技术改造升级。编制典型行业废水循环利用路线图,综合施策、分业推进,提升用水重复利用率,降低废水排放量。(工业和信息化部、水利部按职责分工负责)

**专栏 1 重点行业废水循环利用提升行动**

**石化化工行业:**强化用水强度控制,在炼油、现代煤化工、烯烃、芳烃、甲醇、化肥、氯碱、纯碱、硫酸、涂料等重点用水子行业有序开展用水审计、水平衡测试、节水诊断工作,发布重点产品水效"领跑者"指标,推动重点用水企业水效对标和节水技术改造。鼓励有条件的园区实施化工企业废水"分类收集、分质处理、一企一管、明管输送、实时监测"。大力推广应用电化学循环水处理、高浓度有机废水处理回用、水管网漏损检测、智慧用水管控系统等废水循环利用先进装备技术工艺,降低废水排放量。到 2025 年,石化化工行业规上工业用水重复利用率>94%。

**钢铁行业:**加强行业节水管理和考核,强化用水强度控制,积极推动水效对标和节水技术改造。推广应用高效循环用水处理、生产工艺干法半干法冷却或洗涤、高浓度有机废水回用、高盐废水减量、智慧用水等废水循环利用先进装备技术工艺。实施排水管网雨污分流技术改造。打造产城融合模式,推动钢铁企业加大利用城市再生水。到 2025 年,钢铁行业规上工业用水重复利用率>97%。

**有色金属行业:**强化用水强度控制,制定鼓励水资源高效利用的产业结构调整政策。积极推动节水技术改造,完善串联用水和废水分级分质回用的网络化、智能化调配系统。推广应用有色冶炼重金属废水深度处理与回用、高盐废水资源化处理等废水循环利用先进装备技术工艺。到 2025 年,有色行业规上工业用水重复利用率>94%。

**纺织行业:**加强废水循环利用能力建设,鼓励化学纤维制造、喷水织造、纺织染整等行业实施节水型企业和水效领跑者引领行动,开展水平衡测试和水效对标达标。大力推广洗涤水梯级利用、化纤长丝织造废水高效利用、印染废水膜法深度处理等废水循环利用先进装备技术工艺。鼓励纺织企业加大再生水等非常规水资源开发力度,严控新水取用量。开展废水循环利用水质监测评价和用水管理,推动重点用水企业搭建废水循环利用智慧管理平台。到 2025 年纺织行业规上工业用水重复利用率>78%。

**造纸行业**:加大废水循环利用先进适用工艺、技术装备推广应用力度。大力推广碱回收及蒸发站污冷凝水的分级及回用、化学机械浆或废纸浆的制浆水循环使用、制浆造纸生产用水梯级利用等工艺。推广备料废水循环回用、低卡伯值蒸煮、多段逆流洗涤封闭筛选、氧脱木素、无元素氯或全无氯漂白、纸机用水封闭循环利用技术。推广高效沉淀过滤白水回收、漂白洗浆滤液逆流使用、高压喷淋、透平风机、生产过程中高浓技术和过程智能化控制等装备技术工艺。到 2025 年,造纸行业规上工业用水重复利用率>87%。

**食品行业**:大力推动高浓度有机废水、高盐废水、发酵高浓废水等处理后再用于锅炉用水(软化水、冲渣)、地面冲洗、厂区绿化等,减少有机物排放,提高行业用水效率。到 2025 年,食品行业规上工业用水重复利用率>65%。

**(二)坚持创新驱动,攻关一批关键核心装备技术工艺。**部署工业废水循环利用关键技术研究,纳入国家中长期科技发展规划、"十四五"产业科技创新发展规划以及生态环境领域科技创新规划,支持企业、研究机构突破一批工业高性能膜及组件、绿色水处理药剂、高浓度难降解有机废水循环利用等关键核心材料及工艺技术。选择有代表性的园区开展技术综合集成与示范,研发集成低成本、高性能工业废水循环利用装备技术工艺,打造工业废水循环利用技术、工程与服务、管理、政策等协同发力的示范样板。(科技部、工业和信息化部、生态环境部按职责分工负责)

**专栏 2　关键核心技术攻关方向**

**石化化工行业**:突破煤化工酚氨废水深度除油预处理及焦油资源化回收、煤化工生产废水同步除油除浊回用处理、现代煤化工行业浊循环、旋流/离心分离-结晶纯化废水资源化处理、高盐废水单质分盐、高盐有机废水脱盐与浓缩蒸发、含盐废水催化湿式氧化处理技术、含氨废水高效汽提及资源化利用、热膜耦合高含盐废水资源化、低能耗生物膜处理技术、膜法低成本工业废水资源化利用、废水厌氧生物深度处理等关键核心技术。

**钢铁行业**:突破焦化废水深度处理回用、冷轧废水深度处理回用、循环水高效冷却、高浓缩倍数循环水处理、循环水系统水质稳定在线监控、脱硫废水深度处理回用、高盐废水单质分盐、高氯废水脱盐、废水零排放及资源化利用等关键核心技术。

**有色行业**:突破有色冶炼重金属废水深度处理与回用、湿法冶金高含盐废水回收与资源化、重金属冶金污酸废水资源化及处理、低能耗生物膜处理等关键核心技术。

**纺织行业**:突破印染废水催化氧化及高效处理回用、长丝织造废水深度处理回用、再生水高效能反渗透处理等关键核心技术。造纸行业:突破新型造纸废水多级净化深度循环利用等关键核心技术。

**食品行业**:突破食品高倍浓缩蒸发及脱水干燥超低 VOCs 排放等关键核心技术。

**(三)实施分类推广,分业分区提升先进适用装备技术工艺应用水平。**组织各地及行业协会、中央企业遴选、发布国家鼓励的工业节水工艺、技术和装备目录以及重大环保技术装备目录,制定工业废水循环利用技术推广方案和供需对接指南,围绕京津冀、黄河流域、长江经济带等缺水地区和水环境敏感区域,聚焦重点用水行业,大力推广一批先进适用的废水循环利用技术装备。鼓励各地方、各行业探索工业废水循环利用技术推广新机制,大力推广工业废水循环利用技术。到 2025 年,推广 100 项先进适用的工业废水循环

利用技术装备。(工业和信息化部、水利部、生态环境部按职责分工负责)

**(四)突出标准引领,推进重点行业水效对标达标。**依托重点用水行业标准技术委员会,进一步加强节水标准化工作组建设,加快制修订工业废水循环利用技术、管理、评价等标准。完善绿色制造体系,健全废水循环利用评价指标,引导绿色工厂、绿色工业园区对标改造。鼓励各地区结合实际依法制定更严格地方标准。组织各地及行业协会、中央企业加强相关标准宣贯,遴选一批废水循环利用效果显著、水效指标先进的企业,发布领跑者名单和先进用水指标,编制典型案例,引导企业水效对标达标,提升用水效率。到2025年,规模以上工业用水重复利用率达到94%左右。(工业和信息化部、水利部按职责分工负责)

| 专栏3　工业废水循环利用标准提升方向 |
| --- |
| **共性通用**:工业废水深度净化纳滤技术规范,分质用水、串级用水技术规范,反渗透废水综合回用技术规范,超滤系统再生水技术,企业水平衡测试方法,工业园区水回用绩效评价指南,工业用城市再生水处理技术评价方法等。<br>**石化化工行业**:化工企业废水回用技术导则和指南、双膜法化工废水深度回用技术规范、炼油废水深度处理回用技术要求等。<br>**钢铁行业**:钢铁企业废水深度处理回用实施指南、烧结烟气湿法脱硫废水处理回用技术规范、钢铁工业浓盐水处理回用技术规范、钢铁企业综合废水深度处理回用技术规范、钢铁企业综合废水回用水质技术要求,烧结脱硫废水循环系统、焦化酚氰废水处理回用系统、冷轧废水处理回用系统、钢铁企业综合废水回用设施运行技术要求等。<br>**纺织行业**:纺织企业水平衡测试导则、喷水织造工艺回用水水质要求、印染废水深度处理与回用技术指南等。<br>**食品行业**:食品企业水平衡测试导则、水足迹核算与评价等。 |

**(五)强化示范带动,打造废水循环利用典型标杆。**围绕重点用水行业,组织各地及行业协会、中央企业优先选择水效领跑者企业、绿色工厂、绿色园区、新型工业化示范基地,遴选、发布一批工业废水循环利用示范企业和园区。推动企业、园区根据内部废水水质特点,围绕过程循环和末端回用,实施废水循环利用技术改造,完善废水循环利用装备和设施,实现串联用水、分质用水、一水多用和梯级利用,提升企业水重复利用率。重点围绕京津冀、黄河流域以及长江经济带等缺水地区和水环境敏感区域,创建一批产城融合废水高效循环利用创新试点。推动有条件的工业企业、园区与市政再生水生产运营单位合作,完善再生水管网,衔接再生水标准,将处理达标后的再生水回用于生产过程,减少企业新水取用量,形成可复制推广的产城融合废水高效循环利用新模式。到2025年,形成50个可复制、可推广的工业废水循环利用优秀典型经验和案例。(工业和信息化部、水利部、发展改革委、住房城乡建设部按职责分工负责)

**(六)加强服务支撑,培育壮大废水循环利用专业力量。**组织各地、行业协会及中央企业遴选、发布一批废水处理装备、工程应用优质企业,培育一批工业废水循环利用工艺技术创新等领域专精特新"小巨人"企业。引导重点企业、科研院所、行业协会等组建工业废水循环利用产业联盟,重点面向缺水地区和水环境敏感区域,通过合同节水管理、委托运行等专业化模式,为重点用水企业废水循环利用提供信息咨询、技术改造、设施建设、运营及维护等一体化综合服务,系统提升企业废水循环利用水平。(工业和信息化部、水利部按职责分工负责)

**(七)推进综合施策,提升废水循环利用管理水平。**推动规模以上用水企业加快对已有数字化管控平台进行升级改造,利用大数据、云计算、互联网等新一代信息技术,建立工业废水循环利用智慧管理平台,形成感知、监测、预警、应急等能力,提升废水循环利用的数字化管理、网络化协同、智能化管控水平。强化行业用水总量和强度控制,全面推行规划和重大项目布局、新建(改扩建)项目水资源论证,重点用水行业项目具备废水循环利用条件但未有效利用的,严格控制新增取水。(水利部、工业和信息化部按职责分工负责)在长江经济带开展工业园区水污染整治专项行动,推动园区工业废水应纳尽纳、集中处理和达标排放。(生态环境部负责)

## 三、保障措施

**(一)加强组织协调,形成工作合力。**充分发挥节约用水工作等现有部际协调机制作用,相关部门要按照职能分工抓好重点任务落实。地方政府要落实主体责任,加大力度鼓励和支持工业废水循环利用,结合实际确定本地区工业废水循环利用重点任务,制定具体实施措施。(发展改革委、科技部、工业和信息化部、生态环境部、住房城乡建设部、水利部按职责分工负责)

**(二)强化政策支撑,完善激励机制。**统筹利用现有资金渠道支持工业废水循环利用相关项目,鼓励地方设计多元化财政资金投入保障机制。落实促进工业绿色发展的产融合作专项政策,发挥国家产融合作平台作用,引导金融机构为开展废水循环利用技术改造企业提供担保、信贷等绿色金融支持。落实节水、资源综合利用等税收优惠政策,优化完善首台(套)重大技术装备保险补偿机制,支持推广应用先进废水循环利用装备技术工艺。(发展改革委、科技部、工业和信息化部、生态环境部、住房城乡建设部、水利部按职责分工负责)

**(三)深化宣传交流,推动国际合作。**鼓励行业协会、科研院所、标准化组织、新闻媒体、产业联盟等机构,利用世界水日、中国水周、全国城市节水宣传周等活动加强科普,开展技术培训、知识竞赛和现场推广会等。完善公众参与机制,统筹发挥舆论监督、社会监督和行业自律等作用。利用现有双多边机制,推进产业合作、标准对接和技术交流等。鼓励优势企业"走出去",组织实施工业废水循环利用系统解决方案。(发展改革委、科技部、工业和信息化部、生态环境部、住房城乡建设部、水利部按职责分工负责)

# 工信部等六部门关于印发《工业水效提升行动计划》的通知

（工信部联节〔2022〕72号）

各省、自治区、直辖市、计划单列市及新疆生产建设兵团工业和信息化主管部门、水利厅、水务厅（局）、发展改革委、财政厅（局）、住房城乡建设厅（建设局、建委）、市场监管局（厅、委），各省、自治区、直辖市通信管理局，有关行业协会，有关中央企业：

现将《工业水效提升行动计划》印发给你们，请结合实际，认真贯彻落实。

工业和信息化部　水利部　国家发展改革委
财政部　住房城乡建设部　市场监管总局
2022年6月20日

## 工业水效提升行动计划

推进工业水效提升，是推动工业用水方式由粗放低效向集约节约利用转变的内在要求，是缓解我国水资源供需矛盾、保障水安全的重要途径，是推动产业转型升级、促进工业绿色高质量发展的有效举措。为深入贯彻落实党中央、国务院决策部署，进一步提高工业用水效率，制定本行动计划。

### 一、总体要求

**（一）指导思想**

以习近平新时代中国特色社会主义思想为指导，全面贯彻党的十九大和十九届历次全会精神，深入贯彻习近平生态文明思想，立足新发展阶段，完整、准确、全面贯彻新发展理念，构建新发展格局，坚持"节水优先、空间均衡、系统治理、两手发力"的治水思路，以实现工业水资源节约集约循环利用为目标，以主要用水行业和缺水地区为重点，以节水标杆创建和先进技术推广应用为抓手，以节水服务产业培育和改造升级为动力，优化工业用水结构和管理方式，加快形成高效化、绿色化、数字化节水型生产方式，全面提升工业用水效率和效益，推动经济社会高质量发展。

**（二）主要目标**

到2025年，全国万元工业增加值用水量较2020年下降16%。重点用水行业水效进一步提升，钢铁行业吨钢取水量、造纸行业主要产品单位取水量下降10%，石化化工行业主要产品单位取水量下降5%，纺织、食品、有色金属行业主要产品单位取水量下降15%。

工业废水循环利用水平进一步提高,力争全国规模以上工业用水重复利用率达到94%左右。工业节水政策机制更加健全,企业节水意识普遍增强,节水型生产方式基本建立,初步形成工业用水与发展规模、产业结构和空间布局等协调发展的现代化格局。

**表　重点行业主要产品水效提升预期目标**

| 行业 | 产品名称 | | 2020 年单位产品取水量 | 2025 年单位产品取水量预期下降率 |
|---|---|---|---|---|
| 钢铁 | 粗钢 | | 2.5 立方米/吨 | 10% |
| 石化化工 | 石油炼制 | | 0.6 立方米/吨 | 5% |
| | 乙烯 | | 9 立方米/吨 | |
| | 煤制烯烃 | | 22 立方米/吨 | |
| | 合成氨 | 无烟块煤 | 12 立方米/吨 | |
| | | 粉煤、褐煤 | 16 立方米/吨 | |
| | | 天然气 | 10 立方米/吨 | |
| | 煤制甲醇 | | 13 立方米/吨 | |
| | 工业硫酸 | 硫铁矿 | 4.1 立方米/吨 | |
| | | 硫磺 | 2.6 立方米/吨 | |
| | 烧碱 | | 7.1 立方米/吨 | |
| | 聚氯乙烯 | 电石法 | 12 立方米/吨 | |
| | | 乙烯氧氯化法 | 9.5 立方米/吨 | |
| | 纯碱 | 氨碱法(使用海水) | 8 立方米/吨 | |
| | | 氨碱法(不使用海水) | 14 立方米/吨 | |
| | | 联碱法 | 5 立方米/吨 | |
| | 钛白粉 | | 60 立方米/吨 | |
| 纺织 | 纱线/针织印染布 | | 95 立方米/吨 | 10% |
| | 机织印染布 | | 1.6 立方米/百米 | 15% |
| | 涤纶长丝织物 | | 1.3 立方米/百米 | |
| | 锦纶长丝织物 | | 1.1 立方米/百米 | |
| | 人造丝织物 | | 0.4 立方米/百米 | |
| 造纸 | 漂白化学木浆 | | 75 立方米/吨 | 10% |
| | 箱纸板 | | 24 立方米/吨 | |
| | 瓦楞原纸 | | 22 立方米/吨 | |

续表

| 行业 | 产品名称 | | 2020年单位产品取水量 | 2025年单位产品取水量预期下降率 |
|---|---|---|---|---|
| 食品 | 啤酒 | | 4.5立方米/千升 | 15% |
| | 淀粉糖 | | 6立方米/吨 | |
| | 白酒 | 原酒 | 51立方米/千升 | |
| | | 成品酒 | 7立方米/千升 | |
| 有色金属 | 电解原铝液 | | 2.5立方米/吨 | 15% |
| | 阴极铜产品 | 铜精矿 | 16立方米/吨 | |
| | | 含铜二次资源 | 1.2立方米/吨 | |

注：1. 2020年单位产品取水量为全国平均值，由相关行业协会及研究单位测算。

2. 2025年相关目标均为预期性指标，不做约束性考核，各地区可结合实际设置目标。

## 二、强化创新应用，加快节水技术推广

**（一）加强关键核心技术攻关和转化。**落实国家中长期科学和技术发展规划（2021—2035）、"十四五"产业科技创新发展规划，支持行业协会、科研院所、高校等开展工业节水基础研究和应用技术创新性研究。围绕行业节水技术难点和装备短板加强协同攻关，着力突破高浓度有机废水和高盐废水处理与循环利用、高性能膜材料、高效催化剂、绿色药剂、智能监测与优化控制等节水关键共性技术。强化企业创新主体地位，用好"揭榜挂帅""赛马机制"等方式，鼓励龙头企业、单项冠军企业、专精特新"小巨人"企业等承担攻关项目。完善节水技术产业化协同创新机制，探索建立产业化创新战略联盟，支持企业、园区、高校、科研机构和地方等创建节水技术创新项目孵化器、创新创业基地，推动新技术装备快速大规模应用和迭代升级。做好行业节水关键核心及基础共性技术知识产权战略储备，加强布局和风险预警，强化知识产权保护和运用。

**专栏1　关键核心技术攻关方向**

**共性通用：**智能化水管理、高浓度难降解有机废水循环利用、高盐废水有机物降解与结晶分盐、高性能膜材料、海水淡化高压泵与能量回收装置、高精度监测仪器、高效催化剂、绿色药剂等。

**钢铁行业：**冷轧酸性废水循环利用、焦化废水近零排放集成、循环水高效冷却、全厂废水零排放等。

**石化化工行业：**适用于炼化企业的闭式循环冷却塔、中水适度处理梯级回用、高浓度工艺废水循环利用、石油天然气开采废水集中处理及随钻并行处理与回用、煤制气废水高效处理回用、煤化工废水近零排放等。

**纺织行业：**染液在线添加浸渍染色、印染废水高效处理回用、喷水织机废水近零排放等。

**造纸行业：**高浓度有机物降解与循环利用、新型造纸废水多级净化深度循环利用等。

**食品行业：**食品高倍浓缩蒸发、脱水干燥超低VOCs排放等。

**有色金属行业：**有色冶炼重金属废水深度处理与回用、湿法冶金高含盐废水循环利用、重金属冶金污酸废水处理及资源化等。

**（二）遴选推广节水技术装备。** 选择应用范围广、节水潜力大的冷却塔、空冷器、水处理膜等工业节水装备，制定工业节水装备行业规范条件，提升节水高端装备供给能力。发布国家鼓励的工业节水工艺、技术和装备目录，分行业制定节水技术推广方案和供需对接指南。鼓励地方、行业协会以及重点企业开展技术交流、业务培训和供需对接等活动，大力推广应用高效冷却和洗涤、废水循环利用、高耗水工艺替代等节水工艺技术装备。到2025年，推广应用200项先进适用的工业节水技术装备。

## 三、强化改造升级，提升重点行业水效

**（三）推动重点行业水效提升改造。** 鼓励工业企业、园区、集聚区主动开展或委托第三方服务机构开展生产工艺和设备节水评估，深挖节水潜力，实施工业水效提升改造，推进用水系统集成优化，实现串联用水、分质用水、一水多用和梯级利用。开展工业绿色低碳升级改造行动，引导金融机构绿色信贷优先支持水效提升改造项目，加快废水循环利用、海水雨水矿井水等非常规水利用设施建设。

**专栏2　水效提升改造升级重点方向**

**钢铁行业：** 水质分级串级利用、加热炉汽化冷却、大型高炉密闭循环冷却水、综合废水再生回用集成、电磁强氧化焦化废水深度处理、浓盐水分盐及零排放、燃-热-电-水-盐五位一体低温多效海水淡化、钢铁废水和市政污水联合再生回用、智慧用水管理等。

**石化化工行业：** 氮肥生产污水零排放、原浆喷雾干燥、纯碱生产用水平带式真空过滤机和干法加灰、聚氯乙烯离心母液水回用、烧碱蒸发二次冷凝水回用、草甘膦副产氯甲烷清洁回收、硫酸生产酸洗净化、石油天然气开采废水处理与回用、高盐废水分步结晶除盐、半水-二水法/半水法湿法磷酸生产、磷铵单（双）管式反应器生产、磷铵料浆三效蒸发浓缩、炼化企业水平衡测试及优化分析软件、管网漏损检测与修复等。

**纺织行业：** 涤纶织物少水连续染色、低浴比间歇式染色、针织物平幅连续染色、数码喷墨印花、工艺水分质回用、印染废水分质处理和技术集成应用、喷水织机废水高效处理和回用等。

**造纸行业：** 网、毯喷淋水净化回用，纸机白水多圆盘分级与回用，造纸梯级利用节水，制浆废水处理与回用等。

**食品行业：** 发酵有机废水膜处理回用、高浓度含糖废水综合利用、糖厂水循环及废水再生回用、发酵行业生产连续离子交换、氨基酸全闭路水循环及深度处理回用、含乳饮料节水集成、洗瓶水循环净化及回用等。

**有色金属行业：** 有色矿山酸性废水源头控制和优化调控、选矿废水分质回用、有色冶炼重金属废水处理与回用等。

**（四）推动节水降碳协同改造。** 聚焦重点用水行业，支持企业优先开展厌氧氨氧化脱氮、新能源耦合海水淡化等节水降碳技术改造。鼓励有条件的中央企业及园区在现有用水管理系统的基础上，实施数字化降碳改造，协同实施用水数据与碳排放数据收集、分析和管理。探索建立上下游企业节水降碳合作新模式，推动上游企业将有机物浓度高、可生化性好、无有毒有害物质的废水作为下游污水处理厂碳源补充，减少外购碳源，实现节水降碳协同增效。

## 四、强化开源节流，优化工业用水结构

**（五）推进工业废水循环利用。**聚焦废水排放量大、改造条件相对成熟、示范带动作用明显的钢铁、石化化工、纺织、造纸、食品、有色金属等重点行业，优先选择水效领跑者企业、绿色工厂、绿色工业园区、新型工业化示范基地，稳步推进废水循环利用改造升级，创建一批废水循环利用示范企业、园区，提升水重复利用率。重点围绕京津冀、黄河流域等缺水地区及长江经济带等水环境敏感区域，推动有条件的工业企业、园区与市政再生水生产运营单位合作，完善再生水管网、衔接再生水标准，将处理达标后的再生水用于工业生产，减少企业新水取用量，创建一批产城融合废水高效循环利用创新试点。到 2025 年，梳理形成 50 个可复制、可推广的工业废水循环利用典型应用场景。

**（六）扩大工业利用海水、矿井水、雨水规模。**鼓励沿海钢铁、石化化工等企业、园区加大海水直接利用以及余能低温多效、反渗透、太阳能光热等海水淡化技术应用力度，配套自建或第三方投建海水冷却、海水淡化设施，扩大海水利用规模。对于沿海缺水地区具备条件但未充分利用海水淡化水的高用水项目和工业园区，依法严控新增取水许可。鼓励有条件的矿区及周边工业企业、园区加强技术改造，建设一批矿井水分级处理、分质利用工程，提高矿井水利用规模。鼓励企业、园区建立完善雨水集蓄利用、雨污分流等设施，加强管网建设，有效利用雨水资源，减少新水取用量。到 2025 年，工业新增利用海水、矿井水、雨水量 5 亿立方米。

## 五、强化对标达标，完善节水标准体系

**（七）加强工业水效示范引领。**聚焦企业、园区等节水主体，树立典型，推动各地区依托节水评价标准创建节水型企业、园区，遴选节水标杆企业、园区，申报国家水效领跑者企业、园区，逐步建立“节水型—节水标杆—水效领跑者”三级水效示范引领体系。通过宣传推广、政策激励，推动工业企业、园区水效对标达标。推动国家绿色工厂、绿色工业园区率先达标。适时将水效领跑者指标纳入节水型企业、园区标准。到 2025 年，钢铁、石化化工等重点用水行业中 50%以上的企业达到节水型企业标准，创建 120 家节水标杆企业、60 家标杆园区，遴选 50 家水效领跑者企业、20 家领跑者园区。

**（八）完善工业节水标准体系。**构建多方协同推进的节水标准工作机制，依托节水领域标准化技术组织，统筹完善节水国家标准、行业标准、地方标准、团体标准体系。编制工业节水标准制修订计划，聚焦重点用水行业，加快制修订节水管理、节水型企业、用水定额、水平衡测试、节水工艺技术装备等标准，探索制定节水型工业园区评价标准。加强节水行业的标准采信，推进重点标准技术水平评价，建立标准实施动态反馈机制。鼓励制定高于国家标准、行业标准的地方标准、团体标准和企业标准。通过百项团体标准应用示范等方式支持符合条件的工业节水团体标准推广应用。鼓励参与节水领域国际标准化活动，共同制定国际标准。到 2025 年，制修订 100 项节水标准，用水定额、节水型企业等标准基本覆盖重点用水行业。

## 六、强化以水定产，推动产业适水发展

**（九）持续优化用水产业结构。**严格执行钢铁、水泥、平板玻璃、电解铝等行业产能置换政策，严控磷铵、黄磷、电石等行业新增产能，新建项目应实施产能等量或减量置换。依法依规推动落后产能退出，遏制不合理用水需求。加快新一代信息技术、高端装备、生物技术、新能源、新材料和绿色环保等先进制造业和战略性新兴产业发展，提高低水耗高产出产业比重，减少水资源消耗。

**（十）因地制宜提升区域工业水效。**贯彻落实区域重大战略，依据不同区域水资源禀赋、水环境承载力等特点，差异化推进工业水效提升。在京津冀及黄河流域等地区，严控钢铁、炼油、磷铵、电解铝等重点用水行业新增产能，稳妥有序发展现代煤化工产业。推动企业实施节水改造，加快废水循环利用及海水、再生水、苦咸水等非常规水利用，减少新水取用量。在长江经济带等地区，全面推行清洁生产，从源头减少污染物排放。加快长江经济带等城镇人口密集区危化品企业搬迁改造，加强化工园区整治提升。推动沿江企业加大废水循环利用力度，提高水重复利用率，减少废水排放。

## 七、强化数字赋能，提升管理服务能力

**（十一）提高数字化水效管理水平。**推动企业、园区健全水效管理制度，完善供用水计量体系和在线监测系统。加强用水计量器具配备和管理，实施分质、分类计量，逐步建立工业废水、市政再生水、海水等非常规水精确计量体系，强化数据统计和过程监管。推动高用水企业、园区对已有数字化平台进行升级改造，开展智能化管控、管网漏损监测等系统建设，促进5G、物联网、人工智能、数字孪生等技术与水系统管理技术深度融合，实现工业用水精准控制和优化管理。发挥5G应用产业方阵、“绽放杯”5G应用征集大赛等平台作用，挖掘5G在工业水效提升方面的应用案例。探索建立“工业互联网+水效管理”典型应用场景，打造解决方案资源库。到2025年，遴选推广10个以上数字水效管理典型应用场景。

**专栏3　数字水效提升重点方向**

**工业数字水效管理系统：**在取水、制水、供水、用水、排水、废水循环利用等水系统全过程安装具有区块链分布式账本功能的水质、水量等智能仪表，打通与平台侧区块链中心服务节点间的通信，将工业水系统数据就地上链存证，建立安全可信的工业水系统数据管理体系。基于链上数据实时监测、评价节水效果、水平衡状态，实现对工业水系统的数据监控和优化管理。

**工业管网漏损监测与智能诊断系统：**通过具有通信功能的无线流量计终端设备、压力计终端设备采集供水管网数据，上传至云服务器，在线显示管网状态。建立管网损耗模型，实时监测并分析管网损耗状态，智能诊断出疑似损耗节点/管段。

**工业废水循环利用智能系统：**安装水质智能化管理装置（包含在线水质检测单元和水处理化学品加药单元）在线监测废水pH、电导率、浊度、荧光等指标，判断无机物溶度积、饱和指数，实现自动加药和补水。安装废水回用装置（包含多介质过滤单元、超滤单元、反渗透单元、检测单元等）按需精准加药、自动反洗和清洗，将处理后的水根据水质要求回用到不同生产环节。结合边缘计算物联网技术，实现工业废水循环利用全流程可视化监测，提升工艺运行稳定性。

**（十二）提升智慧化节水服务能力。**推动新型、智能节水计量器具研发、生产和应用，提升节水计量服务能力和智慧化水平。鼓励第三方机构按照市场化原则，通过物联网、5G、人工智能等新一代信息技术，面向工业企业和产业链上下游提供水资源技术、数据、政策等信息服务。遴选水效提升系统解决方案服务商，打造水效提升服务领域的专精特新"小巨人"企业，为企业、园区提供节水提效设计咨询、系统集成、设施建设、运营管理、数字化改造等综合解决方案。搭建"水效提升第三方服务库"，开展入库服务机构评价和服务情况跟踪，建立动态筛选制度。到2025年，培育100家优质水效提升系统解决方案服务商。

八、保障措施

**（一）加强组织领导，形成工作合力。**工业和信息化部会同国务院有关部门充分发挥节约用水工作部际协调机制作用，整合节水相关配套政策和资源，按照职责分工抓好任务落实。加强部省协同，鼓励各地区结合实际制定相关工作方案，落实行动计划总体要求和目标任务。充分发挥行业协会、科研院所、第三方机构等桥梁纽带作用。工业和信息化部将定期开展实施情况动态监测和评估，推动计划落实。

**（二）加强队伍建设，夯实工作基础。**明确各级工业节水管理队伍工作职责和相关要求。探索建立企业节水负责人管理制度，鼓励年用水总量超过10万立方米的企业、园区设立节水负责人岗位，接受相关培训。组织开展院士、专家行活动，鼓励行业协会、第三方培训机构开展节水政策标准、技术、职业技能等相关培训，全面提升工业节水队伍能力。

**（三）强化政策支撑，完善激励机制。**充分发挥市场机制作用，落实节水、资源综合利用等税收优惠政策，鼓励企业加大对传统产业节水技术改造、先进节水技术创新应用力度，有条件的地方政府可研究设计多元化的财政资金投入保障机制。落实首台（套）重大技术装备保险补偿机制，支持水污染处理装备推广应用。落实促进工业绿色发展的产融合作专项政策，发挥国家产融合作平台作用，引导金融机构为企业提供专业化的节水金融产品和融资服务。

**（四）深化宣传交流，推动国际合作。**充分利用世界水日、中国水周等大型活动及新媒体，广泛宣传节水法律法规和政策标准，不断强化企业节水意识。召开水效领跑者经验交流会、工业节水技术供需对接会，宣传推广先进技术、管理模式，推动企业不断提升节水水平。加强政府间、社团间、企业间国际交流合作，积极引进消化吸收国外先进节水技术和管理模式。鼓励企业积极参与"一带一路"建设，开展境外节水技术咨询、工程建设和运营管理。

# 重庆市经济信息委 重庆市发展改革委 重庆市水利局 重庆市城市管理委员会 关于加强工业节水的指导意见

（渝经信发〔2018〕8号）

各区县（自治县）经济信息委、发展改革委、水利局（水务局）、城市供水管理部门，两江新区经济运行局、市政管理局，万盛经开区经济和信息化局、发展改革局、水利局、市政园林执法局：

为贯彻落实《中共重庆市委办公厅 重庆市人民政府办公厅关于印发〈重庆市全面推行河长制工作方案〉的通知》（渝委办发〔2017〕11号）、《重庆市人民政府关于印发贯彻落实国务院水污染防治行动计划实施方案的通知》（渝府发〔2015〕69号）、《重庆市污染防治攻坚三年行动计划》等文件精神，根据《重庆市水利局重庆市发展和改革委员会关于印发"十三五"水资源消耗总量和强度双控行动方案实施意见的通知》（渝水〔2017〕59号），现就我市加强工业节水工作提出如下意见。

## 一、总体思路

深入贯彻党的十九大精神，坚持以习近平新时代中国特色社会主义思想为指导，全面落实习近平总书记视察重庆重要讲话精神，认真落实党中央、国务院决策部署，牢固树立新发展理念，以供给侧结构性改革为主线，以推动经济社会高质量发展为目标，努力提高工业用水效率，持续开展"节流"和"开源"两大行动，不断推进工业结构调整，建立健全企业节水管理制度，推广普及节水新技术、新产品、新装备，加快淘汰落后用水工艺和设备，减少废水排放，推动水资源利用从粗放型向集约型转变，形成符合我市的工业领域水资源高效利用体系。

## 二、工作目标

到2020年，全市工业节水管理体制基本形成，企业取水用水定额管理初见成效，用水法规、统计和计量制度基本建立，落后高耗水工艺、设备和产品淘汰基本完成，先进节水技术工艺广泛应用，企业节水改造全面推进，全市单位工业增加值用水量比2015年下降30%，工业用水重复利用率达到70%以上。

## 三、主要任务

### （一）建设节水型工业产业体系

1.强化制度规划引领。坚持以水定产的原则，统筹给水、节水、排水、污水处理与再生利用等用水管理与产业发展的协调，严格按照水资源管理"三条红线"控制指标要求，推动全市工业发展规划与城市总体规划、节水型社会建设规划有效衔接。

2. 优化调整产业结构。根据我市水资源条件和行业特点，科学调整产业结构布局，优化水资源配置。将发展节水型工业与产业结构调整、建设先进制造业基地有机结合起来，发展符合国家产业政策、水资源消耗少、用水效率高的产业，严格控制高耗水、高污染的项目建设。

3. 加快传统产业节水改造。参照企业所在区域的水资源条件，积极推动火电、钢铁、化工、纺织、造纸、食品等高耗水行业开展节水改造，鼓励企业采用节水新工艺、新技术、新产品和新装备，组织实施以提高用水效率为核心的节水示范工程，指导湖库、河库、江河周边的工业企业开展工艺结构调整和节水优化改造。

**（二）加大"节流"管理力度**

1. 严格落实取水许可制度。申请取水的建设项目在审批、核准前，建设单位应当按照规定编制水资源论证报告，提交水行政主管部门审查。审查批准后，将取水地点、取水方式、取水用途、取水数量、节水措施、退水地点、退水水质、计量设备等有关资料和建设项目水资源论证报告书，向水行政主管部门提出取水申请，经批准后方可兴建取水工程或者设施。

2. 实施节水"三同时"管理。强化工业用水项目源头管理，新建、扩建、改建项目应当制订节水措施方案，配套建设节水设施。制订节水措施方案中，耗水量较高的项目应制订单独的节约用水措施方案，其他项目可在可行性研究报告或建设方案中编制节水措施方案篇章。工业节水设施项目必须与主体工程同时设计、同时施工、同时投入运行。

3. 加强工业用水定额管理。严格落实工业用水定额管理制度，推动我市工业行业主要产品用水定额制修订。加大火电、钢铁、化工、纺织、造纸、食品等高耗水行业贯彻用水定额的检查力度，加强企业生产过程和工序用水管理，对不符合定额要求的企业，督促企业及时整改。

4. 加快淘汰高耗水工艺、技术和装备。按照工业和信息化部等3部委印发的《高耗水工艺、技术和装备淘汰目录》，组织开展宣贯活动，督促企业开展自查自纠，加快淘汰高耗水工艺、技术和装备。同时，组织开展高耗水行业企业现场监督检查，对发现使用淘汰类的高耗水工艺、技术和装备的企业，督促企业加快整改淘汰。

**（三）积极推动"开源"行动落实**

1. 着力推进企业水资源循环利用。积极引导企业采用高效、安全、可靠的水处理技术工艺，提高水循环利用率，不断降低单位产品取水量。加强废水综合处理，加大资源化利用，减少水循环系统的排放量。鼓励工业园区采取统一供水、集中治理废水的方式，加强专业化运营，实现水资源梯级优化利用。

2. 积极推进非常规水资源利用。深入挖掘非常规水资源开发利用潜力，推进再生水、矿井水、雨水等非常规水资源的开发利用，推动工业用水多元化。结合城市污水处理厂提标改造，优先考虑再生水利用企业需求，配套建设再生水储存设施和输配管网，推动再生水利用硬件设施不断完善。鼓励企业加大城市再生水利用，积极引导矿区开展矿井水资源化利用，支持有条件的工业园区、企业开展雨水集蓄利用。

3. 推广先进节水工艺、技术和设备。发布我市工业节水技术和装备目录，重点推广工业用水重复利用、高效冷却、热力和工艺系统节水、洗涤节水、工业给水和废水处理、非常规水资源利用等通用节水技术和生产工艺，积极引导火电、钢铁、化工、纺织、造纸、食品等高耗水行业企业利用先进技术工艺，实施节水改造，提升装备水平。

4. 推动节水服务业发展。鼓励支持三方服务机构深入企业开展水平衡测试和节水诊断，帮助企业摸清用水现状，查找存在问题，挖掘节水潜力，通过管理节水、技术节水和工艺节水，实现节水减污增效。探索推行合同节水服务，鼓励具有节水技术优势的专业化公司与社会资本组建具有较强竞争力的节水服务企业，鼓励节水服务企业优化要素资源配置，加强商业和运营模式创新，不断提高综合实力和市场竞争力。

**（四）健全企业节水管理制度**

1. 加强重点用水企业监督管理。按照水利部《关于加强重点监控用水单位监督管理工作的通知》（水资源〔2016〕1 号）要求，重点企业要建立节水目标责任制，合理设置企业的节水目标，将任务层层分解落实到具体的生产环节和重点耗水设备，推行节水奖惩制度。同时，建立企业节水管理岗位责任制，健全企业节水管理机构和人员，明确企业节水管理领导、部门和岗位职责。

2. 开展节水型企业创建。节水型企业创建工作是实行最严格水资源管理制度和落实水资源总量与强度双控指标的着力点，是工业节水工作的重要载体。按照国家最严格水资源管理考核的要求，加大《节水型企业评价导则》（GB/T 7119—2006）及钢铁、火电、纺织染整、造纸等重点用水行业节水型企业评价指标的宣贯力度，开展水效对标达标活动，加快培育一批节水管理制度健全、用水指标先进的节水型示范企业，充分发挥标杆企业引领示范带动作用。

3. 完善用水计量统计制度。企业要按照《用水单位水计量器具配备和管理通则》（GB 24789）要求，完善用水计量器具配备，建立完整、规范的原始记录和统计台账，健全节水统计制度。定期开展水平衡测试，加强用水效率评估和总量分析。鼓励企业利用信息化技术提高节水管理水平，推动建设"取水、用水、排水"一体化的水资源管理信息系统。

## 四、保障措施

**（一）加强组织领导**

各区县（自治县）经济信息、发展改革、水利和城市供水管理部门要转变思想，彻底摈弃我市坐拥三江干流、水资源充沛不缺水的错误观念，按照河长制、水污染防治行动计划、最严格水资源管理的要求，切实加强领导，突出重点，明确任务，落实责任，扎实做好工业节水推进工作。同时，要加强沟通协调，通力合作，形成合力，推动工业节水工作深入开展。

**（二）加大支持力度**

加大对企业开展节水技术改造、淘汰落后用水工艺设备、推进中水废水循环利用等节水工程的支持力度。充分利用中央预算内资金、市级工业和信息化专项资金和水资源费等财政资金支持引导企业开展节水示范工程建设。支持企业享受资源综合利用、节能节水设备等涉水税收优惠政策，推动将绿色节水产品纳入政府采购目录。积极发展绿色信贷，落实绿色信贷指引，利用工业绿色信贷和绿色债券等绿色金融方式，支持工业节水工作开展。

**（三）强化技术支撑**

以创新驱动为引领，围绕火电、钢铁、化工、纺织、造纸、食品等高耗水行业，加快“零排放”、提高浓缩倍率、中水回用、污水资源化和水网络集成等节水关键技术的研究开发与产业化步伐。通过发布目录、组织现场会、技术交流和专项推广等多种方式，加快先进成熟节水技术、节水工艺和节水设备的推广应用。

**（四）开展宣传培训**

积极开展水效对标达标活动，鼓励企业以本行业水效先进企业为目标，强化节水管理、加大节水改造力度，努力成为行业节水标杆企业。定期组织开展节水政策、法律法规、用水计量统计等培训，提升企业节水管理水平。重点用水企业要提高水资源忧患意识和节约意识，积极参与节水全民行动，在企业内部开展多种形式的节水宣传活动，营造企业和员工共同节水的良好氛围。

重庆市经济和信息化委员会 重庆市发展和改革委员会<br>重庆市水利局 重庆市城市管理委员会<br>2018 年 2 月 9 日

# 重庆市经济信息委关于印发《重庆市工业企业水效提升三年行动计划(2018—2020年)》的通知

(渝经信环资〔2018〕43号)

各区县(自治县)经济信息委、两江新区经济运行局、万盛经开区经济信息局,各有关单位:

《重庆市工业企业水效提升三年行动计划(2018—2020年)》已经2018年第18次委党组会审议通过,现印发给你们,请认真组织实施。

重庆市经济和信息化委员会

2018年8月6日

## 重庆市工业企业水效提升三年行动计划(2018—2020年)

根据《中共中央办公厅 国务院办公厅关于全面推行河长制的意见》《国务院关于印发水污染防治行动计划的通知》《国务院关于实行最严格水资源管理制度的意见》等文件精神,为全面落实《重庆市全面推行河长制工作方案》《重庆市污染防治攻坚战实施方案(2018—2020年)》,积极推动工业企业水循环梯级利用,大力提升工业用水效率,制定本行动计划。

### 一、总体思路

深入贯彻党的十九大精神,坚持以习近平新时代中国特色社会主义思想为指导,全面落实习近平生态文明思想和关于长江经济带发展战略思想,深入践行“绿水青山就是金山银山”的理念,共抓大保护、不搞大开发,坚决打赢污染防治攻坚战,以工业经济高质量发展为目标,推动企业用水“节流”和“开源”双管齐下,不断推进企业水循环梯级利用,有效减少废水排放,提高工业用水效率,完善水资源高效利用体系,推动水资源利用从粗放型向集约型转变。

### 二、行动范围

参照国家、省级用水效率监管名录,在2017年用水超过30万立方米的火电、钢铁、化工、造纸、纺织、建材、食品等高耗水企业中,兼顾行业平衡、地区分布情况,选择100家工业企业作为全市重点企业,实施水效提升三年行动计划。

## 三、工作目标

到2020年,全市高耗水行业节水管理体制基本形成,落后高耗水工艺和设备全面淘汰,先进节水技术工艺广泛应用,节水技术改造全面推进,工业水循环梯级利用普遍实施,企业用水效率得到明显提升,粗放型用水模式得到扭转,长效用水节水机制初步建成。100家重点企业通过3年时间单位工业增加值水耗累计降低10%,节约用水量1亿立方米,工业用水重复利用率进一步提升。

## 四、主要任务

**(一)加强企业用水管理,夯实基础制度建设。**建立健全企业内部节水管理制度,合理设置企业节水目标,将任务层层分解落实到具体的生产环节和重点耗水设备,推行节水奖惩制度。同时,建立企业节水管理岗位责任制,健全企业节水管理机构和人员,明确企业节水管理领导、部门和岗位职责。强化企业用水计划考核,做到用水计划到位、节水目标到位、节水措施到位、管水制度到位,定期考核,严格兑现奖惩。

**(二)完善用水计量统计制度,挖掘企业节水潜力。**按照《用水单位水计量器具配备和管理通则》(GB 24789)要求,完善企业用水三级计量体系,按规定配备合格的用水计量仪表。加强企业用水统计,建立健全企业用水原始记录和统计台账,定期开展用水统计和用水合理性分析。鼓励企业利用大数据智能化技术提高节水管理水平,推动建设"取水、用水、排水"一体化的水资源管理信息系统。开展水平衡测试和节水诊断,摸清用水现状,查找存在问题,挖掘节水潜力,制定节水措施,全面组织落实。

**(三)推广先进节水技术,推进水资源循环利用。**按照《国家鼓励的工业节水工艺、技术和装备目录》《重庆市工业节水技术推广目录》,火电行业重点推广循环冷却水高浓缩、废污水"零排放"、浓浆输灰、干除灰、冲灰水回收利用等节水技术;钢铁行业重点推广干法除尘技术、清污分流及循环串级供水技术、轧钢加热炉汽化冷却技术、全厂总排水回收处理回用等节水技术;化工行业重点推广循环冷却水高浓缩、废污水"零排放"、稠油污水处理回用、优化注水、污水深度处理回用、合成氨、烧碱节水生产工艺等节水技术;造纸行业重点推广废纸造纸"零排放"、制浆封闭筛选、中浓技术、高效沉淀过滤设备白水回收等节水技术;纺织行业重点推广逆流漂洗、印染废水深度处理回用、溴化锂冷却、高效节水型助剂等节水技术;食品行业重点推广取水闭环流程工艺、双效以上蒸发器的浓缩工艺等节水技术;建材行业重点推广水泥干法生产工艺等节水技术;机械行业重点推广冷却水循环利用、污水处理及回用等节水技术。

**(四)加快节水技术改造,提高企业用水效率。**大力调整企业产品、工艺和用水结构,把节水技术改造作为调结构转方式促升级的重要举措,促进企业生产工艺优化和产品结构升级。根据企业所在区域的水资源条件,积极推动火电、钢铁、化工、纺织、造纸、食品等高耗水行业开展节水改造,鼓励企业采用节水新工艺、新技术、新产品和新装备,组织实施一批以提高用水效率为核心和加强水循环梯级利用的节水技术改造示范工程,指导河库、江河周边的工业企业开展工艺结构调整和节水优化改造,加强废水综合处理,减少废水排放。

**(五)加强用水定额管理,开展节水对标达标活动。**工业产品用水定额是行业用水定额的重要组成部分,是指导用水企业合理用水的重要标准。国家和我市目前已经公布57个行业、94个主要工业行业产品取用水定额,各区县产业主管部门要加强工业用水定额宣贯工作,企业要加强用水定额标准学习,严格执行国家、我市用水定额标准,认真落实超计划或超定额用水加价累进制度。积极开展节水对标达标活动,参照工业和信息化部、水利部、国家发展改革委、国家质检总局公布的《2017年度重点用水企业水效领跑者名单及水效指标》,加强典型宣传和经验交流,引导企业向水效领跑者看齐,提高用水效率。

**(六)加强政策引导,大力创建节水型企业。**按照工业和信息化部、水利部、全国节约用水办公室《关于深入推进节水型企业建设工作的通知》(工信部联节〔2012〕431号)要求,加强对节水型企业建设工作的政策引导和支持,积极做好本地区节水型企业建设工作。组织开展节水型企业创建活动,分批实施,至2020年符合要求的企业均建成节水型企业。同时按照优中选优的原则,鼓励和引导节水型企业申报水效领跑者,表彰奖励水效领跑者入围企业。

五、保障措施

**(一)加强组织领导,落实企业节水责任。**各区县产业主管部门要加强与当地水行政主管部门、城市供水管理部门的沟通协作,按照河长制、水污染防治行动计划、最严格水资源管理要求,切实加强领导,突出重点,明确任务,落实责任,共同推进工业企业水效提升工作。有关企业要按照本行动计划的要求和当地有关部门的统一部署,制定本单位节水行动实施方案,确定节水目标,落实管理责任,强化节水措施。

**(二)加大财政支持力度,有效落实税收优惠。**加大对企业开展节水技术改造、淘汰落后用水工艺设备、推进中水废水循环利用等节水工程的支持力度。充分利用市工业和信息化专项资金等财政资金支持、引导企业开展节水行动、节水技术改造、节水型器具推广、节水型企业创建和节水管理能力建设等。认真落实好有关节水的税收优惠和抵免政策,鼓励企业生产、销售和使用节水型产品、设备,推动将绿色节水产品纳入政府采购目录。

**(三)强化创新驱动,推动节水减污技术广泛应用。**以创新驱动为引领,围绕火电、钢铁、化工、纺织、造纸、食品等高耗水行业,加快"零排放"、提高浓缩倍率、中水回用、污水资源化和水网络集成等节水关键技术的研究开发与产业化步伐。通过发布目录、组织现场会、技术交流和专项推广等多种方式,加快先进、成熟节水技术、节水工艺和节水设备的推广应用。

**(四)开展宣传培训,营造共同节水良好氛围。**鼓励企业以本行业水效先进企业为目标,强化节水管理、加大节水改造力度,努力成为行业节水标杆企业。定期组织开展节水政策、法律法规、用水计量统计等培训,提高企业节水意识,提升企业节水管理水平。企业要积极参与节水全民行动,在企业内部开展多种形式的节水宣传活动,营造企业和员工共同节水的良好氛围。

附件:重庆市水效提升重点企业名单

附件

## 重庆市水效提升重点企业名单

| 序号 | 企业名称 | 所在区县 |
|---|---|---|
| 1 | 西南药业股份有限公司 | 沙坪坝区 |
| 2 | 爱思开海力士半导体(重庆)有限公司 | 沙坪坝区 |
| 3 | 中航(重庆)微电子有限公司 | 沙坪坝区 |
| 4 | 重庆方正高密电子有限公司 | 沙坪坝区 |
| 5 | 西南铝业(集团)有限责任公司 | 九龙坡区 |
| 6 | 庆铃汽车股份有限公司 | 九龙坡区 |
| 7 | 重庆国际复合材料有限公司 | 大渡口区 |
| 8 | 重庆小南海水泥厂 | 大渡口区 |
| 9 | 重庆嘉威啤酒有限公司 | 大渡口区 |
| 10 | 重庆顶津食品有限公司 | 南岸区 |
| 11 | 重庆中烟工业有限责任公司 | 南岸区 |
| 12 | 重庆长安汽车股份有限公司 | 江北区 |
| 13 | 重庆海尔空调器有限公司 | 江北区 |
| 14 | 奥特斯科技(重庆)有限公司 | 两江新区 |
| 15 | 重庆韩泰轮胎有限公司 | 两江新区 |
| 16 | 重庆市天友乳业股份有限公司 | 渝北区 |
| 17 | 重庆啤酒股份有限公司 | 两江新区 |
| 18 | 重庆渝江压铸有限公司 | 两江新区 |
| 19 | 福耀玻璃(重庆)有限公司 | 两江新区 |
| 20 | 重庆京东方光电科技有限公司 | 两江新区 |
| 21 | 华能重庆两江燃机发电有限责任公司 | 两江新区 |
| 22 | 重庆莱宝科技有限公司 | 两江新区 |
| 23 | 攀钢集团重庆钛业有限公司 | 巴南区 |
| 24 | 重庆惠科金渝光电科技有限公司 | 巴南区 |
| 25 | 重庆恒安心相印纸制品有限公司 | 巴南区 |
| 26 | 重庆丰盛环保发电有限公司 | 巴南区 |
| 27 | 中国石化集团四川维尼纶厂 | 长寿区 |
| 28 | 重庆钢铁股份有限公司 | 长寿区 |
| 29 | 重庆卡贝乐化工有限责任公司 | 长寿区 |
| 30 | 重庆千信能源环保有限公司 | 长寿区 |

续表

| 序号 | 企业名称 | 所在区县 |
|---|---|---|
| 31 | 重庆化医恩力吉投资有限责任公司 | 长寿区 |
| 32 | 重庆朝阳气体有限公司 | 长寿区 |
| 33 | 重庆天泽新材料有限公司 | 长寿区 |
| 34 | 巴斯夫聚氨酯(重庆)有限公司 | 长寿区 |
| 35 | 重庆鑫富化工有限公司 | 长寿区 |
| 36 | 云南水富云天化有限公司重庆分公司 | 长寿区 |
| 37 | 重庆长风化学工业有限公司 | 长寿区 |
| 38 | 林德化医(重庆)气体有限公司 | 长寿区 |
| 39 | 重庆建峰工业集团有限公司 | 涪陵区 |
| 40 | 重庆华峰化工有限公司 | 涪陵区 |
| 41 | 重庆市蓬威石化有限责任公司 | 涪陵区 |
| 42 | 重庆中机龙桥热电有限公司 | 涪陵区 |
| 43 | 中化重庆涪陵化工有限公司 | 涪陵区 |
| 44 | 重庆天原化工有限公司 | 涪陵区 |
| 45 | 重庆弛源化工有限公司 | 涪陵区 |
| 46 | 太极集团重庆涪陵制药厂有限公司 | 涪陵区 |
| 47 | 重庆万达薄板有限公司 | 涪陵区 |
| 48 | 华峰重庆氨纶有限公司 | 涪陵区 |
| 49 | 重庆市涪陵榨菜集团股份有限公司 | 涪陵区 |
| 50 | 华新水泥重庆涪陵有限公司 | 涪陵区 |
| 51 | 重庆宜化化工有限公司 | 万州区 |
| 52 | 神华神东电力重庆万州港电有限责任公司 | 万州区 |
| 53 | 重庆索特盐化股份有限公司 | 万州区 |
| 54 | 重庆华歌生物化学有限公司 | 万州区 |
| 55 | 重庆万州西南水泥有限公司 | 万州区 |
| 56 | 重庆市万州区三峰环保发电有限公司 | 万州区 |
| 57 | 国家电投集团重庆白鹤电力有限公司 | 开州区 |
| 58 | 梁平海螺水泥有限责任公司 | 梁平区 |
| 59 | 云阳盐化有限公司 | 云阳县 |
| 60 | 华电国际电力股份有限公司奉节发电厂 | 奉节县 |
| 61 | 重庆富源化工股份有限公司 | 垫江县 |

续表

| 序号 | 企业名称 | 所在区县 |
|---|---|---|
| 62 | 天圣制药集团股份有限公司 | 垫江县 |
| 63 | 重庆江都建材有限公司 | 丰都县 |
| 64 | 重庆龙璟纸业有限公司 | 丰都县 |
| 65 | 重庆海螺水泥有限责任公司 | 忠县 |
| 66 | 重庆弟兄纸制品有限责任公司 | 忠县 |
| 67 | 国电重庆恒泰发电有限公司 | 綦江区 |
| 68 | 重庆万盛煤化有限责任公司 | 綦江区 |
| 69 | 重庆万盛浮法玻璃有限公司 | 綦江区 |
| 70 | 重庆旗能电铝有限公司 | 綦江区 |
| 71 | 重庆松藻煤电有限责任公司 | 綦江区 |
| 72 | 重庆市博赛矿业(集团)有限公司 | 南川区 |
| 73 | 重庆市南川区金鑫纸业有限公司 | 南川区 |
| 74 | 重庆大唐国际石柱发电有限责任公司 | 石柱县 |
| 75 | 冀东水泥璧山有限责任公司 | 璧山区 |
| 76 | 双钱集团(重庆)轮胎有限公司 | 大足区 |
| 77 | 玖龙纸业(重庆)有限公司 | 江津区 |
| 78 | 重庆拉法基地维水泥有限公司 | 江津区 |
| 79 | 冀东水泥重庆江津有限责任公司 | 江津区 |
| 80 | 重庆三五三三印染服装总厂有限公司 | 江津区 |
| 81 | 重庆天助水泥(集团)有限公司 | 江津区 |
| 82 | 华能重庆珞璜发电有限责任公司 | 江津区 |
| 83 | 重庆合川发电有限责任公司 | 合川区 |
| 84 | 台泥(重庆)水泥有限公司 | 合川区 |
| 85 | 重庆合川盐化工业有限公司 | 合川区 |
| 86 | 重庆拉法基瑞安特种水泥有限公司 | 合川区 |
| 87 | 冀东水泥重庆合川有限责任公司 | 合川区 |
| 88 | 重庆金九建材集团有限公司 | 合川区 |
| 89 | 重庆理文造纸有限公司 | 永川区 |
| 90 | 国家电投集团重庆永川发电有限公司 | 永川区 |
| 91 | 重庆拉法基瑞安参天水泥有限公司 | 永川区 |
| 92 | 重庆市万利来化工股份有限公司 | 潼南区 |

**续表**

| 序号 | 企业名称 | 所在区县 |
|---|---|---|
| 93 | 重庆民丰化工有限责任公司 | 潼南区 |
| 94 | 维尔美纸业(重庆)有限公司 | 潼南区 |
| 95 | 重庆市潼南简氏纸业有限公司 | 潼南区 |
| 96 | 重庆市富发纸业有限公司 | 潼南区 |
| 97 | 重庆市伟杰纸业有限责任公司 | 潼南区 |
| 98 | 重庆永荣矿业有限公司 | 荣昌区 |
| 99 | 重庆市建新发电有限责任公司 | 荣昌区 |
| 100 | 重庆昌元化工有限公司 | 荣昌区 |

# 重庆市经济信息委 重庆市发展改革委 重庆市科学技术局 重庆市生态环境局 重庆市住房城乡建委 重庆市水利局关于印发《重庆市工业废水循环利用实施方案》的通知

（渝经信发〔2022〕39 号）

各区县（自治县）经济信息委、发展改革委、科技局、生态环境局、住房城乡建委、水利局，两江新区、西部科学城重庆高新区、万盛经开区主管经济信息、发展改革、科技、生态环境、住房城乡建设、水利部门，各有关单位：

现将《重庆市工业废水循环利用实施方案》印发给你们，请结合实际认真贯彻落实。

重庆市经济和信息化委员会
重庆市发展和改革委员会
重庆市科学技术局
重庆市生态环境局
重庆市住房和城乡建设委员会
重庆市水利局
2022 年 6 月 2 日

## 重庆市工业废水循环利用实施方案

为贯彻落实党中央、国务院关于污水资源化利用的决策部署，推进我市工业废水循环利用，提升工业水资源集约节约利用水平，促进经济社会全面绿色转型，根据《"十四五"节能减排综合工作方案》（国发〔2021〕33 号）、《关于推进污水资源化利用的指导意见》（发改环资〔2021〕13 号）、《关于印发工业废水循环利用实施方案的通知》（工信部联节〔2021〕213 号）等文件精神，结合我市实际，特制定本实施方案。

一、总体要求

**（一）指导思想**。以习近平新时代中国特色社会主义思想为指导，全面贯彻党的十九大和十九届历次全会精神，深入落实习近平总书记对重庆作出的重要指示要求，立足新发展阶段，完整、准确、全面贯彻新发展理念，积极融入和服务新发展格局，以推动制造业高质量发展为主题，坚持"节水优先、空间均衡、系统治理、两手发力"治水思路，以主要用水行业为重点,以试点示范为引领,以先进技术推广应用为抓手,分类统筹推进工业废水循环利用,促进工业绿色高质量发展。

**(二)工作原则。**

坚持节水优先、强化统筹管理。落实“节水优先”方针,全面推进工业废水资源化利用工作,提升工业用水重复利用率。强化用水总量和强度双控,提高用水效率。

坚持政府引导、强化市场驱动。明确各部门主体责任,强化标准约束,严格监管考核。加大财政和绿色金融支持力度。充分调动社会资本参与工业污水循环利用设施建设、运营维护,形成可持续的建设经营模式。

坚持科技支撑、强化示范引领。增强科技支撑,加强关键共性技术装备研发,推广普及先进适用技术工艺。在有条件的园区和重点企业开展工业废水循环利用示范试点。

## 二、主要目标

到2025年,力争全市规模以上工业用水重复利用率达到92%以上,电力热力、钢铁、化工、汽车等行业规模以上工业用水重复利用率进一步提升,有色金属、造纸等行业规模以上工业用水重复利用率较2020年提升5个百分点以上,工业用市政再生水量大幅提高,万元工业增加值用水量较2020年下降15%,基本形成主要用水行业废水高效循环利用新格局。

**表　主要行业用水重复利用率目标**

| 序号 | 行业 | 2020年规模以上工业用水重复利用率 | 2025年规模以上工业用水重复利用率 |
|---|---|---|---|
| 1 | 全市 | 90.65% | >92% |
| 2 | 电力热力 | 96.98% | >97% |
| 3 | 钢铁 | 97.55% | >97% |
| 4 | 化工 | 94.42% | >94% |
| 5 | 汽车 | 93.78% | >94% |
| 6 | 有色金属 | 72.36% | >78% |
| 7 | 造纸 | 29.29% | >35% |

## 三、重点任务

**(一)实施重点行业废水循环利用提升行动。**聚焦取用水量大、废水排放量大、改造条件相对成熟、示范带动作用明显的电力热力、钢铁、化工、汽车、有色金属、造纸等行业,稳步推进废水循环利用技术改造升级。综合施策、分业推进,提升用水重复利用率,降低废水排放量。(市经济信息委、市水利局按职责分工负责)

1.电力热力行业:推广应用非常规水资源利用技术、煤场冲洗水和油罐冷却水循环利用技术、凝汽器循环冷却水深度节水技术、脱硫烟气冷凝水回收处理技术、蒸汽梯级高效利用技术等。到2025年,电力热力行业规模以上工业用水重复利用率大于97%。

2. 钢铁行业：推广应用高效循环用水处理、生产工艺干法半干法冷却或洗涤、高浓度有机废水回用、高盐废水减量、智慧用水等废水循环利用先进装备技术工艺。实施排水管网雨污分流技术改造。打造产城融合模式，推动钢铁企业加大利用城市再生水。到2025年，钢铁行业规模以上工业用水重复利用率大于97%。

3. 化工行业：推广应用电化学循环水处理、高浓度有机废水处理回用、水管网漏损检测、智慧用水管控系统等废水循环利用先进装备技术工艺，降低废水排放量。鼓励有条件的园区实施化工企业废水“分类收集、分质处理、一企一管、明管输送、实时监测”。到2025年，化工行业规模以上工业用水重复利用率大于94%。

4. 汽车行业：大力推行中水回用管理系统，实现“分类收集、分质处理、梯级利用、循环利用”，推广低挥发性有机化合物水性涂料和无油冲压润滑技术。到2025年，汽车行业规模以上工业用水重复利用率大于94%。

5. 有色金属行业：推广应用有色金属冶炼重金属废水深度处理与回用、高盐废水资源化处理等废水循环利用先进装备技术工艺。积极推动节水技术改造，完善串联用水和废水分级分质回用的网络化、智能化调配系统。到2025年，有色金属行业规模以上工业用水重复利用率大于78%。

6. 造纸行业：大力推广碱回收及蒸发站污冷凝水的分级及回用、化学机械浆或废纸浆的制浆水循环使用、制浆造纸生产用水梯级利用等工艺。推广备料废水循环回用、低卡伯值蒸煮、多段逆流洗涤封闭筛选、氧脱木素、无元素氯或全无氯漂白、纸机用水封闭循环利用技术。推广高效沉淀过滤白水回收、漂白洗浆滤液逆流使用、高压喷淋、透平风机、生产过程中高浓技术和过程智能化控制等装备技术工艺。到2025年，造纸行业规模以上工业用水重复利用率大于35%。

**（二）开展工业废水回收利用关键核心装备技术研究。**开展工业废水循环利用关键装备技术研究，纳入我市科技创新“十四五”规划以及我市碳达峰碳中和科技创新行动方案，支持相关高校、研究机构、行业企业机构突破工业高性能膜及组件、绿色水处理药剂、高浓度难降解有机废水、高盐废水循环利用等关键核心材料及工艺技术。选择有代表性的园区开展技术综合集成与示范，研发集成低成本、高性能工业废水循环利用装备技术工艺，打造工业废水循环利用技术、工程与服务、管理、政策等协同发力的示范样板。（市科技局、市经济信息委、市生态环境局按职责分工负责）

1. 电力热力行业：突破烟气脱硫脱硝一体化技术、脱硫废水旁路烟气蒸发零排放技术。

2. 钢铁行业：突破焦化废水深度处理回用、冷轧废水深度处理回用、循环水高效冷却、高浓缩倍数循环水处理、循环水系统水质稳定在线监控、脱硫废水深度处理回用、高盐废水单质分盐、高氯废水脱盐、废水零排放及资源化利用等关键核心技术。

3. 化工行业：突破煤化工酚氨废水深度除油预处理及焦油资源化回收、煤化工生产废水同步除油除浊回用处理、现代煤化工行业浊循环、旋流/离心分离-结晶纯化废水资源化处理、高盐废水单质分盐、高盐有机废水脱盐与浓缩蒸发、含盐废水催化湿式氧化处理技术、含氨废水高效汽提及资源化利用、热膜耦合高含盐废水资源化、低能耗生物膜处理技术、膜法低成本工业废水资源化利用、废水厌氧生物深度处理等关键核心技术。

4. 汽车行业：突破磷化工艺的绿色替代，以及涂料水性化、高固体分、粉末化等关键核心技术。

5. 有色金属行业：突破有色金属冶炼重金属废水深度处理与回用、湿法冶金高含盐废水回收与资源化、重金属冶金污酸废水资源化及处理、低能耗生物膜处理等关键核心技术。

6. 造纸行业：突破新型造纸废水多级净化深度循环利用等关键核心技术。

**（三）提升先进适用装备技术工艺应用水平。**组织重点行业企业申报国家鼓励的工业节水工艺、技术和装备目录以及重大环保技术装备目录。围绕市内缺水地区和水环境敏感区域，聚焦重点用水行业，大力推广先进适用的工业废水循环利用技术和装备。鼓励各区县、重点行业、行业协会等探索工业废水循环利用技术推广新机制，大力推广工业废水循环利用技术。（市经济信息委、市水利局、市生态环境局按职责分工负责）

**（四）推进重点行业水效对标达标。**修订完善高耗水行业主要产品单位产品取用水定额，加强工业用水定额宣贯。重点用水企业要定期开展用水审计、水平衡测试、节水诊断、清洁生产诊断和水效对标，引导企业提升用水效率。深入推进绿色制造体系建设，引导绿色工厂、绿色工业园区对标改造。突出标准引领，遴选一批废水循环利用效果显著、水效指标先进的企业，发布水效"领跑者"名单和先进用水指标。到 2025 年，规模以上工业用水重复利用率达到 92%以上。（市经济信息委、市水利局按职责分工负责）

**（五）打造废水循环利用典型标杆。**依据节水型企业评价导则，开展钢铁、纺织、造纸、食品、化工、有色金属、火电、汽车等重点用水行业节水型企业创建，树立一批节水型企业示范典型，总结推广节水型企业的成功经验。推动企业、园区根据内部废水水质特点，围绕过程循环和末端回用，实施废水循环利用技术改造，完善废水循环利用装备和设施，实现串联用水、分质用水、一水多用和梯级利用，提升企业水重复利用率。重点围绕我市缺水地区和水环境敏感区域，创建一批产城融合废水高效循环利用创新试点。推动有条件的工业企业、园区与市政再生水生产运营单位合作，完善再生水管网，衔接再生水标准，将处理达标后的再生水回用于生产过程，减少企业新水取用量，形成可复制推广的产城融合废水高效循环利用新模式。到 2025 年，创建节水型企业 100 家。（市经济信息委、市水利局、市发展改革委、市住房城乡建委按职责分工负责）

**（六）培育壮大废水循环利用专业力量。**组织重点行业企业、行业协会等积极申报国家废水处理装备、工程应用、技术服务优质企业，积极培育工业废水循环利用工艺技术创新等领域专精特新"小巨人"企业。引导重点企业、科研院所、行业协会等组建工业废水循环利用产业联盟，重点面向缺水地区和水环境敏感区域，通过合同节水管理、委托运行等专业化模式，为重点用水企业废水循环利用提供信息咨询、技术改造、设施建设、运营及维护等一体化综合服务，系统提升企业废水循环利用水平。（市经济信息委、市水利局按职责分工负责）

**（七）提升废水循环利用管理水平。**推动规模以上用水企业加快对已有数字化管控平台进行升级改造，利用大数据、云计算、互联网等新一代信息技术，建立工业废水循环利用智慧管理平台，形成感知、监测、预警、应急等能力，提升废水循环利用的数字化管理、网络化协同、智能化管控水平。强化行业用水总量和强度控制，全面推行规划和重大项目布局、新建(改扩建)项目水资源论证,重点用水行业项目具备废水循环利用条件但未有效利用的,严格控制新增取水。开展工业园区水污染整治专项行动,推动园区工业废水应纳尽纳、集中处理和达标排放。(市经济信息委、市水利局、市生态环境局按职责分工负责)

四、保障措施

**(一)加强组织领导。**加强工业废水循环利用工作的领导和组织,统筹推进全市工业废水循环利用工作。市级部门要按照职能分工抓好工作任务落实,加大力度鼓励和支持工业废水循环利用。各区县结合实际确定本地区工业废水循环利用重点任务,制定具体实施措施。市区两级形成合力,推动各项任务落地见效。(市发展改革委、市科技局、市经济信息委、市生态环境局、市住房城乡建委、市水利局按职责分工负责)

**(二)强化政策支撑。**积极争取中央财政资金对工业废水循环利用重大工程及示范试点项目的支持。利用市区两级现有资金渠道支持工业废水循环利用相关项目。引导金融机构为开展废水循环利用技术改造企业提供担保、信贷等绿色金融支持。落实节水、资源综合利用等税收优惠政策,优化完善首台(套)重大技术装备保险补偿机制,支持推广应用先进废水循环利用装备技术工艺。(市发展改革委、市科技局、市经济信息委、市财政局、市生态环境局、市住房城乡建委、市水利局、重庆市税务局按职责分工负责)

**(三)加强监督管理。**强化公众参与,统筹发挥舆论监督、社会监督和行业自律等作用。加强统计监测,准确掌握重点企业新水取用量、外排水量、重复利用量,对重点行业水重复利用率进行定期跟踪,确保如期完成工业用水重复利用率目标。(市水利局、市经济信息委按职责分工负责)

# 第四节　公共机构节水

## 国管局关于加强公共机构节水工作的通知

（国管节能〔2013〕181 号）

各省、自治区、直辖市和新疆生产建设兵团机关事务管理局，北京市、贵州省、西藏自治区发展改革委，青海省经委：

为贯彻落实党的十八大关于大力推进生态文明建设的战略部署和《国务院关于实行最严格水资源管理制度的意见》（国发〔2012〕3 号）精神，切实加强公共机构节水工作，推进节水型单位建设，充分发挥示范带头作用，现就有关工作通知如下：

一、充分认识加强公共机构节水工作的重要意义

水是生命之源、生产之要、生态之基。我国人均水资源占有量仅为世界平均水平的 28%，水资源短缺已成为制约我国经济社会可持续发展的重要因素。当前我国正处在工业化、城市化快速发展阶段，经济快速发展，城市人口不断增加，城市生活用水呈刚性增长趋势。落实最严格水资源管理制度，提高全民节水意识，建设节水型社会，已经成为我国经济社会又好又快发展，构建社会主义和谐社会的根本要求。公共机构数量多、人员集中、社会关注度高，带头做好节水工作，提高水资源利用效率，对于促进全社会提高节水意识，建设资源节约型、环境友好型社会具有十分重要的意义。

"十一五"以来，各级公共机构开展了大量的节水工作，取得了显著成效，人均用水量逐年下降。但是总体上用水方式仍然较为粗放，重复使用率较低、计量设施不完备、节水器具配备率有待提高等问题还比较突出，仍有较大的节水潜力。各地区公共机构节能管理部门要加大宣传力度，教育引导本地区公共机构进一步认识做好节水工作的重要性，采取积极措施，将节水工作落到实处，切实提高水资源利用效率。

二、全面深入推进公共机构节水工作

各地区公共机构节能管理部门要以提高用水效率为核心，全面落实最严格水资源管理制度，深入推进本地区公共机构节水工作，努力实现到 2015 年人均用水量较 2010 年下降 12%、省级公共机构节水器具使用率达到 100%、50%以上的省级机关建成节水型单位的目标。

**（一）加强节水日常管理。**完善节水管理和统计制度，研究制定用水定额，落实计划用水管理。科学制定并下达节水指标，建立节水目标责任制和激励机制，把节水任务具体化并分解到各级公共机构，确保年度节水指标的完成。指导各级公共机构加强用水设施设备、器具及管网日常管理，规范用水计量设施配备，定期组织开展水平衡测试。

**（二）推广应用节水技术和器具**。推广应用节水技术，逐步淘汰不符合节水标准的用水设备和器具，全面普及节水器具。稳步实施中央空调冷却塔、老旧管网和耗水设备等节水技术改造。对新建、改建和扩建的项目，要实现节水设施与主体工程同时设计、同时施工、同时投入使用。

**（三）组织开展节水型单位建设**。积极会同有关部门，率先在各级国家机关中建设一批"节水意识强、节水制度完备、节水器具普及、节水指标先进"的节水型单位，并逐步将其他公共机构纳入建设范围。已开展节水型单位建设工作的地区，要配合原组织单位继续开展相关工作。未出台相关评价标准的地区，要按照本地区节水工作要求，协调有关部门制定节水型单位的建设要求和评价标准。

请于2013年9月底前，将本地区节水型单位建设情况和工作方案报送国管局备案。

三、保障措施

各地区公共机构节能管理部门要采取有效措施，切实加强对公共机构节水工作的组织管理，确保实现各项工作目标。

**（一）加强组织协调**。会同有关部门建立健全组织协调机制，统筹协调公共机构节水工作中的重要问题。

**（二）加强监督考核**。积极会同有关部门加强对本地区公共机构节水工作的日常监督检查，督促落实各项节约措施。国管局将公共机构节水工作情况纳入公共机构节约能源资源考核评价体系。

**（三）加强宣传教育**。组织所属各级公共机构节能管理部门，借助"世界水日"、"中国水周"、"全国城市节约用水宣传周"等重要载体，充分利用各种媒体，广泛开展节水宣传，普及节水知识，推广节水型单位的建设经验，提高干部职工节水意识，倡导"爱水、惜水、节水"的社会风尚。

国管局

2013年5月27日

# 国管局办公室、国家发改委办公厅、水利部办公厅关于印发《公共机构节水管理规范》的通知

（国管办发〔2019〕29号）

各省、自治区、直辖市及新疆生产建设兵团机关事务管理、发展改革、水利部门：

为贯彻落实《国家节水行动方案》要求，提高公共机构水资源利用效率，我们组织编写了《公共机构节水管理规范》，现印发你们，请结合实际参照执行。

国管局办公室
国家发展改革委办公厅
水利部办公厅
2019年8月16日

## 公共机构节水管理规范

### 1.范围

本规范规定了公共机构节水管理的相关术语定义、基本要求和运行管理要求。

本规范适用于公共机构，其他提供类似社会服务功能的机构可参照执行。

### 2.规范性引用文件

下列文件对于本文件的应用是必不可少的。凡是注日期的引用文件，仅注日期的版本适用于本文件。凡是不注日期的引用文件，其最新版本（包括所有的修改单）适用于本文件。

GB 8978　污水综合排放标准

GB 18918　城镇污水处理厂污染物排放标准

GB 24789　用水单位水计量器具配备和管理导则

GB/T 29149　公共机构能源资源计量器具配备和管理要求

GB/T 30260　公共机构能源资源管理绩效评价导则

GB 34914　反渗透净水机水效限定值及水效等级

### 3.术语和定义

下列术语和定义适用于本文件。

3.1 节水管理

在用水过程中,通过计划、组织、协调、控制和监督等手段,以实现提高用水效率为目标的活动。

3.2 节水管理绩效

与节水管理有关的可量化的结果。

3.3 节水管理绩效指标

衡量公共机构节水管理绩效水平的参数。

3.4 节水管理绩效评价

按照预先确定的标准、程序和方法对节水管理绩效指标进行测量、计算、比较和分析。

**4. 基本要求**

4.1 公共机构应有人负责用水节水管理工作、明确职责并配备相应的资源。

4.2 公共机构应遵守有关用水节水的法律法规、政策、标准和其他要求,并制定适宜的节水方针和可量化的节水目标。

4.3 公共机构应建立并实施节水宣传和培训制度,有计划地向员工传达节水方针和目标,定期宣讲节水知识、培训节水技能,以提高节水意识,培育节水生活和工作模式。

4.4 公共机构应制定并实施节水行为规范、张贴节水标识和标语。

**5. 运行管理要求**

5.1 规划和设计

5.1.1 公共机构应依据节水方针和目标制定用水规划和节水措施。

5.1.2 公共机构应根据分质用水原则,合理设置供排水和水回用系统,实现合理用水。

5.1.3 公共机构应合理规划非常规水利用,包括雨水的收集利用以及市政中水的使用。

5.2 取水和定额

5.2.1 公共机构应遵守国家和地方主管部门制定的有关取水定额和人均水资源消耗指标的要求,合理规划和核算取水量,做到总量控制、定额管理。

5.2.2 公共机构应制定和实施切实可行的节水措施,以满足主管部门下达的节水指标要求。

5.3 维护和保养

5.3.1 公共机构应建立供水、用水管道和设备的巡检、维修和养护制度,编制完整的用水管网系统图,定期对供水、用水管道和设备进行检查、维护和保养,保证管道设备运行完好,漏损率小于2%,严格杜绝跑冒滴漏。

5.3.2 公共机构应加强重点用水设备管理,制定并实施重点用水设备操作规程。

5.4 计量、统计和分析

5.4.1 公共机构应对公共系统取水和外购水进行严格控制,不得与家属区以及其他用户混用。

5.4.2 公共机构应按照 GB 24789 和 GB/T 29149 的要求,制定用水计量管理制度,配备用水计量器具和管理人员,实施用水计量。

5.4.3 公共机构应在供暖系统、空调系统、游泳池、中水贮水池等特殊部位用水的补水管道上加装水量计量仪表,对补水量进行计量。

5.4.4 公共机构应定期对各种水量计量数据进行统计,从而分析各种水量的变化趋势和节水潜力。

5.4.5 鼓励公共机构对用水过程进行实时监控,实现动态水平衡和预警。

5.5 水质和水处理

5.5.1 公共机构进行水回用时,应采用适宜的水处理技术和设施进行处理,确保水质符合相关标准要求。

5.5.2 公共机构利用非常规水时,应采用必要的用水安全保障措施,确保满足相应用途的水质要求。

5.5.3 公共机构应采取适当措施减少排污水,排污水应符合 GB 8978 和 GB 18918 的要求。

5.6 用水系统

5.6.1 采暖

公共机构应对供暖系统的循环水、补给水进行水量监控和水质管理:

——严格执行设备巡检、维修和养护制度,减少系统失水、杜绝人为失水;

——对循环水、补给水进行除氧、软化处理;

——采取适当的措施,严格控制补水泵和循环水泵的泄漏;

——采取适宜的水处理方式,确保循环水的 pH 值符合相关标准要求;

——系统的补水量(小时流量)不得超过系统水容量的 1%。

5.6.2 空调

公共机构应对空调水系统进行综合管理与利用:

——采用适当的技术和方法对冷却循环水进行处理,提高循环冷却水的浓缩倍数,减少排污;

——空调水系统的补水量(小时流量)不得超过系统水容量的 1%;

——对空调冷凝水进行收集、处理和利用。

5.6.3 净化水

5.6.3.1 净水产水率应达到 GB 34914 中的一级水效要求。

5.6.3.2 浓水不得直接排放,应加装回收利用装置。

5.6.4 食堂

5.6.4.1 采用节水型洗菜、洗碗设备。

5.6.4.2 人工洗涤食物和餐具应采用节水模式。

5.6.5 卫浴

5.6.5.1 一级水效卫生洁具配备率 100%。

5.6.5.2 鼓励使用非常规水冲洗便器。

5.6.6 景观绿化

5.6.6.1 景观绿化应优先采用非常规水，同时应做好景观水的循环利用。

5.6.6.2 绿化灌溉采用喷灌、微喷灌和滴灌等高效节水方式。

5.6.6.3 地面采用透水措施。

5.6.7 特殊

5.6.7.1 学校应加强实验室和学生宿舍的用水管理，学生宿舍和公共浴室应采用水卡管理模式。

5.6.7.2 医院应针对洗涤、消毒、蒸汽、水疗等设备制定和实施节水操作和管理规程，加强制剂用水和医疗用水的管理。

5.7 绩效评价

5.7.1 总则

5.7.1.1 公共机构应定期评价其节水管理绩效和节水目标的实现程度。同时，有针对性地制定和实施持续改进方案。

5.7.1.2 公共机构主管部门等外部机构对公共机构节水管理绩效进行评价，应根据公共机构的类型、评价需要和实际情况选择适宜的指标，按照公共机构类型、规模以及所处的气候分区对公共机构进行分类、分级和分组，分别进行评价比较。具体方法见 GB/T 30260。

5.7.2 节水管理绩效指标

5.7.2.1 学校的节水管理绩效指标应包括生均水耗指标。

5.7.2.2 医院的节水管理绩效指标应包括每门诊人次水耗、每住院人次水耗、每住院床位水耗等指标。

5.7.2.3 其他公共机构的节水管理绩效指标应包括人均水耗指标。

5.7.3 综合节水管理绩效指标的计算

5.7.3.1 当选择一个节水管理绩效指标评价公共机构节水管理绩效时，可以直接进行计算、比较和评价。

5.7.3.2 当选择多个节水管理绩效指标评价公共机构节水管理绩效时，应依据 GB/T 30260 给出的方法进行归一化处理和计算。

# 水利部办公厅 教育部办公厅关于开展节约用水主题宣传教育活动的通知

（办节约〔2020〕13 号）

各省（自治区、直辖市）水利（水务）厅（局）、教育厅（教委），新疆生产建设兵团水利局、教育局：

为深入贯彻习近平总书记提出的“节水优先”方针和党的十九大“实施国家节水行动”决策部署，落实立德树人根本任务，水利部、教育部决定在全国中小学校联合开展节约用水主题宣传教育活动，充分调动广大学生的积极性，参与节水宣传、教育和社会实践，从小树立节水意识，养成节约用水的良好行为习惯。现就有关事项通知如下：

## 一、活动主题

开展节水行动 创建节水校园

## 二、活动时间

自 2020 年 1 月起持续开展

## 三、主要内容

1. **建设“节水文化”**。围绕主题，通过精心设计校园主题海报、节水标语、公益广告、宣传栏以及举办节水知识讲座等形式，让节约用水宣传教育在校园随处可见、随时可学，营造亲水、惜水、节水的良好氛围。

2. **开展“节水行动”**。结合各地各学校实际，组织开展少用或重复利用“1 升水行动”、节水志愿者行动等具有特色的校园节水行动，引导学生从小事做起、从自己做起，养成节约用水的行为习惯，杜绝长流水等浪费水现象。

3. **分享“节水经验”**。鼓励学生收集家中的节水小妙招，和家人一起提出节水“金点子”，利用国旗下讲话、黑板报、校报、微视频等方式进行分享交流，从小培养节约用水、人人有责的意识。

4. **留下“节水足迹”**。鼓励学生到水博物馆、水科技馆、水文化馆、重点水利工程等水情教育基地开展体验性活动，开展水主题研学活动。鼓励学生利用寒暑假开展节水社会调查，了解我国缺水状况，增强节约用水观念。

各级水利部门、教育部门和各学校要高度重视节约用水主题宣传教育活动，营造节约用水良好氛围，引导广大学生从点滴做起，从身边做起，让节约用水成为一种生活新风尚。

同时，要力戒形式主义、减轻基层负担，在不干扰正常教学秩序、不增加教师负担的基础上，开展好节约用水主题宣传教育活动。

水利部办公厅

教育部办公厅

2020年1月15日

# 国管局办公室 水利部办公厅<br>关于深入推进公共机构节约用水工作的通知

（国管办发〔2021〕33 号）

各省、自治区、直辖市及新疆生产建设兵团机关事务管理局、水利（水务）厅（局），广东省能源局，中央国家机关各部门、各单位办公厅（室）：

为贯彻落实《国家节水行动方案》、《“十四五”节水型社会建设规划》、《“十四五”公共机构节约能源资源工作规划》有关部署，全面提升公共机构水资源利用效率，更好地发挥示范引领作用，现就深入推进公共机构节约用水工作有关事宜通知如下：

## 一、实施总量强度双控

强化刚性约束，落实区域用水总量、用水强度控制指标，严格用水计划和定额管理。到 2025 年，公共机构用水总量控制在 124 亿立方米以内，以 2020 年水资源消耗为基数，人均用水量下降 6%。各地区要根据国管局核定的本地区公共机构“十四五”用水总量、强度目标，科学制定并分解下达用水指标；中央国家机关各部门由国管局按年度下达用水指标。加强重点监控用水单位监督管理，完善监督考核机制，持续对各地区用水总量、强度目标和各部门用水指标完成情况进行监督考核。

## 二、强化用水过程管理

各公共机构新建、改建、扩建项目的节水设施，应当与主体工程同时设计、同时施工、同时投入使用。完善节水管理制度，建立节水目标责任制和岗位责任制，健全巡回检查、设备维护、用水计量等管理制度，健全激励约束机制。加强用水计量和监测，定期开展水平衡测试。强化重点用水部位节水管理，杜绝跑冒滴漏现象。推进老旧供水管网改造，降低漏失率。提高非常规水源利用率，收集利用净水机尾水和空调冷凝水，绿化景观用水应优先利用再生水、雨水等非常规水源。鼓励有条件的公共机构建设再生水利用系统和灰水处理装置，因地制宜建设雨水集蓄、海水淡化设施。

## 三、推进节水型单位建设

扎实推进全国公共机构节水型单位建设，到 2022 年，中央国家机关及其所属在京公共机构、省直机关及 50%以上的省属事业单位建成节水型单位。开展公共机构水效领跑者引领行动，在已建成的节水型单位中，评选一批公共机构水效领跑者。各地区机关事务管理、水行政管理部门负责按照公共机构节水型单位建设有关规定和所在地评价标准，深入推进本地区公共机构开展建设，组织验收与复核；中央国家机关各部门负责按照《中央国家机关及所属在京单位节约用水管理办法》有关规定，深入推进机关本级及其所属公共机构开展节水型单位建设。

四、推广应用节水技术和机制

推广成熟适用节水技术，持续更新节能节水网上展厅，拓展节水科技成果及先进节水技术工艺推广渠道。编制节水技术应用优秀案例，展示节水新技术在公共机构领域的具体实践，积极推广可行性、操作性强的实践案例。各地区、各部门要加大节水技术应用和节水产品采购力度，积极应用循环用水、废污水再生利用等节水工艺和技术，淘汰不符合节水标准的用水设备和器具，提高节水器具使用率，新建建筑节水器具使用率实现100%；要推进节水服务新机制应用，推广应用合同节水管理模式，调动社会资本参与公共机构节水工作。

五、加强组织实施

各地区机关事务管理、水行政管理部门要加强组织领导，会同有关部门建立健全组织协同机制，统筹推动公共机构节水工作，协调解决公共机构节约用水工作中的重大问题，推进公共机构节水工作与节约型机关、节约型公共机构建设有机融合。要加强宣传教育，以世界水日、中国水周、全国城市节水宣传周、节能宣传周等活动为依托，运用多种形式广泛开展节水宣传，鼓励"云"上宣传，提高干部职工节水意识，使节水护水惜水成为公共机构的自觉行动和良好风尚。要充分发挥公共机构的引领作用，推广先进经验，推动全社会节约用水，为促进高质量发展做出应有贡献。

国管局办公室　水利部办公厅

2021年8月17日

# 水利部 教育部 国管局关于深入推进高校节约用水工作的通知

（水节约〔2019〕234号）

各省、自治区、直辖市水利（水务）厅（局）、教育厅（教委）、机关事务管理局，新疆生产建设兵团水利局、教育局、机关事务管理局，教育部所属各高等学校、部省合建高等学校：

为深入贯彻习近平总书记提出的“节水优先”方针，落实《国家节水行动方案》，教育引导广大学生树立节水意识，养成良好行为习惯和生活方式，加快推进用水方式由粗放向节约集约转变，提高高校用水效率，现就深入推进高校节约用水有关工作通知如下：

**一、加强节水宣传教育。**充分发挥高校教书育人的主渠道作用，积极推进节水教育进校园、进课堂，将节水教育融入德育教育内容。组织开展各具特色的节水宣传和实践活动，积极培育校园节水文化，营造亲水、惜水、洁水的良好氛围，使爱护水、节约水成为广大师生的良好风尚和自觉行动。

**二、强化用水精细化管理。**各高校要严格执行年度用水计划，用水计划指标应当分解落实到主要用水部门和单位，生产、科研用水应独立计量核算。加强用水设施设备的日常管理，杜绝跑冒滴漏。依法依规配备和管理用水计量器具，建立完善、规范的用水记录。鼓励建立用水实时监控平台，加强用水总量控制和效率评估。

**三、加强管网漏损控制。**各高校要排查校园供水管网现状，完善校园供水管网图，定期开展水平衡测试。积极推广应用管网漏损监测技术，及时发现并处置管网漏损情况。稳步推进老旧供水管网改造，降低管网漏损率。

**四、提高非常规水利用。**各高校要积极建设雨水集蓄和再生水利用系统，提高非常规水利用率。校园绿化、景观用水和清洁用水尽量利用非常规水源。泳池等用水量大的场所应设置水处理再利用装置。加强直饮水尾水、空调冷却水的循环利用。

**五、积极开展节水改造。**各高校应大力推广使用节水设备和器具，集中浴室鼓励推广使用智能节水型淋浴装置，淘汰不符合节水标准的用水设备和器具。积极推广应用水压调控技术、绿地高效节水灌溉技术。节水改造应列入学校发展规划和维修改造计划。

**六、推广市场化模式。**各高校要积极探索应用合同节水管理模式，拓宽资金渠道，调动社会资本和专业技术力量，集成先进节水技术和管理模式参与高校节水工作。

**七、推动产学研融合。**充分发挥高校科研密集、人才聚集优势，推动节水应用技术的升级。积极搭建科研成果转化平台，构建高校、企业、科研机构为一体的产学研联盟，促进高校节水科研成果的推广应用。

**八、发挥示范引领作用。**各地各高校要将节水纳入绿色学校建设体系，建设一批具有典型示范意义的节水型高校。及时总结提炼、宣传推广高校节水工作的成功经验和举措，示范引领全社会节水。

**九、加强组织领导。**各级水行政主管部门、教育行政主管部门、机关事务管理部门要建立工作协调机制，健全保障措施，加大对各高校节水工作的指导和支持力度，统筹推进高校节水工作。各高校要明确节水管理部门和岗位职责，建立健全综合考核机制，确保各项任务做实落细。

水利部

教育部

国家机关事务管理局

2019年8月13日

# 水利部关于开展水利行业节水机关建设工作的通知

水节约〔2019〕92号

部直属各单位，各省、自治区、直辖市水利（水务）厅（局），各计划单列市水利（水务）局，新疆生产建设兵团水利局：

为深入贯彻“节水优先”方针，认真落实“水利工程补短板、水利行业强监管”水利改革发展总基调要求，扎实推进节约用水工作，水利部决定开展水利行业节水机关建设。现将有关事项通知如下：

## 一、总体思路

以习近平新时代中国特色社会主义思想为指导，以实施国家节水行动为统领，坚持水资源消耗总量和强度双控，全面提升水资源利用效率，按照因地制宜、经济适用的原则，综合集成各项节水措施，强化用水过程管理，将水利行业机关建成“节水意识强、节水制度完备、节水器具普及、节水标准先进、监控管理严格”的标杆单位，探索可向社会复制推广的节水机关建设模式，示范带动全社会节约用水。

## 二、工作目标

2019年底前，水利部机关、各直属单位机关，各省（自治区、直辖市）水利（水务）厅（局）机关建成节水机关。

2020年底前，各省地（市）、县级水利（水务）局机关建成节水机关。

水利行业其他机关单位可参照本通知要求积极开展节水机关建设。

## 三、主要任务

**（一）完善节水管理制度。**建立节水管理岗位责任制，明确节水管理领导职责、管理部门、人员和岗位职责。建立健全巡回检查、设备维护、用水计量等用水管理制度。制定、实施节水计划和年度用水计划，加强目标责任管理和考核。

**（二）实施精细化管理。**严格用水设施设备的日常管理，定期巡护和维修，杜绝跑冒滴漏。依据国家有关标准，配备和管理用水计量器具，建立完善、规范的用水记录，鼓励建立用水实时监控平台，加强用水总量和效率评估。

**（三）加强节水设施建设。**积极推广使用先进实用的节水新技术、新产品，淘汰不符合节水标准的用水设备和器具，开展卫生洁具、食堂用水设施、空调设备冷却系统、老旧供水管网、耗水设备等节水改造。绿化用水应采用喷灌、滴灌等高效节水灌溉方式。

**（四）积极利用非常规水。**缺水地区和有条件的地区应开展雨水集蓄利用建设，鼓励建设再生水利用系统和灰水处理装置。纯净水生产设备应安装尾水回收利用设施，空调冷凝水应进行收集利用，绿化和景观用水尽量利用非常规水。

**（五）强化节水宣传教育。**在主要用水场所和器具的显著位置张贴节水标识。定期发布节水信息，开展节水宣传主题活动，引导干部职工参与节水志愿活动，遵守节水行为规范。发挥新媒体作用，普及节水知识，营造良好节水氛围。

**（六）总结推广建设经验。**及时总结提炼本单位节水机关建设经验，为节水型单位建设提供示范，充分利用多种措施宣传推广，推进本地区公共机构节水型单位建设工作。

## 四、建设标准

水利部机关、各直属单位机关，各省（自治区、直辖市）水利（水务）厅（局）机关要对照本通知所附《水利行业节水机关建设标准》（以下简称《标准》）开展节水机关建设。

各省级水行政主管部门要参照《标准》，结合各地实际，制定本地区市、县级水利行业节水机关建设标准。

## 五、建设程序

**（一）制定计划**

水利部机关、各直属单位机关要制定本单位节水机关建设计划，于2019年4月底前报全国节约用水办公室核备。

各省（自治区、直辖市）水利（水务）厅（局）要制定本单位节水机关建设和本地区节水机关建设工作措施，于2019年4月底前函告全国节约用水办公室。地（市）、县级节水机关建设管理要求由各省级水行政主管部门制定。

**（二）开展自评**

水利部机关、各直属单位机关，各省（自治区、直辖市）水利（水务）厅（局）机关完成节水机关建设后，对照《标准》开展自评，自评分达到90分以上的于2019年10月底前向全国节约用水办公室提出验收申请。

**（三）组织验收**

全国节约用水办公室组织节约用水中心、各流域管理机构等单位对水利部机关、各直属单位机关，各省（自治区、直辖市）水利（水务）厅（局）机关进行检查验收。验收合格后，水利部公布水利行业节水机关名单。

省（自治区、直辖市）水利（水务）厅（局）直属单位、地（市）、县级水利（水务）局机关申报、验收程序和管理要求由省级水行政主管部门自行制定。

不具备独立物业管理条件的，本次暂不验收，但要参照《标准》，强化机关节水管理工作。

## 六、保障措施

**（一）提高思想认识。**水利行业各级机关既是节约用水工作的监督管理机关，也是厉行节约用水的责任单位。各单位要进一步提高政治站位，从树牢“四个意识”、坚决做到“两个维护”的高度，充分认识推动节水机关建设的重要意义，发扬“刀刃向内、自我革新”的精神，积极开展节水机关建设。

**(二)加强组织领导。**全国节约用水办公室、水利部节约用水中心负责组织推进水利行业节水机关建设工作。部直属各单位、地方各级水行政主管部门主要负责同志要及时部署,认真研究和协调解决工作中的重大问题,分管负责同志要具体安排,负责组织实施,相关部门单位要细化措施、抓好落实。

**(三)强化监督管理。**水利部将把水利行业节水机关建设情况纳入最严格水资源管理制度考核和全国水利文明单位创建评价体系。全国节约用水办公室组织有关单位对水利行业节水机关建设情况进行督导,各单位要对发现的问题及时组织整改。

**(四)落实经费保障。**部直属各单位、地方各级水行政主管部门要积极筹措资金,安排专项经费,支持水利行业节水机关建设。积极推广市场化模式,运用合同节水管理等新机制,调动社会资本参与节水机关建设。

附件:水利行业节水机关建设标准

水利部

2019年3月15日

附件

# 水利行业节水机关建设标准

## 一、节水技术指标(50 分)

| 序号 | 指标 | 计算方法 | 评分规则 | 分值 |
|---|---|---|---|---|
| 1 | 人均用水量 | 机关用水量/机关人数 | 依据地方用水定额标准进行判定：<br>人均用水量≤0.9×用水定额，得 10 分；<br>0.9×用水定额<人均用水量≤0.95×用水定额，得 8 分；<br>0.95×用水定额<人均用水量≤用水定额，得 6 分；<br>人均用水量>用水定额，不得分。 | 10 |
| 2 | 用水总量 | 根据实测计量统计数据计算 | 用水总量≤地方下达的用水计划，得 10 分，每超过 1 个百分点扣 2 分，直至扣完。 | 10 |
| 3 | 水计量率 | 水计量器具计量水量/总水量×100% | 用水单位水计量率达到 100%，次级用水单位水计量率达到 95%，全部达到得 10 分，有一项未达到不得分。 | 10 |
| 4 | 节水器具普及率 | 节水设备器具数量/总用水设备器具数量×100% | 节水设备、器具数量占总用水设备、器具数量的比例为 100%得 10 分，每低 1 个百分点扣 2 分，直至扣完。 | 10 |
| 5 | 用水管网漏损率 | 用水管网漏损水量/总水量×100% | 用水管网漏损率≤1%，得 5 分；<br>1%<用水管网漏损率≤2%，得 3 分；<br>用水管网漏损率>2%，不得分。 | 5 |
| 6 | 中央空调冷却补水率 | 中央空调冷却塔补水量/中央空调冷却塔总循环量×100% | 中央空调冷却补水率≤1%得 5 分，每高 0.2%，扣 1 分，直至扣完。 | 5 |

空调冷凝水包括中央空调和分布式空调冷凝水。

2. 宣传教育

主要用水场所包括洗手间、淋浴室、开水间、清洁间、食堂操作间、餐厅洗手池等。

六、水利行业节水机关建设标准中，缺项指标以满分计算。

# 水利部办公厅关于深入推进市县级水利行业节水机关建设工作的通知

（办节约〔2020〕95号）

各省、自治区、直辖市水利（水务）厅（局），新疆生产建设兵团水利局：

为贯彻节水优先方针，落实水利改革发展总基调，根据《水利部关于开展水利行业节水机关建设工作的通知》（水节约〔2019〕92号）要求，现就深入推进市、县级水利行业节水机关建设工作有关事项通知如下。

**一、落实建设任务**。各级水利机关要进一步提高政治站位，充分认识节水机关建设的重要意义，按照2020年全面建成水利行业节水机关的要求，围绕"节水意识强、节水制度完备、节水器具普及、节水标准先进、监控管理严格"节水标杆定位，坚持因地制宜、经济适用的原则，强化组织领导，加强经费保障，加快推进节水机关建设，按时保质落实建设任务。

**二、分类推进工作**。各省级水行政主管部门要准确掌握辖区内市、县级水利机关物业管理情况，分为具备独立物业管理条件和不具备独立物业管理条件两类推进工作，明确分类范围和建设任务，确保应建尽建。具备独立物业管理条件的单位要对照水利行业节水机关建设标准，坚持硬件软件一起抓，充分挖掘节水潜力，真正达到节水标杆水平。不具备独立物业管理条件的单位要参照标准，着重在节水意识、节水制度、节水管理等方面，加强节水机关建设。

**三、加强督促指导**。水利部全国节约用水办公室将组织水利部节约用水促进中心、各流域管理机构，以明察和暗访相结合的方式开展督导检查，并把水利行业节水机关建设情况作为2020年最严格水资源管理制度考核中节水考核部分的重要内容。省级水行政主管部门要加强组织领导，强化检查指导和技术支撑。

**四、严格组织验收**。各省级水行政主管部门要认真核定辖区内市、县级水利行业节水机关建设标准，充分体现指标先进性和标杆定位。要按照建设标准和程序，严格开展验收，确保水利行业节水机关名实相符。要深入统计分析各单位年节水量、节水率、人均用水量等节水指标，形成辖区内水利行业节水机关建设验收报告和验收通过单位名单，于2020年11月15日前报送水利部全国节约用水办公室。

**五、总结推广经验**。各省级水行政主管部门要深入总结提炼市、县级水利行业节水机关建设典型案例和成功经验，借助媒体进行宣传推广。各单位要探索可复制推广的节水工作模式和节水机关建设模式，巩固和深化节水机关的建设成效，为当地树立节水标杆，推动全社会节约用水。

水利部办公厅

2020年4月28日

# 水利部办公厅关于开展2020年高校节约用水有关工作的通知

（办节约〔2020〕178号）

为深入贯彻节水优先方针，落实《国家节水行动方案》有关要求，加快推进高校节约用水工作，现就有关事项通知如下。

一、主要任务

（一）组织开展高校用水情况调查。各省级水行政主管部门要全面掌握本辖区高校用水现状，组织调查高校2019年用水情况，填写高校用水情况调查表（见附件1）。调查范围为2020年教育部公布的3005所高等学校，具体名单可到教育部网（http://www.moe.gov.cn/jyb_xxgk/s5743/s5744/202007/t20200709_470937.html）下载。

（二）积极推动节水型高校建设。各级水行政主管部门要结合实际，采取有效措施，推进节水型高校建设。到今年年底，各省节水型高校建成数量应不低于本省高校总数的10%。按照《水利部 国家机关事务管理局 全国节约用水办公室关于开展公共机构节水型单位建设工作的通知》（水资源〔2013〕389号）规定的建设程序，依据《节水型高校评价标准》（T/CHES 32—2019、T/JYHQ 0004—2019）进行复核验收，发布节水型高校名单。

二、有关要求

（一）各级水行政主管部门要高度重视，把节水型高校建设作为节水管理工作的一项重要任务，积极协调教育主管部门和机关事务管理部门，完善工作协调机制，落实保障措施，推广合同节水管理等市场化模式，统筹推进高校节约用水工作。

（二）各省级水行政主管部门要准确掌握各高校用水情况，认真组织开展高校用水情况调查，指导各高校如实填写调查表，于9月底前，将高校用水情况调查表报全国节约用水办公室。

（三）各级水行政主管部门要按照有关文件、标准要求，认真组织节水型高校复核验收工作，于11月底前，将节水型高校名单报全国节约用水办公室。

（四）请各省级水行政主管部门组织有关高校，及时总结节水型高校创建中的经验做法，分析问题，形成典型示范案例（案例提纲见附件2），于11月底前报全国节约用水办公室。

联 系 人：任亮，李亚娟
联系电话：010-63204598，63206014
邮箱：jsbglc@mwr.gov.cn
地址：北京市西城区白广路二条2号

附件 1

## 高校用水情况调查表

(盖章)省(自治区、直辖市)水利(水务)厅(局)　　填写人：　　联系电话：

| 序号 | 高校名称 | 所在城市 | 2019 年下达计划用水量（万 $m^3$） | 2019 年实际用水量（万 $m^3$） | 用水人数 | | | 2019 年缴纳水费（万元） | 创建节水型高校存在的主要问题及意见建议（可另附页说明） |
|---|---|---|---|---|---|---|---|---|---|
| | | | | | 全日制统招生人数 | 留学生人数 | 教职工人数 | | |
| 1 | | | | | | | | | |
| 2 | | | | | | | | | |
| 3 | | | | | | | | | |
| ⋮ | | | | | | | | | |

**填表说明：**

1. 调查范围为 2020 年教育部公布的 3 005 所高等学校，同一学校不同校区均需单独填写。
2. 实际用水量包括教学楼、办公楼、食堂、宿舍、浴室、实验室、体育场馆、图书馆、景观绿化、附属设备等与办学相关的用水量，不包括学校附属的子弟学校、家属区、宾馆等用水量。
3. 教职工人数指在编在岗职工和工作时间超过半年的非在编人员数量。

附件 2

# 节水型高校典型示范案例提纲

## 一、建设背景

介绍节水型高校建设的主要背景，国家的方针，地方的政策，学校基本情况、用水现状及存在的问题。

## 二、主要举措

系统介绍节水型高校建设的主要举措，可从学校顶层设计、制度建设、工程建设、宣传教育、日常管理、组织保障、学科支撑等方面介绍主要举措。

## 三、主要成效

系统梳理节水型高校建设取得的主要成效，节水主要指标完成情况（用水总量、人均用水量、水计量率、节水型器具安装率、管网漏损率等指标，用数据进行节水型高校建设前后的对比），形成的节水文化，产生的社会效益（观念意识、行为）、经济效益和环境效益，高校取得的节水荣誉等方面进行总结。

## 四、经验与特色

系统总结节水型高校建设的主要经验和好的做法，突出节水型高校建设亮点和特色（节水制度理念、合同节水管理、产学研融合、引领示范带动、节水关键技术应用等）。

典型示范案例材料要着重总结节水型高校建设的先进经验，突出节水的亮点特色，展示先进的节水技术，总结节水型高校建设可复制、可推广的具体经验做法，引领示范带动作用。

典型示范案例材料内容要层次清晰、重点突出、翔实充分、图文并茂，尽量用数据和事实来客观总结成效。字数在 3 000~5 000 字，并对项目关键技术、实施内容、效益等以附图、表格或照片形式加以说明。每个项目案例请提供 3~4 张反映项目特色的图片。

# 水利部 教育部 国管局关于印发《黄河流域高校节水专项行动方案》的通知

（水节约〔2022〕108 号）

黄河水利委员会，山西省、内蒙古自治区、山东省、河南省、四川省、陕西省、甘肃省、青海省、宁夏回族自治区水利厅、教育厅、机关事务管理局：

为贯彻习近平总书记“节水优先、空间均衡、系统治理、两手发力”治水思路和关于黄河流域生态保护和高质量发展的重要讲话精神，落实《黄河流域生态保护和高质量发展规划纲要》，推动黄河流域高校率先全面建成节水型高校，我们制定了《黄河流域高校节水专项行动方案》，现予印发，请认真组织实施。

## 一、重要意义

高校是知识传播、人才培养、文化传承创新的主阵地，是城市公共用水大户，是节水型社会建设的重要组成部分。黄河流域部分高校建校时间长，供水管网及用水设备陈旧，用水管理较为粗放，不同程度地存在用水超定额、超计划等问题。在黄河流域开展高校节水专项行动，是贯彻落实党中央决策部署，全面实施黄河流域深度节水控水行动的重要举措，有利于提升高校用水效率，培养师生树立节约用水理念，引领带动全国高校以及重点领域用水户节约用水，不断提升水资源节约集约利用能力。

## 二、总体要求

### （一）行动目标

到 2023 年底，黄河流域高校实现计划用水管理全覆盖，超定额、超计划用水问题基本得到整治，50%高校建成节水型高校。

到 2025 年底，黄河流域高校用水全部达到定额要求，全面建成节水型高校，打造一批具有典型示范意义的水效领跑者。

### （二）行动范围

山西省、内蒙古自治区、山东省、河南省、四川省、陕西省、甘肃省、青海省、宁夏回族自治区位于黄河流域的普通高等学校。

## 三、重点工作

### （一）开展用水统计核查

各省级水行政主管部门要会同教育行政主管部门、机关事务管理部门组织统计核查黄河流域的高校用水情况，建立高校用水数据库。结合智慧水利建设，加快推进高校用水数字化、网络化、智能化管理。（进度安排：2022 年）

**(二)制定专项实施方案**

各省级水行政主管部门要会同教育行政主管部门、机关事务管理部门对照用水定额和节水型高校评价标准,分析高校用水情况,研究制定省级黄河流域高校节水专项行动实施方案,报全国节约用水办公室备案。对用水超定额、超计划的高校,督促其制定整改方案,明确整改措施、节水目标和完成时限,要求限期完成整改。(进度安排:2022 年)

**(三)规范计划用水管理**

地方各级水行政主管部门要按照计划用水管理要求,规范计划用水的核定、下达和加价收费管理,加强高校用水定额管理,实现高校计划用水管理全覆盖。未依据用水定额核定或未按规定下达用水计划、未落实用水超定额超计划累进加价制度的,要依法依规严格整改。(进度安排:2023 年)

**(四)加强节水设施建设**

地方各级水行政主管部门、教育行政主管部门、机关事务管理部门要督促指导高校加快推进老旧供水管网改造,按标准配备用水计量设施,大力推广使用节水设备和器具,积极利用非常规水源。实现次级用水单位水计量器具配备率 100%,浴室、开水间等用水部位智能计量收费系统覆盖率 100%。(进度安排:2025 年)

**(五)推进节水型高校建设**

各省级水行政主管部门、教育行政主管部门、机关事务管理部门要按照《服务业用水定额:学校》《节水型高校评价标准》和《水利部、教育部、国管局关于深入推进高校节约用水工作的通知》(水节约〔2019〕234 号)要求,加快推进节水型高校建设,在黄河流域率先全面建成节水型高校,打造一批具有典型示范意义的水效领跑者。全国节约用水办公室将商有关部门对节水型高校授予荣誉称号。(进度安排:2025 年)

**(六)支持节水科技研发**

地方各级水行政主管部门、教育行政主管部门、机关事务管理部门要支持高校发挥科研和人才优势,加快节水相关领域学科建设和人才队伍培养。要根据黄河流域水资源特点,加强水资源循环利用、高效节水灌溉、高耗水生产工艺替代、管网漏损控制、用水精准计量、非常规水源利用等节水技术和设备的研发及推广,推动形成产学研用相结合的技术创新体系。(进度安排:持续推进)

**(七)强化节水监督考核**

各省级水行政主管部门、教育行政主管部门、机关事务管理部门要加强对高校节水专项行动实施情况的监督检查,重点检查计划用水落实情况,高校超定额、超计划用水问题整改情况等。对检查中发现的问题,要及时反馈被检查高校并督促整改;对问题突出且整改不力的高校要进行约谈。黄河水利委员会要按照水利部工作部署对高校节水工作进行抽查,抽查结果将纳入国家实行最严格水资源管理制度考核。(进度安排:持续推进)

## 四、保障措施

**(一)加强组织领导**

水利部、教育部、国管局负责专项行动的总体部署,全国节约用水办公室负责统筹协调和跟踪督导,黄河水利委员会要加强监督检查和技术指导。各省级水行政主管部门、教育行政主管部门、机关事务管理部门要高度重视,强化组织管理,细化任务分工,抓好工作落实,并于每年1月底向全国节约用水办公室报送专项行动落实情况。

**(二)强化政策支持**

各级水行政主管部门、教育行政主管部门、机关事务管理部门要注重工作衔接,加强统筹协调,建立健全激励约束机制,积极支持高校节约用水工作。在安排节水型社会达标建设、绿色学校建设、节约型公共机构示范单位创建等节水相关资金和项目时,优先支持节水型高校建设。要发挥好合同节水管理服务平台作用,鼓励高校广泛采用合同节水管理模式实施节水改造。

**(三)注重宣传引导**

各级水行政主管部门、教育行政主管部门、机关事务管理部门要加大高校节水培训和宣传工作力度,及时总结推广黄河流域高校节水有益经验,在全国发挥示范引领作用。各高校要积极推进节水教育进校园、进课堂,组织开展形式多样的节水宣传和社会实践活动,培育校园节水文化,使节水、护水、惜水成为广大师生的自觉行动和良好风尚。

## 五、联系方式

**(一)全国节约用水办公室**

联系人:罗 敏 任 亮

电 话:010-63203205 010-63204598

**(二)教育部发展规划司**

联系人:黄灵燕

电 话:010-66097770

**(三)国管局公共机构节能管理司**

联系人:张 菁

电 话:010-83083952

水利部 教育部 国管局

2022年3月9日

# 重庆市水利局关于印发《重庆市水利行业节水型单位建设方案》的通知

（渝水节水〔2021〕4号）

各区县(自治县)、两江新区、重庆高新区、重庆经开区、万盛经开区水行政主管部门,局机关各处室、直属各单位:

按照国家水利部统一安排,全国各级水行政主管部门及所属单位要全面开展节水型单位建设。现将《重庆市水利行业节水型单位建设方案》印发给你们,请结合实际推进水利行业节水型单位建设。

重庆市水利局

2021年6月24日

# 重庆市水利行业节水型单位建设方案

为深入贯彻节水优先方针,进一步深化水利行业节水机关建设成果,示范带动全域节水型单位创建,特制定本方案。

## 一、总体要求

### (一)指导思想

以习近平新时代中国特色社会主义思想为指导,以国家节水行动为统领,坚持水资源消耗总量和强度双控,强化用水过程监管,持续提高水资源集约节约利用水平。

### (二)总体目标

综合集成各项节水措施,将水利行业各单位建成“节水意识强、节水制度完备、节水器具普及、节水标准先进、监控管理严格”的节水型单位。到2021年10月底前,市水利局所属单位完成创建;2022年6月底前,无独立物业区县水利局、主城中心城区水行政主管部门完成创建;2022年9月底前,各区县水行政主管部门所属单位全部完成创建。我市水利行业已通过验收的节水型单位要持续抓好节水措施落实、用水器具管护、节水制度运行等工作,不断提高用水水平。

### (三)工作原则

节约优先、高效利用。要严格落实节水优先方针,加快实现用水方式由粗放向集约节约转变,不断提高水资源利用水平,示范带动区域全面建成节水型社会。

因地制宜、分类推进。要全面掌握所属水利行业单位的物业管理、用水水平等基本情况,结合区域水资源特点和各单位实际,采取有效节水措施,分类推进节水型单位建设。

量力而行、经济适用。要根据地方财政水平和部门预算情况,把握节约本义,充分论证节水方案,保证节水措施经济合理可行,避免重复投入造成浪费。

做好结合、分级落实。要积极结合公共机构节水型单位创建,按照单位管理层级和权限,明确创建责任,组织开展好水利行业单位落实创建任务。

## 二、主要任务

**(一)完善节水管理制度**。建立节水管理岗位责任制,明确节水管理领导职责、管理部门、人员和岗位职责。建立健全巡回检查、设备维护、用水计量等用水管理制度。制定、实施节水计划和年度用水计划,加强目标责任管理和考核。

**(二)实施精细化管理**。严格用水设施设备的日常管理,定期巡护和维修,杜绝跑冒滴漏。依据国家有关标准和重庆市相关要求,配备和管理用水计量器具,建立完善、规范的用水记录,加强用水总量和效率评估。

**(三)加强节水设施建设**。积极推广使用先进实用的节水新技术、新产品,淘汰不符合节水标准的用水设备和器具,开展卫生洁具、食堂用水设施、空调设备冷却系统、老旧供水管网、耗水设备等节水改造。绿化用水宜采用喷灌、滴灌等高效节水灌溉方式。

**(四)积极利用非常规水**。有条件的地区积极开展雨水集蓄利用,鼓励建设再生水利用系统和灰水处理装置。纯净水生产设备应安装尾水回收利用设施,有中央空调的空调冷凝水应进行收集利用,绿化和景观用水应积极利用非常规水。

**(五)强化节水宣传教育**。在主要用水场所和器具的显著位置张贴节水标识。定期发布节水信息,开展节水宣传主题活动,引导干部职工参与节水志愿活动,遵守节水行为规范。发挥新媒体作用,普及节水知识,营造良好节水氛围。

**(六)总结推广建设经验**。及时总结提炼节水型单位建设经验,结合重庆市绿色机关建设,为节水型单位建设提供示范,充分利用多种措施宣传推广,推进本区县公共机构节水型单位建设工作。

## 三、实施步骤

**(一)宣传摸底**。各区县和单位要利用网络、会议、现场调研等多种形式,全面发动水利行业职工,积极参与到节水型单位创建工作中来,形成全覆盖、无死角的良好局面;要开展调查,摸清本单位和所属单位供排水管网、用水量、用水环节、用水人数、用水器具、水表安装等基本情况,提高方案制定的针对性。

**(二)制定方案**。各区县水行政主管部门要在摸清底数的前提下,制定本区域水利行业节水型单位创建方案,明确创建步骤时间、创建标准、验收程序等要求,并于2021年7月底前将方案报送市水利局备案;各单位要根据总体安排和本单位实际,坚持经济适用原则,制定节水单位实施方案或计划表。

**(三)组织实施**。各区县要严格按照创建方案,稳步推进区域水利行业节水单位建设。各单位按照本单位节水机关实施方案或计划表,认真查找用水跑、冒、滴、漏等用水薄弱环节,落实各项节水措施;要量力而行,有针对性实施节水改造;要加大宣传力度,不断提高职工节水意识。各区县水行政主管部门要加大对所属单位的指导督导。

**(四)验收总结**。各单位完成节水机关建设后，要对照验收标准开展自评，分析各单位年节水量、节水率、人均用水量等节水指标，形成总结，自评分达到90分以上或达到验收标准的，按程序向验收机构提出验收申请。验收机构验收合格后，公布水利行业节水机关名单。各区县各单位要积极总结创建的典型经验，总结可复制、可推广的模式。各区县于每年10月底前，将通过验收单位名单和总结报告报送市水利局。

## 四、分类推进

**(一)市水利局所属单位**

范围：重庆水利电力职业技术学院、市水文监测总站、市水利工程运行安全总站。

完成时间：2021年10月底前。

创建标准：按照《重庆市水利局办公室关于做好公共机构节水型单位创建工作的通知》(渝水办〔2019〕51号)执行。

验收机构：市机关事务局、市水利局。

**(二)无独立物业区县水利局、主城中心城区水行政主管部门**

范围：黔江区、北碚区、渝北区、巴南区、长寿区、南川区、綦江区、武隆区、城口县、云阳县、奉节县、巫山县、秀山县、万盛经开区等区县水利局；渝中区交通局，大渡口区、江北区、沙坪坝区、南岸区农业农村委，两江新区城市管理局，高新区管委会生态环境局，重庆经开区生态环境和建设管理局。

完成时间：2022年6月底前。

创建标准：按照机关事务部门节水型公共机构建设标准执行。

验收机构：各区县机关事务部门。

**(三)区县水行政主管部门所属单位**

范围：各区县水行政主管部门所属具有法人资格的单位。

完成时间：2022年9月底前。

创建标准：各区县根据因地制宜、经济适用的原则，立足实际，参照《水利行业节水型单位建设标准》(见附件，略)研究制定创建及验收要求。属于公共机构的，按照机关事务部门标准执行。

验收机构：各区县机关事务部门或水行政主管部门。

## 五、工作要求

**(一)提高思想认识**。各区县水行政主管部门既是节约用水工作的监督管理机关，也是厉行节约用水的责任单位。各单位要进一步提高工作站位，充分认识推动水利行业节水单位建设的重要意义，积极开展节水型单位建设。

**(二)加强组织领导**。市水利局负责组织推进全市水利行业节水型单位建设工作。各区县水行政主管部门要及时部署，认真研究和协调解决工作中的重大问题，细化措施、抓好落实。

**(三)畅通部门合作**。各区县要根据单位分类情况，主动衔接机关事务部门，明确所属单位创建标准及验收机构，协调验收时间，合力推动创建。

**（四）强化监督管理。**市水利局将组织相关单位对各区县水利行业节水型单位建设情况进行督导，各单位要对发现的问题及时组织改进。

**（五）落实经费保障。**各区县要积极筹措资金，安排专项经费，加强水利行业节水型单位建设。积极推广市场化模式，运用合同节水管理等新机制，调动社会资本参与节水型单位建设。

# 第五节 非常规水利用

## 水利部关于非常规水源纳入水资源统一配置的指导意见

（水资源〔2017〕274 号）

各流域机构，各省、自治区、直辖市水利（水务）厅（局），各计划单列市水利（水务）局，新疆生产建设兵团水利局，各有关单位：

为大力推进非常规水源开发利用，缓解水资源供需矛盾，提高区域水资源配置效率和利用效益，现就城镇再生水和集蓄雨水、微咸水、海水和淡化海水等非常规水源纳入水资源统一配置提出如下意见。

### 一、总体要求

全面贯彻落实党的十八大和十八届三中、四中、五中、六中全会精神，坚持创新、协调、绿色、开放、共享五大发展理念，按照“节水优先、空间均衡、系统治理、两手发力”中央新时期水利工作方针，落实最严格水资源管理制度和水污染防治行动计划要求，将非常规水源纳入水资源统一配置，特别是缺水地区，进一步扩大配置领域、强化配置手段、提高配置比例，完善激励政策、发挥市场作用，加快推进非常规水源开发利用。

**（一）基本原则**

规划引领、分类指导。科学编制并严格实施相关规划，明确非常规水源配置的目标任务，对城镇再生水和集蓄雨水、微咸水、海水和淡化海水等非常规水源分类制定配置措施，实行差异化指导。

因地制宜、突出重点。根据地区间经济社会发展水平、水资源条件，结合行业用水要求和利用条件，明确非常规水源配置的重点地区和重点领域。

创新管理、示范引导。创新管理模式，完善管理机制，鼓励各地积极示范，取得可复制、可推广的经验。

政策激励、社会参与。完善非常规水源利用激励政策，营造有利于非常规水源利用的市场环境，发挥市场作用，调动全社会积极参与。

**（二）配置目标**

到 2020 年，全国非常规水源配置量力争超过 100 亿立方米（不含海水直接利用量，下同），京津冀地区非常规水源配置量超过 20 亿立方米。缺水地区和地下水超采区非常规水源的配置量明显提高。

### 二、配置领域

**（一）工业用水。**大力鼓励工业用水优先使用非常规水源。缺水地区、地下水超采区和京津冀地区,具备使用再生水条件的高耗水行业应优先配置再生水。沿海或海岛等缺水地区,工业用水应鼓励配置淡化海水。沿海地区大力推行直接利用海水作为工业循环冷却水。

**(二)生态环境用水**。加快推进生态环境用水使用非常规水源。河道生态补水、景观用水应优先配置再生水和集蓄雨水。

**(三)城市杂用水**。大力推动城市杂用水优先使用非常规水源。缺水地区、地下水超采区和京津冀地区,城市绿化、冲厕、道路清扫、车辆冲洗、建筑施工、消防等用水应优先配置再生水和集蓄雨水。

**(四)农业用水**。在微咸水丰富的缺水地区,合理发展微咸水灌溉,研发适合的作物品种。

## 三、强化措施

**(一)加强规划引导**。县级以上水行政主管部门在制修订涉水规划时,要遵循能用尽用的原则,将非常规水源纳入水资源供需平衡分析和水源配置体系,明确非常规水源用水需求和配置量。

在缺水地区、地下水超采区和京津冀地区,县级以上水行政主管部门应当编制本辖区非常规水源利用专项规划,或在水资源规划中专门列出非常规水源利用篇章,明确非常规水源用水需求、配置领域、配置量、供水能力和设施布局。

非常规水源利用专项规划应依据国民经济和社会发展规划、城市总体规划、水资源综合规划等编制,并与城镇排水、污水处理、土地利用、环境保护等有关规划相协调。

**(二)严格水资源论证与取水许可**。规划或建设项目水资源论证中,应首先论证非常规水源利用的可行性,并结合技术经济合理性分析,确定非常规水源利用方向和方式,提出非常规水源配置方案或利用方案。

缺水地区、地下水超采区和京津冀地区,未充分使用非常规水源的,不得批准新增取水许可。

**(三)强化计划用水管理**。对实行计划用水管理的单位,编制和下达年度用水计划时,要优先配置非常规水源。缺水地区、地下水超采区和京津冀地区,要依据区域用水总量控制指标,严格核定用水单位常规水源的取用量,逐步加大用水计划中非常规水源利用比例。对按计划应当使用非常规水源而未使用或使用量未达到要求的用水户,应核减其下一年度的常规水源计划用水指标。

**(四)推动非常规水源工程建设**。鼓励将非常规水源工程纳入水源工程体系和区域水资源配置工程体系。鼓励社会资本参与非常规水源工程建设与运营。

**(五)实施考核激励**。对完成非常规水源配置目标的地区实行激励政策,在实行最严格水资源管理制度考核中鼓励利用非常规水源。

## 四、监督管理

**(一)健全技术标准体系**。加快制修订相关技术标准,研究建立非常规水源配置、利用技术标准体系,鼓励地方结合实际情况制定地方技术标准。

**(二)加强计量监控和统计管理。**加强非常规水源利用计量监测设施建设,提高监控能力,逐步纳入到国家水资源信息管理系统。完善非常规水源水质检测技术体系,规范检测方法和检测指标。供水单位应定期开展水量监测与水质检测,确保供水水质符合相关技术标准要求,并按时向地方水行政主管部门报送水量、水质等相关数据。建立健全非常规水源配置、利用统计报告制度,规范统计方法,纳入各级水资源管理统计体系。

**(三)加强安全监管和风险防控。**明确非常规水源配置与利用监管主体、监管方法和主要监管内容,定期开展监督检查,加强安全监管和风险防控。供水单位应加强日常运营安全和风险管理,确保非常规水源水量水质的稳定、可靠和安全;要制定供水突发事件应急预案,建立应急机制,确保非常规水源生产和使用安全。

## 五、组织保障

**(一)提高认识,健全工作机制。**地方各级水行政主管部门应充分认识非常规水源纳入水资源统一配置的重要性,积极协调建立跨部门协作机制,落实工作责任,将非常规水源利用纳入最严格水资源管理制度考核,切实推动非常规水源开发利用。

**(二)加强支持,发挥市场作用。**大力支持开展非常规水源利用技术创新和应用,推动水利建设资金用于非常规水源利用示范项目建设。充分发挥市场作用,鼓励单位和个人以独资、合资、合作等方式建设非常规水源利用设施和从事非常规水源利用经营活动。

**(三)积极引导,强化政策激励。**支持地方实施非常规水源利用激励政策,积极探索将非常规水源实际用量与用水单位或个人缴纳水资源费、污水处理费、防洪费以及财政补助额等相挂钩的机制。促进非常规水源与常规水源供水价格间保持合理的比价关系,探索建立非常规水源利用的经济激励机制。

**(四)加强宣传,推动公众参与。**将非常规水源利用纳入节水系列宣传活动,提高公众认识,增强利用的自觉性,形成非常规水源利用的良好社会氛围。

水利部

2017年8月14日

# 水利部办公厅关于进一步加强和规范非常规水源统计工作的通知

（办节约〔2019〕241号）

各省、自治区、直辖市水利（水务）厅（局），各计划单列市水利（水务）局，新疆生产建设兵团水利局：

为进一步加强非常规水源开发利用基础工作，切实提升非常规水源统计质量水平，满足新时期节约用水监督管理和最严格水资源管理制度考核需求，现就非常规水源统计工作有关事项通知如下：

## 一、规范使用非常规水源相关表述

非常规水源是常规水源的重要补充，对于缓解水资源供需矛盾，提高区域水资源配置效率和利用效益等方面具有重要作用。广义的非常规水源涵盖常规水源以外的一切其他水源。本通知所称非常规水源，指经处理后可以利用或在一定条件下可直接利用的再生水、集蓄雨水、淡化海水、微咸水、矿坑水等，主要用于节约用水领域相关监督考核和统计、最严格水资源管理制度考核以及水资源公报编报工作。

## 二、明确非常规水源利用量统计口径

**（一）非常规水源利用量**

主要统计再生水、集蓄雨水、淡化海水、微咸水和矿坑水五部分。

特殊情况说明：

水资源公报相关数据统计上报时，作为工业冷却水及城市环卫用水等的海水直接利用量不纳入非常规水源利用量统计范围，但仍需按照《水资源公报编制规程》（GB/T 23598—2009）规定进行统计并单列。

**（二）再生水利用量**

统计水质符合工业用水、城市非饮用水、景观环境用水等不同用途回用标准，并加以利用的水量。具体包括两种情形：

1. 再生水厂出水符合《再生水水质标准》（SL 368—2006）或《城市污水再生利用》系列标准，并加以利用的水量（不含直接排入河湖湿地等自然水体的非生态补水）。

2. 通过专用供水管线或其他输送方式将污水处理厂达标排放的尾水或外部废污水引入用水企业，由用水企业进行深度处理后使用的水量，但不包括企业内部废污水处理的重复利用量。

特殊情况说明：

对于污水处理厂尾水直接排入自然水体（包括河流、湖泊、湿地等）进行生态补水的情况，补水水质标准应符合或优于 SL 368—2006 或《城市污水再生利用 景观环境用水水质》(GB/T 18921—2002)中再生水利用于景观用水控制项目和指标限值，具备生态补水需求和通过生态补水工程实施的纳入再生水利用统计范围，否则不纳入再生水利用量统计范围。

**(三)集蓄雨水利用量**

统计采用集雨场地或微型集雨工程(水窖、水柜、雨水罐、水池等)进行收集、存储，满足《雨水集蓄利用工程技术规范》(GB/T 50596—2010)等技术标准后加以利用的天然降水(大气降水)量。

特殊情况说明：

1. 河流及其支流上修建的水库、塘坝等各类蓄水工程，在汛期通过采取洪水预报调度、汛限水位动态控制等措施，比规划设计阶段多取得的洪水资源量，不纳入统计范围。

2. 海绵城市建设中的常用技术如透水铺装、生态(透水)树池、透水塘等属于雨水入渗利用，入渗量不纳入统计范围。

3. 海绵城市建设中，仅起水量调蓄功能的湿塘、调节塘、雨水湿地等蓄而不用(属于调蓄排放，原水不进行处理、没有明确的用户，实际也未利用)的水量，不纳入统计范围。

**(四)淡化海水利用量**

从供水端统计通过海水淡化设施处理后供给各类用户的水量。

**(五)微咸水利用量**

统计矿化度为2~5 g/L 的地下水利用量。

**(六)矿坑水利用量**

统计煤矿等矿产资源开发过程中，直接利用或进行净化处理后利用的露天矿坑水、矿井水或疏干水利用量。

特殊情况说明：

1. 对没有利用而直接排入河湖湿地等自然水体的矿坑水，不纳入统计范围。

2. 矿坑水特别是露天矿坑水，为避免重复统计，将其中的天然降水纳入矿坑水利用量，不再纳入集蓄雨水利用量进行统计。

## 三、认真做好非常规水源统计工作

各级水利部门要把非常规水源统计工作作为一项日常性工作抓紧抓好，指导地方按照规定的统计口径如实、准确地填报数据，切实加强对非常规水源等相关数据的分析、审核，为大力推进非常规水源开发利用提供权威的数据支撑和决策参考。

水利部办公厅

2019 年 11 月 22 日

# 国家发改委 科技部 工信部 财政部 自然资源部 生态环境部 住建部 水利部 农业农村部 市场监管总局关于推进污水资源化利用的指导意见

（发改环资〔2021〕13号）

各省、自治区、直辖市人民政府，国务院各部委、各直属机构：

污水资源化利用是指污水经无害化处理达到特定水质标准，作为再生水替代常规水资源，用于工业生产、市政杂用、居民生活、生态补水、农业灌溉、回灌地下水等，以及从污水中提取其他资源和能源，对优化供水结构、增加水资源供给、缓解供需矛盾和减少水污染、保障水生态安全具有重要意义。目前，我国污水资源化利用尚处于起步阶段，发展不充分，利用水平不高，与建设美丽中国的需要还存在不小差距。为加快推进污水资源化利用，促进解决水资源短缺、水环境污染、水生态损害问题，推动高质量发展、可持续发展，经国务院同意，现提出以下意见。

## 一、总体要求

### （一）指导思想

以习近平新时代中国特色社会主义思想为指导，全面贯彻党的十九大和十九届二中、三中、四中、五中全会精神，深入贯彻习近平生态文明思想，践行绿水青山就是金山银山理念，坚持“节水优先、空间均衡、系统治理、两手发力”的治水思路，按照党中央、国务院决策部署，在城镇、工业和农业农村等领域系统开展污水资源化利用，以缺水地区和水环境敏感区域为重点，以城镇生活污水资源化利用为突破口，以工业利用和生态补水为主要途径，做好顶层设计，加强统筹协调，完善政策措施，强化监督管理，开展试点示范，推动我国污水资源化利用实现高质量发展。

### （二）基本原则

节水优先、统筹推进。秉持“节水即治污”的理念，坚持节水优先，强化用水总量和强度双控。将污水资源化利用作为节水开源的重要内容，再生水纳入水资源统一配置，全面系统推进污水资源化利用工作。

因地制宜、分类施策。根据本地水资源禀赋、水环境承载力、发展需求和经济技术水平等因素分区分类开展污水资源化利用工作，实施差别化措施。科学确定目标任务，合理选择重点领域和利用途径，实行按需定供、按用定质、按质管控。

政府引导、市场驱动。强化标准约束，严格监管考核，规范市场主体行为。完善价格机制，加大财政金融激励，引导社会资本投入，充分发挥市场配置资源的决定性作用。

科技引领、试点示范。增强科技支撑，加强关键共性技术装备研发，推广普及先进适用技术工艺。开展试点示范，探索形成可复制、可推广的污水资源化利用模式。

**（三）总体目标**。到2025年，全国污水收集效能显著提升，县城及城市污水处理能力基本满足当地经济社会发展需要，水环境敏感地区污水处理基本实现提标升级；全国地级及以上缺水城市再生水利用率达到25%以上，京津冀地区达到35%以上；工业用水重复利用、畜禽粪污和渔业养殖尾水资源化利用水平显著提升；污水资源化利用政策体系和市场机制基本建立。到2035年，形成系统、安全、环保、经济的污水资源化利用格局。

## 二、着力推进重点领域污水资源化利用

**（四）加快推动城镇生活污水资源化利用**。系统分析日益增长的生产、生活和生态用水需求，以现有污水处理厂为基础，合理布局再生水利用基础设施。丰水地区结合流域水生态环境质量改善需求，科学合理确定污水处理厂排放限值，以稳定达标排放为主，实施差别化分区改造和精准治污。缺水地区特别是水质型缺水地区，在确保污水稳定达标排放前提下，优先将达标排放水转化为可利用的水资源，就近回补自然水体，推进区域污水资源化循环利用。资源型缺水地区实施以需定供、分质用水，合理安排污水处理厂网布局和建设，在推广再生水用于工业生产和市政杂用的同时，严格执行国家规定水质标准，通过逐段补水的方式将再生水作为河湖湿地生态补水。具备条件的缺水地区可以采用分散式、小型化的处理回用设施，对市政管网未覆盖的住宅小区、学校、企事业单位的生活污水进行达标处理后实现就近回用。火电、石化、钢铁、有色、造纸、印染等高耗水行业项目具备使用再生水条件但未有效利用的，要严格控制新增取水许可。

**（五）积极推动工业废水资源化利用**。开展企业用水审计、水效对标和节水改造，推进企业内部工业用水循环利用，提高重复利用率。推进园区内企业间用水系统集成优化，实现串联用水、分质用水、一水多用和梯级利用。完善工业企业、园区污水处理设施建设，提高运营管理水平，确保工业废水达标排放。开展工业废水再生利用水质监测评价和用水管理，推动地方和重点用水企业搭建工业废水循环利用智慧管理平台。

**（六）稳妥推进农业农村污水资源化利用**。积极探索符合农村实际、低成本的农村生活污水治理技术和模式。根据区域位置、人口聚集度选用分户处理、村组处理和纳入城镇污水管网等收集处理方式，推广工程和生态相结合的模块化工艺技术，推动农村生活污水就近就地资源化利用。推广种养结合、以用促治方式，采用经济适用的肥料化、能源化处理工艺技术促进畜禽粪污资源化利用，鼓励渔业养殖尾水循环利用。

## 三、实施污水资源化利用重点工程

**（七）实施污水收集及资源化利用设施建设工程**。推进城镇污水管网全覆盖，加大城镇污水收集管网建设力度，消除收集管网空白区，持续提高污水收集效能。加快推进城中村、老旧城区等区域污水收集支线管网和出户管连接建设，补齐“毛细血管”。重点推进城镇污水管网破损修复、老旧管网更新和混接错接改造，循序推进雨污分流改造。重点流域、缺水地区和水环境敏感区结合当地水资源禀赋和水环境保护要求，实施现有污水处理设施提标升级扩能改造，根据实际需要建设污水资源化利用设施。缺水城市新建城区要因地制宜提前规划布局再生水管网，有序开展相关建设。积极推进污泥无害化资源化利用设施建设。

**(八)实施区域再生水循环利用工程。**推动建设污染治理、生态保护、循环利用有机结合的综合治理体系,在重点排污口下游、河流入湖(海)口、支流入干流处等关键节点因地制宜建设人工湿地水质净化等工程设施,对处理达标后的排水和微污染河水进一步净化改善后,纳入区域水资源调配管理体系,可用于区域内生态补水、工业生产和市政杂用。选择缺水地区积极开展区域再生水循环利用试点示范。

**(九)实施工业废水循环利用工程。**缺水地区将市政再生水作为园区工业生产用水的重要来源,严控新水取用量。推动工业园区与市政再生水生产运营单位合作,规划配备管网设施。选择严重缺水地区创建产城融合废水高效循环利用创新试点。有条件的工业园区统筹废水综合治理与资源化利用,建立企业间点对点用水系统,实现工业废水循环利用和分级回用。重点围绕火电、石化、钢铁、有色、造纸、印染等高耗水行业,组织开展企业内部废水利用,创建一批工业废水循环利用示范企业、园区,通过典型示范带动企业用水效率提升。

**(十)实施农业农村污水以用促治工程。**逐步建设完善农业污水收集处理再利用设施,处理达标后实现就近灌溉回用。以规模化畜禽养殖场为重点,探索完善运行机制,开展畜禽粪污资源化利用,促进种养结合农牧循环发展,到2025年全国畜禽粪污综合利用率达到80%以上。在长江经济带、京津冀、珠三角等有条件的地区开展渔业养殖尾水的资源化利用,以池塘养殖为重点,开展水产养殖尾水治理,实现循环利用、达标排放。

**(十一)实施污水近零排放科技创新试点工程。**选择有代表性的国家高新技术产业开发区(以下简称国家高新区)开展技术综合集成与示范,研发集成低成本、高性能工业废水处理技术和装备,打造污水资源化技术、工程与服务、管理、政策等协同发力的示范样板。在长三角地区遴选电子信息、纺织印染、化工材料等国家高新区率先示范,到2025年建成若干国家高新区工业废水近零排放科技创新试点工程。

**(十二)综合开展污水资源化利用试点示范。**聚焦重点难点堵点,因地制宜开展再生水利用、污泥资源化利用、回灌地下水以及氮磷等物质提取和能量资源回收等试点示范,在黄河流域地级及以上城市建设污水资源化利用示范城市,规划建设配套基础设施,实现再生水规模化利用。选择典型地区开展再生水利用配置试点工作。通过试点示范总结成功经验,形成可复制可推广的污水资源化利用模式。创新污水资源化利用服务模式,鼓励第三方服务企业提供整体解决方案。建设资源能源标杆水厂,开展污水中能量物质回收试点。

## 四、健全污水资源化利用体制机制

**(十三)健全法规标准。**推进制定节约用水条例,鼓励污水资源化利用,实现节水开源减排。加快完善相关政策标准,将再生水纳入城市供水体系。推动制修订地方水污染物排放标准,提出差别化的污染物排放要求和管控措施。抓紧制定再生水用于生态补水的技术规范和管控要求,适时修订其他用途的污水资源化利用分级分质系列标准。制修订污水资源化利用相关装备、工程、运行等标准。

**(十四)构建政策体系。**制定区域再生水循环利用试点、典型地区再生水利用配置试点、工业废水循环利用、污泥无害化资源化利用、国家高新区工业废水近零排放科技创新试点等实施方案，细化工作重点和主要任务，形成污水资源化利用“1+N”政策体系。研究制定“十四五”污水资源化利用等相关规划。研究污水资源化利用统计方法与制度，建立科学统一的统计体系。完善用水总量控制指标中非常规水源利用指标考核相关规定，加大再生水等非常规水源利用的权重，实行分类考核。完善取水许可管理制度，编制实施入河(海)排污口监督管理指导文件。

**(十五)健全价格机制。**建立使用者付费制度，放开再生水政府定价，由再生水供应企业和用户按照优质优价的原则自主协商定价。对于提供公共生态环境服务功能的河湖湿地生态补水、景观环境用水使用再生水的，鼓励采用政府购买服务的方式推动污水资源化利用。

**(十六)完善财金政策。**加大中央财政资金对污水资源化利用的投入力度。支持地方政府专项债券用于符合条件的污水资源化利用建设项目。鼓励地方设计多元化的财政性资金投入保障机制。鼓励企业采用绿色债券、资产证券化等手段，依法合规拓宽融资渠道。稳妥推进基础设施领域不动产投资信托基金试点。探索开展项目收益权、特许经营权等质押融资担保。落实现行相关税收优惠政策。

**(十七)强化科技支撑。**推动将污水资源化关键技术攻关纳入国家中长期科技发展规划、“十四五”生态环境科技创新专项规划，部署相关重点专项开展污水资源化科技创新。引导科研院所、高等院校、污水处理企业等组建污水资源化利用创新战略联盟，重点突破污水深度处理、污泥资源化利用共性和关键技术装备。编制污水资源化利用先进适用技术和实践案例，推广一批成熟的工艺、技术和装备。及时发布国家鼓励的工业节水工艺、技术和装备目录。

## 五、保障措施

**(十八)加强组织协调。**按照中央部署、省级统筹、市县负责的要求，推进指导意见实施。压实地方责任，各省(区、市)政府抓紧组织制定相关规划或实施方案；市县政府担负主体责任，制定计划，明确任务，确保各项工作顺利完成。国家发展改革委加强综合协调，科技部、工业和信息化部、财政部、自然资源部、生态环境部、住房城乡建设部、水利部、农业农村部、市场监管总局等部门按照职责分工做好相关工作，加强水资源节约集约利用、水污染防治、水生态保护、污水资源化利用、相关环境基础设施建设的统筹，形成工作合力，协调解决相关重大问题。

**(十九)强化监督管理。**督促有关方面严格实行区域流域用水总量和强度双控制度，强化水资源管理考核和取用水管理，确保《国家节水行动方案》落到实处。严格监督实施再生水纳入水资源统一配置的要求。严格自备井管理，限期依法关闭未经批准和公共供水管网覆盖范围内的自备井。健全污水资源化水质全过程监测体系，强化污水处理达标排放监管，逐步建立覆盖污水资源化全过程的风险防控预警体系，确保污水资源化安全利用。

**(二十)加大宣传力度。**结合世界水日、中国水周、全国城市节水宣传周等主题宣传活动，采取多种形式广泛深入开展宣传工作，加强科普教育，提高公众对污水资源化利用的认知度和认可度，消除公众顾虑，增强使用意愿。完善公众参与机制，充分发挥舆论监管、社会监督和行业自律作用，营造全社会共同参与污水资源化利用的良好氛围。

国家发展改革委 科技部 工业和信息化部 财政部 自然资源部
生态环境部 住房城乡建设部 水利部 农业农村部 市场监管总局
2021 年 1 月 4 日

# 水利部办公厅关于印发《水利部落实〈关于推进污水资源化利用指导意见〉任务分工方案》的通知

（办节约函〔2021〕701 号）

部机关有关司局，部直属有关单位：

为深入落实《关于推进污冰资源化利用的指导意见》（发改环资〔2021〕13 号），我部制定了《水利部落实〈关于推进污水资源化利用指导意见〉任务分工方案》。现印发给你们，请各单位高度重视，扎实推进多项工作任务。

水利部办公厅

2021 年 8 月 2 日

## 水利部落实《关于推进污水资源化利用指导意见》任务分工方案

按照国家发展改革委、水利部等 10 部委印发的《关于推进污水资源化利用的指导意见》（发改环资〔2021〕13 号，以下简称《指导意见》）和国家发改委办公厅印发的《〈关于推进污水资源化利用的指导意见〉分工方案》（发改办〔2021〕384 号）要求，为抓好涉及水利部的工作任务落实，根据水利部司局和单位职责，提出以下部内分工意见。其中，水利部牵头事项，部内牵头单位主要承担组织实施、指导和督促工作；水利部参加事项，部内牵头单位主要承担协调、配合和跟踪等工作。

一、水利部牵头事项（共 8 项）

**（一）着力推进重点领域污水资源化利用**

1. 加快推动城镇生活污水资源化利用。（住房城乡建设部、国家发展改革委、生态环境部、水利部牵头，工业和信息化部参加）

（1）对火电、石化、钢铁、有色、造纸、印染等高耗水行业新建项目严格开展节水评价，具备使用再生水条件但未有效利用的，不予批准其新增取水许可；对于已建项目申请取水许可延续时，将再生水利用作为取水许可延续的依据。

牵头单位：水资源司、全国节水办

主要参加单位：各流域管理机构、各省级水行政主管部门

**（二）实施污水资源化利用重点工程**

2. 实施工业废水循环利用工程。制定工业废水循环利用实施方案。（工业和信息化部、水利部、住房城乡建设部牵头，国家发展改革委、生态环境部参加）

(2)对缺水地区工业园区、各类开发区、新区等,开展规划水资源论证,将水资源条件作为规划的硬约束,优先配置再生水作为园区生产用水的重要来源,严格控制新水取用量。

牵头单位:水资源司、全国节水办

主要参加单位:有关流域管理机构、有关省级水行政主管部门

3. 选择典型地区开展再生水利用配置试点工作。制定典型地区再生水利用配置试点实施方案。(水利部牵头,国家发展改革委、工业和信息化部、自然资源部、生态环境部、住房城乡建设部参加)

(3)选择典型地区开展再生水利用配置试点工作,制定典型地区再生水利用配置试点实施方案,细化工作重点和主要任务。

牵头单位:全国节水办

主要参加单位:规计司、水资源司,节水中心、南科院

**(三)健全污水资源化利用体制机制**

4. 推动制修订地方水污染物排放标准。抓紧制定再生水用于生态补水的技术规范和管控要求。制修订污水资源化利用相关装备、工程、运行等标准。(市场监管总局、生态环境部、住房城乡建设部、水利部、工业和信息化部、国家发展改革委牵头)

(4)配合相关部门,抓紧制定再生水用于生态补水的技术规范和管控要求。

牵头单位:全国节水办、国科司

主要参加单位:水资源司、水文司

5. 建立科学统一的污水资源化利用统计体系。完善用水总量控制指标中非常规水源利用指标考核相关规定。(水利部牵头,国家发展改革委、住房城乡建设部参加)

(5)组织有关单位围绕污水资源化利用的统计内容、指标体系、统计报表、工作机制等方面,研究污水资源化利用统计方法与制度,逐步建立科学统一的污水资源化利用统计体系。

牵头单位:全国节水办

主要参加单位:规计司、水资源司,节水中心、中国水科院、发研中心、南科院

(6)改进最严格水资源管理制度考核中非常规水源利用指标考核方法,加大再生水等非常规水源利用情况的考核权重。

牵头单位:全国节水办

主要参加单位:水资源司,节水中心、水资源中心、中国水科院

**(四)保障措施**

6. 严格实行区域流域用水总量和用水强度双控制度,强化水资源管理考核和取用水管理。(水利部牵头,国家发展改革委、工业和信息化部、住房城乡建设部、农业农村部参加)

(7)严格区域流域取用水总量和用水强度控制,优化完善最严格水资源管理制度考核,开展取用水管理专项整治行动,推进问题整改,规范取用水秩序。

牵头单位:水资源司、全国节水办

主要参加单位:农水水电司,水资源中心、节水中心、各流域管理机构、各省级水行政

主管部门

7. 严格监督实施再生水纳入水资源统一配置的要求。严格自备井管理，限期依法关闭未经批准和公共供水管网覆盖范国内的自备井。（水利部牵头，工业和信息化部、住房城乡建设部、农业农村部参加）

（8）开展再生水纳入水资源统一配置情况监督检查，督促各地通过涉水规划编制、水资源论证、节水评价、计划用水等手段，落实将再生水纳入水资源统一配置的要求。

牵头单位：全国节水办、水资源司

参加单位：监督司，节水中心、水资源中心、各流域管理机构、各省级水行政主管部门

（9）组织开展取用水管理专项整治行动整改提升，对未经批准擅自取水的自备水井，分类分步推进整改；对在城市公共供水管网覆盖范围内的自备水井，依法限期关闭。

牵头单做：水资源司

主要参加单位：监督司，水资源中心、有关流域管理机构、有关省级水行政主管部门

8. 健全污水资源化水质全过程监测体系，强化污水处理达标排放监管，逐步建立覆盖污水资源化全过程的风险防控预警体体系（生态环境部、住房城乡建设部、水利部牵头）

（10）组织流域管理机构及各省水质监测中心开展污水资源化全过程的水质监测，发挥水质水量同步监测的优势，开展河湖污水演进规律分析，逐步建立覆盖污水货源化全过程的风险防控预警体系。

牵头单位：水文司、全国节水办

主要参加单位：中国水科院、各流域管理机构、各省水质监测中心

## 二、水利部参加事项（共 11 项）

### （一）着力推进重点领域污水资源化利用

9. 积极推动工业废水资源化利用。（工业和信息化部、生态环境部牵头，国家发展改革委、水利部参加）

（11）配合相关部门，开展工业企业用水审计、水效对标和节水改造。

牵头单位：全国节水办

主要参加单位：节水中心、综合事业局、水资源中心、中国水科院

10. 稳妥推进农业农村污水资源化利用。（农业农村部、生态环境部牵头，国家发展改革委、住房城乡建设部、水利部参加）

（12）配合相关部门，根据区域位置、人口聚集度选用分户处理、村组处理和纳入城镇污水管网等收集处理方式，推广工程和生态相结合的模块化工艺技术，推动农村生活污水就近就地资源化利用。

牵头单位：农水水电司

主要参加单位：全国节水办，灌排中心

### （二）实施污水资源化利用重点工程

11. 实施区域再生水循环利用工程。制定区域再生水循环利用试点实施方案。（生态环境部牵头，国家发展改革委、住房城乡建设部、水利部参加）

（13）配合相关部门，推动建设污染治理、生态保护、循环利用有机结合的综合治理体

系，在重点排污口下游、河流入湖（海）口、支流入干流处等关键节点因地制宜建设人工湿地水质净化等工程设施，对处理达标后的排水和微污染河水进一步净化改善后，纳入区域水资源调配管理体系，可用于区域内生态补水、工业生产和市政杂用。

牵头单位：全国节水办

主要参加单位：水资源司、规计司

12. 在黄河流域地级及以上城市建设污水资源化利用示范城市，规划建设配套基础设施，实现再生水规模化利用。（住房城乡建设部、国家发展改革委牵头，水利部参加）

（14）配合相关部门，在黄河流域地级及以上城市建设污水资源化利用示范城市，规划建设配套基础设施，实现再生水规模利用。

牵头单位；全国节水办

主要参加单位：规计司、水资源司，黄委

**（三）健全污水资源化利用体制机制**

13. 将再生水纳入城市供水体系。（住房城乡建设部牵头，国家发展改革委、水利部参加）

（15）配合相关部门，加快完善相关政策标准，将再生水纳入城市供水体系。

牵头单位：水资源司、全国节水办

主要参加单位：规计司、政法司、国科司

14. 制定污泥无害化资源化利用实施方案。研究制定“十四五”污水资源化利用等相关规划。（国家发展改革委、住房城乡建设部牵头，生态环境部、水利部参加）

（16）配合相关部门，研究制定“十四五”污水资源化利用等相关规划。

牵头单位：全国节水办

主要参加单位：规计司、水资源司，水规总院

15. 编制实施入河（海）排污口监督管理指导文件。（生态环境部牵头，水利部参加）

（17）配合相关部门，编制实施入河（海）排污口监督管理指导文件。

牵头单位：水资源司

主要参加单位：政法司，水资源中心

16. 健全再生水价格机制。（国家发展改革委牵头，财政部、住房城乡建设部、水利部参加）

（18）配合相关部门，健全再生水价格机制。

牵头单位；财务司

主要参加单位；水资源司、全国节水办

17. 加大中央财政资金对污水资源化利用的投入力度。支持地方政府专项债券用于符合条件的污水资源化利用建设项目。鼓励地方设计多元化的财政性资金投入保障机制。（财政部、国家发展改革委牵头，工业和信息化部、生态环境部、住房城乡建设部、水利部、农业农村部参加）

（19）配合相关部门，加大中央财政资金对污水资源化利用的投入力度。

牵头单位：财务司

主要参加单位：全国节水办、水资源司

18. 推动将污水资源化关键技术攻关纳入国家中长期科技发展规划、“十四五”生态环境科技创新专项规划,部署相关重点专项开展污水资源化科技创新。(科技部牵头,国家发展改革委、生态环境部、住房城乡建设部、水利部、农业农村部参加)

(20)配合相关都门,推动将污水资源化关键技术攻关纳入国家中长期科技发展规划,部署相关重点专项开展污水资源化科技创新。

牵头单位:国科司、全国节水办

主要参加单位:中国水科院、南科院

19. 编制污水资源化利用先进适用技术和实践案例,推广一批成熟的工艺、技术和装备。及时发布国家鼓励的工业节水工艺、技术和装备目录。(工业和信息化部牵头,国家发展改革委、水利部参加)

(21)配合相关部门,及时发布国家鼓励的工业节水工艺、技术和装备目录。

牵头单位:全国节水办

主要参加单位:国科司,节水中心、科技推广中心、中国水科院

# 水利部 国家发改委 住建部 工信部 自然资源部 生态环境部关于印发《典型地区再生水利用配置试点方案》的通知

（水节约〔2021〕377号）

各省（自治区、直辖市）水利（水务）厅（局）、发展改革委、住房和城乡建设厅（委、管委、局）、工业和信息化厅（局）、自然资源主管部门、生态环境厅（局）：

为贯彻落实党中央、国务院有关污水资源化利用决策部署，做好典型地区再生水利用配置试点工作，水利部、国家发展改革委、住房城乡建设部会同工业和信息化部、自然资源部、生态环境部，编制完成了《典型地区再生水利用配置试点方案》，现予以印发。

请各省结合实际，按照自愿申报原则抓紧确定试点城市，组织编制试点实施方案，按程序审批后实施。

水利部
国家发展改革委
住房城乡建设部
工业和信息化部
自然资源部
生态环境部
2021年12月10日

## 典型地区再生水利用配置试点方案

典型地区再生水利用配置试点方案加强再生水利用配置是贯彻落实党中、央国务院有关污水资源化利用决策部署重要的举措，有利于提高污水再生利用，缓解水资源供需矛盾，改善生态水环境质量，促进经济社会发展全面绿色转型。为落实《关于推进污水资源化利用指导意见》，做好典型地区再生水利用配置试点工作，制定本方案。

一、总体要求

**（一）指导思想**

以习近平新时代中国特色社会主义思想为指导，立足新发展阶段，贯彻新发展理念，构建新发展格局，推动高质量发展，开展突出污水资源化利用有关要求，在典型地区选择基础条件较好的城市开展再生水利用配置试点，形成先进适用成长的再生水利用配置模式，为其他地区提高再生水利用配置水平提供经验借鉴。

**（二）基本原则**

节水优先、统筹推进。坚持节水优先，秉持"节水即治污"的理念，统筹环境水治理污水与资源化利用，实现水资源循环高效利用，推动实现绿色发展。

因地制宜、精准施策。坚持从实际出发，根据试点城市水资源供需状况、发展水平、基础条件、利用成本等因素，合理确定试点目标、任务和措施，实行优水优用、按用定质、按质定管。

政府引导、市场驱动。完善污水再生利用基础设施条件，制定出台促进再生水生产和利用的财税、金融、价格政策，让相关市场主体有盈利空间，发挥有为政府和有效市场作用。

科学管理、安全利用。建立健全再生水管理体制机制，构建完善的技术标准体系，严格开展水质监测预警，加强监督执法与应急处置，切实保障安全利用。

**（三）试点范围**

以缺水地区、水环境敏感地区、水生态敏感地区为重点，选择典型代表性强、再生水利用配置基础好、再生水需求量大的县级及以上城市开展试点。

**（四）试点目标**

"十四五"期间，试点城市以加强再生水利用规划布局和配置管理为重点，因地制宜制定规划目标、创新配置方式、拓展配置领域、完善产输设施，建立健全相关激励政策，大幅提高再生水利用率。缺水地区试点城市再生水利用率达到35%以上，京津冀地区试点城市达到45%以上，其地地区试点城市达到25%以上。

到2025年，在再生水规划、配置、利用、产输、激励等方面形成一批效果好、能持续、可推广的先进模式和典型案例。

## 二、试点内容

试点城市应编制再生水利用配置实施方案，根据以下内容，结合本地实际确定具体试点内容，有所侧重地开展试点工作。

**（一）优化再生水利用规划布局。**在流域和区域水资源综合规划中将再生水纳入水资源供需平衡分析和配置体系，在相关涉水规划中明确再生水利用要求，与国土空间规划协调一致。根据水资源综合规划和试点城市水资源禀赋、水环境承载能力、发展需求等，按照就近利用、优水优用、分质用水的思路，合理规划再生水利用方式与规模，科学确定再生水生产输配设施布局，构建水质安全、稳定可靠的再生水输配系统。

**（二）加强再生水利用配置管理。**制（修）订相关法规、标准与规范性文件，明确区域用水总量控制目标中再生水等非常规水源最低利用量目标。规划或建设项目水资源论证时，充分论证再生水利用的可行性和合理性，提出再生水利用配置方案。建设项目具备使用再生水条件但未充分利用的，不得批准新增取水许可。核定下达年度用水计划时，对具备利用条件的用水户，明确再生水最低利用量指标；对按计划应当使用而未使用或使用量未达到要求的用水户，核减其下一年度的常规水源计划用水指标。将再生水纳入城市供水体系。加大再生水利用率在节水相关考核中的指标权重。完善再生水水量与水质的调查监测统计体系,加强数据审核与运用。严格执行现行不同用途再生水水质国家标准,强化再生水生产、输配、利用全过程水质达标监测预警与应急处置,制定突发事件应急预案,确保再生水安全利用。

**(三)扩大再生水利用领域和规模。**按照不同用途水质要求,统筹将再生水用于工业生产、市政杂用、生态环境、农业灌溉等领域。将再生水作为工业园区生产用水的重要水源,在火电、石化、钢铁、有色、造纸、印染等高耗水行业创建一批工业废水循环利用示范企业、园区。通过布设再生水取水点、绿化喷头等取用设施和配备运水车等方式,加大城市绿化、道路清扫、车辆冲洗、建筑施工、消防等市政杂用领域再生水利用力度。在满足再生水水质要求条件下,扩大再生水用于河湖湿地生态补水、景观环境用水的规模。有条件的城市按照农田灌溉水质标准要求,探索推动将再生水用于农业灌溉。

**(四)完善再生水生产输配设施。**坚持集中处理利用与分散处理利用相结合,以现有污水处理厂为基础,结合污水处理设施提标升级扩能改造,根据实际需要建设再生水生产设施,提升再生水生产能力。因地制宜推广分布式、小型化的污水处理再生利用设施。推动工业园区、用水大户与再生水生产运营单位合作,建设"点对点"再生水生产输配设施。面向再生水利用需求,制定实施分质供水方案,完善输配管网设施,扩大覆盖范围,提高输配能力。新建城区、工业园区因地制宜配套建设再生水生产输配设施。老旧城区以道路或城区改造为契机推进再生水输配设施建设。

**(五)建立健全再生水利用政策。**建立健全促进再生水利用的管理体制和激励机制,制定出台相关财税、投融资、价格等政策。建立多元化的资金投入保障机制,发挥地方政府专项债券对符合条件再生水项目的支持作用。支持符合条件企业采用绿色债券、资产证券化等手段,依法合规拓宽融资渠道。探索开展再生水项目收益权、特许经营权等质押融资担保。健全价格机制,放开再生水政府定价,由再生水供应企业和用户按照优质优价的原则自主协商定价。对于提供公共生态环境服务功能的河湖湿地生态补水、景观环境用水使用再生水的,鼓励采用政府购买服务的方式推动污水资源化利用。

## 三、申报与审批

各省(自治区、直辖市)水行政主管部门会同发展改革、住房城乡建设、工业和信息、自然资源、生态环境部门组织申报和确定试点城市名单,及时将名单报送水利部。试点城市人民政府按要求编制试点实施方案,明确试点目标、重点任务及分工,制定保障措施,做好年度任务分解。试点城市按程序向省级水行政主管部门报送实施方案,省级水行政主管部门会同发展改革、住房城乡建设、工业和信息、自然资源、生态环境部门对实施方案进行审查,试点所在省(自治区、直辖市)人民政府对实施方案进行审批,试点城市人民政府具体组织实施。

2022年6月底前,省级水利、发展改革、住房城乡建设、工业和信息、自然资源、生态环境部门将审批通过的试点实施方案报送水利部、国家发展改革委、住房城乡建设部、工业和信息化部、自然资源部、生态环境部备案。

四、组织实施

**（一）加强组织领导。**省级水利、发展改革、住房城乡建设、工业和信息、自然资源、生态环境部门做好典型地区再生水利用配置试点工作，加强对试点城市的业务指导和跟踪评估，确保试点工作取得实效。试点城市人民政府作为试点工作的责任主体，要切实加强组织领导，建立政府负责同志牵头、相关部门协同推进的工作机制，统筹推动各项目标任务落实，确保按期保质完成试点任务。

**（二）给予指导支持。**水利部、国家发展改革委、住房城乡建设部、工业和信息化部、自然资源部、生态环境部将积极支持试点建设。水利部研究对试点城市给予适当资金支持，在安排灌区节水改造项目时优先考虑利用再生水灌溉的灌区，在最严格水资源管理制度考核时设置试点加分项，宣传推广试点城市经验做法。国家发展改革委通过中央预算内投资对试点城市符合条件的污水资源化利用项目给予适当支持，对西部缺水地区给予倾斜。住房城乡建设部加强再生水利用设施规划建设和运行维护的指导。

**（三）开展评估总结。**2023年，水利部会同国家发展改革委、住房城乡建设部、工业和信息化部、自然资源部、生态环境部组织开展试点中期评估。试点结束后，试点城市要认真总结做法和经验，省级水利、发展改革、住房城乡建设、工业和信息、自然资源、生态环境部门将试点工作情况报送水利部、国家发展改革委、住房城乡建设部、工业和信息化部、自然资源部、生态环境部。水利部会同国家发展改革委、住房城乡建设部、工业和信息化部、自然资源部、生态环境部对试点工作进行全面总结，系统评估试点工作成效，研究提出推动再生水利用配置的政策建议。

# 重庆市发展改革委关于印发《重庆市污水资源化利用实施方案》的通知

（渝发改规范〔2022〕2号）

市级有关单位，各区县（自治县）人民政府，两江新区管委会、重庆高新区管委会、万盛经开区管委会：

《重庆市污水资源化利用实施方案》已经市政府同意，现印发给你们，请结合实际认真贯彻落实。

重庆市发展和改革委员会　重庆市科学技术局
重庆市经济和信息化委员会　重庆市财政局
重庆市规划和自然资源局　重庆市生态环境局
重庆市住房和城乡建设委员会　重庆市水利局
重庆市农业农村委员会　重庆市市场监督管理局
2022年5月10日

## 重庆市污水资源化利用实施方案

污水资源化利用对优化供水结构、增加水资源供给、缓解供需矛盾和减少水污染、保障水生态安全具有重要意义。为贯彻落实国家发展改革委等十部门《关于推进污水资源化利用的指导意见》（发改环资〔2021〕13号）要求，加快推进污水资源化利用，促进解决水环境污染和水生态损害等问题，推动高质量发展，结合我市实际，制定本实施方案。

一、总体要求

**（一）指导思想**。以习近平新时代中国特色社会主义思想为指导，全面贯彻党的十九大和十九届历次全会精神，紧紧围绕习近平总书记对重庆提出的营造良好政治生态，坚持“两点”定位、“两地”“两高”目标，发挥“三个作用”和推动成渝地区双城经济圈建设等重要指示要求，深入贯彻习近平生态文明思想，践行绿水青山就是金山银山理念，坚持“节水优先、空间均衡、系统治理、两手发力”的治水思路，系统推进城镇生活污水、工业废水、农业农村污水资源化利用，以缺水地区和水环境敏感区域为重点，以城镇生活污水资源化利用为突破口，以生态补水和市政杂用为主要途径，加强统筹协调，完善政策措施，开展试点示范，推动我市污水资源化利用实现高质量发展。

**（二）总体目标**。到2025年，全市污水收集处理效能进一步提升，区域污水集中处理设施的收集、处理能力与当地经济社会发展需要相适应；全市新增污水再生利用生产能力约89万立方米/日，全市再生水利用率达15%以上，其中主城都市区再生水利用率达25%以上；污泥无害化资源化利用、工业用水重复利用和渔业养殖尾水资源化利用水平进一步提升，畜禽粪污综合利用率稳定在80%以上；污水资源化利用政策体系和市场机制基本建立。到2035年，形成系统、安全、环保、经济的污水资源化利用格局。

## 二、聚焦重点领域，深入推进污水资源化利用工作

### （三）加快推进城镇生活污水资源化利用

持续提高城镇污水收集处理能力。加快城镇污水收集管网建设，推进城镇污水管网破损修复、老旧管网整治更新、混接错接漏接改造、雨污分流改造和污水管网建设，补齐“毛细血管”，着力消除城市建成区污水直排口、污水管网空白区，持续提高污水收集效能。到2025年，改造建设污水管网5 500公里以上。统筹优化城镇生活污水处理设施布局，适度超前建设城镇污水处理设施，有条件的区域同步考虑污水再生利用。加快现有污水处理设施提标升级扩能改造，满足城镇生活污水处理需求。到2025年，城市生活污水集中处理率达98%以上、乡镇生活污水集中处理率达85%以上，新增污水处理能力120万吨以上，新建及提标改造城市污水厂出水水质达到或高于一级A标，基本实现城镇污水全达标排放。（市住房城乡建委、市发展改革委、市生态环境局、市经济信息委等部门及各区县政府按职责分工负责。以下均需区县政府负责，不再列出）

持续扩大再生水领域利用领域。根据生态用水、市政杂用、工业生产等用水现状及需求，因地制宜布局污水再生利用设施。相对缺水或水环境改善压力较大的区县，在进一步提高城镇污水处理设施稳定运行的基础上，积极推进城镇污水处理厂尾水再生利用工程建设。积极推进城镇污水处理厂尾水生态湿地建设，进一步提高出水生态安全性。鼓励将再生水用于河湖湿地生态补水，同步积极推进在工业生产、城市绿化、道路清扫、车辆冲洗、建筑施工、生态景观及消防用水等回用力度，提高再生水资源化利用水平。（市住房城乡建委、市发展改革委、市生态环境局、市经济信息委、市规划自然资源局、市城市管理局等按职责分工负责）

持续推进污泥无害化资源化处理。统筹协调城镇污水厂污泥、排水管渠污泥、化粪池污泥安全处置，优化污泥处理设施布局。新建污水处理厂必须有明确的污泥处置途径。不断探索多元化的资源化利用方式，污泥无害化处理满足相关标准后，鼓励采取土地改良、荒地造林、苗木抚育、园林绿化和农业利用等污泥土地利用措施，制砖、制轻质骨料等污泥建材利用措施及干化焚烧联用措施，充分挖掘污泥资源化利用潜力，提高污泥资源化利用率。鼓励采用污泥和餐厨、厨余废弃物共建处理设施方式，提升城市有机废弃物综合处置水平。到2025年，全市城市污水厂污泥无害化处置率达到97%以上，其中中心城区城市污水厂污泥无害化处置率达100%。（市住房城乡建委、市发展改革委、市生态环境局、市规划自然资源局、市城市管理局等按职责分工负责）

### （四）积极推动工业废水资源化有效利用

强化工业企业水循环利用。加强用水定额管理，推动企业开展用水审计、水效对标和节水改造，鼓励企业采用节水新工艺、新技术、新产品和新装备，建立水循环利用和节水目

标考核制度,加强节水型企业创建,提高企业用水效率。火电、石化、钢铁、有色、造纸、印染、食品等高耗水行业项目具备使用再生水条件但未有效利用的,要严格控制新增取水许可。鼓励企业加快废水深度处理及中水回用项目建设,加大处理和回用力度,实现废水减量化、资源化。到2025年,规上工业企业用水重复利用率达92%以上,创建节水型企业100家。(市经济信息委、市生态环境局、市发展改革委、市科技局、市水利局等按职责分工负责)

强化工业园区用水循环化资源化改造。以园区总体规划等为指引,加快推进工业园区配套污水处理厂及再生利用设施建设。有序推进现有园区污水处理设施改造,提高运营管理水平,确保工业废水达标排放,为园区工业废水的资源化利用创造条件。鼓励园区与市政再生水生产运营单位合作,逐步完善再生水利用设施及配套管网。积极推动有条件的地区将城市生活污水、市政再生水作为园区工业生产用水的重要来源,减少新水取用量。有效引导新建园区企业之间用水系统集成优化,实现串联用水、分质用水、一水多用和梯级利用。逐步开展工业废水再生利用水质监测评价和用水管理,推动园区和重点用水企业搭建工业废水循环利用智慧管理平台。(市经济信息委、市生态环境局、市发展改革委、市水利局、市大数据发展局等按职责分工负责)

**(五)有序开展农业农村污水资源化利用**

系统推进农村生活污水处理及利用。根据修订后的《农村生活污水集中处理设施水污染物排放标准》,加强污染物排放控制、监测和监督管理,提高排水达标率。合理布局农村生活污水处理设施,在农村常住人口200户或500人以上的人口集聚区、乡村旅游集聚区等区域优先实施,其他区域逐步完善。对污水排放相对集中且具备条件的农村区域,有序开展再生水利用设施建设,推进污水回用。对污水排放相对分散的农村区域,积极探索多元化的资源化利用方式,鼓励农户利用房前屋后小菜园、小果园、小花园等,实现生活污水就地就近回用。到2025年,全市新建农村生活污水处理设施300座,农村生活污水治理率达到40%,农村生活污水资源化利用取得一定成效。(市生态环境局、市乡村振兴局、市发展改革委、市水利局、市文化旅游委等按职责分工负责)

持续推进畜禽粪污资源化利用。以畜禽粪肥就地就近科学还田利用为主,推广先进适用技术模式,进一步提升畜禽粪污综合利用水平。加强畜禽养殖污染监管,提升畜禽养殖污染执法与普法宣传力度,提高畜禽养殖场户污染防治意识,督促畜禽养殖场户履行污染防治主体责任。指导畜禽养殖场户建立完善畜禽粪污处理台账。"十四五"时期,全市畜禽粪污综合利用率稳定在80%以上。(市农业农村委、市生态环境局、市发展改革委、市乡村振兴局等按职责分工负责)

引导推广水产养殖尾水循环利用。大力推广稻渔综合种养和池塘鱼菜共生生态种养模式。加快实施养殖池塘标准化改造,鼓励采取进排水改造、生物净化、人工湿地、种植水生植物等措施开展养殖尾水治理,到2025年基本实现规模养殖场尾水有效治理,养殖尾水综合治理示范面积1.5万亩以上。(市农业农村委、市生态环境局、市发展改革委等按职责分工负责)

## 三、聚焦重点工程,加强污水资源化利用示范引领

**(六)实施污水收集及资源化利用设施建设工程。**实施一批城镇生活污水配套管网工程,补齐城镇污水管网短板弱项,完善排放总量与收集能力相适应的城乡污水收集网,推进城镇污水管网全覆盖。各区县基本解决市政污水管网混错接问题,基本消除生活污水直排。因地制宜实施雨污分流改造工程,分类施策降低合流制管网溢流污染。鼓励城镇采取就近集中联建、城旁接管等方式建设污水处理设施,推广"生物+生态"污水处理技术。有序实施污水处理厂再生水利用项目。合理规划建设再生水管网,新建城区探索提前规划布局再生水管网,形成自来水和再生水双管供水系统。鼓励有条件的区县建设一批新型"新概念"污水处理厂、资源能源利用标杆污水厂,探索污水能源利用、污泥热能利用、设备运营节能和光伏发电等,助力碳达峰、碳中和。推进一批污泥无害化资源化利用工程,提升污泥无害化处置及资源化利用能力。(市住房城乡建委、市生态环境局、市发展改革委等按职责分工负责)

**(七)实施区域再生水循环利用工程。**推动建设水污染治理、水生态保护、水循环利用有机结合的综合治理体系,在长江、嘉陵江等重要河流入河排污口下游,河道支流入干流处、河流入湖口、梁滩河等重要次级河流关键节点因地制宜建设人工湿地水质净化等工程设施,对处理达标后的排水和微污染河水进一步净化改善后,纳入区域水资源调配管理体系,优先用于区域内生态补水、市政杂用和工业生产。在有条件的区县积极开展区域再生水循环利用试点示范。(市生态环境局、市发展改革委、市住房城乡建委、市城市管理局、市水利局等按职责分工负责)

**(八)实施工业废水资源化利用工程。**在有条件、有基础的工业园区,依托工业企业用水大户,实施园区水资源梯级利用、园区废水循环利用、园区污水处理厂提标改造、园区污水再利用等项目,实现工业废水循环利用和分级回用,降低工业企业的用水量和排污量,加快全市工业污水资源化利用的步伐。重点围绕火电、钢铁、化工、纺织、造纸、印染、食品等高耗水行业,开展工业企业节水改造、工业企业废水循环利用等项目,提高企业水重复利用率和污水回用率,力争到2025年,新增一批国家级绿色工厂、国家级企业水效"领跑者"。(市经济信息委、市发展改革委、市生态环境局等按职责分工负责)

**(九)实施农业农村污水资源化利用工程。**将污水资源化工作融入乡村振兴中,结合"美丽乡村"建设加快农村污水处理设施建设,加快补齐处理能力缺口。在农业基础较好以及有资源化利用条件的区域,实施农业污水再利用项目,处理达标后实现就近灌溉回用;实施畜禽粪污资源化利用整县推进项目,持续推进畜禽粪污源头减量和资源化利用,构建特色生态循环农业新模式;实施养殖尾水处理、养殖标准化改造等项目,实现养殖尾水的达标排放或循环利用,降低水产养殖污染物排放和改善水产养殖环境。(市农业农村委、市生态环境局等按职责分工负责)

**(十)实施污水近零排放科技创新试点工程。**选择有代表性、有实施条件的重庆高新区、璧山高新区、荣昌高新区、永川高新区等国家级高新区,逐步有序开展技术综合集成与示范,研发集成低成本、高性能工业废水处理技术和装备,打造污水资源化技术、工程与服务、管理、政策等协同发力的示范样板。(市科技局、市生态环境局等按职责分工负责)

**（十一）综合开展污水资源化利用试点示范。**以两江新区、重庆高新区等开发区以及璧山区、大足区、铜梁区、江津区等区域为重点，加快补齐污水处理及再生利用设施短板，提升污水收集处理能力及再生利用水平，完善污水处理和再生水使用收费机制，促进污水资源化利用。根据重庆山城沿江的地势特点，选择一批新建污水处理厂作为试点示范，逐步推广应用“污水处理厂+尾水发电”“污水处理厂+分布式光伏发电”“污水处理厂+沼气发电”，提供自发自用的清洁能源。在有条件的区域示范推广“污水处理厂+尾水余能利用”模式，利用尾水余能为建筑物供冷供暖。探索建设资源能源标杆再生水厂。鼓励从污水中提取氮磷等物质，从污泥回收利用能量资源。力争到2025年，成功创建一批污水资源化利用示范区县。（市发展改革委、市住房城乡建委、市经济信息委、市规划自然资源局、市生态环境局、市水利局等按职责分工负责）

## 四、聚焦体制机制，强化污水资源化利用政策体系建设

**（十二）健全法规标准。**推动落实《重庆市水污染防治条例》，制订条例细化落实分工方案，强化依法治污鲜明导向。加快完善相关政策标准，积极探索将再生水纳入城市供水体系，引导新建用水单位充分利用再生水。建立健全覆盖节水目标控制、规划设计、评价测算、用水统计和管理的全流程标准体系。加快制修订工业、农业、城镇生活及农村生活等各方面用水定额，强化用水定额管理。推动制修订市级各类水污染物排放标准，分区分类提出差别化的污染物排放要求和管控措施。研究制定我市污水资源化利用分级分质标准、评价标准和监管标准等。（市住房城乡建委、市水利局、市市场监管局、市生态环境局、市经济信息委、市发展改革委、市城市管理局、市农业农村委等按职责分工负责）

**（十三）构建政策体系。**将污水资源化利用纳入市城镇污水处理及再生水利用设施建设“十四五”专项规划，明确污水再生利用设施和配套管网建设任务。按照国家区域再生水循环利用试点、典型地区再生水配置试点、工业废水循环利用、污泥无害化资源化利用、工业废水近零排放科技创新试点等各项实施方案，形成污水资源化利用若干政策体系，细化落实推进，逐一明确任务，实行清单化管理，从紧从实协调推进。制定鼓励非常规水利用的考核政策，将再生水纳入水资源统一配置。加强水资源及取水许可管理，研究建立污水资源化利用统计方法与制度。（市住房城乡建委、市发展改革委、市统计局、市生态环境局、市水利局等按职责分工负责）

**（十四）完善费价税机制。**建立健全激励提升供水质量、促进节约用水的价格形成机制和动态调整机制，合理制定城镇供水价格。坚持“先建机制、后建工程”，深入推进农业水价综合改革。合理制定污水处理费标准，考虑污水排放标准提升和污泥处置成本增加等因素动态调整。探索开展污水排放差别化收费机制，促进企业污水预处理和污染物减排。鼓励建立运营服务费与污水处理厂进水污染物浓度、污染物削减量挂钩、按效付费机制。放开再生水政府定价，由再生水供应企业和用户按照优质优价的原则自主协商定价。对于提供公共生态环境服务功能的河湖湿地生态补水、景观环境用水使用再生水的，鼓励各区县采用政府购买服务的方式推动污水资源化利用。（市发展改革委、市财政局、市住房城乡建委、市水利局等按职责分工负责）

**（十五）完善财金政策。**积极争取中央财政资金对污水资源化利用重大工程及示范

试点项目的支持，推动资源化利用试点示范工程。支持有条件的区县使用政府专项债券支持符合要求的污水资源化利用项目。建立多元化资金投入保障机制，鼓励和吸引各类社会资金通过特许经营、政府购买服务、股权合作、PPP 等方式参与再生水利用设施建设和运营。鼓励金融机构在风险可控、商业可持续的前提下给予中长期信贷支持。鼓励企业采用绿色债券、资产证券化等手段，依法合规拓宽融资渠道。落实环境保护、水资源节约、污水资源化利用等方面税收优惠政策。（市发展改革委、市财政局、重庆市税务局、市经济信息委、市生态环境局、市住房城乡建委、市水利局、市农业农村委、人行重庆营管部等按职责分工负责）

**（十六）加强科技创新。**针对工业污水处理难度大、农村生活污水处理效率低、资源回收率低等问题，鼓励科研院所、高等院校、企业等单位联合开展产学研合作，研发工业废水近零排放、污水深度处理、污废水再生处理、农村生活污水精准化治理及资源化利用等关键共性技术与装备。支持开展污水资源化利用领域先进适用技术推广应用。（市科技局、市发展改革委、市教委、市经济信息委、市生态环境局、市住房城乡建委、市水利局、市农业农村委等按职责分工负责）

## 五、保障措施

**（十七）加强组织领导。**加强污水资源化利用工作的领导和组织，统筹推进全市污水资源化利用工作。各部门（单位）按职责分工，加强水资源节约集约利用、水污染防治、水生态保护、污水资源化利用工作，加强基础设施建设，协调解决相关重大问题。各区县政府担负主体责任，制定本地区污水资源化利用的实施方案行动细则，细化分解各项目标，明确分工及责任部门，落实各项任务，集中推出一批有引领作用的试点示范工程，确保各项任务落到实处。（市发展改革委、市科技局、市经济信息委、市财政局、市规划自然资源局、市生态环境局、市住房城乡建委、市城市管理局、市水利局、市农业农村委、市市场监管局等按职责分工负责）

**（十八）强化监督管理。**严格执行用水总量和强度双控制度，强化水资源管理考核和取用水管理，确保《重庆市节水行动实施方案》落到实处。严格监督实施再生水纳入水资源统一配置的要求。加强自备井管理，限期依法关闭未经批准和公共供水管网覆盖范围内的自备井。健全污水资源化水质全过程监测体系，逐步建立覆盖污水资源化全过程的风险防控预警体系，确保污水资源化安全利用。（市发展改革委、市水利局、市生态环境局、市住房城乡建委、市经济信息委、市农业农村委等按职责分工负责）

**（十九）加大宣传力度。**结合世界环境日、世界水日、中国水周、全国城市节水宣传周、全国低碳日等主题宣传活动，全方位、多层次、多形式深入开展宣传工作，加强科普教育，增强公众的水环境保护意识，提高公众对污水资源化利用的认知度、认可度和接受度，消除公众顾虑，增强使用意愿。完善公众参与机制，充分发挥舆论监管、社会监督和行业自律作用，营造全社会共同参与污水资源化利用的良好氛围。（市发展改革委、市水利局、市经济信息委、市住房城乡建委、市城市管理局、市农业农村委、市机关事务局等按职责分工负责）

# 第六节　节水载体创建

## 工信部 水利部 全国节约用水办公室<br>关于深入推进节水型企业建设工作的通知

（工信部联节〔2012〕431 号）

各省、自治区、直辖市及计划单列市、新疆生产建设兵团工业和信息化主管部门、水行政主管部门、节约用水办公室，有关中央企业，中国钢铁工业协会、中国纺织工业协会、中国造纸协会、中国石油和化学工业联合会及有关协会，有关单位：

为贯彻落实《国务院关于实行最严格水资源管理制度的意见》（国发〔2012〕3 号），进一步推动工业节水工作，提升工业节水能力和水平，实现"十二五"工业节水约束性指标，经研究，决定在重点用水工业行业开展节水型企业建设工作。现就有关事项通知如下：

### 一、推进节水型企业建设工作的必要性

**（一）建设节水型企业是落实最严格水资源管理制度的重要措施。**目前，全国工业取水量占总取水量的四分之一左右。随着工业化进程的不断加快，工业用水需求呈增长趋势，水资源供需矛盾进一步凸显。建设节水型企业，全面提高工业用水效率，减少工业废水排放，是控制工业用水总量，缓解水资源供需矛盾的重要措施。

**（二）建设节水型企业是转变工业发展方式的迫切要求。**近年来，尽管工业节水工作不断进步，水资源重复利用、非常规水资源利用等技术水平不断提高，但总体上看工业用水方式仍以粗放型为主，主要生产工艺和关键环节用水量大、废水排放多等问题依然存在。建设节水型企业，鼓励节水工艺技术创新和推广，以更小的水资源消耗实现工业可持续发展，是促进工业发展方式转变的一项重要任务。

**（三）建设节水型企业是加强企业节水管理的重要内容。**企业是工业节水的主体。我国工业企业用水效率总体水平不高、节水意识相对薄弱、节水潜力很大。建设节水型企业，树立行业发展的先进典型，总结推广优秀企业的成功经验，颁布实施行业用水效率先进指标，是促进企业加强节水管理、提高工业用水效率的重要途径。

### 二、推进节水型企业建设工作的思路和要求

**（一）总体思路**

以科学发展观为指导，坚持节约优先的方针，全面落实最严格水资源管理制度，以企业为主体，以提高用水效率为核心，在重点用水行业推进节水型企业建设工作。发布一批节水标杆企业和标杆指标，引导企业加强节水管理和技术进步，加快转变工业用水方式。在节水基础较好、管理规范的工业聚集区探索开展节水型工业园区建设。建设一批节水

型企业,带动行业用水效率的提高,为实现“十二五”单位工业增加值用水量降低30%的目标提供保障,为建设资源节约型、环境友好型社会奠定基础。

**(二)主要目标**

2013年底前,在钢铁、纺织染整、造纸、石油炼制等重点用水行业开展节水型企业创建活动,树立一批行业内有代表性、产品结构合理、用水管理基础较好、用水指标达到行业领先水平的节水标杆企业典范,发布行业节水标杆指标。引导其他企业向标杆企业对标达标,推进节水型企业建设。

2014年底前,将节水型企业创建的范围逐步扩大到食品发酵、化工、有色金属等其他重点用水行业。

2015年底前,钢铁、纺织染整、造纸、石油炼制等重点用水行业企业全部达到节水型企业标准,并在工业领域形成节水型企业建设长效机制。

**(三)具体要求**

在重点行业推进节水型企业建设,必须加强节水管理、推进节水技术进步,切实加强企业单位产品用水定额、工业用水重复利用率、水表计量率、锅炉冷凝水回收率、企业用水综合漏失率考核,推动企业对标达标,降低单位产品用水量,提升工业水循环利用水平。

节水型企业建设具体要求:

1. 完善企业节水管理制度。建立科学合理的节水管理岗位责任制,健全企业节水管理机构和人员,明确节水管理主要领导职责、管理部门、人员和岗位职责。加强目标责任管理和考核。制定并实施节水规划和年度节水计划。

2. 加强定额管理,向先进水平对标达标。严格执行国家和地方取(用)水定额指标和标准,按照定额指标选择适合的用水工艺和技术,实施企业内部节水评价。向节水标杆企业和标杆指标进行对标达标,不断提升用水效率。

3. 加强用水管网(设备)建设,完善用水计量配备和管理。依据GB 24789《用水单位水计量器具配备和管理通则》配备用水计量器具,建立完整、规范的原始记录和统计台账,健全节水统计制度。编制详细的供水排水管网图和计量网络图,定期开展水平衡测试,加强用水效率和总量分析。建立日常巡查和检修制度,防止跑冒滴漏。

4. 加强节水技术改造,推进节水技术进步。推进节水重点技术改造项目实施。积极研发或采用节水新技术、新工艺、新设备,加快淘汰落后用水工艺、设备和器具。节水设施与主体工程同时设计、同时施工、同时投入运行。

5. 加强冷凝水、冷却水循环利用,推进工业废水回用,提高水资源重复利用率,积极努力推进废水“零”排放。

6. 提高职工节水意识。定期组织开展节水宣传和教育活动,不断提高职工节水意识。

## 三、加强节水型企业建设工作的组织管理

**(一)加强组织领导**

工业和信息化部、水利部、全国节约用水办公室负责全国工业节水型企业建设工作,中国标准化研究院、有关行业协会为节水型企业建设工作提供技术支撑和咨询服务。各级地方工业和信息化主管部门、水行政主管部门、节约用水办公室,有关中央企业积极组

织推进本地区、本企业集团节水型企业建设工作。

**(二)节水型企业评价指标**

节水型企业评价的基本标准:符合国家产业政策相关要求;符合节水型企业相关标准(见附件1);满足节水型企业基本要求(见附件2)的各项条件;符合单位产品取水量、水重复利用率、用水漏损等各项具体技术考核要求(见附件3);按照节水型企业管理评价要求(见附件4)进行评价并达到48分以上(含48分,满分60分)。

**(三)节水型企业评价方式**

节水型企业申报工作采取自愿申报和重点推荐相结合的方式,由企业按照节水型企业建设要求和评价标准编写节水型企业申请报告(申请表及证明材料要求见附件5、6),各省级工业和信息化主管部门、水行政主管部门、节约用水办公室按照上述节水型企业评价标准,组织专家对相关材料进行评审,必要时可进行现场考察。达到节水型企业要求的,公示发布节水型企业名单,并于每年10月底前将节水型企业评价有关情况(正式文件,企业相关材料一式6份并提交电子版)报工业和信息化部、水利部和全国节约用水办公室。节水型企业评价工作,接受社会监督,任何单位和个人不得向企业收取费用。

已建立规范评价制度并已开展节水型企业评价的省(市),可按原有模式开展省级节水型企业评价工作。

**(四)推进节水标杆示范和用水效率对标达标**

工业和信息化部、水利部、全国节约用水办公室委托相关行业协会对地方上报的节水型企业有关情况进行汇总审核,对行业内最先进的用水指标进行论证,并研究提出节水标杆企业和标杆指标建议。工业和信息化部、水利部、全国节约用水办公室对评价结果进行最终审定,并组织对标杆企业和标杆指标进行现场核验,经公示无异议后发布节水标杆企业和标杆指标。工业和信息化部会同有关部门加快研究制订和发布产业用水效率指南,参考有关标杆指标制订行业用水效率准入标准,切实把好工业固定资产投资项目用水效率准入关。

各地区、有关行业协会适时开展节水型企业建设经验交流会、组织相关企业向节水标杆企业和标杆指标进行对标达标,不断提升工业用水效率。

## 四、加强对节水型企业建设的政策引导和支持

各级工业和信息化主管部门、水行政主管部门、节约用水办公室要加强对节水型企业建设的政策引导和支持,在安排技术改造、清洁生产等财政专项资金时,优先支持节水型企业;同等条件下,优先保证节水型企业新建、改建、扩建项目用水需求;优先支持节水标杆企业组织实施节水示范工程。

支持有条件的工业园区把节水型企业建设与节水型工业园区建设结合起来,加强园区节约用水管理,完善用水管网基础设施建设,拓展水资源利用渠道,探索园区内污水集中处理回用的第三方节水服务模式,实现不同行业间的循环用水、一水多用,不断提高节水管理水平。

附件:1. 节水型企业相关标准
2. 节水型企业基本要求
3. 节水型企业技术考核要求
4. 节水型企业管理评价要求
5. 节水型企业申请表
6. 节水型企业相关证明材料清单

工业和信息化部 水利部 全国节约用水办公室
2012 年 9 月 12 日

附件 1

## 节水型企业相关标准

GB/T 7119—2006 节水型企业评价导则
GB 24789—2009 用水单位水计量器具配备和管理通则
GB/T 26923—2011 节水型企业 纺织染整行业
GB/T 26924—2011 节水型企业 钢铁行业
GB/T 26926—2011 节水型企业 石油炼制行业
GB/T 26927—2011 节水型企业 造纸行业
注:其他行业节水型企业国家标准出台前,可先按照行业标准执行。

附件 2

## 节水型企业基本要求

| 序号 | 项目 |
| --- | --- |
| 1 | 生活用水不采用包费制 |
| 2 | 生活用水和生产用水分开计量 |
| 3 | 供汽锅炉冷凝水回收 |
| 4 | 间接冷却水和直接冷却水不直排 |
| 5 | 水计量器具的配备与管理符合 GB 24789 的要求(附水计量器具一览表、技术档案等相关材料) |
| 6 | 企业废水排放符合标准要求(附地方环保局证明) |
| 7 | 不使用国家明令淘汰的用水设备和器具 |
| 8 | 有取用水资源的合法手续(附批件复印件) |
| 9 | 近三年用水无超计划(附地方节水办证明) |
| 10 | 新建、改建、扩建项目时实施节水“三同时”“四到位”制度。节水“三同时”即节水设施必须与主体工程同时设计、同时施工、同时投入运行。“四到位”即工业企业要做到用水计划到位、节水目标到位、管水制度到位、节水措施到位。 |

附件 3

# 节水型企业技术考核要求

## 节水型企业技术考核要求——钢铁行业

| 考核内容 | 技术指标 | 单位 | 考核值 |
|---|---|---|---|
| 取水量 | 吨钢取水量 | $m^3$ | ≤4.2 |
| 重复利用 | 直接冷却水循环率 | % | ≥95 |
| | 废水回用率 | % | ≥75 |
| | 重复利用率 | % | ≥97 |
| 用水漏损 | 用水综合漏失率 | % | ≤8 |

## 节水型企业技术考核要求——造纸行业

| | 指标 | 单位 | 考核值 |
|---|---|---|---|
| 单位产品取水量 | 漂白化学木(竹)浆 | $m^3$/Adt | ≤70 |
| | 本色化学木(竹)浆 | | ≤50 |
| | 化学机械木浆 | | ≤30 |
| | 漂白化学非木(麦草、芦苇、甘蔗渣)浆 | | ≤100 |
| | 脱墨废纸浆 | | ≤24 |
| | 未脱墨废纸浆 | | ≤16 |
| | 新闻纸 | $m^3$/t 产品 | ≤16 |
| | 印刷书写纸 | | ≤30 |
| | 生活用纸 | | ≤30 |
| | 包装用纸 | | ≤20 |
| | 白纸板 | | ≤30 |
| | 箱纸板 | | ≤22 |
| | 瓦楞原纸 | | ≤20 |
| 重复利用率 | 纸浆 | % | ≥70 |
| | 纸及纸板 | | ≥85 |

注：1. 经抄浆机生产浆板时，允许在本定额的基础上增加 10 $m^3$/t；
2. 生产漂白脱墨废纸浆时，允许在本定额的基础上增加 10 $m^3$/t；
3. 生产涂布类纸及纸板时，允许在本定额的基础上增加 10 $m^3$/t；
4. 纸浆的计量单位为吨风干浆(含水 10%)；
5. 纸浆、纸、纸板的取水量定额指标分别计；
6. 高得率半化学本色木浆及草浆按本色化学木浆执行，机械木浆按化学机械木浆执行；
7. 不包括特殊浆种、薄页纸及特种纸的取水量。

**节水型企业技术考核要求——纺织染整行业**

| | | |
|---|---|---|
| 一、取水量 | | |
| 单位产品取水量 | | |
| 1. 棉、麻、化纤及混纺机织物 | $m^3/100\ m$ | ≤2 |
| 2. 丝绸机织物 | $m^3/100\ m$ | ≤3 |
| 3. 针织物及纱线 | $m^3/t$ | ≤100 |
| 二、重复利用 | | |
| 1. 重复利用率 | % | ≥45 |
| 2. 间接冷却水循环率 | % | ≥95 |
| 3. 冷凝水回用率 | % | ≥98 |
| 4. 废水回用率 | % | ≥20 |
| 三、用水漏损 | | |
| 用水综合漏失率 | % | ≤6 |

**注**：1. 以棉色布为标准品，将标准品折合系数为1，机织物百米基准值为布幅宽度106 cm、布重12.00 kg/100 m的合格产品，当棉机织产品布幅宽度或布重不同时，计算其产品产量可按基准棉印染产品产量计算公式进行相应的换算。其他产品，可根据织物的长度、幅宽、厚度等数据按照《印染企业综合能耗计算办法及基本定额》(FZ/T 01002—2010)中的规定进行换算。

2. 毛织物单位产品取水量考核指标另行制定(以下同)。

**节水型企业技术考核要求——石油炼制行业**

| 考核内容 | | 考核值 |
|---|---|---|
| 取水量 | 加工吨原(料)油取水量($m^3/t$) | ≤0.7 |
| 重复利用 | 重复利用率(%) | ≥97.5 |
| | 浓缩倍数 | ≥4.0 |
| | 软化水、除盐水制取系数 | ≤1.10 |
| | 蒸汽冷凝水回收率(%) | ≥60 |
| | 含硫污水汽提净化水回用率(%) | ≥60 |
| | 污(废)水回用率(%) | ≥50 |
| 用水漏损 | 用水综合漏失率(%) | ≤7 |
| 排水 | 加工吨原(料)油排水量($m^3/t$) | ≤0.35 |

**注**：表中浓缩倍数指标是按间接冷却水循环系统中补充运行过程中损失的取水量确定的，当企业的间接冷却水循环系统的补充水中含有污(废)水回用水时，可将浓缩倍数指标按污(废)水回用水水量占补充水总量的10%递减0.1进行确定。

附件 4

# 节水型企业管理评价要求

| 序号 | 考核指标 | 考核内容 | 考核方法 | 评分 |
| --- | --- | --- | --- | --- |
| 1 | 管理制度 | 有科学合理的节水管理网络和岗位责任制 | 查阅文件、网络图和工作记录 | 4 |
| | | 有制定节水规划和年度节水计划 | 查阅有关文件和记录 | 4 |
| | | 有健全的节水统计制度，定期向相关部门报送节水统计报表 | 查阅有关资料 | 4 |
| 2 | 管理机构和人员 | 有主要领导负责用水、节水工作 | 查阅有关文件及会议记录 | 4 |
| | | 有用水、节水管理部门和专（兼）职用水、节水管理人员 | 查阅企业上级主管部门文件 | 4 |
| 3 | 管网（设备）管理 | 有详细的供水管网图、排水管网图和计量网络图 | 查阅图纸及查看现场 | 4 |
| | | 有日常巡查和保修检修制度，定期对管道和设备进行检修 | 查阅巡查记录和落实情况 | 4 |
| 4 | 水计量管理 | 原始记录和统计台账完整规范并定期进行分析 | 查阅台账和分析报告，核实数据 | 4 |
| | | 内部实行定额管理，节奖超罚 | 查阅定额管理节奖超罚文件和资料 | 4 |
| 5 | 水平衡测试 | 按规定周期进行水平衡测试 | 查阅水平衡测试报告书及有关文件 | 8 |
| 6 | 生产工艺和设备 | 开展节水技术改造 | 查阅有关工作记录 | 4 |
| | | 使用节水新技术、新工艺、新设备 | 节水设备管理好且运行正常 | 4 |
| 7 | 节水宣传 | 经常性开展节水宣传教育 | 查看相关资料 | 4 |
| | | 职工有节水意识 | 询问职工节水常识 | 4 |

附件 5

# 节水型企业申请表

<table>
<tr><td>企业名称</td><td colspan="4"></td></tr>
<tr><td>通信地址</td><td colspan="2"></td><td>邮政编码</td><td></td></tr>
<tr><td>所属行业</td><td></td><td>企业人数</td><td colspan="2"></td></tr>
<tr><td>法人代表</td><td></td><td>电话/传真</td><td colspan="2"></td></tr>
<tr><td>节水管理部门</td><td></td><td>电话/传真</td><td colspan="2"></td></tr>
<tr><td>节水管理负责人</td><td></td><td>电话/传真</td><td colspan="2"></td></tr>
<tr><td>主要产品</td><td></td><td>主要水源</td><td colspan="2"></td></tr>
<tr><td>上年总产值</td><td>万元</td><td>上年取水量</td><td colspan="2">m<sup>3</sup></td></tr>
<tr><td>申请企业<br>自评结果</td><td colspan="4">经对照标准和要求进行自查，符合节水型企业示范的基本要求，管理考核得分为____分，技术考核的各项指标值分别为：<br><br>符合节水型企业示范要求，申请审核验收。<br><br>申请企业：　　（公章）<br>年　　月　　日</td></tr>
</table>

附件 6

# 节水型企业相关证明材料清单

| 序号 | 项目 | 备注 |
| --- | --- | --- |
| 1 | 企业废水排放符合标准要求 | 由所在地环保部门出具 |
| 2 | 取用水资源的合法手续 | 所在地水利部门的批复复印件 |
| 3 | 近三年用水不超计划的证明 | 由所在地水利部门出具 |
| 4 | 企业水计量器具一览表、技术档案等相关材料 | 企业出具 |
| 5 | 企业水平衡测试报告 | 企业出具 |

# 重庆市经济信息委 重庆市水利局 重庆市城市管理局关于深入开展节水型企业创建工作的通知

（渝经信发〔2018〕76号）

各区县(自治县)经济信息委、水行政主管部门、城市供节水管理部门，两江新区经济运行局、城市管理局，万盛经开区经济信息局、水务局、市政园林执法局，各有关单位：

为贯彻落实《国务院关于实行最严格水资源管理制度的意见》，发挥节水先进企业的典型示范作用，加快推进重点用水企业节水技术进步，推动企业开展节水改造和对标达标，全面提升企业用水效率，按照水利部等9部委《“十三五”实行最严格水资源管理制度考核工作实施方案》和《重庆市节约用水管理办法》要求，根据《工业和信息化部 水利部 全国节约用水办公室关于深入推进节水型企业建设工作的通知》精神，我委联合市水利局、市城管局决定在前期节水型企业创建工作的基础上，扩大创建范围、提升创建水平，在全市重点用水行业进一步深入开展节水型企业创建工作。现就有关事项通知如下：

## 一、总体思路

深入贯彻党的十九大精神，坚持以习近平新时代中国特色社会主义思想为指导，全面落实习近平生态文明思想，按照“节水优先、空间均衡、系统治理、两手发力”的治水方针，以企业为主体，以提高用水效率为核心，在重点用水行业推进节水型企业建设和水效领跑者遴选工作。树立一批行业内有代表性、用水管理基础较好、装备技术先进、节水工作有特色、用水指标达到行业先进水平的典型，引导企业加强节水管理和技术进步，加快转变工业用水方式，不断推进企业水循环梯级利用，形成政府推动、企业主动、全社会互动的节约用水良好工作局面。

## 二、创建范围和要求

全市节水型企业创建工作主要在钢铁、纺织染整、造纸、食品发酵、化工、有色、火电等7个重点用水行业开展。

（一）2018年底，重点用水行业年用水20万立方米以上的规模以上企业创建率要达到50%以上；

（二）到2020年，重点用水行业年用水20万立方米以上的规模以上企业全覆盖；

（三）到2025年，重点用水行业年用水10万立方米以上的规模以上企业全覆盖。

各区县可根据当地经济社会发展情况和水资源状况加快创建进度、扩大创建范围。

三、创建内容

（一）完善企业节水管理制度。建立企业节水管理机构和科学合理的节水管理岗位责任制，完善节水管理制度，制定并实施节水规划和年度节水计划，加强目标责任管理和考核。

（二）加强用水定额管理。严格执行国家和省取（用）水定额指标和标准，按照定额指标选择适合的用水工艺和技术，实施企业内部节水评价。向节水标杆企业和标杆指标对标达标，不断提升用水效率。

（三）完善用水计量配备和管理。依据《用水单位水计量器具配备和管理通则》（GB 24789）配备用水计量器具，建立完整、规范的原始记录和统计台账，健全节水统计制度。编制详细的供水排水管网图和计量网络图，定期开展水平衡测试以及用水效率和总量分析。建立日常巡查和检修制度，防止跑冒滴漏。

（四）推进节水技术进步。积极采用节水新技术、新工艺、新设备，淘汰落后用水工艺、设备和器具。实施节水技术改造项目，节水设施与主体工程同时设计、同时施工、同时投入运行。

（五）加强水资源循环利用。推进冷凝水、冷却水循环利用和工业废水回用，提高水资源重复利用率。

（六）提高职工节水意识。组织开展节水宣传和教育活动，不断提高职工节水意识。

四、创建标准

申请创建节水型企业的工业企业应达到以下要求：

（一）主要产品、生产技术工艺及装备符合国家产业政策；

（二）达到节水型企业基本要求（见附件 1），基本要求为否决项，任何一条不符合要求，不得申报节水型企业；

（三）节水型企业管理考核指标（见附件 2），考核得分在 48 分以上（含 48 分，满分 60 分）；

（四）节水型企业技术考核指标（见附件 3），有具体标准的行业产品按标准执行，未有标准的按照行业先进值执行。

五、创建程序

（一）申报。全市节水型企业创建工作采取企业申报和政府部门组织专家评价相结合的方式开展。节水型企业申报由企业按照节水型企业建设要求自评，达标后向所在区县的经济信息部门、水行政主管部门、城市供水管理部门提出申请，提交节水型企业创建申报书（一式三份、装订成册，格式要求见附件 4）。

（二）评价。各区县经济信息部门会同水行政主管部门、城市供水管理部门组织专家对企业申报材料进行评审，并现场核查节水型企业创建情况，对达到节水型企业创建要求的企业评价为节水型企业，给予发文公布。同时每年 4 月底前将上年度节水型企业创建资料（包含企业申报材料、公布文件）及汇总表联合上报市经济信息委、市水利局、市城管局。

（三）复审。市经济信息委会同市水利局、市城管局组织专家对各区县上报的节水型企业创建资料进行审查，必要时组织现场复查，同时对水效指标前10%的企业评价为“重庆市水效领跑者”，给予通报表彰和资金补助。

## 六、组织管理

（一）高度重视。节水型企业创建工作是国家实行最严格水资源管理制度考核内容，各区县经济信息部门、水行政主管部门、城市供水管理部门要高度重视此项工作，摸清创建企业范围底数，制定节水型企业创建计划，督促重点用水企业尽早创建节水型企业。

（二）加强扶持。市经济信息委会同市水利局、市城管局统筹协调全市节水型企业创建工作，各区县经济信息部门、水行政主管部门、城市供水管理部门负责本地区节水型企业创建，做好相关企业创建咨询工作，有条件的区县可委托第三方机构进行辅导和检测。

（三）落实政策。各区县经济信息部门、水行政主管部门、城市供水管理部门要加强对节水型企业创建工作的政策引导和支持，在安排节能节水技术改造等财政资金时优先支持节水型企业；优先支持节水型企业组织实施节水示范工程；优先保障节水型企业新建、改建、扩建项目用水需求；对获评“水效领跑者”的节水型企业给予通报表彰和资金补助。

（四）总结推广。市经济信息委会同市水利局、市城管局将定期通报各区县节水型企业创建情况，并适时开展节水型企业建设经验交流会，组织相关企业向水效领跑者企业学习，积极支持我市水效领跑者企业申报国家级节水标杆企业、国家级水效领跑者。开展企业用水对标达标活动，不断提升工业行业用水效率和管理水平。

附件：1. 节水型企业创建基本要求

2. 节水型企业管理考核指标

3. 节水型企业技术考核指标

4. 重庆市节水型企业申报书

重庆市经济和信息化委员会 重庆市水利局 重庆市城市管理局

2018年11月1日

附件 1

# 节水型企业创建基本要求

| 序号 | 项目 |
| --- | --- |
| 1 | 生活用水不采用包费制 |
| 2 | 生活用水和生产用水分开计量 |
| 3 | 供汽锅炉冷凝水回收 |
| 4 | 间接冷却水和直接冷却水不直排 |
| 5 | 水计量器具的配备与管理符合 GB 24789 的要求(附水计量器具清单、技术档案等相关材料) |
| 6 | 按规定周期开展水平衡测试(附水平衡测试报告) |
| 7 | 企业废水排放符合标准要求(附企业自主声明,环保部门核实) |
| 8 | 不使用国家明令淘汰的用水设备和器具 |
| 9 | 有取用水资源的合法手续(附地方水利部门批复复印件或取水许可证) |
| 10 | 近 3 年用水无超计划(附企业自主声明) |
| 11 | 新建、改建、扩建项目时实施节水“三同时”“四到位”制度。节水“三同时”即节水设施必须与主体工程同时设计、同时施工、同时投入运行。“四到位”即工业企业要做到用水计划到位、节水目标到位、管水制度到位、节水措施到位 |

**注**:按照国家清理相关证明的精神,第 7 项和第 10 项均由企业自主声明符合相关要求,第 7 项商当地环保部门核实,第 10 项由当地水利或城市供节水管理部门审查。

附件 2

# 节水型企业管理考核指标

| 序号 | 考核指标 | 考核内容 | 考核方法 | 评分 |
| --- | --- | --- | --- | --- |
| 1 | 管理制度 | 有科学合理的节水管理网络和岗位责任制 | 查阅文件、网络图和工作记录 | 4 |
| | | 制定有节水规划和年度节水计划 | 查阅有关文件和记录 | 4 |
| | | 有健全的节水统计制度,定期向相关部门报送节水统计报表 | 查阅有关资料 | 4 |

续表

| 序号 | 考核指标 | 考核内容 | 考核方法 | 评分 |
|---|---|---|---|---|
| 2 | 管理机构和人员 | 主要领导负责用水、节水工作 | 查阅有关文件及会议记录 | 4 |
| | | 有用水、节水管理部门和专(兼)职用水、节水管理人员 | 查阅相关文件 | 4 |
| 3 | 管网(设备)管理 | 有详细的供水管网图、排水管网图和计量网络图 | 查阅图纸及查看现场 | 4 |
| | | 有日常巡查和保修检修制度,定期对管道和设备进行检修 | 查阅巡查记录和落实情况 | 4 |
| 4 | 水计量管理 | 原始记录和统计台账完整规范并定期进行分析 | 查阅台账和分析报告,核实数据 | 4 |
| | | 内部实行定额管理,节奖超罚 | 查阅定额管理节奖超罚文件和资料 | 4 |
| 5 | 水平衡测试 | 按规定周期进行水平衡测试 | 查阅水平衡测试报告书及有关文件 | 8 |
| 6 | 生产工艺和设备 | 开展节水技术改造 | 查阅有关工作记录 | 4 |
| | | 使用节水新技术、新工艺、新设备 | 节水设备管理好且运行正常 | 4 |
| 7 | 节水宣传 | 经常性开展节水宣传教育 | 查看相关资料 | 4 |
| | | 职工有节水意识 | 询问职工节水常识 | 4 |

附件 3

# 节水型企业技术考核指标

GB/T 7119—2006　节水型企业评价导则

GB 24789—2009　用水单位水计量器具配备和管理通则

GB/T 26923—2011　节水型企业 纺织染整行业

GB/T 26924—2011　节水型企业 钢铁行业

GB/T 26925—2011　节水型企业 火力发电行业

GB/T 26926—2011　节水型企业 石油炼制行业

GB/T 26927—2011　节水型企业 造纸行业

GB/T 32164—2015　节水型企业 乙烯行业

GB/T 32165—2015　节水型企业 味精行业

GB/T 33232—2016　节水型企业 氧化铝行业
GB/T 33233—2016　节水型企业 电解铝行业
GB/T 34610—2017　节水型企业 炼焦行业
GB/T 34608—2017　节水型企业 铁矿采选行业
GB/T 35576—2017　节水型企业 啤酒行业

**注**:1. 各标准具体文本可在国家标准委“国家标准全文公开”栏目查询;
2. 其他行业节水型企业国家标准出台前,可先参照行业先进值执行。

附件 4

# 重庆市节水型企业申报书

(　　年度)　　申报单位:　　　　(盖章)
所属行业:
日　　期:

一、企业概况

<table>
<tr><td colspan="2">企业名称</td><td colspan="4"></td></tr>
<tr><td colspan="2">通信地址</td><td colspan="2"></td><td>邮政编码</td><td></td></tr>
<tr><td colspan="2">所属行业</td><td colspan="2"></td><td>企业人数</td><td></td></tr>
<tr><td colspan="2">法人代表</td><td colspan="2"></td><td>电话/传真</td><td></td></tr>
<tr><td colspan="2">节水管理部门</td><td colspan="2"></td><td>电话/传真</td><td></td></tr>
<tr><td colspan="2">节水管理负责人</td><td colspan="2"></td><td>电话/传真</td><td></td></tr>
<tr><td colspan="2">主要产品</td><td colspan="2"></td><td>主要水源(水厂供水或自备取水)</td><td></td></tr>
<tr><td colspan="2">水源名称(自备取水)</td><td colspan="2"></td><td>取水许可证号码(自备取水)</td><td></td></tr>
<tr><td colspan="2">上年总产值</td><td colspan="2">万元</td><td>上年取水量</td><td>$m^3$</td></tr>
<tr><td>上年度单位产品用水量</td><td></td><td>上年度水重复利用率</td><td></td><td>上年度水综合漏损率</td><td></td></tr>
</table>

二、企业节水技术考核指标完成情况

| 序号 | 考核内容 | 技术指标 | 上年实际完成情况 | 当年预计完成情况 |
|---|---|---|---|---|
| 1 | 取水量 | 单位产品取水量 | | |
| | | 万元增加值取水量 | | |
| 2 | 重复利用 | 水重复利用率 | | |
| | | 直接冷却水循环率 | | |
| | | 间接冷却水循环率 | | |
| | | 冷凝水回用率 | | |
| | | 废水回用率 | | |
| 3 | 用水漏损 | 用水综合漏失率 | | |
| 4 | 排水 | 达标排放率 | | |
| 5 | 非常规水资源利用 | 非常规水资源替代率 | | |

**说明**:具体技术指标根据节水型企业各行业标准的技术考核指标及要求逐项填写。

三、企业节水管理考核指标完成情况

| 序号 | 考核指标 | 考核内容 | 分值 | 企业自评得分 | 得分依据说明 |
|---|---|---|---|---|---|
| 1 | 管理制度 | 有科学合理的节水管理网络和岗位责任制 | 4 | | |
| | | 制定有节水规划和年度节水计划 | 4 | | |
| | | 有健全的节水统计制度,定期向相关部门报送节水统计报表 | 4 | | |
| 2 | 管理机构和人员 | 主要领导负责用水、节水工作 | 4 | | |
| | | 有用水、节水管理部门和专(兼)职用水、节水管理人员 | 4 | | |
| 3 | 管网(设备)管理 | 有详细的供水管网图、排水管网图和计量网络图 | 4 | | |
| | | 有日常巡查和保修检修制度,定期对管道和设备进行检修 | 4 | | |
| 4 | 水计量管理 | 原始记录和统计台账完整规范并定期进行分析 | 4 | | |
| | | 内部实行定额管理,节奖超罚 | 4 | | |

续表

| 序号 | 考核指标 | 考核内容 | 分值 | 企业自评得分 | 得分依据说明 |
|---|---|---|---|---|---|
| 5 | 水平衡测试 | 按规定周期进行水平衡测试 | 8 | | |
| 6 | 生产工艺和设备 | 开展节水技术改造 | 4 | | |
| | | 使用节水新技术、新工艺、新设备 | 4 | | |
| 7 | 节水宣传 | 经常性开展节水宣传教育 | 4 | | |
| | | 职工有节水意识 | 4 | | |
| 合计 | | | 60 | | |

四、创建工业节水型企业工作总结

（包括：企业节水管理制度、用水指标、用水计量配合和管理、节水技术改造、水资源循环利用、节水宣传和教育等方面内容）。

五、附件

| 序号 | 项目 |
|---|---|
| 1 | 企业水平衡测试报告 |
| 2 | 水计量器具的配备与管理符合 GB 24789 的要求(附水计量器具清单、技术档案等相关材料) |
| 3 | 企业废水排放符合标准要求(附企业自主声明) |
| 4 | 有取用水资源的合法手续(附地方水利部门批复复印件或取水许可证) |
| 5 | 自备取水企业应按时足额缴纳水资源费(附企业自主声明) |
| 6 | 近三年用水无超计划(附企业自主声明) |

六、当地经信、水行政主管部门、城市供节水主管部门评价意见

| （此项由区县节水型企业创建工作政府部门填写，包括：节水型企业创建基本要求达标情况、企业节水管理考核指标得分情况、企业节水技术考核指标得分情况等内容，经信、水利、城市供节水三家主管部门需签字盖章确认上述意见） | | |
|---|---|---|
| 区县经信部门：<br><br>（盖章） | 区县水行政主管部门：<br><br>（盖章） | 区县城市供节水主管部门：<br><br>（盖章） |

# 水利部 国管局 全国节约用水办公室关于开展公共机构节水型单位建设工作的通知

（水资源〔2013〕389号）

各省、自治区、直辖市及新疆生产建设兵团水利（水务）厅（局）、机关事务管理局、节约用水办公室，北京市、贵州省、西藏自治区发展改革委，青海省经委：

为贯彻落实《国务院关于实行最严格水资源管理制度的意见》（国发〔2012〕3号），国家机关事务管理局（以下简称国管局）2013年5月印发了《关于加强公共机构节水工作的通知》（国管节能〔2013〕181号），把建设节水型单位作为公共机构节水工作的重要内容。为发挥公共机构的示范带头作用，加快节水型单位建设，现就有关事项通知如下：

## 一、总体要求

以科学发展观为指导，以提高用水效率为核心，以全面落实最严格水资源管理制度为保障，坚持因地制宜、分类指导、经济适用的原则，建成一批"制度完备、宣传到位、设施完善、用水高效"的节水型单位，带动各级各类公共机构加强节水管理和技术改造，引导全社会提高节水意识，为建设资源节约型、环境友好型社会做出贡献。

## 二、工作目标

到2015年，50%以上的省级机关建成节水型单位，并逐步将各类公共机构纳入节水型单位建设范围。到2020年，全部省级机关建成节水型单位，50%以上的省级事业单位建成节水型单位。

各地区要根据实际情况，有计划地组织有条件的市县级公共机构创建节水型单位。

## 三、具体要求

各地区水行政主管部门、公共机构节能管理部门、节约用水办公室要组织、指导本地区公共机构按照以下具体要求，加强节水日常管理，加快节水技术改造，积极创建节水型单位。

**（一）完善节水管理制度。**完善内部节水管理规章制度，建立节水管理岗位责任制，明确节水管理相关领导职责、管理部门、人员和岗位职责。制定、实施节水计划和年度用水计划，加强目标责任管理和考核。

**（二）强化节水日常管理。**严格用水设施设备的日常管理，定期巡护和维修，杜绝跑冒滴漏。依据国家有关标准配备和管理用水计量器具，建立完整、规范的原始记录和统计台账，重点加强食堂、浴室等重点耗水部位的用水监控。编制详细的供水排水管网图和计量网络图，按照规定开展水平衡测试，加强用水效率和总量分析。结合自身特点，加强节水宣传教育,提高干部职工的节水意识。

**(三)加快推广使用节水技术和设备。**积极推广应用先进实用的节水新技术、新产品,加快淘汰不符合节水标准的用水设备和器具。稳步实施卫生洁具、食堂用水设施、空调设备冷却系统、老旧管网和耗水设备等的节水改造。新建、改建、扩建项目,要制定节水措施方案,节水设施要与主体工程同时设计、同时施工、同时投入使用。

**(四)积极利用非常规水源。**缺水地区和有条件的地区要积极建设雨水集蓄和再生水利用系统,绿化和景观用水尽量利用非常规水源。泳池、浴室等用水量大的场所应设置水处理再利用装置。

## 四、标准制定

省级节约用水办公室要积极会同有关部门,按照本地区节水工作要求,参照本通知所附建设标准,制定本地区节水型单位的建设标准,于 2014 年 3 月底前报水利部、国管局、全国节约用水办公室备案。

对本地区节水型单位建设标准进行调整的,需在调整后 1 个月内重新备案。

## 五、建设程序

节水型单位申报工作采取重点推荐和自愿申报相结合的方式,由申报单位提出申请,并提供相关材料。

省级节约用水办公室按照本地区节水型单位建设标准对申报单位进行初审,并提出整改意见。申报单位整改完成后,省级水行政主管部门会同公共机构节能管理部门、节约用水办公室对申报单位进行现场验收;验收通过后,发布节水型单位名单,并报送水利部和国管局、全国节水办备案。

节水型单位实行动态管理,每 5 年复核一次,复核达到标准的继续保留其节水型单位资格;达不到标准要求的,取消其资格。

每年 3 月底前,各地区将上年度本地区节水型单位建设的情况报送水利部和国管局、全国节水办,并推荐本地区用水效率先进的节水型单位。水利部和国管局、全国节水办将根据推荐名单,确定并公布公共机构节水标杆单位和标杆指标,并逐步完善公共机构用水定额标准。

已开展节水型单位建设的地区,按照原有组织模式继续开展相关工作,并于每年 3 月底前,将本地区节水型单位建设的情况报送水利部和国管局、全国节水办。

## 六、保障措施

**(一)加强组织领导。**水利部、国管局、全国节水办负责组织推进节水型单位建设工作。各地区水行政主管部门、公共机构节能管理部门、节约用水办公室要加强协调合作,充实工作力量,加强对本地区节水型单位建设工作的组织管理,注重与有关部门的工作衔接。

**(二)加强监督考核。**水利部将节水型单位建设情况纳入各省最严格水资源管理制度考核工作体系。国管局将节水型单位建设情况纳入对各地区公共机构节约能源资源考核评价体系。水利部、国管局和全国节水办定期对节水标杆单位进行重点抽查。

**(三)加强资金保障。**节水型单位建设的组织管理费用在水资源费中列支。各级水行政主管部门、公共机构节能管理部门、节约用水办公室在安排资金和有关项目时,优先支持节水型单位建设。各级水行政主管部门按照水资源费使用管理规定,积极支持公共机构节水技术推广应用和节水示范项目建设。

**(四)加强宣传教育。**各级水行政主管部门、公共机构节能管理部门、节约用水办公室应借助"世界水日"、"中国水周"、"节能宣传周"开展节水宣传,充分利用各种媒体,普及节水知识,推广节水型单位的建设经验,积极倡导"爱水、惜水、节水"的社会风尚。

附件:节水型单位建设标准

水利部 国家机关事务管理局 全国节约用水办公室

2013年10月8日

附件

# 节水型单位建设标准

## 一、节水技术标准(40分)

| 序号 | 指标 | 计算方法 | 评分规则 | 分值 |
|---|---|---|---|---|
| 1 | ★水计量率 | $\frac{\text{水计量器具计量水量}}{\text{总水量}}\times100\%$ | 用水单位水计量率达到100%,次级用水单位水计量率达到95%,分别达到得8分,有一项达不到不得分 | 8 |
| 2 | ★节水器具普及率 | $\frac{\text{节水设备器具数量}}{\text{总用水设备器具数量}}\times100\%$ | 节水设备、器具数量占总用水设备、器具数量的比例低于96%不得分,每高一个百分点得2分,满分8分 | 8 |
| 3 | 人均用水量 | $\frac{\text{单位全年用水量}}{\text{用水总人数}}$ | 依据评价上一个自然年度本省(区、市)同类型单位用水量平均值进行判定:<br>人均用水量≤0.9×平均值,得8分;<br>0.9×平均值<人均用水量≤平均值,得6分;<br>平均值<人均用水量≤1.1×平均值,得3分;<br>1.1×平均值<人均用水量≤1.2×平均值,得1分;<br>1.2×平均值<人均用水量,得0分 | 8 |
| 4 | 用水器具漏失率 | $\frac{\text{漏水件数}}{\text{总件数}}\times100\%$ | 用水器具漏失率≤4%得8分,否则每高1%扣2分,直至扣完 | 8 |
| 5 | 中央空调冷却补水率 | $\frac{\text{中央空调冷却塔补水量}}{\text{中央空调冷却塔总循环量}}\times100\%$ | 中央空调冷却水补水率≤1%得5分 | 3 |
| 6 | 锅炉冷凝水回收率 | $\frac{\text{年蒸汽冷凝水回收量}}{\text{年蒸汽发气量}}\times100\%$ | 锅炉冷凝水回收率大于50%得3分。每低2%扣1分直至扣完 | 5 |

## 二、节水管理标准(60 分)

| 序号 | 指标 | 考核方法 | 评分规则 | 分值 |
|---|---|---|---|---|
| 1 | 规章制度 | 查看文件和相关资料 | 1)建立计量、统计、定期维修等节水管理规章和制度得 3 分;<br>2)编写用水计划实施方案并落实下达的用水计划得 2 分,完成当年内部节水指标得 2 分;<br>3)明确节水主管部门和节水管理人员得 2 分;<br>4)制定节水目标责任制和考核制度得 2 分;<br>5)两年内未受到浪费用水处罚得 2 分 | 13 |
| 2 | 计量统计 | 查阅相关资料,核实数据 | 1)依据《公共机构能源资源计量器具配备和管理要求》(GB/T 29149—2012),用水计量器具的配备按分户、功能分区、主要设备实现三级计量,得 3 分,实现按分户、功能分区计量得 1 分,实现按分户计量得 1 分;<br>2)有原始用水记录和统计台账得 2 分 | 7 |
| 3 | 节水技术推广与改造 | 查阅节水改造资料和设施建设材料、核对节水器清单,现场查看 | 1)节水设施与主体工程同时设计、同时施工、同时投入使用得 3 分;<br>2)实施食堂用水设施、中央空调冷却塔、老旧管网和耗水设施等节水改造和节水设施建设,每实施一项得 1 分,满分得 3 分;<br>3)铺设透水地面或地面采取透水措施得 1 分;<br>4)所用节水设备和器具全部为列入《节能产品政府采购清单》的节水产品得 3 分;<br>5)景观用水、泳池、浴室等设置水处理再利用装置,每一项得 1 分,满分 2 分;<br>6)绿化采用高效浇灌方式得 1 分 | 13 |
| 4 | 管理维护 | 查阅相关资料,现场抽查 | 1)定期巡护和维修用水设施设备且记录完整得 3 分;<br>2)无擅自停用节水设施行为得 2 分;<br>3)有完整的管网图得 3 分;<br>4)有完整的计量网络图得 3 分;<br>5)开展水平衡测试得 2 分,有 5 年内水平衡测试报告书得 2 分 | 15 |
| 5 | 非常规水源利用 | 查阅有关资料,现场查看 | 1)建设雨水集蓄、海水淡化设施或再生水利用系统并有效利用得 3 分。<br>2)绿化、景观用水等采用非常规水源,每一项得 1 分,总分 2 分 | 5 |
| 6 | 节水宣传 | 查阅有关资料,现场查看 | 1)编制节水宣传材料得 2 分;<br>2)开展节水宣传主题活动、专题培训、讲座等,每开展一次得 1 分,满分 3 分;<br>3)在主要用水场所和器具显著位置张贴节水标识得 2 分 | 7 |

## 说　明

一、为贯彻落实《国务院关于实行最严格水资源管理制度的意见》(国发〔2012〕3号),深入推进公共机构节水型单位创建工作,根据国管局印发的《关于加强公共机构节水工作的通知》(国管节能〔2013〕181号),制定本标准。

二、本标准适用于公共机构节水型单位的建设和验收。

三、公共机构节水型单位建设标准由节水技术标准和节水管理标准两部分组成,总计100分。其中,节水技术标准为40分,由水计量率、节水器具普及率等6项指标组成;节水管理标准为60分,由规章制度、计量统计等6项指标组成。

四、公共机构节水型单位的总得分应当≥90分,并且任一加"★"指标的得分不得为0分。

五、节水技术标准中,各项指标解释及验收方法如下:

(一)水计量率是指在一定的时间内,用水单位、次级用水单位、用水设备(用水系统)的水计量器具计量的水量与占其对应级别全部水量的百分比,其计算公式按照《用水单位水计量器具配备和管理通则》(GB 24789—2009)国家标准执行,验收时采用查阅资料和现场随机抽查的方式;

(二)节水器具普及率中节水设备、器具是提高用水效率,减少水使用量的机械设备和储存设备的统称,如节水型水龙头、便器、淋浴、喷灌等器具,验收时采取现场随机抽查的方式,抽查的用水点不小于10处;

(三)人均用水量是指单位年用水量和在编职工数的比值,同类型单位是指性质相似、用水习惯相似、水用途相似的单位,验收时采取查阅资料的方式;

(四)用水器具是指单位内所有的用水设备和部位。器具漏水有一处滴漏点算一处漏水,验收时采取现场随机抽查的方式,抽查用水点不少于10处;

(五)中央空调冷却补水率是指用于中央空调冷却塔补水量占总循环量的百分比,验收时采取随机抽查的方式;

(六)锅炉冷凝水回收率是指年蒸汽冷凝水回用量与年蒸汽发气量的比值,验收时采取查阅资料与现场查验相结合的方式;

六、节水型单位建设标准中,缺项指标的得分由各省级节约用水办公室自行确定。

# 重庆市机关事务局 重庆市水利局关于进一步做好公共机构节水型单位创建工作的通知

渝机管发〔2018〕105 号

市级各部门,各区县(自治县)机关事务管理部门、水行政主管部门,两江新区城市管理局,万盛经开区水务局:

为贯彻落实《国务院关于实行最严格水资源管理制度的意见》(国发〔2012〕3 号)和《重庆市节约用水管理办法(试行)》有关要求,充分发挥节水典型示范作用,加快开展节水型单位和节水标杆单位创建,推广应用节水新技术、新工艺和新产品,提高节水器具使用率。根据水利部、国家机关事务管理局、全国节水办《关于开展公共机构节水型单位建设工作的通知》(水资源〔2013〕389 号)和《重庆市公共机构节约能源资源"十三五"规划》要求,深入开展公共机构节水型单位创建工作,现就进一步做好公共机构节水型单位创建工作有关事项通知如下:

## 一、总体思路

深入贯彻党的十九大精神,坚持以习近平新时代中国特色社会主义思想为指导,全面落实习近平生态文明思想,按照"节水优先、空间均衡、系统治理、两手发力"的治水方针,落实最严格的水资源管理制度,科学制定用水指标,以公共机构节水型单位建设为主线,建立健全节约集约用水机制,促进水资源使用结构调整和优化配置,提升水资源利用效率,推进水资源节约循环利用。

## 二、工作目标

到 2020 年末,市级部门全部建成节水型单位,50%的市级公共机构建成节水型单位,50%的区县级机关和 20%的区县级公共机构建成节水型单位。到 2022 年末,80%的市级公共机构建成节水型单位,渝西地区全部区级机关和 50%的区县级公共机构建成节水型单位,其他区县 80%的区县级机关和 35%的区县级公共机构建成节水型单位。

## 三、创建内容

**(一)完善节水管理制度。**建立内部节水管理规章制度,建立节水管理岗位责任制,明确节水管理相关领导职责、管理部门人员和岗位职责。制定、实施节水计划和年度用水计划,加强目标责任管理和考核。

**(二)强化节水日常管理。**严格用水设施设备的日常管理,定期巡护和维修,杜绝跑冒滴漏。完善用水计量器具配备,建立完整、规范的原始记录和统计台账,重点加强食堂、浴室等重点耗水部位的用水管控。编制详细的供水排水管网图和计量网络图,按照规定开展水平衡测试，加强用水效率和总量分析。结合自身特点，加强节水宣传教育，提高干部职工的节水意识。

**(三)加快推广使用节水技术和设备**。积极推广应用先进实用的节水新技术、新产品，加快淘汰不符合节水标准的用水设备和器具。实施卫生洁具、食堂用水设施、空调设备冷却系统、老旧管网和耗水设备等的节水改造。新建、改建、扩建项目，要制定节水措施方案，节水设施要与主体工程同时设计、同时施工同时投入使用。

**(四)推行合同节水管理**。以节水效益分享、节水效果保证用水费用托管为模式，在公共机构推行合同节水管理，鼓励节水服务机构与公共机构签订节约用水管理合同，分享回收投资和获得合理利润。

**(五)积极利用非常规水源**。缺水地区和有条件的地区要采取措施加强雨水收集利用，建设再生水利用设施，绿化和景观用水尽量利用非常规水源。

## 四、创建标准

按照《重庆市公共机构节水型单位建设评价标准》(见附件1)，考核得分大于等于90分，为节水型单位(且水计量率和节水器具普及率指标的得分不得为0分)。

## 五、创建程序

**(一)申报**。节水型单位申报工作采取重点推荐和自愿申报相结合的方式，由申报单位按照节水型单位建设标准提出申请向各级机关事务管理部门提交重庆市节水型单位创建申报书(格式要求见附件2)。

**(二)评价**。各区县(自治县)机关事务管理部门会同水行政主管部门组织专家对申报材料进行评价，并现场核查节水型单位创建情况，对达到创建要求的评价为节水型单位，给予发文公布。同时各区县(自治县)每年3月底前将上年度节水型单位创建资料及汇总表分别上报市机关事务局、市水利局。

**(三)复审**。市机关事务局会同市水利局组织专家对各区县上报的节水型单位创建资料进行复审，必要时组织现场复查。

## 六、组织管理

**(一)高度重视**。节水型单位创建工作是实行最严格水资源管理制度考核内容，各区县(自治县)机关事务管理部门、水行政主管部门要高度重视此项工作，制定节水型单位创建计划，督促各区县(自治县)党政机关和事业单位尽早创建节水型单位。

**(二)加强监督考核**。节水型单位建设情况纳入市级部门综合目标考核和区县经济实绩考核。市机关事务局将节水型单位建设情况纳入对各区县(自治县)公共机构节约能源资源考核评价体系。市机关事务局会同市水利局、市城管局定期对节水型单位进行重点抽查。

**(三)加强资金保障**。市、区县节水型单位建设的组织管理费用在财政经费列支。市、区县在安排资金和有关项目时，优先支持节水型单位建设，积极支持公共机构节水推广应用和节水示范项目建设。

**(四)加强宣传教育**。市级各部门、各区县(自治县)要加强节水宣传,充分利用各种媒体,借助“世界水日”“中国水周”“节能宣传周”普及节水知识,推广节水型单位的建设经验,积极倡导“爱水、惜水、节水”的社会风尚。

附件:1. 重庆市公共机构节水型单位建设评价标准
　　2. 重庆市节水型单位创建申报书

重庆市机关事务管理局 重庆市水利局

2018 年 12 月 12 日

附件 1

# 重庆市节水型单位建设标准

## 一、节水技术标准(40 分)

| 序号 | 指标 | 计算方法 | 评分规则 | 分值 |
|---|---|---|---|---|
| 1 | ★水计量率 | $\frac{水计量器具计量水量}{总水量}\times100\%$ | 用水单位水计量率达到 100%,次级用水单位水计量率达到 95%,分别达到得 8 分,有一项达不到不得分 | 8 |
| 2 | ★节水器具普及率 | $\frac{节水设备器具数量}{总用水设备器具数量}\times100\%$ | 节水设备、器具数量占总用水设备、器具数量的比例低于 96%不得分,每高一个百分点得 2 分(不到一个百分点,按四舍五入计算),满分 8 分 | 8 |
| 3 | 人均用水量 | $\frac{单位全年用水量}{用水总人数}$ | 1)重庆地区公共机构(市级单位)单位人均用水量平均值(下称标准值):<br>无食堂、无中央空调标准值:29 $m^3$/(人·a);<br>有食堂、无中央空调标准值:38 $m^3$/(人·a);<br>无食堂、有中央空调标准值:44 $m^3$/(人·a);<br>有食堂、有中央空调标准值:58 $m^3$/(人·a);<br>2)单位人均用水量≤0.9×标准值,得 8 分;<br>0.9×标准值<单位人均用水量≤标准值,得 6 分;<br>标准值<单位人均用水量≤1.1×标准值,得 3 分;<br>1.1×标准值<单位人均用水量≤1.2×标准值,得 1 分;<br>1.2×标准值<单位人均用水量,得 0 分 | 8 |
| 4 | 用水器具漏失率 | $\frac{漏水件数}{总件数}\times100\%$ | 用水器具漏失率≤4%得 8 分,否则每高 1%扣 2 分,直至扣完 | 8 |
| 5 | 锅炉冷凝水回收率 | $\frac{年蒸汽冷凝水回收量}{年蒸汽发气量}\times100\%$ | 锅炉冷凝水回收率大于 50%得 3 分。每低 2%扣 1 分直至扣完;没有配备锅炉的单位不参与此项评分 | 3 |
| 6 | 中央空调冷却补水率 | $\frac{中央空调冷却塔补水量}{中央空调冷却塔总循环量}\times100\%$ | 中央空调冷却水补水率≤1%得 5 分;没有配备中央空调的单位不参与此项评分 | 5 |

注:标注“★”的指标为关键指标。

## 二、节水管理标准(60 分)

| 序号 | 指标 | 考核方法 | 评分规则 | 分值 |
|---|---|---|---|---|
| 7 | 规章制度 | 查看文件和相关资料 | 1)建立计量、统计、定期维修等节水管理规章和制度得 3 分;<br>2)编写用水计划实施方案并落实下达的用水计划得 2 分,完成当年内部节水指标得 2 分;<br>3)明确节水主管部门和节水管理人员得 2 分;<br>4)制定节水目标责任制和考核制度得 2 分;<br>5)两年内未受到浪费用水处罚得 2 分 | 13 |
| 8 | 计量统计 | 查阅有关资料,核实数据 | 1)根据《公共机构能源资源计量器具配备和管理要求》(GB/T 29149—2012),用水计量器具的配备按分户、功能分区、主要设备实现三级计量,得 5 分,实现按分户、功能分区计量得 3 分,实现分户计量得 1 分;<br>2)有原始用水记录和统计台账得 2 分 | 7 |
| 9 | 节水技术推广与改造 | 查阅节水改造资料和设施建设材料、核对节水器具清单,现场查看 | 1)节水设施与主体工程同时设计、同时施工、同时投入使用得 3 分;<br>2)实施食堂用水设施、中央空调冷却塔、老旧管网和耗水设施等节水改造和节水设施建设,每实施一项得 1 分,满分 3 分;<br>3)铺设透水地面或地面采取透水措施得 1 分;<br>4)所用节水设备和器具全部为列入《节能产品政府采购清单》的节水产品得 5 分;<br>5)景观用水、泳池、浴室等设置水处理再利用装置,每项得 1 分,满分 2 分;<br>6)绿化采用高效浇灌方式得 1 分 | 15 |
| 10 | 管理维护 | 查阅相关资料,现场抽查 | 1)定期巡护和维修用水设施设备且记录完整得 3 分;<br>2)无擅自停用节水设施行为得 2 分;<br>3)有完整管网图得 3 分;<br>4)有完整的计量网络图得 3 分;<br>5)开展水平衡测试得 2 分,5 年内有水平衡测试报告书得 2 分 | 15 |
| 11 | 节水宣传 | 查阅相关资料、现场查看 | 1)编制节水宣传材料得 2 分;<br>2)开展节水宣传主题活动、主题培训、讲座等,每开展一次得 1 分,满分 3 分;<br>3)在主要用水场所和器具显著位置张贴节水标识得 2 分 | 7 |
| 12 | 非常规水源利用 | 查阅相关资料、现场查看 | 1)建设雨水集蓄设施或再生水利用系统并有效利用得 1 分;<br>2)绿化、景观用水等采用非常规水源(雨水、循环使用水),每项得 1 分,总共 2 分 | 3 |

## 三、加分项(5 分)

| 序号 | 指标 | 考核方法 | 评分规则 | 分值 |
|---|---|---|---|---|
| 13 | 合同节水 | 查阅相关资料、现场查看 | 与节水服务机构签订合同,以节约用水效益分享方式回收投资和获得收益利润 | 5 |

附件 2

# 重庆市节水型单位创建申报书

（　　　　年度）

申报单位：________________________________（盖章）

单位类型：

日　　期：

## 一、单位情况

| 基本情况 | | | 填表说明 |
|---|---|---|---|
| 单位名称 | | | 单位全称 |
| 单位类型 | | | 事业/机关 |
| 单位地址 | | | 具体到建筑物(几号楼) |
| 单位人数 | 在编 | | 在编人数 |
| | 日常 | | 实际日常工作人数(包括借调、外聘等) |
| 年用水量 | 自来水 | | 请附缴水费回单复印件;单位:立方米 |
| | 直接抽取地表水 | | 请附抽水记录复印件;单位:立方米;没有填0 |
| | 雨水 | | 请附雨水回收记录复印件;单位:立方米;没有填0 |
| | 直接抽取地下水 | | 请附抽水记录复印件;单位:立方米;没有填0 |
| | 废水回收 | | 请附废水回收记录复印件;单位:立方米;没有填0 |
| 用水设施统计 | | | |
| 空调类型 | | | (中央空调、非中央空调、无)其他类型请写明 |
| 锅炉类型 | | | (有、无) |
| 采暖设备 | | | (地暖、墙暖、锅炉水暖、地能、无)其他类型请写明 |
| 日常用水统计 | | | |
| 机关食堂 | | | (有、无) |
| 饮用水 | | | (外面送水、自己烧水) |
| 办公区盆栽植物 | | | (有、无) |
| 厕所冲水 | | | (双按钮水箱、单按钮水箱、直冲)其他类型请写明 |
| 绿化浇洒 | | | (喷灌、滴灌、无)其他类型请写明 |
| 其他用水设施 | | | (泳池、浴室、用水景观)其他类型请写明 |
| 用水管理统计 | | | |
| 水平衡测试报告 | | | (有(××××年)、无) |
| 地面透水设施 | | | (有透水设施、无) |
| 节水措施 | 节水设备 | | 包含在节能产品政府采购清单内填有,不包含填无 |
| | 节水制度 | | (有、无)有请附节水制度文本复印件 |
| | 节水管理人员 | | (有、无)有请附人员姓名和联系电话 |

## 二、公共机构考核指标完成情况

| 序号 | 考核指标 | 分值 | 自评得分 | 得分依据说明 |
|---|---|---|---|---|
| 1 | 水计量率 | 8 | | |
| 2 | 节水器具普及率 | 8 | | |
| 3 | 人均用水量 | 8 | | |
| 4 | 用水器具漏失率 | 8 | | |
| 5 | 锅炉冷凝水回收率 | 3 | | |
| 6 | 中央空调冷却补水率 | 5 | | |
| 7 | 规章制度 | 13 | | |
| 8 | 计量统计 | 7 | | |
| 9 | 节水技术推广与改造 | 15 | | |
| 1 | 管理维护 | 15 | | |
| 11 | 节水宣传 | 7 | | |
| 12 | 非常规水源利用 | 3 | | |
| 13 | 合同节水 | 5 | | |
| 合计 | | 105 | | |

## 三、创建节水型单位工作总结

包括针对考核指标涉及内容开展的具体工作情况。

## 四、附件

对应考核指标涉及内容的支撑材料,包括文件、报告、合同、记录和清单等。

# 全国节约用水办公室关于开展节水型居民小区建设工作的通知

（全节办〔2017〕1号）

各省、自治区、直辖市水利（水务）厅（局），新疆生产建设兵团水利局：

为提高全社会节水意识，倡导绿色生活方式，形成“珍惜水、爱护水、保护水”的社会氛围，全面推进节水型社会建设，全国节约用水办公室决定开展节水型居民小区建设工作，现就有关事项通知如下：

## 一、总体要求

（一）建设思路。以居民小区为载体，以提高居民节水意识、倡导科学用水和节约用水的文明生活为核心，通过健全标准，对标达标，加大宣传，发挥居民委员会、物业公司的引导作用，调动居民家庭节水积极性，营造全民节水的良好氛围，使节约用水成为小区居民的自觉行动。

（二）建设范围。包括由物业公司统一管理的、实行集中供水的城镇居民小区。各地可结合实际逐步扩大建设范围。

（三）建设目标。到2020年，直辖市、省会城市和计划单列市节水型居民小区建成率达到20%以上，其他地级城市节水型居民小区建成率达到10%以上。

## 二、建设任务

（四）开展节水科普宣传。将节水宣传教育和水利精神文明建设紧密结合，居民委员会、物业公司定期开展面向小区居民、家庭的节水科普宣传，普及节水知识、技能，提高节水意识。居民委员会开展节水志愿服务和社会实践活动，引导小区居民积极参与节水，倡导节水型生活方式和消费模式。

（五）规范用水管理。落实物业公司节水责任，建立健全小区用水管理制度，制定年度节水计划，加强目标责任管理。全面实施居民用水“一户一表”计量，加强小区内公共用水设施设备的日常管理和定期巡护、维修。积极引导基层妇联组织、居民委员会、业主委员会等参与节水管理和日常监督，推动建立公众参与节水机制和用水监督制度。

（六）推广使用先进的节水技术、产品和设备，加快淘汰不符合节水标准的用水产品和设备，稳步推进老旧管网改造，有条件的小区积极推进再生水利用和雨水集蓄利用。

## 三、评价标准和建设程序

（七）制定评价标准。节水型居民小区评价标准由节水技术指标、节水管理指标、加分项三部分组成（具体标准附后）。节水型居民小区的总得分应不低于90分。各地可按照本地区节水工作要求,参照本通知所附评价标准,制定本地区节水型居民小区评价标准。

(八)规范建设程序。省级水行政主管部门、节约用水办公室负责指导辖区内节水型居民小区建设,并做好监督检查、统计备案等工作。地市级和区县级水行政主管部门、节约用水办公室按照权限分工,负责做好辖区内节水型居民小区的组织申报、评选和检查复核工作。有条件的省(区、市)可以组织开展省级节水型居民小区评选工作。

节水型居民小区申报采取小区物业公司自愿申报和居民委员会重点推荐相结合的方式;地方水行政主管部门、节约用水办公室会同有关部门根据节水型居民小区评价标准,组织开展评选工作;对通过评选的小区应当予以公示。节水型居民小区名单应报送省级节约用水办公室备案。

节水型居民小区实行动态管理。地方水行政主管部门、节约用水办公室要根据实际情况,定期开展复核。复核工作原则上五年一次,对达不到标准的小区,实行退出制度。

## 四、组织管理

(九)加强组织领导。各地水行玫主管部门、节约用水办公室要做好本辖区内节水型居民小区建设工作,协调有关部门建立联动工作机制,加强统筹指导和宣传引导,广泛动员居民积极参与节水型居民小区建设,确保按期完成建设目标任务。

(十)注重科学引导。各地要将节水型居民小区建设作为节水型社会建设的重要内容,逐步纳入实行最严格水资源管理制度考核,加强督促检查。各地水行政主管部门精神文明建设指导委员会办公室要把节水型居民小区建设纳入水利精神文明考核体系,切实增强节水意识。全国节约用水办公室会同有关部门对节水型居民小区建设情况进行抽查。

(十一)强化政策支持。在地方水资源费中可列支节水型居民小区建设的科普宣传、人员培训、组织管理经费。各级水行政主管部门、节约用水办公室在安排资金和项目时,优先支持节水型居民小区推广普及节水器具、设备,建设雨水集蓄利用、再生水利用等节水技术推广应用和示范项目。要将节水型居民小区建设作为水资源管理培训的基本内容,加大对基层管理人员的培训力度。

(十二)总结推广经验。各级水行政主管部门、节约用水办公室要会同有关部门及时总结节水型居民小区建设的成功做法和经验,通过现场观摩、召开经验交流会等方式,鼓励各地探索独具特色的节水型居民小区建设模式。

附件:节水型居民小区评价标准

全国节约用水办公室

2017 年 1 月 11 日

附件：

# 节水型居民小区评价标准

## 一、节水技术指标(50分)

| 序号 | 指标 | 计算方法 | 考评标准 | 分值 |
|---|---|---|---|---|
| 1 | 居民人均月用水量 | $\frac{\text{住户年用水总量}}{\text{住户人口数量}\times 12}$ | 居民人均月用水量不高于省级居民用水定额标准的，得10分；每高于省级用水定额标准5%(含本数，下同)，扣1分，扣完为止。根据供水部门提供的住户用水情况资料核算居民人均月用水量 | 10 |
| 2 | 家庭用水计量率 | $\frac{\text{小区内安装计量器具的住户数量}}{\text{小区内住户数量}}\times 100\%$ | 家庭用水计量率为100%，得10分；每低5%，扣1分，扣完为止。验收时，采用随机抽查方法，抽查户数不得少于20户 | 10 |
| 3 | 家庭节水器具普及率 | $\frac{\text{小区内住户的节水器具数量}}{\text{小区内住户的用水器具数量}}\times 100\%$ | 节水器具指符合国家节水技术标准的水嘴、便器系统、淋浴器、洗衣机等用水器具。家庭节水器具普及率为100%，得10分；每低5%，扣1分，扣完为止。验收时，采用随机抽查方法，抽查范围为小区内居民家庭的用水器具，抽查数量不得少于20个 | 10 |
| 4 | 公共用水计量率 | $\frac{\text{安装计量器具的公共用水设施数量}}{\text{公共用水设施数量}}\times 100\%$ | 公共用水计量率根据小区内全部公共用水设施计量情况计算，计量率为100%，得10分；每低5%，扣1分，扣完为止 | 10 |
| 5 | 公共用水设施漏水率 | $\frac{\text{漏水的公共用水设施数量}}{\text{公共用水设施数量}}\times 100\%$ | 公共用水设施漏水率根据小区内全部公共用水设施漏水情况计算，漏水率为零，得10分；每高5%，扣2分，扣完为止 | 10 |

## 二、节水管理指标(50 分)

| 序号 | 指标 | 考评方法 | 考评标准 | 分值 |
|---|---|---|---|---|
| 6 | 公众参与 | 查看资料、文字记录,走访用户 | 1)公共场所设置有固定宣传栏或板报等,有节水宣传标语的,得 3 分。<br>2)公共用水设施旁有节水宣传标志,得 3 分;发现一处无节水标志的,扣 1 分,扣完为止。<br>3)物业公司年均开展节水宣传活动 3 次以上,居民节水意识强,得 3 分;宣传活动少 1 次扣 1 分,扣完为止。<br>4)设立浪费用水举报电话或其他举报方式,得 3 分;及时处理举报问题并做相关记录,得 3 分 | 15 |
| 7 | 用水管理 | 查看资料、文字记录,走访用户 | 1)成立节水管理机构并由专人负责节水管理,岗位职责明确,得 3 分。<br>2)制定节水规划和年度节水工作计划、节水宣传制度、用水管理制度,得 3 分,缺少一项扣 1 分。<br>3)建立管网设备维护、检修制度,得 2 分;维护、检修原始记录完善,得 2 分。<br>4)用水统计数据清楚完整,得 2 分。<br>5)商业用水户单独装表计量,实行分类管理,得 3 分 | 15 |
| 8 | 设施管理 | 查看资料、现场抽查 | 1)供水管道、排水管道、用水设施和计量设施分布图完整齐全,得 4 分,缺少一项扣 1 分。<br>2)公共场所用水设施无跑、冒、滴、漏等用水浪费现象,得 6 分;发现 1 处问题扣 1 分,扣完为止。<br>3)公共场所全部采用节水设施(器具),得 3 分;节水设施(器具)维护良好、运行正常,得 2 分。<br>4)绿化用水全部采用喷灌、微灌等节水灌溉设施,得 5 分;发现 1 处非节水灌溉的,扣 1 分,扣完为止 | 20 |

三、加分项(10分)

| 序号 | 指标 | 考评方法 | 考评标准 | 分值 |
| --- | --- | --- | --- | --- |
| 9 | 非常规水源利用 | 查看资料、现场抽查、走访用户 | 1)建立再生水利用系统,并正常运行,得2分。<br>2)中央空调冷却水和景观用水循环使用,得2分。<br>3)实行雨水集蓄利用,建有下凹式绿地,得2分。<br>4)人行道、地面停车场等场所全部采用透水地面,得2分。<br>5)绿化、景观用水优先使用再生水、雨水,得2分 | 10 |

# 水利部办公厅关于深入开展节水型灌区创建工作的通知

（办农水〔2021〕107号）

各省、自治区、直辖市水利（水务）厅（局），各计划单列市水利（水务）局，新疆生产建设兵团水利局：

为贯彻落实《国家节水行动方案》，大力推动灌区节水，全面提升农业灌溉用水效率，促进灌区高质量发展，近年来，各地陆续开展了节水型灌区创建工作，但工作开展情况参差不齐，浙江、江西、湖北等省制定了省级节水型灌区建设标准，创建工作扎实推进，部分省份尚未实质性开展。为指导各地深入推进节水型灌区创建工作，现将有关事项通知如下：

## 一、总体要求

以习近平新时代中国特色社会主义思想为指导，积极践行“节水优先、空间均衡、系统治理、两手发力”的治水思路，以提升农业用水效率、保障国家粮食安全，促进灌区高质量发展为目标，深入开展节水型灌区创建工作，有效推进灌区建立完善节水制度、创新节水体制机制、提高节水技术应用水平，促进农业用水方式由粗放向节约集约转变，以水资源的可持续利用支撑经济社会的可持续发展。

## 二、创建目标

实施大中型灌区续建配套和现代化改造的灌区要率先创建节水型灌区，力争到2022年，先行创建150个具有区域特色的节水型灌区；到2030年，力争30%的大中型灌区达到节水型灌区标准。

## 三、创建基本条件与标准

**（一）基本条件**

1. 现状灌溉面积达到1万亩及以上、具有相对独立统一的管理主体。

2. 灌区已办理取水许可证且灌溉水量不超过取用水许可或分配用水量指标。

3. 近3年内未发生工程安全、水质安全或重大水事纠纷等事件。

**（二）创建标准**

节水型灌区评价包括工程设施、用水管理、灌区管理和节水宣传等4类共9项指标（评价指标与赋分说明见附件）。

## 四、工作要求

**（一）强化组织领导。**省级水行政主管部门要高度重视，加强组织领导，结合本地区实际出台本省(自治区、直辖市)节水型灌区建设标准,组织做好申报和评审工作,对相关材料严格审核把关,确保创建质量。

**(二)加大资金支持。**各级水行政主管部门要协调有关部门加大资金投入,指导市县加强灌区改造与高标准农田、高效节水灌溉等项目统筹,多渠道筹集资金支持节水型灌区建设。

**(三)加强示范推广。**各地要充分挖掘节水型灌区创建工作中的经验做法,及时总结推广。

我部将把节水型灌区创建工作情况纳入年度最严格水资源管理制度考核重要内容,加强管理。请各地于每年10月底前将节水型灌区年度创建情况材料报我部,我部将组织复核确认公布年度创建名单。

联系人及联系方式:

联系人:水利部农村水利水电司 邹体峰

联系电话:010-63202943

电子邮箱:ggc@mwr.gov.cn

附件:节水型灌区评价指标与赋分说明

水利部办公厅

2021年4月15日

附件

## 节水型灌区评价指标与赋分说明

| 指标类型 | 评价指标 | 赋分说明 | 赋分建议 |
|---|---|---|---|
| 工程设施 | 灌溉供水保障率 | 灌溉供水保障率达到100%，得10分。黄淮海、东北和西北地区每降低1%，扣0.5分；南方地区每降低1%，扣1分。扣完为止 | 10 |
| | 有效灌溉面积占比 | 有效灌溉面积应占设计灌溉面积比例达80%以上，达到80%，得6分；每增加1%，加0.2分 | 10 |
| 用水管理 | 灌溉水有效利用系数 | 灌区灌溉水有效利用系数应超过本省（自治区、直辖市）同规模同类型灌区平均值且大型灌区灌溉水有效利用系数不低于0.5，中型灌区不低于0.55，达到平均值得10分；每增加0.01，加0.5分 | 15 |
| | 用水计量率 | 黄淮海、西北和东北地区干支渠口门计量率应超过80%，南方地区干渠口门计量率应超过80%，达到80%，得10分；每增加1%，加0.25分 | 15 |
| 灌区管理 | “两费”落实率 | 工程维修养护经费落实率应超过60%，达到60%，得3分；每增加1%，加0.05分。<br>人员基本支出经费落实率应越过80%，达到80%，得3分；每增加1%，加0.1分 | 10 |
| | 执行水价 | 执行水价达到运行维护成本水价，或未达到运行维护成本水价，但已落实财政补贴且工程运维经费有稳定保障，得10分；低于成本水价且未落实财政补贴的，低于成本水价每减少10%，扣2分 | 10 |
| | 水费收缴率 | 实行按量收费，水费收缴率应超过90%，达到90%，得8分；每增加1%，加0.2分。<br>实行按面积收费，水费收缴率应超过90%，达到90%，得6分；每增加1%，加0.2分。<br>实行财政转移支付收费的灌区，视同实收水费，计算方法同上 | 10 |

**续表**

| 指标类型 | 评价指标 | 赋分说明 | 赋分建议 |
|---|---|---|---|
| 灌区管理 | 取水许可 | 灌区主要水源取得取水许可证，或已完成灌区用水分配指标确定，得 10 分。<br>西北、黄淮海地区近 3 年平均用水量每超过取水许可量或用水分配指标的 5%，扣 2 分，扣完为止。<br>东北、南方地区近 3 年平均用水量每超过取水许可量或用水分配指标的 5%，扣 1 分，扣完为止 | 10 |
| 节水宣传 | 节水宣传与培训 | 充分利用新闻媒体、灌排工程设施，宣传普及节水知识，得 5 分，否则酌情扣分。<br>开展群众性宣传教育活动、定期开展节水主题讲座和培训，得 5 分，否则酌情扣分 | 10 |

**备注**：1. 各省可结合本省实际适当增加指标，确定指标计算方法与评分标准；节水型灌区评价总得分应不低于 90 分。

2. 黄淮海地区包括北京市、天津市、河北省、山西省、江苏省北部、安徽省北部、山东省、河南省；东北地区包括辽宁省、吉林省、黑龙江省、内蒙古自治区东部；南方地区包括上海市、江苏省南部、浙江省、安徽省南部、福建省、江西省、湖北省、湖南省、广东省、广西壮族自治区、海南省、重庆市、四川省、贵州省、云南省、西藏自治区；西北地区包括内蒙古自治区中西部、陕西省、甘肃省、青海省、宁夏回族自治区、新疆维吾尔自治区(含新疆生产建设兵团)。

3. 供水保障率：反映灌溉水源与输配水系统保障农业灌溉用水程度的指标，以“当年实际灌溉供水量/相应水平年设计灌溉供水量”计算，该指标与常用的灌溉保证率相比，灌溉保证率反映多年平均的供水保障程度，主要用于灌区规划。供水保障率可用于逐年计算，用于灌区供水保障程度的评价，其理想值为 100%。

4. 干支渠口门：指干渠直开口和支渠进口。

# 水利部办公厅关于开展节水载体信息统计登记工作的通知

（办节约〔2020〕193号）

各流域管理机构，各省、自治区、直辖市水利（水务）厅（局），新疆生产建设兵团水利局：

为深入贯彻国家节水行动方案，落实“水利工程补短板、水利行业强监管”水利改革发展总基调，水利部决定开展节水载体信息统计登记工作，建立节水载体名录库，强化节水载体管理。现就有关工作通知如下。

## 一、纳入名录范围

地方各级水行政主管部门或有关部门创建，并正式向社会公布的各类节水载体，包括节水型工业企业、节水型农业灌区、节水型生活服务业单位（行政机关、事业单位、医院、学校、宾馆等）、节水型居民小区等。

## 二、主要任务

**（一）开展调查摸底。**各省级水行政主管部门要组织对近年来创建的各类节水载体基本情况进行调查，分级分类填写节水载体情况信息表（见附件）。

**（二）录入节水载体名录库。**2020年11月底前，各省级节约用水部门负责将节水载体情况信息录入名录库，录入网址为http://123.56.52.86:8089，用户账号、密码和操作手册请与技术联系人联系获取。

**（三）节水载体名录库信息更新。**每年3月底前，各省级节约用水部门负责将上一年度本辖区内创建、公布的各类节水载体情况信息录入名录库。

## 三、有关工作要求

**（一）加大节水载体创建力度。**地方各级水行政主管部门要高度重视，积极组织各相关领域开展节水型社会、节水型单位等创建活动，充分发挥节水载体示范引领作用，加强宣传教育，提升节约用水意识。

**（二）加强节水载体管理。**全面掌握节水载体信息，是做好节约用水工作的重要基础，节水载体名录库信息将作为考核各地节约用水工作的重要依据，各地要加强管理，切实做好相关工作。

**（三）强化监督检查。**各流域管理机构要对相关省（自治区、直辖市）进行技术指导和监督检查，在各地完成节水载体情况信息录入工作1个月内，完成复核确认工作。

## 四、联系人及联系方式

联系人：侯坤 朱明明

联系方式:010-63207611 63206045
技术联系人:刘文杰
联系方式:15611290853
邮箱:liuwenjiev@ 163. com

附件:节水载体情况信息表

水利部办公厅
2020年8月31日

附件

# 节水载体情况信息表

## （一）节水型工业企业信息表

| 企业名称 | 组织机构代码 | 企业所在地 | 企业地址 | 企业基本信息 | | | 2019 年实际用水量（万 $m^3$） | 公布节水型工业企业文件 | 公布单位名称 | 联合公布单位名称 | 公布单位级别 | 公布时间 | 复核时间 | 备注 |
|---|---|---|---|---|---|---|---|---|---|---|---|---|---|---|
| | | | | 行业分类 | 主要产品 | | | | | | | | | |
| | | | | | 产品 | 产量 | | | | | | | | |
| | | | | | | | | | | | | | | |
| | | | | | | | | | | | | | | |
| | | | | | | | | | | | | | | |
| | | | | | | | | | | | | | | |
| | | | | | | | | | | | | | | |
| | | | | | | | | | | | | | | |

注：1. 企业名称：填写发文公布的节水型工业企业全称；

2. 企业所在地：填写××省××市××县（区）；

3. 企业地址：填写具体街道名、门牌号；

4. 行业分类：按照国民经济统计分类填写，如火电、钢铁、纺织、造纸、石化、化工、食品等；

5. 主要产品：填写 2019 年主要产品信息；

6. 公布节水型工业企业文件：填写文件名称（同时上传扫描文件）；

7. 公布单位级别：按照省级、市级、县级进行勾选；

8. 复核时间：填写历次复核时间，公布时间和复核时间格式均为××××年××月××日。

**（二）节水型农业灌区信息表**

| 灌区名称 | 灌区所在地 | 灌区地址 | 灌区管理单位 | 灌区规模类型 | 设计灌溉面积 | 实际灌溉面积 | 主要作物 | 2019年实际用水量（$m^3$） | 公布节水型农业灌区文件 | 公布单位名称 | 联合公布单位名称 | 公布时间 | 公布单位级别 | 复核时间 | 备注 |
|---|---|---|---|---|---|---|---|---|---|---|---|---|---|---|---|
| | | | | | | | | | | | | | | | |
| | | | | | | | | | | | | | | | |
| | | | | | | | | | | | | | | | |
| | | | | | | | | | | | | | | | |
| | | | | | | | | | | | | | | | |
| | | | | | | | | | | | | | | | |
| | | | | | | | | | | | | | | | |
| | | | | | | | | | | | | | | | |

注：1. 灌区名称：填写发文公布的节水型农业灌区全称；

2. 灌区所在地：填写××省××市××县（区）；

3. 灌区地址：填写具体街道名、门牌号；

4. 灌区规模类型：大型灌区、中型灌区、小型灌区；

5. 公布节水型农业灌区文件：填写文件名称（同时上传扫描文件）；

6. 公布单位级别：按照省级、市级、县级进行勾选；

7. 复核时间：填写历次复核时间，公布时间和复核时间格式均为××××年××月××日。

### （三）节水型生活服务业单位信息表

| 单位名称 | 组织机构代码 | 单位所在地 | 单位地址 | 单位类型 | 用水人数 | 2019 年实际用水量（$m^3$） | 人均用水量 | 公布节水型生活服务业单位文件 | 公布单位名称 | 联合公布单位名称 | 公布单位级别 | 公布时间 | 复核时间 | 备注 |
|---|---|---|---|---|---|---|---|---|---|---|---|---|---|---|
| | | | | | | | | | | | | | | |
| | | | | | | | | | | | | | | |
| | | | | | | | | | | | | | | |
| | | | | | | | | | | | | | | |
| | | | | | | | | | | | | | | |
| | | | | | | | | | | | | | | |

注：1. 单位名称：填写发文公布的节水型生活服务业单位全称；
2. 单位所在地：填写××省××市××县（区）；
3. 单位地址：填写具体街道名、门牌号；
4. 单位类型：行政机关、事业单位、医院、学校、宾馆及其他；
5. 用水人数：行政机关、事业单位、学校参考相应定额要求填写 2019 年用水标准人数，医院和宾馆填写出租使用床位数；
6. 人均用水量：无须填写，系统自动计算得出；
7. 公布节水型生活服务业单位文件：填写文件名称（同时上传扫描文件）；
8. 公布单位级别：按照省级、市级、县级进行勾选；
9. 复核时间：填写历次复核时间，公布时间和复核时间格式均为××××年××月××日。

### （四）节水型居民小区信息表

| 小区名称 | 小区所在地 | 小区地址 | 物业管理单位 | 2019年住户人口数量 | 2019年实际用水量($m^3$) | 公布节水型居民小区文件 | 公布单位名称 | 联合公布单位名称 | 公布单位级别 | 公布时间 | 复核时间 | 备注 |
|---|---|---|---|---|---|---|---|---|---|---|---|---|
| | | | | | | | | | | | | |
| | | | | | | | | | | | | |
| | | | | | | | | | | | | |
| | | | | | | | | | | | | |
| | | | | | | | | | | | | |
| | | | | | | | | | | | | |

注：1. 小区名称：填写发文公布的节水型居民小区全称；
2. 小区所在地：填写××省××市××县（区）；
3. 小区地址：填写具体街道名、门牌号；
4. 公布节水型居民小区文件：填写文件名称（同时上传扫描文件）；
5. 公布单位级别：按照省级、市级、县级进行勾选；
6. 复核时间：填写历次复核时间，公布时间和复核时间格式均为××××年××月××日。

# 重庆市水利局关于进一步规范节水载体创建管理和建立节水载体信息统计登记制度的通知

（渝水便函〔2020〕784 号）

有关市级部门、单位，各区县（自治县）、两江新区、高新区、万盛经开区水行政主管部门：

近年来，全市各级各部门高度重视、务实推进，创建了一大批节水载体，有效示范引领了集约节约的生产生活方式和消费模式，对我市建立绿色发展的经济体系具有较强的现实意义。为推动节水载体创建管理工作进一步规范化、常态化，全面掌握、动态管理全市节水载体推进情况，现将有关事项通知如下。

## 一、节水载体涵盖范围

市、区县（自治县）两级各行业主管部门创建，并正式向社会公布的各类节水载体，包括节水型工业企业、节水型农业灌区、节水型生活服务业单位（行政机关、事业单位、医院、学校、宾馆和其他）、节水型居民小区等，以及按照行业主管部门要求创建的包括节约用水内容的其他形式载体。

## 二、持续规范推动节水载体创建

节水载体创建工作情况是国务院考核各省市政府实施最严格水资源管理制度工作的内容之一，各行业主管部门要加强管理，持续规范推动节水载体创建。

（一）持续创建。节水载体在同行业用水单位内具有示范引领作用，是提高行业节水水平的有效手段和途径。各行业主管部门要结合“十四五”规划提出创建目标，及时进行技术指导和监督检查，分年度落实，持续推进本行业节水载体创建，同时加强宣传教育，提升行业用水单位节约用水意识。

（二）规范档案。各行业主管部门要建立健全创建工作以来本部门牵头组织的各类节水载体的档案，档案应包括申报、评审、公布等文件材料以及节水载体基本信息，具体内容可参考节水载体情况信息表（见附件 1）一一对应建立。节水型生活服务业应按行政机关、事业单位、医院、学校、宾馆及其他细分归档。

（三）动态调整。节水载体申报、评审和公布要严格遵循相关管理办法，每年新增载体要动态调整。同时探索建立节水载体退出机制，对机构消失、用水水平下降导致不符合节水要求等载体，应及时调整出节水载体名单。

## 三、建立节水载体信息统计登记制度

全面掌握节水载体信息，是做好节约用水工作的重要基础，及时更新每年新增和退出的节水载体信息，应作为一项常态化工作来抓。现阶段，我市按照“节约用水办公室牵头汇总、行业主管部门谁发文认定谁登记信息”的原则，实行节水载体信息统计登记制度。

（一）2019年以前创建并发文公布的节水载体，各级行业主管部门要抓紧时间进行摸底调查，核实、完善载体信息，按照载体分类填写节水载体情况信息表（详见附件1），于10月31日前将加盖公章的纸质件和电子版送同级节约用水办公室。

（二）2020年及以后创建的节水载体，各级行业主管部门应于公布后次年的1月31日前，将加盖公章的节水载体情况信息表纸质件和电子版送同级节约用水办公室。

（三）各区县（自治县）节约用水办公室收到本级各行业报送的本级节水载体信息后，应及时组织力量进行汇总，复核无误后录入重庆市水资源监控管理信息系统中的节水载体名录库（10月20日前另行下发名录库的用户账号、密码和操作手册）。今年11月15日前，完成2019年以前本级所有节水载体信息录入工作；今后每年2月底前，完成上年度本级的节水载体信息录入工作。节水载体信息汇总表纸质件加盖公章后，同时报送至市水资源综合事务中心。

## 四、其他要求

（一）各区县（自治县）水行政主管部门收到通知后，应立即组织本区域相关行业主管部门开展工作。

（二）为更好衔接沟通全市节水载体名录库的建立和管理工作，请市级各有关部门、各区县（自治县）水行政主管部门于10月16日前将联系人名单（附件2）反馈至市水资源综合事务中心。

（联系人及联系方式：市节水办鲁义奎 89079382、18996390232；市水资源综合事务中心崔正荣 89079172、13500356036，电子邮箱：710736115@ qq. com）

附件：1. 节水载体情况信息表

2. 重庆市节水载体信息统计登记工作联系人员名单

重庆市水利局

2020年9月12日

附件 1

# 节水载体情况信息表

**附表 1　节水型工业企业信息表**

| 序号 | 企业名称 | 组织机构代码 | 企业所在地 | 企业地址 | 企业基本信息 | | | 年实际用水量（万 $m^3$） | 公布节水型工业企业文件 | 公布单位名称 | 联合公布单位名称 | 公布单位级别 | 公布时间 | 复核时间 | 备注 |
|---|---|---|---|---|---|---|---|---|---|---|---|---|---|---|---|
| | | | | | 行业分类 | 主要产品 | | | | | | | | | |
| | | | | | | 产品 | 产量 | | | | | | | | |
| 1 | | | | | | | | | | | | | | | |
| 2 | | | | | | | | | | | | | | | |
| 3 | | | | | | | | | | | | | | | |
| ⋮ | | | | | | | | | | | | | | | |
| | | | | | | | | | | | | | | | |
| | | | | | | | | | | | | | | | |

注：1. 企业名称：填写发文公布的节水型工业企业全称；
2. 企业所在地：填写重庆市××区（县）；
3. 企业地址：填写具体街道名、门牌号；
4. 行业分类：按照国民经济统计分类填写，如火电、钢铁、纺织、造纸、石化、化工、食品等；
5. 主要产品：填写上年度主要产品信息，2019 年以前创建的填写 2019 年信息；
6. 年实际用水量：填写上年度实际用水量，2019 年以前创建的填写 2019 年实际用水量；
7. 公布节水型工业企业文件：填写文件名称（同时上传扫描文件）；
8. 公布单位级别：填写省级、区县级；
9. 复核时间：填写历次复核时间，公布时间和复核时间格式均为××××年××月××日。

**附表 2　节水型农业灌区信息表**

| 序号 | 灌区名称 | 灌区所在地 | 灌区地址 | 灌区管理单位 | 灌区规模类型 | 设计灌溉面积 | 实际灌溉面积 | 主要作物 | 年实际用水量（万 $m^3$） | 公布节水型农业灌区文件 | 公布单位名称 | 联合公布单位名称 | 公布时间 | 公布单位级别 | 复核时间 | 备注 |
|---|---|---|---|---|---|---|---|---|---|---|---|---|---|---|---|---|
| 1 | | | | | | | | | | | | | | | | |
| 2 | | | | | | | | | | | | | | | | |
| 3 | | | | | | | | | | | | | | | | |
| ⋮ | | | | | | | | | | | | | | | | |
| | | | | | | | | | | | | | | | | |
| | | | | | | | | | | | | | | | | |
| | | | | | | | | | | | | | | | | |

**注**：1. 灌区名称：填写发文公布的节水型农业灌区全称；

2. 灌区所在地：填写重庆市××区（县）；

3. 灌区地址：填写具体街道名、门牌号；

4. 灌区规模类型：大型灌区、中型灌区、小型灌区；

5. 实际灌溉面积：填写上年度实际灌溉面积，2019 年以前创建的填写 2019 年信息；

6. 年实际用水量：填写上年度实际用水量，2019 年以前创建的填写 2019 年实际用水量；

7. 公布节水型农业灌区文件：填写文件名称（同时上传扫描文件）；

8. 公布单位级别：填写省级、区县级；

9. 复核时间：填写历次复核时间，公布时间和复核时间格式均为××××年××月××日。

附表3　节水型生活服务业单位信息表

| 序号 | 单位名称 | 组织机构代码 | 单位所在地 | 单位地址 | 单位类型 | 用水人数 | 年实际用水量（万 $m^3$） | 人均用水量 | 公布节水型生活服务业单位文件 | 公布单位名称 | 联合公布单位名称 | 公布单位级别 | 公布时间 | 复核时间 | 备注 |
|---|---|---|---|---|---|---|---|---|---|---|---|---|---|---|---|
| 1 | | | | | | | | | | | | | | | |
| 2 | | | | | | | | | | | | | | | |
| 3 | | | | | | | | | | | | | | | |
| ⋮ | | | | | | | | | | | | | | | |
| | | | | | | | | | | | | | | | |
| | | | | | | | | | | | | | | | |
| | | | | | | | | | | | | | | | |

注：1. 单位名称：填写发文公布的节水型生活服务业单位全称；

2. 单位所在地：填写重庆市××区（县）；

3. 单位地址：填写具体街道名、门牌号；

4. 单位类型：行政机关、事业单位、医院、学校、宾馆及其他；

5. 用水人数：行政机关、事业单位、学校参考相应定额要求填写上年度用水标准人数[计算方法参见《水利部关于印发宾馆等三项服务业用水定额的通知》（水节约〔2019〕284号）]，医院和宾馆填写出租使用床位数（医院、宾馆各床位在一年中使用日数之和/365），2019年以前创建的填写2019年相应信息；

6. 年实际用水量：填写上年度实际用水量，2019年以前创建的填写2019年实际用水量；

7. 人均用水量：无须填写，系统自动计算得出；

8. 公布节水型生活服务业单位文件：填写文件名称（同时上传扫描文件）；

9. 公布单位级别：填写省级、区县级；

10. 复核时间：填写历次复核时间，公布时间和复核时间格式均为××××年××月××日。

**附表4　节水型居民小区信息表**

| 序号 | 小区名称 | 小区所在地 | 小区地址 | 物业管理单位 | 住户人口数量 | 住户年用水总量（万 $m^3$） | 公布节水型居民小区文件 | 公布单位名称 | 联合公布单位名称 | 公布单位级别 | 公布时间 | 复核时间 | 备注 |
|---|---|---|---|---|---|---|---|---|---|---|---|---|---|
| 1 | | | | | | | | | | | | | |
| 2 | | | | | | | | | | | | | |
| 3 | | | | | | | | | | | | | |
| ⋮ | | | | | | | | | | | | | |
| | | | | | | | | | | | | | |
| | | | | | | | | | | | | | |
| | | | | | | | | | | | | | |
| | | | | | | | | | | | | | |

注：1. 小区名称：填写发文公布的节水型居民小区全称；
2. 小区所在地：填写重庆市××区（县）；
3. 小区地址：填写具体街道名、门牌号；
5. 住户人口数量：填写上年度住户人口数量，2019年以前创建的填写2019年信息；
6. 住户年用水总量：填写上年度实际用水量，2019年以前创建的填写2019年实际用水量；
7. 公布节水型居民小区文件：填写文件名称（同时上传扫描文件）；
8. 公布单位级别：填写省级、区县级；
9. 复核时间：填写历次复核时间，公布时间和复核时间格式均为××××年××月××日。

附件 2

## 重庆市节水载体信息统计登记工作联系人员名单

填报单位：

| | 姓名 | 职务/职称 | 办公电话 | 手机号 |
|---|---|---|---|---|
| 负责人 | | | | |
| 联络员 | | | | |

# 第七节　水效领跑者

## 国家发改委 水利部 工信部 住建部 国家质检总局 国家能源局关于印发《水效领跑者引领行动实施方案》的通知

（发改环资〔2016〕876 号）

各省、自治区、直辖市、计划单列市及新疆生产建设兵团发展改革委、水利厅（水利局）、工业和信息化主管部门、住房城乡建设厅（建委、市政管委）、质量技术监督局（市场监督管理部门）、能源局，海南省、北京、天津、上海水务局（厅）：

为贯彻落实《中共中央关于制定国民经济和社会发展第十三个五年规划的建议》和《中华人民共和国国民经济和社会发展第十三个五年规划纲要》关于开展水效领跑者引领行动的有关要求，我们研究制定了《水效领跑者引领行动实施方案》，现印发你们，请认真组织实施。

国家发展改革委 水利部 工业和信息化部
住房城乡建设部 国家质检总局 国家能源局
2016 年 4 月 21 日

### 水效领跑者引领行动实施方案

本方案所称的水效领跑者是指同类可比范围内用水效率处于领先水平的用水产品、企业和灌区。依据《关于实行最严格水资源管理制度的意见》（国发〔2012〕3 号）和《水污染防治行动计划》（国发〔2015〕17 号），为贯彻落实《中共中央关于制定国民经济和社会发展第十三个五年规划的建议》和《中华人民共和国国民经济和社会发展第十三个五年规划纲要》对开展水效领跑者引领行动的有关要求，制定本方案。

一、基本思路

牢固树立创新、协调、绿色、开放、共享五大发展理念，按照“节水优先、空间均衡、系统治理、两手发力”治水方针，落实最严格水资源管理制度，在工业、农业和生活用水领域开展水效领跑者引领行动，制定水效领跑者指标，发布水效领跑者名单，树立先进典型。水效领跑者引领行动实施范围包括用水产品、重点用水行业和灌区，遴选程序为自愿申报、地方推荐、专家评审和社会公示。通过树立标杆、标准引导、政策鼓励，形成用水产品、企业和灌区用水效率不断提升的长效机制，建立节水型的生产方式、生活方式和消费模式。

## 二、用水产品水效领跑者引领行动

综合考虑产品的市场规模、节水潜力、技术发展趋势以及相关标准规范、检测能力等情况，选择坐便器、水嘴、洗衣机、净水机等生活领域用水产品实施水效领跑者引领行动，逐步扩大到工业、农业和商用等领域用水产品。

**（一）用水产品水效领跑者的基本要求**

1. 水效指标达到国家标准 1 级以上，且为同类产品的领先水平，具有取得资质认定的检验检测机构出具的第三方水效检测报告或获得经批准的认证机构颁发的节水产品认证证书。

2. 产品为量产的定型产品，达到一定销售规模。

3. 产品质量性能优良，近一年内产品质量国家监督抽查和执法检查中，该品牌产品无不合格、无质量违法行为。

4. 生产企业为中国大陆境内合法的独立法人，具有完备的质量管理体系、健全的供应体系和良好的售后服务能力。

**（二）用水产品水效领跑者的遴选和发布**

国家发展和改革委员会会同水利部、住房城乡建设部、国家质检总局等负责用水产品水效领跑者引领行动，制定实施细则并组织实施。

用水产品生产企业将材料报送所在地的省级发展改革部门，省级发展改革部门会同水行政主管部门、住房城乡建设部门、质量技术监督部门（市场监督管理部门）初步审核后，推荐给国家发展和改革委员会。国家发展和改革委员会会同水利部、住房城乡建设部、国家质检总局组织专家对上报材料进行评审，专家评审结果在指定媒体向社会公示，公示时间不少于 15 个工作日。对公示无异议的产品，国家发展和改革委员会、水利部、住房城乡建设部、国家质检总局公告水效领跑者产品目录、水效指标及其生产企业。

用水产品水效领跑者目录每两年发布一次。

**（三）对水效领跑者给予激励**

建立用水产品水效领跑者指标与水效强制性国家标准衔接的机制。根据节水技术发展、市场水效水平变化等情况，适时将水效领跑者指标纳入水效标准体系。制定激励政策，鼓励水效领跑者产品的技术研发、宣传和推广。

## 三、用水企业水效领跑者引领行动

综合考虑企业的取水量、节水潜力、技术发展趋势以及用水统计、计量、标准等情况，从火力发电、钢铁、纺织染整、造纸、石油炼制、化工等行业中，选择技术水平先进、用水效率领先的企业实施水效领跑者引领行动。

**（一）用水企业水效领跑者的基本要求**

1. 符合相关节水标准，单位产品取水量指标达到行业领先水平。

2. 有取用水资源的合法手续，近三年取水无超计划。

3. 建立健全节水管理制度，各生产环节有配套的节水措施；建立了完备的用水计量和统计管理体系,水计量器具配备满足国家标准《用水单位水计量器具配备和管理通则》(GB 24789)要求。

4. 无重大安全和环境事故,无违法行为。

**(二)用水企业水效领跑者的遴选和发布**

工业和信息化部会同水利部、国家能源局、国家发展和改革委员会、国家质检总局等负责用水企业水效领跑者引领行动,制定实施细则并组织实施。

企业将材料报送所在地的省级工业和信息化部门、水行政主管部门,省级工业和信息化部门、水行政主管部门会同能源部门、发展改革部门、质量技术监督部门(市场监督管理部门)初步审核后,推荐给工业和信息化部、水利部。工业和信息化部会同水利部、国家能源局、国家发展和改革委员会、国家质检总局组织专家对上报材料进行评审,专家评审结果在指定媒体向社会公示,公示时间不少于 15 个工作日。对公示无异议的企业,工业和信息化部、水利部、国家能源局、国家发展和改革委员会、国家质检总局公告用水企业水效领跑者企业名单及单位产品取水量等水效指标。

用水企业水效领跑者企业名单每两年发布一次。

**(三)开展水效对标活动**

总结用水企业水效领跑者的最佳实践,鼓励企业开展水效对标活动,广泛开展节水技术、标准、管理体系培训,引导企业实施节水技术改造。

## 四、灌区水效领跑者引领行动

综合考虑灌区的气候地理条件、水资源状况、农作物种类、灌区规模等情况,选择灌溉面积 1 万亩以上、具有完善的管理机构、安全运行状况良好的大中型灌区实施水效领跑者引领行动。

**(一)灌区水效领跑者的基本要求**

1. 用水效率处于同类型灌区的领先水平。

2. 灌区工程管理和用水管理措施到位,满足《节水灌溉工程技术规范》(GB/T 50363)要求。

3. 灌区具备完善的管理制度,用水计量和调度设施配置完备、技术先进,水效监测和评价符合《全国农田灌溉水有效利用系数测算分析技术指导细则》。

**(二)灌区水效领跑者的遴选和发布**

水利部会同国家发展和改革委员会负责灌区水效领跑者引领行动,制定实施细则并组织实施。

申报单位将材料报送所在地的省级水行政主管部门、发展改革部门,省级水行政主管部门、发展改革部门初步审核后,推荐给水利部、国家发展和改革委员会。水利部、国家发展和改革委员会组织专家对上报材料进行评审,专家评审结果在指定媒体向社会公示,公示时间不少于 15 个工作日。经公示无异议后,水利部、国家发展和改革委员会公告灌区水效领跑者名单。

灌区水效领跑者名单每三年发布一次。

**(三)发挥示范效应**

总结灌区水效领跑者最佳实践,实施灌区续建配套和节水改造,开展现代灌区建设,推广喷灌、微灌、低压管道输水灌溉和水肥一体化等高效节水技术,加强灌区监测与管理信息系统建设,实现精准灌溉。形成符合区域水资源条件的规模化农业灌溉节水模式和先进经验,适时将灌区水效领跑者指标纳入节水标准体系,并转化为制定节水目标、开展考核评价的依据。

## 五、水效领跑者标志及使用

列入水效领跑者的产品、企业和灌区,应使用统一的水效领跑者标志(样式如下图)。水效领跑者产品可以在产品本体明显位置或包装物上加施水效领跑者标志。鼓励符合条件的企业和灌区在宣传活动中使用水效领跑者标志。

201X
水效领跑者

严禁伪造、冒用水效领跑者标志,以及利用水效领跑者标志做虚假宣传。

## 六、保障措施

**(一)加强统筹协调**

国家发展和改革委员会、水利部负责水效领跑者引领行动的统筹协调和综合推进。工业和信息化部、住房城乡建设部、国家质检总局、国家能源局各司其职、各负其责、密切配合、通力合作,确保引领行动取得实效。

**(二)加强监督管理**

加强水效领跑者引领行动的监督管理,确保水效领跑者遴选过程的客观公正。水效领跑者称号实行动态化管理,开展跟踪调查,对不符合水效领跑者条件的,撤销称号,三年内不得申报水效领跑者;加强用水产品水效领跑者的水效、质量等性能的监督检查,将水效领跑者列入产品质量国家监督抽查的重点,加大对违规行为的处罚力度;对在水效领跑者评选过程中弄虚作假的企业(单位)和第三方检测机构,将纳入全国信用信息共享平台,在信用中国网站公开曝光,对失信行为实施联合惩戒。

### (三)加强标准引导

根据各领域的节水现状及发展趋势、产业结构、可实现的技术改进等情况,建立水效领跑者指标持续更新机制,逐步提高水效领跑者指标要求。建立以国际领先水平为标杆的水效领跑者衡量标准,并将水效领跑者指标与产品、企业和灌区的节水评价体系相结合,促进节水标准提升。

### (四)加强宣传推广

各有关部门和有关方面应加大宣传力度,利用新闻发布会、表彰会或推介会等形式和电视、网络等大众传媒,对先进的管理经验、技术方法进行宣传推广。树立标杆,弘扬典型,表彰先进,为引领行动实施营造良好氛围。

# 水利部 国家发改委关于印发《灌区水效领跑者引领行动实施细则》的通知

（水农〔2016〕387号）

各省、自治区、直辖市水利（水务）厅（局）、发展改革委，新疆生产建设兵团水利局、发展改革委：

为贯彻落实最严格水资源管理制度，提高农业灌溉用水效率，促进农业水资源可持续利用，增强全社会节水意识，按照《关于印发〈水效领跑者引领行动实施方案〉的通知》（发改环资〔2016〕876号）要求，水利部会同国家发展改革委制定了《灌区水效领跑者引领行动实施细则》（以下简称《细则》），现予印发，请各单位认真贯彻落实。并就开展好2016年度灌区水效领跑者引领行动有关事项通知如下：

## 一、申报范围

大中型灌区，有效灌溉面积达到1万亩以上（30万亩以上灌区作为重点），具有独立完善的灌区管理机构。

## 二、申报要求

按照自愿原则，有关灌区单位可向所在地省级水行政主管部门提交水效领跑者申报材料。省级水行政主管部门会同发展改革部门按照《细则》要求初审后，于2016年11月15日前将推荐单位的申报材料和推荐意见公函以邮寄形式报送至水利部、国家发展改革委。

## 三、联系方式

水利部农村水利司：金汉林
联系电话：010-63202872
电子邮箱：ggc@ mwr. gov. cn
国家发展改革委环资司：才宽
联系电话：010-68505573

附件：1. 灌区水效领跑者引领行动实施细则
2. 灌区水效领跑者申报材料
3. 水效领跑者标识的内容和样式

水利部 国家发展改革委
2016年10月18日

附件 1

# 灌区水效领跑者引领行动实施细则

为贯彻落实《国务院关于实行最严格水资源管理制度的意见》(国发〔2012〕3 号)、《国务院关于印发水污染防治行动计划的通知》(国发〔2015〕17 号)和《中共中央关于制定国民经济和社会发展第十三个五年规划的建议》精神，按照《关于印发水效领跑者引领行动实施方案的通知》(发改环资〔2016〕876 号)要求，进一步推进灌区节水改造，提高农业灌溉用水效率，促进水资源可持续利用，充分发挥高效用水示范引领作用，提升全社会节水意识，水利部、国家发展改革委决定开展灌区水效领跑者引领行动，特制定本实施细则。

## 一、基本思路

开展灌区水效领跑者引领行动，定期发布用水效率先进、管理规范、示范带动作用显著的大中型灌区水效领跑者名单和有关经验介绍，激励农业灌溉用水领域树立节水意识，普及推广节水技术，建立健全农业节水管理制度，通过树立标杆、政策激励、宣传推广，推动农业灌溉用水效率不断提升，增强农业用水领域节水、爱水、护水意识，促进节水型社会建设，水效领跑者标志适用于灌区水效领跑者。

## 二、实施范围

有效灌溉面积 1 万亩以上的大中型灌区，按照规模、气候地理环境、水资源状况、农作物种植结构等不同条件，确定东北、华北、西北、华中、西南、东南等 6 个区域遴选示范典型试点，作为本区域引领者。

## 三、基本条件

申请灌区水效领跑者的单位应满足以下基本要求：

1. 灌区有效灌溉面积 1 万亩及以上(30 万亩以上作为重点)，具有完善的管理机构，灌区灌排工程设施运行状况安全良好。

2. 农田灌溉水有效利用系数处于同类型、相当规模灌区的领先水平。

3. 灌区工程管理和用水管理措施到位，灌区管理体制机制改革完成，“两费”落实到位，相关指标满足《节水灌溉工程技术规范》(GB/T 50363)要求。

4. 灌区具备完善的管理制度，用水计量和调度设施配套完备、技术先进，水效监测、测算分析和评价科学合理，符合有关规定。

## 四、实施程序

按照公平、公开、分类的原则，水利部、国家发展改革委组织开展灌区水效领跑者遴选工作，联合发布灌区水效领跑者名单。2016 年，开展第一次灌区水效领跑者遴选工作，并发布第一批灌区水效领跑者名单，今后三年开展一次遴选工作。

**（一）申报和推荐**

按照自愿申报的原则，有关单位对照灌区水效领跑者遴选标准（见附件 2-4）进行自查，自查评分达到 90 分以上的单位按照统一格式编制申报材料（见附件 2），包括纸质版（A4 纸打印并装订成册，一式两份）和电子版（光盘），提交省级水行政主管部门、发展改革部门。

省级水行政主管部门会同发展改革部门依据灌区水效领跑者遴选标准，通过资料审查、现场调研、专家审核等方式，对不同类型、不同区域的灌区评选出水效领跑者推荐名单，并于 2016 年 11 月 15 日前报送水利部、国家发展改革委。

各省（区、市）推荐不同规模（大型、中型）的灌区水效领跑者不超过两名。

**（二）评审**

水利部会同国家发展改革委组织专家开展评审工作，通过资料审查、现场核验、专家评审等方式，遴选出灌区水效领跑者名单及其水效指标。

不同类型灌区在不同区域评选一家灌区管理单位为灌区水效领跑者。

**（三）公示和发布**

水利部、国家发展改革委在官方网站等指定媒体对遴选出的灌区水效领跑者名单及其水效指标进行公示，公示时间不少于 15 个工作日。对公示无异议的灌区管理单位，水利部和国家发展改革委公告灌区水效领跑者名单及其水效指标，并对获得灌区水效领跑者称号的单位颁发证书。

## 五、保障措施

**（一）加强组织协调**

水利部和国家发展改革委要加强组织协调，建立协调推进机制，共同组织推进灌区水效领跑者引领行动工作。各级水行政主管部门和发展改革部门要积极动员本地区大中型灌区管理单位参与水效领跑者遴选工作，加强协调合作和工作指导，确保灌区水效领跑者引领行动取得实效。

**（二）加大资金支持**

灌区水效领跑者引领行动的组织管理费用在水资源费中列支。各级水行政主管部门和发展改革部门在安排资金和有关项目时，优先支持灌区水效领跑者单位建设。各级水行政主管部门按照水资源费使用管理规定，积极支持灌区开展现代化改造建设，加大节水技术推广应用力度。鼓励各地区结合本地实际，研究出台相应的配套激励政策，进一步提高灌区参与水效领跑者的积极性。

**（三）完善水效标准**

根据灌区节水改造现状及发展趋势等情况，建立灌区水效领跑者指标持续更新机制，根据灌区水效领跑者水效提升情况，逐步完善灌区水效测算分析科学标准，同时，将灌区水效领跑者指标与节水型社会建设有关指标有机结合，全面推进节水型社会建设，促进节水标准提升。

**（四）加强监督管理**

加强灌区水效领跑者引领行动的监督管理，确保灌区水效领跑者遴选过程公平、公正、公开。申报单位对上报材料的真实、有效性负责,并积极配合资料审查、现场检查等工作。灌区水效领跑者称号实行动态化管理,开展跟踪检查,对不符合水效领跑者条件的,撤销称号,并予以曝光,依法追究相关单位及个人责任。

**(五)加强宣传推广**

获得水效领跑者称号的灌区可在节水、用水宣传中使用水效领跑者标识。各级水行政主管部门和发展改革部门会同有关部门通过现场会、发布会、推介会等多种形式,利用电视、网络、图书、期刊和报纸等多种媒体,宣传灌区水效领跑者,总结水效领跑者经验和实践,推广做法,树立标杆,弘扬典型,表彰先进,带动农业灌溉领域用水效率水平整体提升,形成全社会节约用水新风尚。

附件2

# 灌区水效领跑者
# 申报材料

××单位(盖章)

××××年××月

## 说　明

1. 申报单位应认真阅读《灌区水效领跑者引领行动实施细则》,按照有关要求如实提供申报材料和必要的证明材料。

2. 申报材料包含但不限于下列内容:

(1)单位基本信息表(附件2-1)

(2)对照灌区水效领跑者遴选标准,进行自查,填写自评得分表(附件2-2)

(3)灌区水效领跑者申请报告(附件2-3)

3. 以上材料需按顺序编排,并在相应位置加盖公章。

附件 2-1

**灌区基本信息表**

| 单位名称 | | | | 法定代表人 | |
|---|---|---|---|---|---|
| 灌区范围 | | | | 灌区规模 | |
| 灌区类型 | | 取水方式 | | 取水水源 | |
| 耕地面积 | | 设计灌溉面积 | | 实灌面积（前三年平均） | |
| 灌面上播种面积 | | 主要种植作物 | | 种植比例 | |
| 总取水量 | | 地表、地下水比例 | | 退水量 | |
| 联系部门 | | 联系人 | | 联系电话 | |
| 手机号 | | 传真 | | 电子邮箱 | |

**材料真实性承诺**

我单位郑重承诺：本次申报灌区水效领跑者所提交的相关数据和信息均真实、有效，愿接受并积极配合主管部门的监督抽查和核验。如有违反，愿承担由此产生的相应责任。

主要负责人（签字）：

（申报单位公章）

年　月　日

附件 2-2

**灌区水效领跑者自评得分表**

| 序号 | 指标类型 | 指标 | 实绩 | 自评分 |
|---|---|---|---|---|
| 1 | 技术指标 | 斗口及以上灌溉用水计量率 | | |
| 2 | | 节水灌溉工程面积覆盖率 | | |
| 3 | | 灌溉水有效利用系数 | | |
| 4 | | 亩均实灌水量（前三年平均） | | |
| 5 | | 渠系及建筑物良性运行率 | | |
| 6 | 管理指标 | 规章制度 | | |
| 7 | | 计量统计 | | |
| 8 | | 节水技术措施应用 | | |
| 9 | | 管理维护 | | |
| 10 | | 节水宣传 | | |
| 11 | 鼓励性指标 | 排水再利用、非常规水源利用 | | |
| 合计 | | | | |

自评负责人（签字）：

单位（盖章）

附件 2-3

# 灌区水效领跑者申请报告
# 编写提纲

一、灌区单位基本概况

二、节水工作情况

(一)节水灌溉工作情况

说明灌排工程良性安全运行状况,配套完善情况,灌溉用水计量情况,亩均灌溉用水情况等。

(二)节水灌溉管理情况

说明规章制度、计量统计、节水技术措施应用与推广、管理维护、节水宣传等制度的落实情况。

(三)排水再利用、非常规水源利用情况

在灌区排水、非常规水源利用方面采取的措施。

(四)其他需要说明的情况

三、好的经验做法

说明在节水灌溉工作中,采取有效措施,取得的好经验、好做法。

四、节水灌溉工作体会

五、今后节水灌溉工作

附件 2-4

# 灌区水效领跑者遴选标准

## 一、节水技术评价标准(45 分)

| 序号 | 指标 | 计算方法 | 评分规则 | 分值 |
|---|---|---|---|---|
| 1 | 斗口及以上灌溉用水计量率 | 计量口门数量/口门数量×100% | 干渠取水口计量率达到 100%,北方支渠口计量率达到 100%,斗渠口计量率达到 98%,南方支渠口达到 98%,分别达到得 10 分;干渠取水口计量率不达标不得分;北方斗渠口、南方支渠口计量率每低 1% 扣 1 分,直至扣完,计算结果取整 | 10 |
| 2 | 节水灌溉工程面积覆盖率 | 已达标节水灌溉工程面积/设计灌溉面积×100% | 已达节水灌溉标准的工程面积占总灌溉面积的比例达到 60%,得 8 分,每低 2.5%扣 1 分,直至扣完 | 8 |
| 3 | 灌溉水有效利用系数 | 用“首尾分析法”得到的灌溉水有效利用系数或渠系水利用系数×田间水利用系数 | 大型灌区灌溉水利用系数达到 0.5 分,得 10 分,每低 0.012,扣 1 分,直至扣完;中型灌区灌溉水利用系数达到 0.55,得 10 分,每低 0.05,扣 1 分,直至扣完 | 10 |
| 4 | 亩均灌溉用水量 | 总取水量/实际灌溉面积(前三年平均) | 参照地方用水定额或依据评价近几年中灌溉保证率相近的一个自然年度本省(区、市)同种规模与类型灌区单位实灌面积用水量平均值进行判定:<br>亩均灌溉用水量≤0.9×平均值,得 8 分;<br>亩均灌溉用水量>1.2×平均值,得 0 分;<br>0.9×平均值<亩均灌溉用水量≤1.2×平均值,按 1~8 分内插,计算结果取整 | 8 |
| 5 | 渠系及建筑物良性运行率 | 灌排渠道及建筑物良性运行数量/灌排渠道及建筑物×100% | 安全(良性)运行率高于 90%得 9 分,每低于 2 个百分点扣 1 分 | 9 |

## 二、节水管理评价标准(55 分)

| 序号 | 指标 | 计算方法 | 评分规则 | 分值 |
|---|---|---|---|---|
| 1 | 规章制度 | 查看文件和相关资料 | 1)建立计量、统计、定期维修等节水管理规章和制度得 3 分;<br>2)编写用水计划实施方案并落实下达,得 2 分,完成当年内部节水指标得 2 分;<br>3)明确节水责任部门和节水专管人员,得 2 分;<br>4)制定节水目标责任和考核制度,得 2 分;<br>5)两年内未受到浪费用水处罚,得 2 分 | 13 |
| 2 | 计量统计 | 查阅有关资料,核实数据 | 1)用水计量设施的配备按分户、水源类型、作物类型实现三级计量,得 5 分,实现按分户、水源类型计量得 3 分,实现按分户计量,得 1 分;<br>2)有原始用水记录和统计台账且进入信息管理系统,得 2 分 | 7 |
| 3 | 节水技术措施应用 | 查阅有关资料,核实数据,现场抽查 | 1)有灌溉试验站,制定并推行节水灌溉制度,得 4 分;<br>2)水田采用格田灌、大田作物采用喷微灌或改进型地面灌,得 3 分;<br>3)水稻采用"薄浅湿晒"、"控制灌溉"、"薄露灌溉"、"蓄雨型"等节水灌溉模式,旱地采用深耕松翻、秸秆覆盖、蓄水(覆膜)保墒等节水措施,得 3 分;<br>4)所用灌溉设备和灌水器全部为列入《节能产品政府采购清单》的节水产品,得 3 分 | 13 |
| 4 | 管理维护 | 查阅相关资料,现场抽查 | 1)管理维护经费来源有固定渠道且经费足额到位,得 3 分;<br>2)定期巡护和维修渠道及建筑物且记录完整,得 3 分;<br>3)维修养护质量保证体系完善且有效落实,得 3 分;<br>4)渠道定期清淤,周边群众维护意识强烈,得 3 分;<br>5)采用管理信息系统开展工情、水情、雨情、墒情管理,得 3 分 | 15 |
| 5 | 节水宣传 | 查阅有关资料,现场查看 | 1)编制节水宣传材料得 2 分;<br>2)开展节水宣传主题活动、专题培训、讲座等,每开展一次得 1 分,最高 3 分;<br>3)在主要用水季节和显著位置张贴节水标识,得 2 分 | 7 |

### 三、鼓励性评价标准(5分)

| 序号 | 指标 | 考核方法 | 评分规则 | 分值 |
|---|---|---|---|---|
| 1 | 排水再利用与非常规水源利用 | 查阅有关资料,现场查看 | 1)建设排水再利用系统并有效利用,得3分;<br>2)棉花、果树用水等采用非常规水源,每一项得1分,总分2分 | 5 |

## 说　明

一、为贯彻落实《关于印发水效领跑者引领行动实施方案的通知》(发改环资〔2016〕876号),开展灌区水效领跑者遴选工作,制定本标准。

二、本标准适用于灌区水效领跑者遴选。

三、灌区水效领跑者遴选标准由节水技术标准,节水管理标准和鼓励性标准三部分组成,总计105分。其中节水技术标准为45分,由灌溉用水计量率、节水灌溉工程面积覆盖率、灌溉水有效利用系数、亩均灌溉用水量、渠系及建筑物良性运行率等5项指标组成;节水管理标准为55分,由规章制度、计量统计、节水技术措施应用、管理维护、节水宣传等5项指标组成;鼓励性标准为5分,为排水再利用与非常规水源利用一项指标。

四、灌区水效领跑者的总得分应当≥90分。

五、节水技术标准中,各项指标解释及验收方法如下:

(一)口门上灌溉水计量率是指装备有有效水量量测装置的(干渠、支渠、斗渠)进水口的数量占同级渠道数量比率。验收时采用查阅资料和现场随机抽查的方式。

(二)节水灌溉工程面积覆盖率是指已达节水灌溉标准的工程面积占设计灌溉面积的百分比,节水灌溉工程面积为渠道防渗、管道输水灌溉、喷灌、微灌面积的总和。验收时采取查阅水利统计年鉴的方式。

(三)灌溉水有效利用系数为灌入田间可被作物利用的水量占渠首引进的总水量的百分比。验收时采取查阅各地农田灌溉水有效利用系数测算分析结果资料的方式。

(四)亩均实灌水量是指灌区内灌溉总取水量与实际灌溉面积的比值(前三年平均),验收时采取查阅相关资料的方式。

(五)渠系及建筑物良性运行率是指灌溉渠系及其建筑物能够安全、良好地发挥输配水功能而不导致用水浪费的渠道长度、建筑物数量分别占渠道总长、建筑物总量的比率。按照干、支、斗等同级别渠系进行比较。

附件 3

## 水效领跑者标识的内容和样式

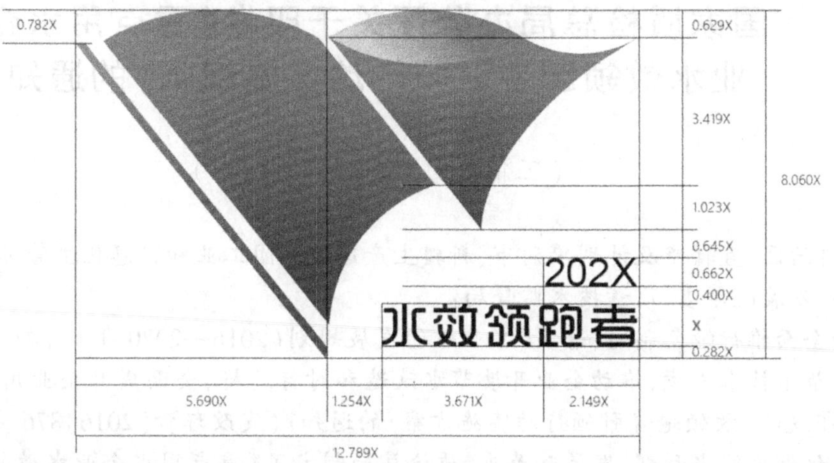


水效领跑者标识在使用中可按比例放大或缩小，标识的图案、文字和颜色不得进行更改。

# 工信部办公厅 水利部办公厅 发改委办公厅 国家质检总局办公厅关于印发《重点用水企业水效领跑者引领行动实施细则》的通知

（工信厅联节〔2017〕16号）

各省、自治区、直辖市及计划单列市、新疆生产建设兵团工业和信息化主管部门、水行政主管部门、发展改革委、质量技术监督局：

为全面推行绿色制造，落实《工业绿色发展规划（2016—2020年）》，加快推进重点用水企业节水技术进步，推动企业开展节水改造和对标达标，全面提升企业用水效率，按照《关于印发〈水效领跑者引领行动实施方案〉的通知》（发改环资〔2016〕876号）要求，工业和信息化部会同水利部、发展改革委、质检总局制定了《重点用水企业水效领跑者引领行动实施细则》。现印发你们，请省级有关部门按要求积极组织本地企业申报第一批用水企业水效领跑者，于2017年4月30日前将地方推荐函和企业申报材料报送工业和信息化部（节能与综合利用司）、水利部（水资源司）。

联系方式：

工业和信息化部节能与综合利用司　郭丰源 010-68205370

水利部水资源司　黄利群 010-63204838

国家发展改革委环资司　才　宽 010-68505573

国家质检总局计量司　邓思齐 010-82261841

工业和信息化部办公厅 水利部办公厅

国家发展和改革委员会办公厅

国家质量监督检验检疫总局办公厅

2017年1月22日

## 重点用水企业水效领跑者引领行动实施细则

为全面推行绿色制造，落实《工业绿色发展规划（2016—2020年）》，加快推进重点用水企业节水技术进步和创新，全面提升企业用水效率，根据《水效领跑者引领行动实施方案》（发改环资〔2016〕876号）要求，工业和信息化部、水利部、国家发展和改革委员会和国家质检总局决定开展重点用水企业水效领跑者引领行动。

### 一、基本思路

以建立重点用水企业水效领跑者制度、引导用水企业用水效率全面提升为目标，在节水型企业建设工作基础上,开展重点用水企业水效领跑者引领行动。定期发布水效领跑者名单和指标,通过政策鼓励、标准引导,树立先进典型,促进企业向水效领跑者学习,形成用水效率不断提升的长效机制,促进节水型工业体系建设。

## 二、实施范围

综合考虑企业取用水规模、技术工艺水平及发展趋势、节水潜力等情况,结合用水计量、节水设备、标准及管理等现状,选择钢铁、乙烯、纺织染整、造纸、味精等行业先行先试,以后逐步扩展实施范围,形成覆盖电力、钢铁、纺织、造纸、石化、化工、食品等重点用水行业的水效领跑者制度。

## 三、入围条件

申请重点用水企业水效领跑者应满足以下要求:

(一)遵守国家、行业、地方相关节水政策和标准。

(二)有取用水资源的合法手续,近三年取水无超计划。

(三)近三年未发生重大安全和环境事故,无违法行为。

(四)年取水量超过30万立方米的独立法人。

(五)上一年度水效指标达到节水型企业国家标准要求,且为行业领先水平。

(六)未使用国家明令禁止或列入禁止、淘汰目录的用水设备或器具。

(七)新建、改建、扩建项目时实施节水"三同时""四到位"制度。

(八)建立节水管理制度,各生产环节有配套的节水措施,建立完备的用水计量和统计管理体系,水计量器具配备满足国家标准《用水单位水计量器具配备和管理通则》(GB 24789)要求,并依法检定或校准。

## 四、组织实施

工业和信息化部、水利部、国家发展和改革委员会、国家质检总局依托各级工业和信息化主管部门、水行政主管部门、发展改革部门、质量技术监督部门、行业协会以及第三方机构等开展重点用水企业领跑者遴选工作,每两年遴选一次。

### (一)企业申请和审核

按照企业自愿参与原则,相关行业企业可向所在地省级(含计划单列市、新疆生产建设兵团,下同)工业和信息化主管部门、水行政主管部门提交水效领跑者申请报告(见附件1),包括纸质版(A4纸打印并装订成册,一式三份)和电子版。省级工业和信息化主管部门、水行政主管部门会同发展改革部门、质量技术监督部门按照入围条件要求对申请报告进行初审,将符合条件的企业上报工业和信息化部、水利部。全国性行业协会可推荐符合入围条件的企业,并将申请报告报送工业和信息化部、水利部。已获得工业和信息化部、水利部、全国节水办颁发的"节水标杆企业"称号的企业申请水效领跑者,直接进入复审阶段。

### (二)复审

工业和信息化部、水利部会同国家发展和改革委员会、国家质检总局组织第三方机构和专家开展复审，通过资料审查、现场核验、专家评审等方式，遴选出上一年度的重点用水企业水效领跑者名单和单位产品取水量指标。经核实满足条件的企业为入围企业，其中，达到行业领先水平的3~5家企业为水效领跑者企业。

**（三）公示和发布**

工业和信息化部、水利部、国家发展和改革委员会、国家质检总局在官方网站等将入围水效领跑者名单和单位产品取水量指标向社会公示，公示时间不少于15个工作日。对公示无异议的企业，工业和信息化部、水利部、国家发展和改革委员会、国家质检总局联合公告本年度入围企业水效领跑者名单和单位产品取水量指标。水效领跑者称号有效期为两年（本年度及下一年度）。

## 五、保障措施

**（一）加强组织协调**

工业和信息化部、水利部、国家发展和改革委员会、国家质检总局建立重点用水企业水效领跑者引领行动联合工作机制，协调行业协会、第三方机构等相关单位开展重点用水企业水效领跑者工作。各级工业和信息化主管部门、水行政主管部门、发展改革部门、质量技术监督部门要充分调动本地区企业积极参与水效领跑者遴选工作，确保重点用水企业水效领跑者引领行动取得实效。

**（二）强化标准引导**

加强节水型企业标准、取水定额标准以及《企业水平衡测试通则》（GB/T 12452）、《用水单位水计量器具配备和管理通则》（GB 24789）、《工业企业水系统集成优化导则》（GB/T 29749）等节水标准的实施和引导。建立标准动态更新机制，适时将水效领跑者指标逐步纳入节水型企业和取水定额国家标准，引导企业用水效率的持续提升。

**（三）加大支持力度**

强化对领跑者企业的政策支持，相关中央财政资金优先支持节水技术改造项目，中央预算内投资优先支持领跑者企业开展水效提升相关改造。鼓励各地区结合本地实际，研究出台相应的配套激励政策，进一步提高企业参与水效领跑者的积极性。鼓励金融机构参与，为领跑者企业提高授信额度，加大担保服务和信贷支持力度，完善政府和社会资本合作（PPP）模式，创新金融产品和服务，扩展绿色金融。

**（四）推动行业对标**

总结用水企业水效领跑者的最佳实践，适时将领跑者企业节水技术纳入国家鼓励的技术目录，鼓励企业开展水效对标活动，广泛开展节水技术、标准、管理体系培训，增强企业节水能力建设，引导企业实施节水技术改造。充分发挥相关行业协会、节水服务企业、节水设备制造企业等第三方机构的作用，为企业提供用水审计、节水技术改造等技术服务。

**（五）强化监督管理**

加强水效领跑者引领行动的监督管理，确保水效领跑者遴选过程的客观公正。对水效领跑者称号实施动态化管理，开展追踪调查，对不符合水效领跑者条件的，撤销称号，三年内不得申报水效领跑者；对在水效领跑者评选过程中弄虚作假的企业（单位），将纳入全国信用信息共享平台，予以曝光，对失信行为实施联合惩戒。

### (六)加大宣传力度

各级工业和信息化主管部门、水行政主管部门、发展改革部门、质量技术监督部门会同有关部门加大对领跑者企业的宣传力度。通过现场会、发布会、推介会等多种形式,宣传重点用水企业水效领跑者,树立标杆,推广先进经验,带动行业用水效率整体提升。允许获得水效领跑者称号的企业在参评产品的宣传中使用水效领跑者标识(标识样式见附件2)。

附件:1. 水效领跑者申请报告
　　2. 水效领跑者标识的内容和样式

附件1

# ××企业水效领跑者申请报告

## ××××年××月

## 填写说明

1. 申报企业应认真阅读《重点用水企业水效领跑者引领行动实施细则》,按照有关要求如实编写申请报告,并提供必要的证明材料。

2. 申请报告包含但不限于下列内容:

(1)企业基本信息表

(2)企业水效分析报告

(3)企业自评表

3. 以上材料需按顺序编排,并在相应位置加盖公章。

**企业基本信息表**

<table>
<tr><td colspan="4">一、企业基本信息</td></tr>
<tr><td>企业名称</td><td colspan="3"></td></tr>
<tr><td>组织机构代码</td><td></td><td>邮编</td><td></td></tr>
<tr><td>详细地址</td><td colspan="3"></td></tr>
<tr><td>法定代表人</td><td></td><td>法人代表联系电话</td><td></td></tr>
<tr><td>联系部门</td><td></td><td>联系人</td><td></td></tr>
<tr><td>联系电话</td><td></td><td>传真</td><td></td></tr>
<tr><td>手机</td><td></td><td>电子邮箱</td><td></td></tr>
<tr><td>企业类型</td><td colspan="3">内资(□国有□集体□民营)□中外合资□港澳台□外商独资</td></tr>
<tr><td colspan="4">二、企业水效指标</td></tr>
<tr><td colspan="2">主要产品</td><td colspan="2"></td></tr>
<tr><td colspan="2">主要水源</td><td colspan="2"></td></tr>
<tr><td colspan="2">上年总产值(万元)</td><td colspan="2"></td></tr>
<tr><td colspan="2">上年取水量($m^3$)</td><td colspan="2"></td></tr>
<tr><td rowspan="3">近三年企业单位产品用水量指标(请注明单位)</td><td>20××年</td><td colspan="2"></td></tr>
<tr><td>20××年</td><td colspan="2"></td></tr>
<tr><td>20××年</td><td colspan="2"></td></tr>
<tr><td colspan="4">材料真实性承诺:<br>我单位郑重承诺:本次申报国家水效领跑者所提交的相关数据和信息均真实、有效,愿接受并积极配合主管部门的监督抽查和核验。如有违反,愿承担由此产生的相应责任。<br>单位负责人(签字):<br>(申报单位公章)<br>年 月 日</td></tr>
<tr><td colspan="4">推荐单位意见:<br>(推荐单位公章)<br>年 月 日</td></tr>
</table>

# 企业水效分析报告（格式）

## 一、基本情况

**（一）企业基本情况**

1. 企业规模：包括企业地理位置（流域）、近三年的生产规模、产品结构、历年产量产值、组织结构、员工人数；

2. 生产情况：包括企业生产的主要原材料消耗、能源消耗、用水环节、主要用水设备等；

3. 取用水情况：包括企业的取水水源（常规水资源、非常规水资源）、取水量、排水量、用水计量设备配备、用水计量、水质数据监测等情况。

**（二）申请水效领跑者的相关生产情况**

## 二、工艺及技术水平

**（一）主要工艺流程**

包括企业生产主要工艺流程，包括工艺流程图等。

**（二）主要用水设备规模及其技术水平**

包括企业循环水系统、冷却塔、换热器、锅炉、制冷、制氧、软化处理、污水处理等主要用水设备的设备配置、服务区域、运行情况、处理能力等，以及主要用水设备的技术水平情况。

**（三）与国内外同类企业相比在节水方面的突出做法**

采取的先进节水工艺技术和装备情况、节水技术改造项目情况、节水管理措施等。

## 三、取用水情况及水效指标

**（一）主要用水工序、用水设备的取用水情况**

包括企业生产主要用水工序、用水设备的取水量、排水量、水质情况等。

**（二）近三年单位产品取水量及水效指标**

水效指标主要包括单位产品取水量、重复利用率、循环利用率、废水回用率、用水综合漏失率等。具体指标要求及报表格式依据以下标准的最新版本：

GB 24789　用水单位水计量器具配备和管理通则
GB/T 7119　节水型企业评价导则
GB/T 26924　节水型企业 钢铁行业
GB/T 26923　节水型企业 纺织染整行业
GB/T 26927　节水型企业 造纸行业
GB/T 32164　节水型企业 乙烯行业
GB/T 32165　节水型企业 味精行业

## 四、水效提升经验

（一）企业节水管理经验。介绍企业在节水方面采取的管理措施、方法以及制定的相应管理制度以及取得的效果。

（二）企业节水技术改造经验。介绍企业采用的先进节水技术、装备和产品，采取的优化运行、水重复利用等方面的节水措施以及取得的节水效益。

（三）重大节水工程。介绍企业实施的重大节水技术改造工程，包括种类、数量以及因此取得的节水效益。

## 五、未来三年拟采取的主要水效提升措施

未来三年拟采取的主要水效提升措施，如节水技术改造项目（如水重复利用等）、节水管理措施（如合同节水管理等）。请分项简述建设内容、预期投资和预期节水效果。

## 六、证明材料

此部分包括但不限于以下材料：

（一）企业营业执照复印件，企业组织机构代码证复印件；

（二）企业取用水相关证明材料（取水许可证或用水合同协议、废水达标排放、近三年用水无超计划等。若地方部门并无相关证明，可由企业书面做出相应承诺）；

（三）企业用水相关材料（企业用水记录、统计报表、费用账单、水计量器具台账、供排水管网图、维修及校验记录等）；

（四）企业用水设备相关材料（用水设备设计图纸、设备配置情况、运行记录等）；

（五）企业节水管理相关材料（水平衡测试报告、节水管理制度文件、节水规划和年度节水计划文件、节水统计报表等）

## 七、企业自评表

1. 自评总则

（1）水效领跑者企业自评表分为一票否决指标和量化评价指标。

（2）一票否决指标如有不满足项，取消该企业水效领跑者评选资格，不参加后续量化打分。

（3）量化评价分管理考核指标和技术考核指标。管理考核指标总分达到 48 分，且技术考核指标达到表中最低限值，才具备申报条件。

2. 一票否决指标

| 序号 | 评价指标 | 评价情况 |
|---|---|---|
| 1 | 有取用水资源的合法手续 | □是　□否 |
| 2 | 近三年用水无超计划 | □是　□否 |
| 3 | 近三年内未发生重大安全和环境事故，无违法行为 | □是　□否 |
| 4 | 上一年度单位产品取水量达到节水型企业国家标准先进企业指标 | □是　□否 |
| 5 | 未使用国家明令禁止或列入禁止、淘汰目录的用水设备和器具 | □是　□否 |
| 6 | 建立健全节水管理制度，各生产环节有配套的节水措施 | □是　□否 |
| 7 | 新建、改建、扩建项目时实施节水“三同时”“四到位”制度 | □是　□否 |
| 8 | 水计量器具配备满足国家标准《用水单位水计量器具配备和管理通则》（GB 24789）要求，并依法检定或校准 | □是　□否 |

3. 量化评价指标

(1)管理考核指标

| 序号 | 考核指标 | 考核内容 | 考核方法 | 总分 | 自评得分 | 自评说明 |
|---|---|---|---|---|---|---|
| 1 | 管理制度 | 有科学合理的节水管理网络和岗位责任制 | 查阅文件、网络图和工作记录 | 4 | | |
| | | 有制定节水规划和年度节水计划 | 查阅有关文件和记录 | 4 | | |
| | | 有健全的节水统计制度,定期向相关部门报送节水统计报表 | 查阅有关资料 | 4 | | |
| 2 | 管理机构和人员 | 有主要领导负责用水、节水工作 | 查阅有关文件及会议记录 | 4 | | |
| | | 有用水、节水管理部门和专(兼)职用水、节水管理人员 | 查阅企业上级主管部门文件 | 4 | | |
| 3 | 管网(设备)管理 | 有详细的供水管网图、排水管网图和计量网络图 | 查阅图纸及查看现场 | 4 | | |
| | | 有日常巡查和保修检修制度,定期对管道和设备进行检修 | 查阅巡查记录和落实情况 | 4 | | |
| 4 | 水计量管理 | 原始记录和统计台账完整规范并定期进行分析 | 查阅台账和分析报告,核实数据 | 4 | | |
| | | 内部实行定额管理,节奖超罚 | 查阅定额管理节奖超罚文件和资料 | 4 | | |
| 5 | 水平衡测试 | 按规定周期进行水平衡测试 | 查阅水平衡测试报告书及有关文件 | 8 | | |
| 6 | 生产工艺和设备 | 开展节水技术改造 | 查阅有关工作记录 | 4 | | |
| | | 使用节水新技术、新工艺、新设备 | 节水设备管理好且运行正常 | 4 | | |
| 7 | 节水宣传 | 经常性开展节水宣传教育 | 查看相关资料 | 4 | | |
| | | 职工有节水意识 | 询问职工节水常识 | 4 | | |

注:1. 自评打分依据:1)企业管理考核的计分标准满分为60分,得分在48分以上(含48分)的企业达到水效领跑者企业管理考核指标的要求;2)相关文件、资料、记录等齐全完善的满分,缺一项扣1分,数据不实的扣1分;3)针对第6项生产工艺和设备的考核中,节水设备运行正常且管理严格的满分,运行有缺失的扣1分,管理不完善的扣1分。

2. 自评说明:附上相关文件、记录等证明自评得分的材料。

(2)技术考核指标

各行业企业根据计算方法中的计算公式计算本企业的技术考核指标值,并给出相应的计算过程。

**技术考核要求(钢铁行业)**

| 考核内容 | 技术指标 | 单位 | 考核值 |
|---|---|---|---|
| 取水量 | 吨钢取水量 | $m^3$ | ≤4.2 |
| 重复利用 | 直接冷却水循环率 | % | ≥95 |
| | 废水回用率 | % | ≥75 |
| | 重复利用率 | % | ≥97 |
| 用水漏损 | 用水综合漏失率 | % | ≤8 |

**注:**各参数计算方法参见 GB/T 26924—2011《节水型企业 钢铁行业》。

**技术考核要求(纺织整染行业)**

| | | |
|---|---|---|
| 一、取水量 | | |
| 单位产品取水量 | | |
| 1. 棉、麻、化纤及混纺机织物 | $m^3/100$ m | ≤2 |
| 2. 丝绸机织物 | $m^3/100$ m | ≤3 |
| 3. 针织物及纱线 | $m^3/t$ | ≤100 |
| 二、重复利用 | | |
| 1. 重复利用率 | % | ≥45 |
| 2. 间接冷却水循环率 | % | ≥95 |
| 3. 冷凝水回用率 | % | ≥98 |
| 4. 废水回用率 | % | ≥20 |
| 三、用水漏损 | | |
| 用水综合漏失率 | % | ≤6 |

**注:**a. 各参数计算方法参见 GB/T 26923—2011《节水型企业 纺织染整行业》。

b. 以棉色布为标准品,将标准品折合系数为1,机织物百米基准值为布幅宽度106 cm、布重12.00 kg/100 m的合格产品,当棉机织产品布幅宽度或布重不同时,计算其产品产量可按附录C——基准棉印染产品产量计算公式进行相应的换算。其他产品,可根据织物的长度、幅宽、厚度等数据按照FZ/T 01002—2010《印染企业综合能耗计算办法及基本定额》中附录B的规定进行换算。

c. 毛织物单位产品取水量考核指标另行制定。

**技术考核要求(造纸行业)**

| | 指标 | 单位 | 考核值 |
|---|---|---|---|
| 单位产品取水量 | 漂白化学木(竹)浆 | $m^3$/Adt | ≤70 |
| | 本色化学木(竹)浆 | | ≤50 |
| | 化学机械木浆 | | ≤30 |
| | 漂白化学非木(麦草、芦苇、甘蔗渣)浆 | | ≤100 |
| | 脱墨废纸浆 | | ≤24 |
| | 未脱墨废纸浆 | | ≤16 |
| 单位产品取水量 | 新闻纸 | $m^3$/t 产品 | ≤16 |
| | 印刷书写纸 | | ≤30 |
| | 生活用纸 | | ≤30 |
| | 包装用纸 | | ≤20 |
| | 白纸板 | | ≤30 |
| | 箱纸板 | | ≤22 |
| | 瓦楞原纸 | | ≤20 |
| 重复利用率 | 纸浆 | % | ≥70 |
| | 纸及纸板 | | ≥85 |

注:a. 各参数计算方法参见 GB/T 26927—2011《节水型企业 造纸行业》。

b. 经抄浆机生产浆板时,允许在本定额的基础上增加 10 $m^3$/t。

c. 生产漂白脱墨废纸浆时,允许在本定额的基础上增加 10 $m^3$/t。

d. 生产涂布类纸及纸板时,允许在本定额的基础上增加 10 $m^3$/t。

e. 纸浆的计量单位为吨风干浆(含水 10%)。

f. 纸浆、纸、纸板的取水量定额指标分别计。

g. 高得率半化学本色木浆及草浆按本色化学木浆执行,机械木浆按化学机械木浆执行。

h. 此表不包括特殊浆种、薄页纸及特种纸的取水量。

**技术考核要求(乙烯行业)**

| 考核内容 | 技术指标 | 单位 | 考核值 |
| --- | --- | --- | --- |
| 取水 | 单位乙烯取水量 | $m^3/t$ | ≤6.5 |
| | 化学水制取系数 | $m^3/m^3$ | ≤1.1(离子交换树脂工艺) |
| | | $m^3/m^3$ | ≤1.25(反渗透工艺) |
| 重复利用 | 重复利用率 | % | ≥98 |
| | 循环水浓缩倍数 | 倍 | ≥5 |
| | 蒸汽冷凝水回收率 | % | ≥80 |
| 排水 | 单位乙烯排水量 | $m^3/t$ | ≤1.8 |

**注**:a. 各参数计算方法参见 GB/T 32164—2015《节水型企业 乙烯行业》。

b. 单位乙烯取水量的取水范围参见附录图 A.1。

c. 当企业的间接冷却水循环系统的补充水中含有污(废)水回用水时,可将循环水浓缩倍数指标按污(废)水回用水水量占补充水总量的10%递减 0.1 进行确定。

**技术考核要求(味精行业)**

| 考核内容 | 指标 | 单位 | 考核值 |
| --- | --- | --- | --- |
| 单位产品取水量 | 吨味精取水量 | $m^3/t$ | ≤25 |
| 重复利用 | 重复利用率 | % | ≥92 |
| | 间接冷却水循环率 | % | ≥95 |
| 排水 | 达标排放率 | % | 100 |
| 用水漏损 | 用水综合漏失率 | % | ≤3 |

**注**:各参数计算方法参见 GB/T 32165—2015《节水型企业 味精行业》。

附件 2

# 水效领跑者标识的内容和样式

获得领跑者称号的企业，在使用水效领跑者标识进行宣传时需遵守以下要求：

一、标识内容与样式

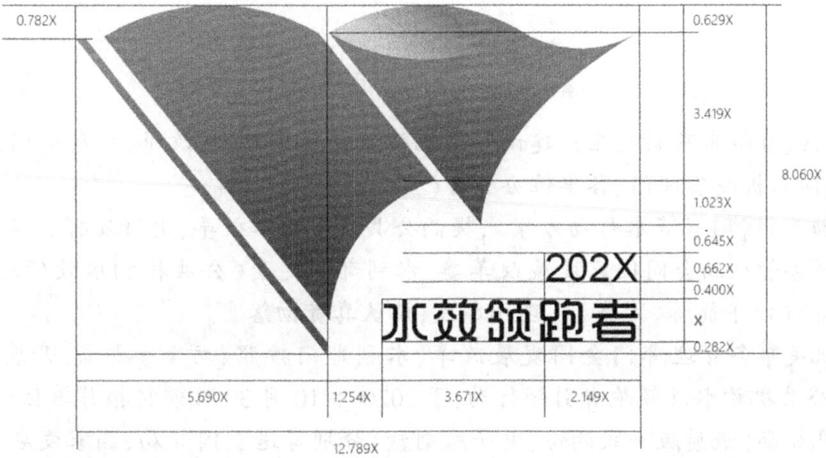


二、标识的使用

水效领跑者标识在使用中可等比例放大或缩小，标识的图案、文字和颜色不得进行更改。水效领跑者称号有效期为两年（本年度及下一年度）。

# 国管局 国家发改委 水利部 关于印发《公共机构水效领跑者引领行动实施方案》的通知

（国管节能〔2020〕94 号）

各省、自治区、直辖市及新疆生产建设兵团机关事务管理、发展改革、水利部门，广东省能源局，中央国家机关各部门、各单位办公厅（室）：

为贯彻落实《国家节水行动方案》，提高公共机构用水效率，更好发挥引领示范作用，国家机关事务管理局会同国家发展改革委、水利部制定了《公共机构水效领跑者引领行动实施方案》（以下简称《方案》），现予印发，请认真贯彻落实。

省级机关事务管理部门会同发展改革、水利部门按照《方案》要求，开展好 2020—2022 年度公共机构水效领跑者引领行动，于 2020 年 10 月 30 日前将推荐单位的申报材料和推荐意见公函（纸质版一式两份，电子版刻盘）分别寄送至国管局、国家发展改革委、水利部。

（联系人及电话：国管局 刘紫亮 010-83087034

国家发展改革委 赵仪凡 010-68505173

水利部 李佳奇 010-63206046）

国管局 国家发展改革委 水利部

2020 年 5 月 19 日

## 公共机构水效领跑者引领行动实施方案

为深入贯彻习近平生态文明思想，落实中央全面深化改革委员会审议通过的《国家节水行动方案》，提高公共机构用水效率，更好发挥引领示范作用，国管局、国家发展改革委、水利部决定开展公共机构水效领跑者引领行动。

### 一、基本思路

在公共机构节水型单位建设工作基础上，开展公共机构水效领跑者引领行动，发布“节水制度齐全、节水管理严格、节水指标先进”的水效领跑者名单，示范引导其他公共机构学习标杆，加快形成“单位主动、行业联动、多方行动”的节水工作格局，推进节水型社会建设。

## 二、实施范围

综合考虑公共机构的类别、地域条件、用水规模和特点等，重点在党政机关、学校、医院开展水效领跑者引领行动。

## 三、基本要求

公共机构水效领跑者应满足以下要求：

1. 遵守国家、行业、地方相关节水政策和标准。近三年内未发生重大安全、环境事故或其他社会影响不良的事件，无违法行为记录。

2. 应为相关部门认定的节水型单位，按照同类可比原则，用水效率处于领先水平。

3. 水计量器具配备满足《用水单位水计量器具配备和管理通则》（GB 24789）国家标准要求。

4. 采用先进适用的节水技术、产品，未使用国家明令禁止的落后用水设备或器具。

5. 建立节水管理制度和用水台账统计体系，明确岗位职责。

6. 两年内未受到相关部门浪费用水处罚。

## 四、组织实施

国管局、国家发展改革委、水利部负责组织开展全国公共机构水效领跑者遴选工作，每三年遴选一次。

**（一）申报**

按照自愿申报的原则，符合基本条件的公共机构向所在省级机关事务主管部门、发展改革部门、水行政主管部门提交水效领跑者申请报告，包括纸质版（A4 打印并装订成册，一式三份）和电子版（光盘）。中央国家机关及所属公共机构向国管局节能司申报并提交上述材料。

**（二）推荐**

省级机关事务主管部门会同发展改革部门、水行政主管部门根据公共机构水效领跑者基本要求和遴选标准，通过资料审查、现场抽查、专家评审等方式，择优选择 6 个单位推荐上报国管局、国家发展改革委、水利部。

**（三）审核**

国管局、国家发展改革委、水利部对推荐的单位组织开展审核，遴选出公共机构水效领跑者。

国管局、国家发展改革委、水利部从中央国家机关及所属公共机构申报单位中择优选择 6 个单位作为公共机构水效领跑者。

**（四）公示与发布**

国管局、国家发展改革委、水利部在官方网站对遴选出的公共机构水效领跑者进行公示，公示时间为 7 个工作日。经公示无异议的单位，由国管局、国家发展改革委、水利部联合发布公共机构水效领跑者名单。水效领跑者称号有效期为三年。

## 五、保障措施

**（一）加强组织协调**

国管局、国家发展改革委、水利部建立公共机构水效领跑者引领行动协作机制，明确任务分工，组织开展公共机构水效领跑者引领行动。地方各级机关事务主管部门、发展改革部门、水行政主管部门要加强协调配合，组织本地区符合条件的公共机构积极申报水效领跑者。

**（二）加大资金投入**

地方各级机关事务主管部门和发展改革部门要结合节约能源资源改造项目、地方各级水行政主管部门按照水资源费使用管理规定，支持公共机构创建水效领跑者工作。各地区可结合实际，研究出台相应的配套激励政策，提高公共机构建设节水型单位的积极性，支持公共机构实施节水改造和推广应用节水技术，建设节水示范项目，鼓励有条件的单位采用合同节水管理等市场化方式进行节水改造。

**（三）严格监督管理**

严格公共机构水效领跑者遴选工作的监督管理，确保遴选过程公开、公平、公正。对水效领跑者实行动态管理，及时跟踪、监督检查，发现违反国家有关政策法规的，撤销称号。对在水效领跑者评选过程中弄虚作假的公共机构，取消其申报资格。

**（四）大力开展宣传**

各级机关事务主管部门、发展改革部门、水行政主管部门要会同有关部门通过多种形式广泛宣传水效领跑者经验，充分发挥公共机构水效领跑者的标杆示范作用，提高全社会“爱水、惜水、节水”的意识。允许获得水效领跑者称号的公共机构在评优评先等宣传中使用水效领跑者标识。

附件：1. 水效领跑者申请报告

2. 水效领跑者标识的内容和样式

附件 1

# ××单位
# 水效领跑者申请报告

20××年××月

## 说　明

1. 申报单位应认真阅读《公共机构水效领跑者引领行动实施方案》,按照有关要求如实编写申请报告,并提供必要的证明材料。

2. 申报材料包含但不限于下列内容:

(1) 单位基本信息表

(2) 单位水效分析报告

(3) 单位自评表

3. 以上材料需按顺序编排,并在相应位置加盖公章。

## 单位基本信息表

<table>
<tr><td>单位名称</td><td colspan="3"></td></tr>
<tr><td>所属类型</td><td colspan="3">□党政机关　□学校　□医院　□其他________</td></tr>
<tr><td>邮编</td><td colspan="3"></td></tr>
<tr><td>详细地址</td><td colspan="3"></td></tr>
<tr><td>组织机构代码</td><td></td><td>单位负责人</td><td></td></tr>
<tr><td>主要水源</td><td></td><td>年用水量</td><td></td></tr>
<tr><td>建筑面积</td><td></td><td>用水人数</td><td></td></tr>
<tr><td>联系人</td><td></td><td>联系电话</td><td></td></tr>
<tr><td colspan="4">材料真实性承诺<br>我单位郑重承诺:本次申报公共机构水效领跑者所提交的相关数据和信息均真实、有效,愿接受并积极配合主管部门的监督检查和核验。如有违反,愿承担由此产生的相应责任。<br>主要负责人(签字):<br>(申报单位公章)<br>年　月　日</td></tr>
</table>

# 单位水效分析报告

（编写提纲）

## 一、单位基本概况

**（一）单位基本情况及规模**

包括单位基本概况、地理位置、近三年的取用水总量、编制人数、用水人数等。

**（二）单位用水情况**

包括单位的用水领域、主要用水技术和设备，以及取水水源、用水量、用水计量等情况。

## 二、节水工作开展情况

**（一）近三年主要用水效率指标**

包括水计量率、节水器具普及率、人均用水量、用水器具漏失率、中央空调冷却补水率、锅炉冷凝水回收率等方面的现状水平。

**表 1　单位主要水效指标**

| 项目 | 20××年 | 20××年 | 20××年 | 填写说明 |
|---|---|---|---|---|
| 主要水源 | | | | 如水源为多种，按比例进行描述 |
| 取水量（万 t） | | | | 如水源为多种，分类描述 |
| 人均年用水量 | | | | |
| 水计量率 | | | | |
| 节水器具普及率 | | | | |
| 用水器具漏失率 | | | | |
| 中央空调冷却补水率 | | | | |
| 锅炉冷凝水回收率 | | | | |

**（二）节水管理制度**

说明规章制度、计量统计、节水技术改造与推广、管理维护、节水宣传等制度建设和落实情况。

**(三)非常规水源利用**

包括开发利用非常规水源的具体措施,以及非常规水源利用规模。

## 三、成功经验

与同类单位相比,重点从节水管理、节水技术改造、节水工程建设等方面,总结单位采取的有效措施,以及取得的经验和节水效益。

## 四、今后节水工作打算

概述未来三年拟采取的主要用水效率提升措施,如节水技术、改造项目、节水管理措施,并简要概述建设内容、预期节水效果。

## 五、证明材料

此部分包括但不限于以下材料:

(一)单位取用水相关证明材料(取水许可证或用水合同协议、近三年用水未超计划等)。

(二)单位节水管理相关材料(节水管理制度文件、节水规划计划文件、单位用水统计报表或记录、费用账单等)。

## 六、水效领跑者评价指标及自评得分

**(一)自评总则**

评价指标区分技术指标、管理指标和鼓励性指标。申报公共机构水效领跑者的自评总得分应当不低于95分,并且任一关键指标得分不为零。如遇缺项(鼓励性指标不计入缺分项),则该项不得分,评价总得分按照以下公式进行折算:评价总得分=实际总得分/(100-缺项总分值)×100+鼓励性指标得分。其中,实际总得分=技术指标得分+管理指标得分。

**(二)评价指标**

1. 一票否决指标

| 评价指标 | 评价情况 |
|---|---|
| 1. 近三年内未发生重大安全、环境事故或其他社会影响不良的事件 | 口是　口否 |
| 2. 为相关部门认定的节水型单位 | 口是　口否 |
| 3. 两年内未受到相关部门浪费用水处罚 | 口是　口否 |

2. 节水技术指标(45 分)

| 序号 | 指标 | 计算方法 | 评分规则 | 分值 | 自评分 | 总得分 |
|---|---|---|---|---|---|---|
| 1 | ★水计量率 | $\frac{\text{水计量器具计量水量}}{\text{总水量}}\times100\%$ | 用水单位水计量率达到 100%,次级用水单位水计量率达到 98%,得 10 分;有 1 项不达标,不得分 | 10 | | |
| 2 | ★节水器具普及率 | $\frac{\text{节水设备器具数量}}{\text{总用水设备器具数量}}\times100\%$ | 北方地区达到 100%,南方地区达到 90%,得 10 分;否则,不得分 | 10 | | |
| 3 | ★人均用水量 | $\frac{\text{单位全年用水量}}{\text{用水总人数}}$ | 参照上一个自然年度本省(自治区、直辖市)同类型单位用水量平均值进行判定:人均用水量≤平均值,得 10 分;否则不得分 | 10 | | |
| 4 | 用水器具漏失率 | $\frac{\text{漏水件数}}{\text{总件数}}\times100\%$ | 北方地区低于 3%,南方地区低于 4%,得 9 分;每高 0.5%,扣 2 分,扣完为止 | 9 | | |
| 5 | 中央空调冷却补水率 | $\frac{\text{中央空调冷却塔补水量}}{\text{中央空调冷却塔总循环量}}\times100\%$ | 中央空调冷却补水率≤1%,得 4 分,否则不得分 | 4 | | |
| 6 | 锅炉冷凝水回收率 | $\frac{\text{年蒸汽冷凝水回收量}}{\text{年蒸汽发气量}}\times100\%$ | 北方地区达到 60%,南方地区达到 40%,得 2 分;每低 5%,扣 1 分,扣完为止 | 2 | | |

注:标注“★”的指标为关键指标。

3. 节水管理指标(55分)

| 序号 | 指标 | 考核方法 | 评分规则 | 分值 | 自评分 | 总得分 |
|---|---|---|---|---|---|---|
| 1 | 规章制度 | 查阅文件和相关资料 | 1)建立计量、统计、巡查、维修等节水管理规章和制度,得2分;<br>2)编写用水计划实施方案,落实下达的用水计划,得2分;<br>3)完成当年度单位内部节水指标,得3分;<br>4)明确节水主管部门和节水管理人员,得2分;<br>5)制定节水目标责任制和考核制度,得3分 | 12 | | |
| 2 | 计量统计 | 查阅资料、核实数据 | 1)依据《公共机构能源资源计量器具配备和管理要求》(GB/T 29149—2012),用水计量器具配备按分户、功能分区、主要设备实现三级计量,得5分;仅实现按分户、功能分区计量,得2分;仅实现按分户计量,得1分;<br>2)有原始用水记录和统计台账,得3分 | 8 | | |
| 3 | 节水改造与节水技术推广 | 查阅节水改造资料和设施建设材料,核对节水器具清单,现场抽查 | 1)节水设施与主体工程同时设计、同时施工、同时投入使用,得2分;<br>2)食堂用水设施、中央空调冷却塔、老旧管网和耗水设施等实施节水改造或建设节水设施,得3分;每缺1项,扣1分;<br>3)铺设透水地面或地面采取透水措施,得2分;<br>4)所用节水设备和器具全部为纳入节能产品政府采购清单的产品,得2分;<br>5)绿化用水采用高效节水灌溉技术,得3分 | 12 | | |

续表

| 序号 | 指标 | 计算方法 | 评分规则 | 分值 | 自评分 | 总得分 |
|---|---|---|---|---|---|---|
| 4 | 管理维护 | 查阅资料、现场抽查 | 1)定期巡护和维修用水设施设备,记录完整,得3分;<br>2)无擅自停用节水设施行为,得3分;<br>3)有完整的供排水管网图,得3分;<br>4)有完整的用水计量网络图,得3分;<br>5)开展水平衡测试或有5年内的水平衡测试报告书,得3分 | 15 | | |
| 5 | 节水文化 | 查阅资料、现场抽查 | 1)编制节水宣传材料,并发放到每一个用水单元,得3分;<br>2)近两年开展节水宣传主题活动、专题培训、讲座等,得3分;每缺1项,扣1分;<br>3)在主要用水场所和器具的显著位置张贴有节水标识,得2分 | 8 | | |

4. 鼓励性指标(5分)

| 序号 | 指标 | 考核方法 | 评分规则 | 分值 | 自评分 | 总得分 |
|---|---|---|---|---|---|---|
| 1 | 非常规水源利用 | 查阅资料、现场抽查 | 1)建设有雨水集蓄或再生水利用系统,并有效利用,得2分;<br>2)绿化、景观用水采用雨水、再生水等非常规水源,得2分 | 4 | | |
| 2 | 采用合同节水管理方式进行节水改造 | 提供合同节水管理改造资料(双方签署合同节水改造合同等) | 参评机构采用合同节水管理模式进行节水改造,并提供相关证明材料,不限于效益分享、目标保证或委托等模式,得1分 | 1 | | |

5. 名词解释

有关指标解释及验收方法如下：

(1)关键指标为考核核心指标，且不能为零分。

(2)水计量率是指在一定的时间内，用水单位、次级用水单位、用水设备(用水系统)的水计量器具计量的水量与占其对应级别全部水量的百分比，其计算公式按照《用水单位水计量器具配备和管理通则》(GB 24789—2009)国家标准执行，验收时采用查阅资料和现场随机抽查的方式。

(3)节水器具普及率是指节水设备、器具数量占总用水设备、器具数量的比例，其中节水设备、器具是提高用水效率、减少水使用量的机械设备和储存设备的统称，如节水型水龙头、便器、淋浴、灌等器具，验收时采取现场随机抽查的方式，抽查的用水点不少于10处。

(4)人均用水量计算方法按《公共机构能源资源消费统计制度》计算，同类型单位是指性质相似、用水习惯相似、水用途相似的单位，验收时采取查阅资料的方式。

(5)用水器具是指单位内所有的用水设备和部位。器具漏水有一处滴漏点算一处漏水，验收时采取现场随机抽查的方式，抽查用水点不少于10处。

(6)中央空调冷却补水率是指用于中央空调冷却塔补水量占总循环量的百分比。验收时采取随机抽查的方式。

(7)锅炉冷凝水回收率是指蒸汽冷凝水回用量与年蒸汽发气量的比值，验收时采取查阅资料与现场查验相结合的方式。

附件2

## 水效领跑者标识的内容和样式

获得水效领跑者称号的公共机构，在使用水效领跑者标识进行宣传时需遵守以下要求：

### 一、标识内容与样式

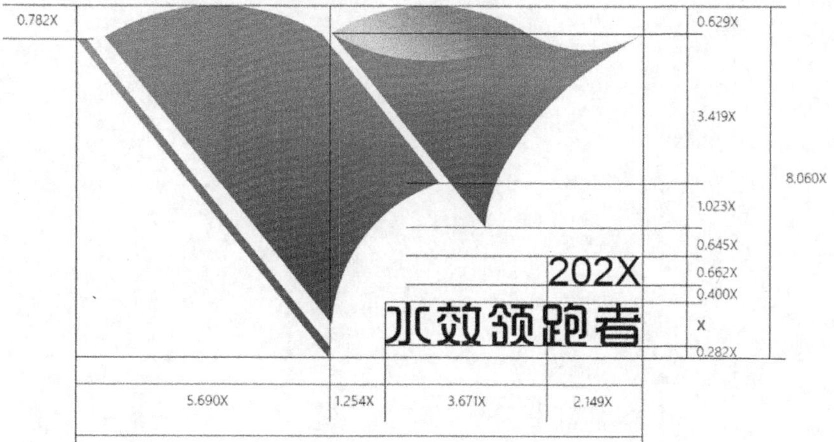

## 二、标识的使用

水效领跑者标识在使用中可等比例放大或缩小，标识的图案、文字和颜色不得进行更改。水效领跑者称号有效期为三年（本年度及下两年度）。

# 第八节　用水定额

## 水利部关于严格用水定额管理的通知

（水资源〔2013〕268 号）

各流域机构，各省、自治区、直辖市水利（水务）厅（局），各计划单列市水利（水务）局，新疆生产建设兵团水利局：

总量控制和定额管理是《水法》确定的水资源管理基本制度。规范用水定额编制，加强定额监督管理，是各级水行政主管部门的重要职责，是提高用水效率，促进产业结构调整的主要手段。为贯彻落实《国务院关于实行最严格水资源管理制度的意见》（国发〔2012〕3 号），建立健全用水定额体系，严格用水定额管理，现就有关事项通知如下：

一、全面编制各行业用水定额

各省级水行政主管部门要积极会同有关行业主管部门，按照《用水定额编制技术导则》要求，依据《国民经济行业分类与代码》（GB/T 4754）规定的行业划分，结合区域产业结构特点和经济发展水平，加快制定农业、工业、建筑业、服务业以及城镇生活等备行业用水定额。

农业用水定额编制要充分考虑小规模农户的生产技术条件和水平，依据水资源综合规划、农业发展规划、节水灌溉规划等划分省内分区，按划定的分区分别确定灌溉用水定额。

工业和服务业用水定额要针对不同规模和工艺流程编制。通用用水定额主要用于已建企业的取水许可审批或计划用水指标下达，先进用水定额主要用于新、改、扩建企业的水资源论证、取水许可审批以及已建企业的节水水平评价。通用用水定额一般应以行业内 80%以上企业达到为标准，先进用水定额一般应以行业内 10%～20%以上企业达到为标准。高档洗浴、洗车、高尔夫球场、人工滑雪场等特殊服务行业要从严制定用水定额，以该地区所能达到的最先进用水水平为标准。

居民生活用水定额应综合考虑当地居民的生活条件、气候、生活习惯、社会经济发展水平等因素，在进行典型调查分析的基础上确定。

对国家已制定的用水定额项目，省级用水定额要严于国家用水定额。有条件的地级城市和地区水行政主管部门可以组织制定严于省级用水定额标准的本地区用水定额，经本省水行政主管部门同意后，作为省级用水定额体系的组成部分，并按照有关程序发布实施。

二、切实规范用水定额发布和修订

各省级水行政主管部门要按照《水法》规定，从严规范用水定额发布管理。各省级用水定额发布前，须征求所在流域的管理机构意见，经有关流域机构同意后，方可发布。以地方标准或以部门文件形式发布的用水定额，应经省级人民政府授权。

各省级水行政主管部门应在用水定额发布后1个月内将用水定额文件或标准报送我部备案。

各流域机构和省级水行政主管部门要全面跟踪用水定额执行情况。用水定额原则上每5年至少修订1次。各省级水行政主管部门要根据区域经济社会发展、产业结构变化、产品技术进步等情况，及时组织修订有关产品或服务的用水定额。

各流域机构要结合定额修订周期，开展本流域有关省区的用水定额评估工作，编制评估报告，提出有关省区用水定额修订和完善的意见，作为有关省区修订用水定额的重要依据。评估报告应及时上报我部，并通告有关省级水行政主管部门。跨流域的省区用水定额评估工作，由占该省区面积最大的流域的管理机构牵头，会同其他流域机构编制。

## 三、进一步加强用水定额监督管理

建设项目水资源论证要根据项目生产规模、生产工艺、产品种类等选择先进的用水定额。水资源论证报告书提出的项目年最大取水量不得超过根据项目设计规模和用水定额核算的取水量。对超过核算水量的项目，不得审查通过其水资源论证报告书。水资源论证报告书批复文件应注明项目采用的用水定额。

取水许可申请批复文件核定的取水量不得高于水资源论证报告书提出的取水量。换发取水许可证时，应按照最新实施的用水定额重新核定许可取水量。对申请取水许可的用水户下达年度用水计划时，要根据最新实施的用水定额，及时核定用水计划指标。对公共供水系统内的用水户下达年度用水计划时，要参照申请取水许可核定取水量的方式，核定该用水户年度用水计划指标，并根据用水定额的变更，按年度及时调整用水计划。

各级水行政主管部门要按照定额实施超定额累进加价，不具备实施超定额累进加价的地区或行业，可按照依据定额核定的用水计划，实施超计划累进加价。未实施超定额、超计划累进加价的地区，要制定相关管理办法，尽快实施用水超定额、超计划累进加价政策。

各级水行政主管部门要将用水定额作为节水评价考核的重要依据，鼓励企业内部按照先进用水定额进行考核管理。各地节水型企业（单位）创建必须依照国内先进用水定额进行评选，不符合先进用水定额的企业不得评选为节水型企业（单位）。

水利部

2013年6月20日

# 重庆市水利局 重庆市农业委员会《关于印发〈重庆市灌溉用水定额(2017 年修订版)〉的通知》

渝水〔2018〕68 号

各区县(自治县)人民政府,有关单位:

为加快节水型社会建设进程,严格水资源管理效率红线,提高重庆地区的用水效率,全面贯彻落实国家节水行动,我市修订了重庆市灌溉用水定额。根据市政府授权,现将《重庆市灌溉用水定额(2017 年修订版)》印发你们,请在开展水资源论证、取水许可审批、涉水规划编制、计划用水管理、取水许可管理以及用水总量控制等工作时,认真贯彻执行,提高用水效率和效益。原《重庆市农业用水定额(试行)》(2006 年)同时废止。

重庆市水利局 重庆市农业委员会

2018 年 4 月 2 日

## 重庆市灌溉用水定额(2017 年修订版)

(基本用水定额参照条件下:小型灌区、自流取水、渠道未衬砌)　(单位:$m^3$/亩)

| 行业代码 | 作物名称 | 灌溉分区 | | | | | | | | | | | |
|---|---|---|---|---|---|---|---|---|---|---|---|---|---|
| | | Ⅰ渝西丘陵区 | | | Ⅱ渝中平行岭谷区 | | | Ⅲ渝东北秦巴山区 | | | Ⅳ渝东南武陵山区 | | |
| | | 50% | 75% | 90% | 50% | 75% | 90% | 50% | 75% | 90% | 50% | 75% | 90% |
| A011 | 水稻 | 410 | 445 | 525 | 410 | 445 | 515 | 405 | 460 | 530 | 410 | 465 | 545 |
| | 玉米 | 55 | 70 | 105 | 55 | 70 | 105 | 55 | 75 | 115 | 60 | 80 | 120 |
| | 小麦 | 65 | 100 | 150 | | | | | | | | | |
| A012 | 油菜 | 55 | 90 | 155 | 70 | 90 | 175 | 55 | 90 | 125 | 55 | 95 | 130 |
| | 大豆 | 55 | 70 | 105 | 50 | 70 | 100 | 35 | 75 | 90 | 35 | 75 | 90 |
| | 红薯 | 35 | 65 | 90 | 35 | 65 | 90 | 45 | 65 | 100 | 45 | 70 | 100 |
| | 马铃薯 | 40 | 65 | 95 | 35 | 65 | 90 | 45 | 65 | 100 | 45 | 70 | 100 |
| A014 | 蔬菜 | 200 | 265 | 335 | 200 | 265 | 330 | 200 | 280 | 360 | 200 | 285 | 365 |
| A015 | 果树 | 150 | 185 | 285 | 150 | 185 | 285 | 165 | 200 | 310 | 170 | 210 | 320 |

**备注**:小型灌区灌溉用水定额的规定位置为渠首,即已包含了田间水利用系数和渠系水利用系数,下同。

## 重庆市灌溉用水定额(2017 年修订版)

(小型灌区、自流取水、渠道已衬砌)　　(单位:m³/亩)

| 行业代码 | 作物名称 | 灌溉分区 | | | | | | | | | | | |
|---|---|---|---|---|---|---|---|---|---|---|---|---|---|
| | | Ⅰ渝西丘陵区 | | | Ⅱ渝中平行岭谷区 | | | Ⅲ渝东北秦巴山区 | | | Ⅳ渝东南武陵山区 | | |
| | | 50% | 75% | 90% | 50% | 75% | 90% | 50% | 75% | 90% | 50% | 75% | 90% |
| A011 | 水稻 | 330 | 355 | 420 | 325 | 355 | 410 | 325 | 370 | 425 | 325 | 375 | 435 |
| | 玉米 | 40 | 55 | 85 | 40 | 55 | 85 | 45 | 60 | 90 | 50 | 65 | 95 |
| | 小麦 | 55 | 80 | 120 | | | | | | | | | |
| A012 | 油菜 | 45 | 70 | 125 | 55 | 70 | 140 | 45 | 70 | 100 | 45 | 75 | 105 |
| | 大豆 | 40 | 55 | 85 | 40 | 55 | 80 | 30 | 60 | 75 | 30 | 60 | 75 |
| | 红薯 | 30 | 50 | 75 | 30 | 50 | 70 | 35 | 55 | 80 | 35 | 55 | 80 |
| | 马铃薯 | 30 | 55 | 75 | 30 | 50 | 75 | 35 | 55 | 80 | 35 | 55 | 80 |
| A014 | 蔬菜 | 160 | 215 | 265 | 160 | 210 | 265 | 160 | 225 | 290 | 160 | 225 | 290 |
| A015 | 果树 | 120 | 150 | 230 | 120 | 150 | 230 | 130 | 160 | 250 | 135 | 165 | 260 |

## 重庆市灌溉用水定额(2017 年修订版)

(小型灌区、提水取水、渠道已衬砌)　　(单位:m³/亩)

| 行业代码 | 作物名称 | 灌溉分区 | | | | | | | | | | | |
|---|---|---|---|---|---|---|---|---|---|---|---|---|---|
| | | Ⅰ渝西丘陵区 | | | Ⅱ渝中平行岭谷区 | | | Ⅲ渝东北秦巴山区 | | | Ⅳ渝东南武陵山区 | | |
| | | 50% | 75% | 90% | 50% | 75% | 90% | 50% | 75% | 90% | 50% | 75% | 90% |
| A011 | 水稻 | 310 | 340 | 400 | 310 | 335 | 390 | 305 | 350 | 405 | 310 | 355 | 415 |
| | 玉米 | 40 | 55 | 80 | 40 | 55 | 80 | 45 | 60 | 85 | 45 | 60 | 90 |
| | 小麦 | 50 | 75 | 115 | | | | | | | | | |
| A012 | 油菜 | 45 | 70 | 120 | 50 | 65 | 135 | 40 | 70 | 95 | 45 | 70 | 100 |
| | 大豆 | 40 | 55 | 80 | 40 | 50 | 80 | 30 | 55 | 70 | 30 | 55 | 70 |
| | 红薯 | 30 | 50 | 70 | 25 | 50 | 70 | 35 | 50 | 75 | 35 | 50 | 80 |
| | 马铃薯 | 30 | 50 | 70 | 25 | 50 | 70 | 35 | 50 | 75 | 35 | 50 | 80 |
| A014 | 蔬菜 | 155 | 205 | 255 | 150 | 200 | 250 | 150 | 215 | 275 | 155 | 215 | 275 |
| A015 | 果树 | 115 | 140 | 220 | 115 | 140 | 215 | 125 | 150 | 235 | 130 | 160 | 245 |

## 重庆市灌溉用水定额(2017 年修订版)

(小型灌区、提水取水、渠道未衬砌)　　(单位:m³/亩)

| 行业代码 | 作物名称 | 灌溉分区 | | | | | | | | | | | |
|---|---|---|---|---|---|---|---|---|---|---|---|---|---|
| | | Ⅰ渝西丘陵区 | | | Ⅱ渝中平行岭谷区 | | | Ⅲ渝东北秦巴山区 | | | Ⅳ渝东南武陵山区 | | |
| | | 50% | 75% | 90% | 50% | 75% | 90% | 50% | 75% | 90% | 50% | 75% | 90% |
| A011 | 水稻 | 390 | 425 | 500 | 390 | 420 | 490 | 385 | 440 | 505 | 390 | 445 | 515 |
| | 玉米 | 50 | 65 | 100 | 50 | 65 | 100 | 55 | 70 | 105 | 55 | 75 | 115 |
| | 小麦 | 65 | 95 | 145 | | | | | | | | | |
| A012 | 油菜 | 55 | 85 | 145 | 65 | 85 | 165 | 50 | 85 | 120 | 55 | 90 | 125 |
| | 大豆 | 50 | 65 | 100 | 50 | 65 | 95 | 35 | 70 | 85 | 35 | 70 | 85 |
| | 红薯 | 35 | 60 | 85 | 35 | 60 | 85 | 40 | 65 | 95 | 45 | 65 | 95 |
| | 马铃薯 | 35 | 65 | 90 | 35 | 60 | 85 | 40 | 65 | 95 | 45 | 65 | 95 |
| A014 | 蔬菜 | 190 | 255 | 315 | 190 | 250 | 315 | 190 | 265 | 340 | 190 | 270 | 345 |
| A015 | 果树 | 145 | 175 | 275 | 145 | 175 | 270 | 155 | 190 | 295 | 160 | 200 | 305 |

## 重庆市灌溉用水定额(2017 年修订版)

(中型灌区、自流取水、渠道已衬砌)　　(单位:m³/亩)

| 行业代码 | 作物名称 | 灌溉分区 | | | | | | | | | | | |
|---|---|---|---|---|---|---|---|---|---|---|---|---|---|
| | | Ⅰ渝西丘陵区 | | | Ⅱ渝中平行岭谷区 | | | Ⅲ渝东北秦巴山区 | | | Ⅳ渝东南武陵山区 | | |
| | | 50% | 75% | 90% | 50% | 75% | 90% | 50% | 75% | 90% | 50% | 75% | 90% |
| A011 | 水稻 | 350 | 380 | 445 | 345 | 375 | 435 | 345 | 390 | 450 | 345 | 395 | 460 |
| | 玉米 | 45 | 60 | 90 | 45 | 60 | 90 | 50 | 65 | 95 | 50 | 70 | 100 |
| | 小麦 | 55 | 85 | 130 | | | | | | | | | |
| A012 | 油菜 | 50 | 75 | 130 | 60 | 75 | 150 | 45 | 75 | 110 | 45 | 80 | 110 |
| | 大豆 | 45 | 60 | 90 | 45 | 60 | 85 | 30 | 65 | 80 | 30 | 60 | 75 |
| | 红薯 | 30 | 55 | 80 | 30 | 55 | 75 | 35 | 55 | 85 | 40 | 60 | 85 |
| | 马铃薯 | 30 | 55 | 80 | 30 | 55 | 75 | 35 | 55 | 85 | 40 | 60 | 85 |
| A014 | 蔬菜 | 170 | 225 | 285 | 170 | 225 | 280 | 170 | 235 | 305 | 170 | 240 | 310 |
| A015 | 果树 | 130 | 160 | 245 | 130 | 155 | 240 | 140 | 170 | 265 | 145 | 175 | 275 |

**备注**:中型灌区灌溉用水定额的规定位置为斗口,即已包含田间水利用系数和斗口以下渠系水利用系数,下同。

## 重庆市灌溉用水定额(2017年修订版)

(中型灌区、自流取水、渠道未衬砌)　　(单位:m³/亩)

| 行业代码 | 作物名称 | 灌溉分区 | | | | | | | | | | | |
|---|---|---|---|---|---|---|---|---|---|---|---|---|---|
| | | Ⅰ渝西丘陵区 | | | Ⅱ渝中平行岭谷区 | | | Ⅲ渝东北秦巴山区 | | | Ⅳ渝东南武陵山区 | | |
| | | 50% | 75% | 90% | 50% | 75% | 90% | 50% | 75% | 90% | 50% | 75% | 90% |
| A011 | 水稻 | 435 | 475 | 560 | 435 | 470 | 545 | 430 | 490 | 560 | 430 | 495 | 575 |
| | 玉米 | 55 | 75 | 115 | 55 | 75 | 110 | 60 | 80 | 120 | 65 | 85 | 125 |
| | 小麦 | 70 | 105 | 160 | | | | | | | | | |
| A012 | 油菜 | 60 | 95 | 165 | 70 | 95 | 185 | 55 | 95 | 135 | 60 | 100 | 140 |
| | 大豆 | 55 | 75 | 110 | 55 | 70 | 110 | 40 | 80 | 100 | 40 | 75 | 95 |
| | 红薯 | 40 | 70 | 100 | 40 | 65 | 95 | 45 | 70 | 105 | 50 | 70 | 110 |
| | 马铃薯 | 40 | 70 | 100 | 40 | 65 | 95 | 45 | 70 | 105 | 50 | 70 | 110 |
| A014 | 蔬菜 | 215 | 285 | 355 | 210 | 280 | 350 | 210 | 295 | 380 | 215 | 300 | 385 |
| A015 | 果树 | 160 | 195 | 305 | 160 | 195 | 300 | 175 | 210 | 330 | 180 | 220 | 340 |

## 重庆市灌溉用水定额(2017年修订版)

(中型灌区、提水取水、渠道已衬砌)　　(单位:m³/亩)

| 行业代码 | 作物名称 | 灌溉分区 | | | | | | | | | | | |
|---|---|---|---|---|---|---|---|---|---|---|---|---|---|
| | | Ⅰ渝西丘陵区 | | | Ⅱ渝中平行岭谷区 | | | Ⅲ渝东北秦巴山区 | | | Ⅳ渝东南武陵山区 | | |
| | | 50% | 75% | 90% | 50% | 75% | 90% | 50% | 75% | 90% | 50% | 75% | 90% |
| A011 | 水稻 | 330 | 360 | 425 | 330 | 360 | 415 | 325 | 370 | 425 | 330 | 375 | 440 |
| | 玉米 | 45 | 55 | 85 | 45 | 55 | 85 | 45 | 60 | 90 | 50 | 65 | 95 |
| | 小麦 | 55 | 80 | 120 | | | | | | | | | |
| A012 | 油菜 | 45 | 75 | 125 | 55 | 70 | 140 | 45 | 75 | 100 | 45 | 75 | 105 |
| | 大豆 | 45 | 55 | 85 | 40 | 55 | 80 | 30 | 60 | 75 | 30 | 60 | 75 |
| | 红薯 | 30 | 50 | 75 | 30 | 50 | 75 | 35 | 55 | 80 | 35 | 55 | 80 |
| | 马铃薯 | 30 | 55 | 75 | 30 | 50 | 75 | 35 | 55 | 80 | 35 | 55 | 80 |
| A014 | 蔬菜 | 160 | 215 | 270 | 160 | 215 | 265 | 160 | 225 | 290 | 165 | 230 | 290 |
| A015 | 果树 | 120 | 150 | 230 | 120 | 150 | 230 | 130 | 160 | 250 | 140 | 170 | 260 |

## 重庆市灌溉用水定额(2017年修订版)

(中型灌区、提水取水、渠道未衬砌) (单位:$m^3$/亩)

| 行业代码 | 作物名称 | 灌溉分区 | | | | | | | | | | | |
|---|---|---|---|---|---|---|---|---|---|---|---|---|---|
| | | Ⅰ渝西丘陵区 | | | Ⅱ渝中平行岭谷区 | | | Ⅲ渝东北秦巴山区 | | | Ⅳ渝东南武陵山区 | | |
| | | 50% | 75% | 90% | 50% | 75% | 90% | 50% | 75% | 90% | 50% | 75% | 90% |
| A011 | 水稻 | 415 | 450 | 530 | 410 | 445 | 520 | 405 | 465 | 535 | 410 | 470 | 550 |
| | 玉米 | 55 | 70 | 110 | 55 | 70 | 105 | 55 | 75 | 115 | 60 | 80 | 120 |
| | 小麦 | 65 | 100 | 150 | | | | | | | | | |
| A012 | 油菜 | 55 | 90 | 155 | 70 | 90 | 175 | 55 | 90 | 130 | 55 | 95 | 130 |
| | 大豆 | 55 | 70 | 105 | 50 | 70 | 105 | 35 | 75 | 95 | 35 | 75 | 90 |
| | 红薯 | 35 | 65 | 95 | 35 | 65 | 90 | 45 | 65 | 100 | 45 | 70 | 105 |
| | 马铃薯 | 40 | 65 | 95 | 35 | 65 | 90 | 45 | 65 | 100 | 45 | 70 | 105 |
| A014 | 蔬菜 | 200 | 270 | 335 | 200 | 265 | 330 | 200 | 280 | 365 | 205 | 285 | 365 |
| A015 | 果树 | 155 | 185 | 290 | 150 | 185 | 285 | 165 | 200 | 310 | 170 | 210 | 325 |

## 重庆市灌溉用水定额说明

一、灌溉用水定额分区

根据重庆市地形地貌及气候、土壤资源分布情况和水源条件、作物种植习惯及保持区县行政区划完整的原则,结合农业相关规划,将重庆市灌溉农业用水定额修编区域分为:Ⅰ渝西丘陵区、Ⅱ渝中平行岭谷区、Ⅲ渝东北秦巴山区和Ⅳ渝东南武陵山区共四个区。

Ⅰ渝西丘陵区。包括荣昌、永川、大足、潼南、铜梁、合川、江津、璧山、巴南、渝北、北碚、九龙坡、沙坪坝、渝中、南岸、江北、大渡口等17个县(区)。

Ⅱ渝中平行岭谷区。包括长寿、涪陵、垫江、梁平、忠县、丰都、万州、开州等8个县(区)。

Ⅲ渝东北秦巴山区。包括云阳、奉节、巫山、城口、巫溪等5个县。

Ⅳ渝东南武陵山区。包括綦江、南川、武隆、石柱、酉阳、秀山、黔江、彭水、万盛经开区等9个县(区、经开区)。

二、适用条件

(一)小型灌区灌溉用水定额的规定位置为渠首,即已包含了田间水利用系数和渠系水利用系数。

(二)中型灌区灌溉用水定额的规定位置为斗口,即已包含田间水利用系数和斗口以下渠系水利用系数。

# 重庆市农业农村委关于发布重庆市畜牧业养殖用水定额(推荐值)、重庆市池塘水产养殖用水量定额(推荐值)的通知

(渝农发〔2019〕170号)

各区县(自治区)农业农村委、畜牧兽医局(中心):

根据2018年国务院对重庆市人民政府实行最严格水资源管理制度考核和《中华人民共和国水法》《重庆市节约用水管理办法》及全国节约用水办公室《关于报送省级用水定额修订成果的函》(节水政便函〔2019〕9号)相关要求,我委组织专家制订了重庆市畜牧业养殖用水定额(推荐值)(附件1),重庆市池塘水产养殖用水量定额(推荐值)(附件2),现予发布,请认真贯彻执行,提高农业用水效率和效益。

附件:1. 重庆市畜牧业养殖用水定额(推荐值)

2. 重庆市池塘水产养殖用水量定额(推荐值)

重庆市农业农村委员会

2019年12月23日

附件 1

## 重庆市畜牧业养殖用水定额(推荐值)

| 序号 | 畜种名称 | 用水定额 | 区间范围 | 单位 | 备注 |
|---|---|---|---|---|---|
| 1 | 生猪 | 180 | 140~220 | 升/(头·日) | 自繁自养场用水量只以存栏能繁母猪计(包含其他阶段的猪只用水) |
| 2 | | 14 | 12~17 | 升/(头·日) | 专业育肥场,体重 6~120 kg(育肥时间按 180 天计) |
| 3 | 肉牛 | 50 | 40~60 | 升/(头·天) | |
| 4 | 奶牛 | 150 | 100~120 | 升/(头·天) | |
| 5 | 山羊 | 6 | 4~10 | 升/(头·天) | |
| 6 | 蛋鸡 | 0.4 | 0.3~0.6 | 升/(头·只) | |
| 7 | 肉鸡 | 0.3 | 0.2~0.4 | 升/(头·批) | 按照每只鸡 100 天出栏一批计 |
| 8 | 肉兔 | 4.7 | ≤4.7 | 升/(头·只) | 以存栏成年种母兔计(含其繁殖的生长兔用水) |

附件 2

## 重庆市池塘水产养殖用水量定额(推荐值)

池塘水产养殖用水量定额是指单位养殖水面一年内维持适宜水深所需补充的新的水量,不含池塘存塘水量。

重庆市成鱼养殖池用水量定额(推荐值):940 立方米/亩。苗种繁育、苗种培育等养殖池由于生产周期相对较短、相对用水量较大,标准可提高 1~1.5 倍。

# 重庆市水利局 重庆市经济信息委<br>重庆市城市管理局 重庆市市场监管局<br>关于印发《重庆市第二三产业用水定额(2020年版)》的通知

(渝水〔2021〕56号)

各区县(自治县)人民政府,有关单位:

为全面贯彻落实国家节水行动,我市汇总、修订完成了重庆市第二三产业用水定额。经市政府授权,现将《重庆市第二三产业用水定额(2020年版)》印发你们,请各地各单位在开展用水节水管理、水资源论证、取水许可审批、涉水规划编制以及用水总量控制等工作时,认真贯彻执行,不断提高水资源集约节约利用水平。

本通知发布之日起,同时废止原市经委等3部门《关于发布第一批43项工业产品的用水定额的通知》(渝经发〔2001〕189号)、原市经委等3部门《关于发布第二批119项工业产品的用水定额的通知》(渝经发〔2006〕11号)、原市质监局等3部门《关于印发重庆市第一批工业产品用水定额(2011年修订版)的通知》(渝质监发〔2011〕215号)、市水利局等2部门《关于调整部分工业产品用水定额的通知》(渝水〔2015〕230号)、市水利局等2部门《关于印发重庆市城市生活用水定额(2017年修订版)的通知》(渝水〔2018〕66号)、市经济信息委等2部门《关于印发重庆市火力发电等高耗水行业产品用水定额的通知》(渝经信发〔2020〕2号)和市水利局《关于印发重庆市农村居民生活用水定额的通知》(渝水便函〔2020〕607号)。

重庆市水利局 重庆市经济和信息化委员会
重庆市城市管理局 重庆市市场监督管理局
2021年8月25日

(市水利局联系人:熊燃,联系电话:89079375;市经济信息委联系人:傅娟,联系电话:63895029;市城市管理局联系人:刘定元,联系电话:67886050;市市场监管局联系人:曾彦,联系电话:67172063)

# 重庆市第二三产业用水定额(2020 年版)

## 一、范围

本定额规定了用水定额的术语和定义、主要工业、建筑业及服务业等行业和生活用水定额。

本定额适用于重庆市行政区域范围内主要工业、建筑业、服务业、城市公共生活和居民生活用水定额。

## 二、规范性引用文件

下列文件对于本文件的应用是必不可少的。凡是注日期的引用文件,仅所注日期的版本适用于本文件。凡是不注日期的引用文件,其最新版本适用于本文件。

GB/T 4754—2017　国民经济行业分类
GB/T 32716—2016　用水定额编制技术导则
GB/T 18820—2011　工业企业产品取水定额编制通则
GB/T 7119—2018　节水型企业评价导则
GB/T 18916.1—2012　取水定额 第 1 部分:火力发电
GB/T 18916.2—2012　取水定额 第 2 部分:钢铁联合企业
GB/T 18916.3—2012　取水定额 第 3 部分:石油炼制
GB/T 18916.4—2012　取水定额 第 4 部分:纺织染整产品
GB/T 18916.5—2012　取水定额 第 5 部分:造纸产品
GB/T 18916.6—2012　取水定额 第 6 部分:啤酒制造
GB/T 18916.7—2014　取水定额 第 7 部分:酒精制造
GB/T 18916.8—2017　取水定额 第 8 部分:合成氨
GB/T 18916.9—2014　取水定额 第 9 部分:味精制造
GB/T 18916.10—2006　取水定额 第 10 部分:医药产品
GB/T 18916.11—2012　取水定额 第 11 部分:选煤
GB/T 18916.12—2012　取水定额 第 12 部分:氧化铝生产
GB/T 18916.13—2012　取水定额 第 13 部分:乙烯生产
GB/T 18916.14—2014　取水定额 第 14 部分:毛纺织产品
GB/T 18916.15—2014　取水定额 第 15 部分:白酒制造
GB/T 18916.16—2014　取水定额 第 16 部分:电解铝生产
GB/T 18916.17—2016　取水定额 第 17 部分:堆积型铝土矿生产
GB/T 18916.18—2015　取水定额 第 18 部分:铜冶炼生产
GB/T 18916.19—2015　取水定额 第 19 部分:铅冶炼生产
GB/T 18916.20—2016　取水定额 第 20 部分:化纤长丝织造产品
GB/T 18916.21—2016　取水定额 第 21 部分:真丝绸产品

GB/T 18916.22—2016　取水定额 第22部分:淀粉糖制造
GB/T 18916.23—2015　取水定额 第23部分:柠檬酸制造
GB/T 18916.24—2016　取水定额 第24部分:麻纺织产品
GB/T 18916.25—2016　取水定额 第25部分:粘胶纤维产品
GB/T 18916.26—2017　取水定额 第26部分:纯碱
GB/T 18916.27—2017　取水定额 第27部分:尿素
GB/T 18916.28—2017　取水定额 第28部分:工业硫酸
GB/T 18916.29—2017　取水定额 第29部分:烧碱
GB/T 18916.30—2017　取水定额 第30部分:炼焦
GB/T 18916.31—2017　取水定额 第31部分:钢铁行业烧结/球团
GB/T 18916.32—2017　取水定额 第32部分:铁矿选矿
GB/T 18916.33—2018　取水定额 第33部分:煤间接液化
GB/T 18916.34—2018　取水定额 第34部分:煤炭直接液化
GB/T 18916.35—2018　取水定额 第35部分:煤制甲醇
GB/T 18916.36—2018　取水定额 第36部分:煤制乙二醇
GB/T 18916.37—2018　取水定额 第37部分:湿法磷酸
GB/T 18916.38—2018　取水定额 第38部分:聚氯乙烯
GB/T 18916.39—2019　取水定额 第39部分:煤制合成天然气
GB/T 18916.40—2018　取水定额 第40部分:船舶制造
GB/T 18916.41—2019　取水定额 第41部分:酵母制造
GB/T 18916.42—2019　取水定额 第42部分:黄酒制造
GB/T 18916.43—2019　取水定额 第43部分:离子型稀土矿冶炼分离生产
GB/T 18916.44—2019　取水定额 第44部分:氨纶产品
GB/T 18916.45—2019　取水定额 第45部分:再生涤纶产品
GB/T 18916.47—2020　取水定额 第47部分:多晶硅生产
GB/T 18916.48—2020　取水定额 第48部分:维纶产品
GB/T 18916.49—2020　取水定额 第49部分:锦纶产品
GB/T 18916.50—2020　取水定额 第50部分:聚酯涤纶产品
GB/T 18916.51—2020　取水定额 第51部分:对二甲苯
GB/T 18916.52—2020　取水定额 第52部分:精对苯二甲酸
GB 50013—2018　室外给水设计标准
GB 50015—2019　建筑给水排水设计标准
GB 50282—2016　城市给水工程规划规范
SL 310—2019　村镇供水工程技术规范
《水利部关于印发宾馆等三项服务业用水定额的通知》(水节约〔2019〕284号)
《水利部关于印发钢铁等十八项工业用水定额的通知》(水节约〔2019〕373号)
《水利部关于印发小麦等十项用水定额的通知》(水节约〔2020〕9号)

《水利部关于印发住宅房屋建筑等两项建筑业用水定额的通知》(水节约〔2020〕213号)

《水利部 工业和信息化部关于印发水泥等八项工业用水定额的通知》(水节约〔2020〕290号)

《水利部 工业和信息化部关于印发造纸等七项工业用水定额的通知》(水节约〔2020〕311号)

《水利部关于印发综合医院等十一项服务业用水定额的通知》(水节约〔2021〕107号)

## 三、术语和定义

下列术语和定义适用于本定额。

**1. 用水定额**

一定时期内用水户单位用水量的限定值。

**2. 工业产品用水定额**

一定时期内工业企业生产单位产品的取水量限定值。

**3. 建筑业用水定额**

一定时期建成单位建筑面积的用水量的限定值。

**4. 服务业用水定额**

一定时期内服务单位单个用水或者单个服务设施、单位服务面积、单个服务对象等单位时间用水量的限定值。

**5. 城镇居民生活用水定额**

城镇居民家庭生活平均每人每日合理用水量的限定值。

**6. 农村居民生活用水定额**

农村居民家庭生活平均每人每日合理用水量的限定值。

**7. 城市综合用水定额**

平均单位用水人口所消耗的城市最高日用水量。

以城市用水人口作为特定指标,采用水厂总供水量除以用水人口(常住人口)。总供水量包含居民生活用水、公共设施用水、工业用水、市政用水、其他用水以及管网漏损的水量。

**8. 先进值和通用值的使用**

先进值主要用于新改扩建项目的水资源论证、取水许可审批、节水评价;通用值则用于现有项目的日常用水管理和节水考核。

## 四、用水定额

**1. 工业产品用水定额**

重庆市主要工业产品用水定额见表1。

**表 1　重庆市工业产品用水定额表**

| 序号 | 行业代码 | 行业名称 | 产品名称 | 定额单位 | 通用值 | 先进值 | 备注 |
|---|---|---|---|---|---|---|---|
| 1 | B0610 | 烟煤和无烟煤开采洗选 | 煤炭 | $m^3/t$ | 1.0 | 0.7 | |
| 2 | B0610 | 烟煤和无烟煤开采洗选 | 选煤厂附属生产 | $m^3/t$ | 0.015 | 0.012 | 年入洗原煤量 >10.0 Mt/a |
| 3 | B0610 | 烟煤和无烟煤开采洗选 | 选煤厂附属生产 | $m^3/t$ | 0.020 | 0.016 | 年入洗原煤量 5.0~10.0 Mt/a |
| 4 | B0610 | 烟煤和无烟煤开采洗选 | 选煤厂附属生产 | $m^3/t$ | 0.025 | 0.020 | 年入洗原煤量 1.2~5.0 Mt/a |
| 5 | B0610 | 烟煤和无烟煤开采洗选 | 选煤厂附属生产 | $m^3/t$ | 0.030 | 0.024 | 年入洗原煤量 <1.2 Mt/a |
| 6 | B0610 | 烟煤和无烟煤开采洗选 | 动力煤选煤厂 | $m^3/t$ | 0.09 | 0.06 | |
| 7 | B0610 | 烟煤和无烟煤开采洗选 | 炼焦煤选煤厂 | $m^3/t$ | 0.10 | 0.08 | |
| 8 | B0890 | 其他黑色金属矿采选 | 磁铁矿选矿 | $m^3/t$ | 0.75 | 0.65 | |
| 9 | B0890 | 其他黑色金属矿采选 | 赤铁矿选矿 | $m^3/t$ | 0.8 | 0.7 | |
| 10 | B0890 | 其他黑色金属矿采选 | 混合矿选矿 | $m^3/t$ | 0.8 | 0.7 | |
| 11 | B0916 | 铝矿采选 | 堆积型铝土矿产品 | $m^3/t$ | 3.0 | 2.5 | |
| 12 | B0932 | 稀土金属矿采选 | 离子型稀土矿冶炼分离 | $m^3/t$ | 90 | 80 | 纯度 99%以上种类 10 种及以上 |
| 13 | B0932 | 稀土金属矿采选 | 离子型稀土矿冶炼分离 | $m^3/t$ | 80 | 70 | 纯度 99%以上种类 5~9 种 |
| 14 | C1310 | 谷物磨制 | 面粉 | $m^3/t$ | 0.7 | 0.6 | |
| 15 | C1331 | 食用植物油加工 | 食用植物油 | $m^3/t$ | 1.0 | 0.7 | |
| 16 | C1340 | 制糖业 | 甘蔗糖厂 | $m^3/t$ | 16 | 8 | |
| 17 | C1340 | 制糖业 | 甜菜糖厂 | $m^3/t$ | 20 | 12 | |
| 18 | C1340 | 制糖业 | 炼糖厂 | $m^3/t$ | 2.5 | 1.5 | |
| 19 | C1351 | 牲畜屠宰 | 生猪屠宰 | $m^3$/头 | 0.8 | 0.5 | |
| 20 | C1351 | 牲畜屠宰 | 牛屠宰 | $m^3$/头 | 1.1 | 0.8 | |
| 21 | C1353 | 肉制品及副产品加工 | 肉制品加工 | $m^3/t$ | 25 | 23 | |
| 22 | C1371 | 蔬菜加工 | 脱盐榨菜 | $m^3/t$ | 10.0 | 8.6 | |
| 23 | C1371 | 蔬菜加工 | 高盐榨菜 | $m^3/t$ | 3.5 | 2.8 | |

**续表 1**

| 序号 | 行业代码 | 行业名称 | 产品名称 | 定额单位 | 通用值 | 先进值 | 备注 |
|---|---|---|---|---|---|---|---|
| 24 | C1391 | 淀粉及淀粉制品制造 | 结晶葡萄糖 | $m^3/t$ | 2.8 | 2.5 | |
| 25 | | | 葡萄糖浆 | $m^3/t$ | 5.0 | 4.5 | |
| 26 | | | 结晶麦芽糖 | $m^3/t$ | 10 | 8 | |
| 27 | | | 麦芽糖浆 | $m^3/t$ | 5.0 | 4.5 | |
| 28 | | | F55 果葡糖浆 | $m^3/t$ | 5.0 | 4.5 | |
| 29 | | | F42 果葡糖浆 | $m^3/t$ | 4.2 | 3.8 | |
| 30 | C1411 | 糕点、面包制造 | 糕点食品 | $m^3/t$ | 25 | 20 | |
| 31 | C1431 | 米、面制品制造 | 机制挂面 | $m^3/t$ | 0.7 | 0.6 | |
| 32 | C1433 | 方便面制造 | 方便面 | $m^3/t$ | 6.0 | 5.5 | |
| 33 | C1441 | 液体乳制造 | 杀菌乳 | $m^3/t$ | 7.0 | 4.5 | |
| 34 | | | 灭菌乳 | $m^3/t$ | 5.5 | 3.0 | |
| 35 | C1442 | 乳粉制造 | 乳粉 | $m^3/t$ | 35 | 20 | |
| 36 | C1449 | 其他乳制品制造 | 发酵乳 | $m^3/t$ | 10.0 | 5.5 | |
| 37 | | | 炼乳 | $m^3/t$ | 10.0 | 4.5 | |
| 38 | | | 再制干酪 | $m^3/t$ | 20 | 12 | |
| 39 | C1451 | 肉、禽类罐头制造 | 肉、禽类罐头 | $m^3/t$ | 19 | 17 | |
| 40 | C1452 | 水产品罐头制造 | 水产品罐头 | $m^3/t$ | 18 | 16 | |
| 41 | C1453 | 蔬菜、水果罐头制造 | 蔬菜、水果罐头 | $m^3/t$ | 22 | 20 | |
| 42 | C1459 | 其他罐头食品制造 | 其他罐头食品 | $m^3/t$ | 8 | 6 | |
| 43 | C1461 | 味精制造 | 味精 | $m^3/t$ | 25 | 20 | 谷氨酸钠 |
| 44 | | | | | 0.6 | 0.3 | 散粉分装 |

**续表 1**

| 序号 | 行业代码 | 行业名称 | 产品名称 | 定额单位 | 通用值 | 先进值 | 备注 |
|---|---|---|---|---|---|---|---|
| 45 | C1462 | 酱油、食醋及类似制品制造 | 酱油 | $m^3/t$ | 9 | 6 | |
| 46 | C1469 | 其他调味品、发酵制品制造 | 酵母制品 | $m^3/t$ | 85 | 70 | |
| 47 | | | 酵母衍生制品 | $m^3/t$ | 115 | 100 | |
| 48 | | | 火锅底料 | $m^3/t$ | 4.5 | 4.0 | |
| 49 | C1494 | 盐加工 | 食盐 | $m^3/t$ | 6.5 | 5.0 | |
| 50 | C1511 | 酒精制造 | 无水乙醇 | $m^3/kL$ | 16 | 13 | |
| 51 | | | 普通级食用酒精及工业酒精 | $m^3/kL$ | 16 | 13 | |
| 52 | | | 优级食用酒精 | $m^3/kL$ | 18 | 13 | |
| 53 | | | 特级食用酒精及中性酒精 | $m^3/kL$ | 20 | 13 | |
| 54 | C1512 | 白酒制造 | 白酒 | $m^3/kL$ | 43 | 26 | 原酒 |
| 55 | | | | | 6.0 | 5.5 | 成品酒 |
| 56 | C1513 | 啤酒制造 | 啤酒 | $m^3/kL$ | 5.0 | 3.5 | |
| 57 | C1514 | 黄酒制造 | 黄酒 | $m^3/kL$ | 10 | 7 | 酿造 |
| 58 | | | | | 6 | 5 | 灌装 |
| 59 | C1521 | 碳酸饮料制造 | 碳酸饮料 | $m^3/t$ | 2.5 | 2.0 | |
| 60 | C1522 | 瓶(罐)装饮用水制造 | 食用纯净水 | $m^3/t$ | 2.5 | 2.0 | 回收桶调节系数 1.1 |
| 61 | | | 天然矿泉水 | $m^3/t$ | 1.8 | 1.6 | 回收桶调节系数 1.2 |
| 62 | C1620 | 卷烟制造 | 卷烟 | $m^3$/万支 | 0.30 | 0.25 | |
| 63 | C1711 | 棉纺纱加工 | 棉纱 | $m^3/t$ | 25 | 20 | |
| 64 | | | 棉布 | $m^3/100\ m$ | 3.0 | 2.4 | |
| 65 | | | 织轴 | $m^3/t$ | 9.0 | 7.0 | |

**续表 1**

| 序号 | 行业代码 | 行业名称 | 产品名称 | 定额单位 | 通用值 | 先进值 | 备注 |
|---|---|---|---|---|---|---|---|
| 66 | C1713 | 棉印染精加工 | 棉及棉混纺机织物 | $m^3$/100 m | 1.8 | 1.6 | 棉机织印染 |
| 67 | | | 化纤机织物 | $m^3$/100 m | 1.1 | 0.9 | 棉机织印染 |
| 68 | | | 棉及混纺纱线、针织物 | $m^3$/t | 100 | 80 | 棉针织印染 |
| 69 | | | 化纤纱、针织物 | $m^3$/t | 72 | 65 | 棉针织印染 |
| 70 | C1722 | 毛织造加工 | 毛纺织(洗净毛) | $m^3$/t(原毛) | 18 | 16 | 原毛→洗净毛 |
| 71 | | | 毛纺织(炭化毛) | $m^3$/t | 22 | 20 | 洗净毛→炭化毛 |
| 72 | | | 毛纺织(色毛条) | $m^3$/t | 120 | 100 | 白毛条→色毛条 |
| 73 | | | 毛纺织(色毛及其他纤维) | $m^3$/t | 100 | 80 | 洗净毛→色毛 |
| 74 | | | 毛纺织(色纱) | $m^3$/t | 130 | 100 | 白纱→色纱 |
| 75 | | | 毛纺织(毛针织品) | $m^3$/t | 70 | 60 | 整理 |
| 76 | | | 毛纺织(精梳毛织物) | $m^3$/100 m | 18 | 16 | 白毛条→精梳毛织物 |
| 77 | | | 毛纺织(粗梳毛织物) | $m^3$/100 m | 22 | 20 | 洗净毛→粗梳毛织物 |
| 78 | | | 毛纺织(羊绒制品) | $m^3$/t | 360 | 330 | 原绒→羊绒制品 |
| 79 | C1723 | 毛染整精加工 | 纺织染整 | $m^3$/100 m | 22 | 18 | 精梳毛织物 |
| 80 | C1731 | 麻纤维纺前加工和纺纱 | 精干麻 | $m^3$/t | 550 | 400 | 苎麻原料→脱胶→精干麻 |
| 81 | | | 打成麻 | $m^3$/t | 450 | 350 | 亚麻原料→脱胶→打成麻 |
| 82 | | | 麻纱(干纺) | $m^3$/t | 150 | 100 | 麻纤维→干纺→麻纱 |
| 83 | | | 麻纱(湿纺) | $m^3$/t | 300 | 250 | 麻纤维→湿纺→麻纱 |
| 84 | | | 麻机织坯布 | $m^3$/100 m | 0.8 | 0.6 | 麻纱→织造→麻机织坯布 |
| 85 | | | 麻针织物及纱线 | $m^3$/t | 150 | 100 | 针织坯布及纱线→印染→印染针织物及纱线 |
| 86 | | | 麻机织物 | $m^3$/100 m | 3.0 | 2.0 | 坯布→印染→印染机织物 |

**续表 1**

| 序号 | 行业代码 | 行业名称 | 产品名称 | 定额单位 | 通用值 | 先进值 | 备注 |
|---|---|---|---|---|---|---|---|
| 87 | C1741 | 缫丝加工 | 生丝 | $m^3$/t | 900 | 400 | 桑蚕茧→生丝 |
| 88 | C1741 | 缫丝加工 | 绢丝 | $m^3$/t | 1 400 | 1 000 | 绢纺原料→绢丝 |
| 89 | C1742 | 绢纺和丝织加工 | 坯绸 | $m^3$/100 m | 0.30 | 0.25 | 生丝、绢丝→织造→坯绸 |
| 90 | C1742 | 绢纺和丝织加工 | 色丝 | $m^3$/t | 300 | 220 | 生丝、绢丝→染色→色丝 |
| 91 | C1742 | 绢纺和丝织加工 | 真丝绸针织物 | $m^3$/t | 300 | 150 | 坯绸→印染针织物（含练白绸） |
| 92 | C1742 | 绢纺和丝织加工 | 真丝绸机织物 | $m^3$/100 m | 4.5 | 3.0 | 坯绸→印染机织物（含练白绸） |
| 93 | C1743 | 丝印染精加工 | 纺织染整 | $m^3$/100 m | 4.5 | 3.0 | 真丝绸机织物 |
| 94 | C1820 | 针织或钩针编织服装制造 | 针织服装 | $m^3$/万件 | 220 | 150 | |
| 95 | C1910 | 皮革鞣制加工 | 牛皮革 | $m^3$/t 生皮 | 60 | 48 | 生皮至成品革 |
| 96 | C1910 | 皮革鞣制加工 | 牛皮革 | $m^3$/t 生皮 | 42 | 32 | 生皮至蓝湿革 |
| 97 | C1910 | 皮革鞣制加工 | 牛皮革 | $m^3$/t 蓝湿革 | 30 | 27 | 蓝湿革至成品革 |
| 98 | C1910 | 皮革鞣制加工 | 羊皮革 | $m^3$/t 生皮 | 65 | 52 | 生皮至成品革 |
| 99 | C1910 | 皮革鞣制加工 | 羊皮革 | $m^3$/t 生皮 | 47 | 36 | 生皮至蓝湿革 |
| 100 | C1910 | 皮革鞣制加工 | 羊皮革 | $m^3$/t 蓝湿革 | 65 | 58 | 蓝湿革至成品革 |
| 101 | C1910 | 皮革鞣制加工 | 猪皮革 | $m^3$/t 生皮 | 65 | 52 | 生皮至成品革 |
| 102 | C1910 | 皮革鞣制加工 | 猪皮革 | $m^3$/t 生皮 | 47 | 36 | 生皮至蓝湿革 |
| 103 | C1910 | 皮革鞣制加工 | 猪皮革 | $m^3$/t 蓝湿革 | 35 | 32 | 蓝湿革至成品革 |
| 104 | C1931 | 毛皮鞣制加工 | 生皮至成品毛皮 | L/标准张 | 380 | 320 | |
| 105 | C1931 | 毛皮鞣制加工 | 生皮至已鞣毛皮 | L/标准张 | 225 | 190 | |
| 106 | C1931 | 毛皮鞣制加工 | 已鞣毛皮至成品毛皮 | L/标准张 | 155 | 130 | |
| 107 | C1951 | 纺织面料鞋制造 | 布鞋 | $m^3$/万双 | 80 | 70 | |
| 108 | C1952 | 皮鞋制造 | 皮鞋 | $m^3$/万双 | 35 | 30 | |

**续表 1**

| 序号 | 行业代码 | 行业名称 | 产品名称 | 定额单位 | 通用值 | 先进值 | 备注 |
|---|---|---|---|---|---|---|---|
| 109 | C1954 | 橡胶鞋制造 | 胶鞋 | $m^3$/万双 | 270 | 240 | |
| 110 | | | 全胶鞋 | $m^3$/万双 | 600 | 550 | |
| 111 | C2211 | 木竹浆制造 | 漂白化学木浆 | $m^3$/t 风干浆 | 75 | 60 | |
| 112 | | | 漂白化学竹浆 | $m^3$/t 风干浆 | 85 | 65 | |
| 113 | | | 本色化学木(竹)纸浆 | $m^3$/t 风干浆 | 60 | 47 | |
| 114 | | | 化学机械木纸浆 | $m^3$/t 风干浆 | 30 | 25 | |
| 115 | C2212 | 非木竹浆制造 | 漂白化学非木浆(麦草、芦苇、甘蔗渣) | $m^3$/t 风干浆 | 110 | 90 | |
| 116 | | | 脱墨废纸浆 | $m^3$/t 风干浆 | 25 | 20 | |
| 117 | | | 未脱墨废纸浆 | $m^3$/t 风干浆 | 20 | 15 | |
| 118 | C2221 | 机制纸及纸板制造 | 新闻纸 | $m^3$/t | 16 | 15 | |
| 119 | | | 未涂布印刷书写纸 | $m^3$/t | 32 | 24 | |
| 120 | | | 生活用纸 | $m^3$/t | 30 | 16 | |
| 121 | | | 包装用纸 | $m^3$/t | 25 | 20 | |
| 122 | | | 白纸板 | $m^3$/t | 30 | 15 | |
| 123 | | | 箱纸板 | $m^3$/t | 24 | 18 | |
| 124 | | | 瓦楞原纸 | $m^3$/t | 22 | 15 | |
| 125 | C2231 | 纸和纸板容器制造 | 纸箱 | $m^3$/t | 3.6 | 2.8 | |
| 126 | | | 彩箱 | $m^3$/t | 8.0 | 6.5 | |
| 127 | | | 彩盒 | $m^3$/t | 8.0 | 6.5 | |
| 128 | C2511 | 原油加工及石油制品制造 | 润滑油 | $m^3$/t | 0.56 | 0.41 | |

**续表 1**

| 序号 | 行业代码 | 行业名称 | 产品名称 | 定额单位 | 通用值 | 先进值 | 备注 |
|---|---|---|---|---|---|---|---|
| 129 | C2521 | 炼焦 | 焦炭 | $m^3/t$ | 1.9 | 1.4 | 常规焦炉 |
| 130 | | | | | 1.1 | 0.6 | 热回收焦炉 |
| 131 | | | | | 0.9 | 0.7 | 半焦炉 |
| 132 | C2522 | 煤制合成气生产 | 煤制合成天然气 | $m^3/10^3m^3$ | 8 | 7 | |
| 133 | C2523 | 煤制液体燃料生产 | 煤间接液化 | $m^3/t$ | 10 | 7 | |
| 134 | | | 煤炭直接液化 | $m^3/t$ | 6.5 | 6.2 | |
| 135 | | | 煤制甲醇 | $m^3/t$ | 15 | 11 | |
| 136 | | | 煤制乙二醇 | $m^3/t$ | 31 | 20 | |
| 137 | | | 合成气制乙二醇 | $m^3/t$ | 16 | 12 | |
| 138 | C2611 | 无机酸制造 | 硫酸 | $m^3/t$ | 4.3 | 3.8 | 硫铁矿制酸 |
| 139 | | | | | 3.0 | 2.4 | 硫黄制酸 |
| 140 | | | 湿法磷酸 | $m^3/t$ | 7 | 6 | 二水物法 |
| 141 | | | | | 4.0 | 3.8 | 半水物法 |
| 142 | C2612 | 无机碱制造 | 轻质纯碱 | $m^3/t$ | 5.5 | 4.5 | 联碱法 |
| 143 | | | | | 14 | 13 | 氨碱法（不用海水） |
| 144 | | | 重质纯碱 | $m^3/t$ | 6.3 | 5.3 | 联碱法 |
| 145 | | | | | 14.8 | 13.8 | 氨碱法（不用海水） |
| 146 | | | 烧碱 | $m^3/t$ | 7.1 | 5.5 | 30%离子膜法 |
| 147 | | | | | 8.0 | 6.2 | 45%离子膜法 |
| 148 | | | | | 8.0 | 6.2 | 98%离子膜法 |
| 149 | C2614 | 有机盐制造 | 赖氨酸盐酸盐 | $m^3/t$ | 19 | 18 | |
| 150 | | | 赖氨酸硫酸盐 | $m^3/t$ | 14 | 13 | |

**续表 1**

| 序号 | 行业代码 | 行业名称 | 产品名称 | 定额单位 | 通用值 | 先进值 | 备注 |
|---|---|---|---|---|---|---|---|
| 151 | C2614 | 有机化学原料制造 | 合成氨 | $m^3/t$ | 14 | 10 | 无烟块煤(型煤) |
| 152 | | | | | 18 | 14 | 烟煤 |
| 153 | | | | | 22 | 14 | 褐煤 |
| 154 | | | | | 12.0 | 7.5 | 天然气 |
| 155 | | | 乙烯 | $m^3/t$ | 10.0 | 7.5 | |
| 156 | | | 柠檬酸 | $m^3/t$ | 25 | 20 | |
| 157 | | | 对二甲苯 | $m^3/t$ | 3.3 | 1.7 | |
| 158 | | | 精对苯二甲酸 | $m^3/t$ | 9.3 | 6.8 | 非海水冷却 |
| 159 | | | 氯酸钾 | $m^3/t$ | 95 | 76 | |
| 160 | | | 高氯酸钾 | $m^3/t$ | 150 | 120 | |
| 161 | | | 氯丁橡胶 | $m^3/t$ | 195 | 155 | |
| 162 | | | 磺胺 | $m^3/t$ | 200 | 160 | |
| 163 | | | 氯磺胺 | $m^3/t$ | 65 | 52 | |
| 164 | | | 甲醛 | $m^3/t$ | 25 | 20 | |
| 165 | | | 甲醇 | $m^3/t$ | 15 | 12 | |
| 166 | | | 聚乙烯醇 | $m^3/t$ | 60 | 48 | |
| 167 | | | VAE 乳胶 | $m^3/t$ | 10 | 8 | |
| 168 | | | 红矾钠 | $m^3/t$ | 25 | 20 | |
| 169 | | | 醋酸乙烯 | $m^3/t$ | 14 | 11 | |
| 170 | | | 有机硅 | $m^3/t$ | 25 | 20 | |
| 171 | C2619 | 其他基础化学原料制造 | 聚氯乙烯 | $m^3/t$ | 12 | 6 | 电石法 |
| 172 | | | | | 9.5 | 8.6 | 乙烯氧氯化法 |
| 173 | | | 液氨 | $m^3/t$ | 30 | 25 | |

**续表 1**

| 序号 | 行业代码 | 行业名称 | 产品名称 | 定额单位 | 通用值 | 先进值 | 备注 |
|---|---|---|---|---|---|---|---|
| 174 | C2621 | 氮肥制造 | 尿素 | $m^3/t$ | 3.0 | 2.6 | 汽提法 |
| 175 | | | | | 3.3 | 2.6 | 水溶液全循环法 |
| 176 | C2622 | 磷肥制造 | 磷铵 | $m^3/t$ | 5 | 4 | |
| 177 | C2631 | 化学农药制造 | 化学农药 | $m^3/t$ | 12 | 10 | |
| 178 | C2641 | 涂料制造 | 溶剂型涂料 | $m^3/t$ | 20 | 10 | |
| 179 | | | 水性涂料 | $m^3/t$ | 1.85 | 1.50 | |
| 180 | | | 油漆 | $m^3/t$ | 10 | 8 | |
| 181 | C2643 | 工业颜料制造 | 钛白粉 | $m^3/t$ | 70 | 63 | |
| 182 | C2646 | 密封用填料及类似品制造 | 建筑用胶水 | $m^3/t$ | 1.3 | 1.0 | |
| 183 | C2671 | 炸药及火工产品制造 | 雷管 | $m^3$/万发 | 13 | 12 | |
| 184 | | | 炸药 | $m^3/t$ | 9.0 | 7.5 | |
| 185 | C2681 | 肥皂及洗涤剂制造 | 洗发水 | $m^3/t$ | 10 | 8 | |
| 186 | | | 洗涤剂 | $m^3/t$ | 4.5 | 3.5 | |
| 187 | | | 洗衣粉 | $m^3/t$ | 3.5 | 2.5 | |
| 188 | | | 香皂(肥皂) | $m^3/t$ | 15 | 10 | |
| 189 | C2683 | 口腔清洁用品制造 | 牙膏 | $m^3$/万支 | 13 | 10 | 100 g/支 |
| 190 | C2689 | 其他日用化学产品制造 | 鞋油 | $m^3/t$ | 1.5 | 1.0 | |
| 191 | C2710 | 化学药品原料药制造 | 维生素 C | $m^3/t$ | 140 | 110 | 化学原料药 |
| 192 | | | 青霉素工业盐 | $m^3/t$ | 340 | 200 | 化学制药中间体 |
| 193 | | | 麦迪霉素 | $m^3/t$ | 12 000 | 9 500 | |
| 194 | | | 妥普霉素 | $m^3/kg$ | 150 | 120 | |
| 195 | | | 洛伐他汀 | $m^3/kg$ | 25 | 20 | |
| 196 | | | 默诺霉素 | $m^3/t$ | 30 000 | 24 000 | |

**续表 1**

| 序号 | 行业代码 | 行业名称 | 产品名称 | 定额单位 | 通用值 | 先进值 | 备注 |
|---|---|---|---|---|---|---|---|
| 197 | C2720 | 化学药品制剂制造 | 片剂 | $m^3$/万片 | 2.5 | 2.0 | |
| 198 | | | 胶囊 | $m^3$/万粒 | 2.0 | 1.5 | |
| 199 | | | 粉针 | $m^3$/万支 | 10 | 8 | |
| 200 | | | 软膏 | $m^3$/万支 | 10 | 8 | |
| 201 | | | 大输液 | $m^3$/万瓶 | 90 | 72 | 500 mL/瓶 |
| 202 | C2730 | 中药饮片加工 | 中药片剂 | $m^3$/t | 60 | 50 | |
| 203 | C2740 | 中成药生产 | 中成药 | $m^3$/t | 260 | 220 | |
| 204 | | | 急支糖浆 | $m^3$/万盒 | 95 | 75 | |
| 205 | | | 糖浆 | $m^3$/万瓶 | 90 | 70 | 100 mL/瓶 |
| 206 | | | 冲剂 | $m^3$/万袋 | 60 | 50 | 100 g/袋 |
| 207 | | | 藿香正气口服液 | $m^3$/万盒 | 32 | 25 | |
| 208 | | | 口服液 | $m^3$/万支 | 30 | 25 | 10 mL/支 |
| 209 | C2811 | 化纤浆粕制造 | 粘胶长丝 | $m^3$/t | 250 | 200 | |
| 210 | | | 粘胶短纤维 | $m^3$/t | 65 | 55 | |
| 211 | C2812 | 人造纤维（纤维素纤维）制造 | 人造丝织物 | $m^3$/100 m | 0.4 | 0.3 | |
| 212 | C2821 | 锦纶纤维制造 | 锦纶长丝织物 | $m^3$/100 m | 1.6 | 0.8 | |
| 213 | | | 锦纶 6 | $m^3$/t | 3.5 | 3.1 | 切片、民用 |
| 214 | | | | | 3.7 | 3.3 | 切片、工业用 |
| 215 | | | | | 2.7 | 2.4 | 长丝、民用 |
| 216 | | | | | 2.8 | 2.5 | 长丝、工业用 |

**续表 1**

| 序号 | 行业代码 | 行业名称 | 产品名称 | 定额单位 | 通用值 | 先进值 | 备注 |
|---|---|---|---|---|---|---|---|
| 217 | C2822 | 涤纶纤维制造 | 涤纶长丝织物 | $m^3/100\ m$ | 1.8 | 0.9 | |
| 218 | | | 再生涤纶（聚酯(PET[a])泡料） | $m^3/t$ | 0.8 | 0.6 | 清洗、造粒 |
| 219 | | | 再生涤纶（聚酯(PET)瓶片） | $m^3/t$ | 2.0 | 1.5 | 破碎、材质分选、清洗 |
| 220 | | | 再生涤纶（POY[b] 长丝） | $m^3/t$ | 2.2 | 1.8 | 干燥、纺丝 |
| 221 | | | 再生涤纶（FDY[c] 长丝） | $m^3/t$ | 3.0 | 2.4 | 干燥、纺丝 |
| 222 | | | 再生涤纶(短纤维) | $m^3/t$ | 2.2 | 1.8 | 干燥、纺丝、后加工 |
| 223 | | | 聚酯涤纶（聚酯熔体或切片） | $m^3/t$ | 1.2 | 0.8 | PTA—PET |
| 224 | | | 聚酯涤纶（熔体纺长丝） | $m^3/t$ | 1.6 | 1.3 | 熔体—长丝 |
| 225 | | | 聚酯涤纶（切片纺长丝） | $m^3/t$ | 3.7 | 3.3 | 切片—长丝 |
| 226 | | | 聚酯涤纶（工业长丝） | $m^3/t$ | 1.9 | 1.6 | 熔体或切片—工业长丝 |
| 227 | | | 聚酯涤纶(短纤维) | $m^3/t$ | 2.2 | 1.6 | 熔体或切片—短纤维 |
| 228 | C2824 | 维纶纤维制造 | 聚乙烯醇 | $m^3/t$ | 25 | 21 | |
| 229 | | | 维纶 | $m^3/t$ | 96 | 70 | 高强高模聚乙烯醇纤维 |
| 230 | | | | | 80 | 50 | 水溶性聚乙烯醇纤维 |
| 231 | C2826 | 氨纶纤维制造 | 氨纶 | $m^3/t$ | 20 | 16 | |
| 232 | C2911 | 轮胎制造 | 汽车轮胎 | $m^3/t$ | 7 | 5 | |
| 233 | | | 摩托车轮胎 | $m^3$/千套 | 36 | 32 | |
| 234 | C2912 | 橡胶板、管带制造 | 输送带 | $m^3$/万标米 | 1 990 | 1 590 | |
| 235 | | | 三角带 | $m^3$/万标米 | 214 | 170 | |
| 236 | | | 胶管 | $m^3$/万标米 | 600 | 550 | |
| 237 | C2913 | 橡胶零件制造 | 橡胶制品 | $m^3/t$ | 30 | 25 | 外购混炼胶生产 |

**续表 1**

| 序号 | 行业代码 | 行业名称 | 产品名称 | 定额单位 | 通用值 | 先进值 | 备注 |
|---|---|---|---|---|---|---|---|
| 238 | C2926 | 塑料包装箱及容器制造 | 塑料托盘 | $m^3/t$ | 18 | 14 | |
| 239 | | | 塑料药瓶 | $m^3/t$ | 34 | 27 | |
| 240 | | | 中空容器 | $m^3/t$ | 34 | 27 | |
| 241 | C2927 | 日用塑料制品制造 | 塑料制品 | $m^3/t$ | 10 | 8 | |
| 242 | C3011 | 水泥制造 | 水泥熟料 | $m^3/t$ | 0.510 | 0.225 | |
| 243 | | | 水泥 | $m^3/t$ | 0.460 | 0.195 | |
| 244 | C3021 | 水泥制品制造 | 预拌混凝土 | $m^3/m^3$ | 0.20 | 0.15 | |
| 245 | | | 纤维增强水泥板/硅钙板 | $m^3/m^3$ | 1.11 | 0.98 | |
| 246 | | | 混凝土桩 | $m^3/m^3$ | 0.36 | 0.34 | |
| 247 | | | 混凝土电杆 | $m^3/m^3$ | 0.81 | 0.68 | |
| 248 | | | 混凝土输水管 | $m^3/m^3$ | 0.65 | 0.51 | |
| 249 | | | 预制构件 | $m^3/m^3$ | 1.17 | 0.82 | |
| 250 | C3041 | 平板玻璃制造 | 平板玻璃 | $m^3/t$ | 1.5 | 1.1 | |
| 251 | C3053 | 玻璃仪器制造 | 玻管 | $m^3/t$ | 8 | 6 | |
| 252 | | | 高硼硅管 | $m^3/t$ | 5 | 4 | |
| 253 | | | 玻璃输液瓶 | $m^3/t$ | 2.0 | 1.6 | |
| 254 | C3054 | 日用玻璃制品制造 | 日用玻璃 | $m^3/t$ | 6 | 4 | |
| 255 | C3061 | 玻璃纤维及制品制造 | 玻璃纤维 | $m^3/t$ | 20 | 18 | |
| 256 | C3071 | 建筑陶瓷制品制造 | 陶瓷砖 | $m^3/m^2$ | 0.08 | 0.05 | |
| 257 | C3072 | 卫生陶瓷制品制造 | 卫生陶瓷 | $m^3/t$ | 10 | 8 | |
| 258 | C3074 | 日用陶瓷制品制造 | 日用陶瓷 | $m^3/t$ | 8 | 6 | |
| 259 | C3099 | 其他非金属矿物制品制造 | 多晶硅 | $m^3/t$ | 170 | 120 | |

**续表 1**

| 序号 | 行业代码 | 行业名称 | 产品名称 | 定额单位 | 通用值 | 先进值 | 备注 |
|---|---|---|---|---|---|---|---|
| 260 | C3110 | 炼铁 | 钢铁行业烧结 | $m^3/t$ | 0.27 | 0.22 | |
| 261 | | | 钢铁行业球团 | $m^3/t$ | 0.17 | 0.10 | |
| 262 | | | 烧结余热发电 | $m^3/t$ | 0.20 | 0.16 | |
| 263 | | | 烧结脱硫 | $m^3/t$ | 0.08 | 0.06 | 半干法 |
| 264 | | | | | 0.12 | 0.10 | 湿法 |
| 265 | | | 球团脱硫 | $m^3/t$ | 0.08 | 0.06 | 半干法 |
| 266 | | | | | 0.10 | 0.08 | 湿法 |
| 267 | | | 生铁 | $m^3/t$ | 1.09 | 0.42 | |
| 268 | C3120 | 炼钢 | 普通钢 | $m^3/t$ | 4.9 | 4.5 | |
| 269 | | | 特殊钢 | $m^3/t$ | 7.0 | 4.5 | |
| 270 | | | 粗钢 | $m^3/t$ | 4.8 | 3.9 | 含焦化、含冷轧 |
| 271 | | | | | 4.5 | 3.2 | 含焦化、不含冷轧 |
| 272 | | | | | 4.2 | 2.8 | 不含焦化、含冷轧 |
| 273 | | | | | 3.6 | 2.3 | 不含焦化、不含冷轧 |
| 274 | | | 转炉炼钢 | $m^3/t$ | 0.99 | 0.52 | |
| 275 | | | 电炉炼钢 | $m^3/t$ | 1.74 | 1.05 | |
| 276 | C3130 | 钢压延加工 | 棒材 | $m^3/t$ | 0.70 | 0.38 | |
| 277 | | | 线材 | $m^3/t$ | 1.26 | 0.41 | |
| 278 | | | 型钢 | $m^3/t$ | 0.79 | 0.31 | |
| 279 | | | 中厚板 | $m^3/t$ | 0.74 | 0.38 | |
| 280 | | | 热轧板带 | $m^3/t$ | 0.91 | 0.45 | |
| 281 | | | 冷轧板带 | $m^3/t$ | 1.40 | 0.61 | |
| 282 | | | 无缝钢管 | $m^3/t$ | 1.56 | 0.86 | |

**续表 1**

| 序号 | 行业代码 | 行业名称 | 产品名称 | 定额单位 | 通用值 | 先进值 | 备注 |
|---|---|---|---|---|---|---|---|
| 283 | C3211 | 铜冶炼 | 铜冶炼 | $m^3/t$ | 20 | 18 | 铜精矿 |
| 284 | | | | | 1.2 | 1.0 | 铜二次资源 |
| 285 | C3212 | 铅锌冶炼 | 铅冶炼 | $m^3/t$ | 4.5 | 4.0 | 粗铅 |
| 286 | | | | | 6.0 | 5.0 | 电解铅 |
| 287 | C3216 | 铝冶炼 | 氧化铝 | $m^3/t$ | 1.4 | 1.1 | 拜耳法 |
| 288 | | | | | 2.4 | 1.9 | 烧结法 |
| 289 | | | | | 1.7 | 1.3 | 联合法 |
| 290 | | | 电解铝 | $m^3/t$ | 1.0 | 0.8 | 原铝液 |
| 291 | | | | | 1.5 | 1.1 | 重熔 |
| 292 | | | 再生铝 | $m^3/t$ | 1.5 | 1.0 | |
| 293 | C3219 | 其他常用有色金属冶炼 | 电解锰 | $m^3/t$ | 3.0 | 2.5 | |
| 294 | C3252 | 铝压延加工 | 铝材 | $m^3/t$ | 20 | 15 | |
| 295 | C3351 | 建筑、家具用金属配件制造 | 防盗门 | $m^3$/樘 | 0.9 | 0.7 | |
| 296 | C3412 | 内燃机及配件制造 | 柴油机 | $m^3$/台 | 6.0 | 4.0 | |
| 297 | C3421 | 金属切削机床制造 | 金属切削机床 | $m^3$/台 | 60 | 48 | |
| 298 | C3441 | 泵及真空设备制造 | 工业水泵 | $m^3$/台 | 10 | 8 | |
| 299 | C3442 | 气体压缩机械制造 | 气体压缩机 | $m^3$/台 | 12 | 8 | |
| 300 | C3462 | 风机、风扇制造 | 大型风机 | $m^3$/台 | 50 | 40 | |
| 301 | | | 小型风机 | $m^3$/台 | 3 | 2 | |
| 302 | C3464 | 制冷、空调设备制造 | 制冷机 | $m^3$/台 | 20 | 15 | |
| 303 | C3611 | 汽柴油车整车制造 | 大客车 | $m^3$/辆 | 60 | 55 | |
| 304 | | | 重型车 | $m^3$/辆 | 15 | 13 | |
| 305 | | | 轻型车 | $m^3$/辆 | 20 | 16 | |
| 306 | | | 轿车 | $m^3$/辆 | 6 | 5 | |

**续表 1**

| 序号 | 行业代码 | 行业名称 | 产品名称 | 定额单位 | 通用值 | 先进值 | 备注 |
| --- | --- | --- | --- | --- | --- | --- | --- |
| 307 | C3620 | 汽车用发动机制造 | 汽油发动机 | $m^3$/台 | 5.5 | 4.5 | |
| 308 | C3630 | 改装汽车制造 | 军品车 | $m^3$/辆 | 16 | 12 | |
| 309 | C3670 | 汽车零部件及配件制造 | 汽车门窗密封条 | $m^3$/万米 | 63 | 50 | |
| 310 | | | 汽车变速器 | $m^3$/台 | 2.0 | 1.6 | |
| 311 | C3731 | 金属船舶制造 | 船舶制造 | $m^3$/t | 6.0 | 3.0 | |
| 312 | C3751 | 摩托车整车制造 | 二轮摩托车 | $m^3$/辆 | 3.5 | 2.5 | |
| 313 | | | | | 0.07 | 0.05 | 组装 |
| 314 | C3752 | 摩托车零部件及配件制造 | 摩托车发动机 | $m^3$/台 | 0.3 | 0.2 | |
| 315 | | | | | 0.08 | 0.06 | 组装 |
| 316 | C3812 | 电动机制造 | 电动机 | $m^3$/万 kW | 442 | 350 | |
| 317 | C3821 | 变压器、整流器和电感器制造 | 变压器 | $m^3$/万 kVA | 580 | 460 | |
| 318 | C3831 | 电线、电缆制造 | 电线 | $m^3$/km | 15 | 12 | |
| 319 | | | 电缆 | $m^3$/km | 20 | 16 | |
| 320 | C3843 | 铅蓄电池制造 | 铅蓄电池 | $m^3$/(kVA·h) | 0.28 | 0.14 | 含极板生产 |
| 321 | | | | | 0.030 | 0.028 | 不含极板生产 |
| 322 | C3855 | 家用清洁卫生电器具制造 | 家用洗衣机 | $m^3$/台 | 0.8 | 0.6 | |
| 323 | C3911 | 计算机整机制造 | 笔记本计算机 | $m^3$/万台 | 200 | 170 | |
| 324 | C3912 | 计算机零部件制造 | 液晶显示面板 | $m^3/m^2$ | 1.0 | 0.8 | |
| 325 | C3922 | 通信终端设备制造 | 移动通信手持机 | $m^3$/千部 | 30 | 20 | |
| 326 | C3982 | 电子电路制造 | 印刷电路板 | $m^3/m^2$ | 0.36 | 0.25 | 单面 |
| 327 | | | | | 1.32 | 0.90 | 双面 |
| 328 | | | | | $1.3+0.5n$ | $0.9+0.4n$ | 多层、$n$=层数 |
| 329 | C4040 | 光学仪器制造 | 生物显微镜 | $m^3$/台 | 9.2 | 7.3 | |

**续表 1**

| 序号 | 行业代码 | 行业名称 | 产品名称 | 定额单位 | 通用值 | 先进值 | 备注 |
|---|---|---|---|---|---|---|---|
| 330 | D4411 | 火力发电 | 火力发电(循环冷却、单机容量<300 MW) | m$^3$/(MW·h) | 3.20 | 1.85 | |
| 331 | | | 火力发电(循环冷却、单机容量 300 MW 级) | m$^3$/(MW·h) | 2.70 | 1.70 | |
| 332 | | | 火力发电(循环冷却、单机容量 600 MW 级) | m$^3$/(MW·h) | 2.35 | 1.65 | |
| 333 | | | 火力发电(循环冷却、单机容量 1 000 MW 级) | m$^3$/(MW·h) | 2.00 | 1.60 | |
| 334 | | | 火力发电(直流冷却、单机容量 300 MW 级) | m$^3$/(MW·h) | 0.49 | 0.28 | |
| 工业产品用水定额合计 127 个行业,334 小项 | | | | | | | |

**使用说明:**

1.酒精

(1)酒精定额为以谷物为原料时的用水量,以薯类为原料时,用水定额系数为 1.1;以糖蜜为原料时,用水定额系数为 1.2。

(2)生产过程中用水量总和包括主要生产用水、辅助生产用水、附属生产用水,不包括综合利用测评生产的用水,如二氧化碳回收、生产蛋白饲料、玉米油、沼气等用水。其中,主要生产用水包括以谷类、薯类为原料生产酒精,原料、拌料、液糖化、发酵、蒸馏至酒精产品的生产过程用水;以糖蜜为原料生产酒精,糖蜜稀释、配制培养盐、发酵、蒸馏至酒精产品的生产过程用水;以及酒精脱水、吸附剂再生在内的生产用水。辅助生产用水包括机修、空压机、循环冷却系统、检验、化验、工厂内部运输等用水。附属生产用水包括办公、绿化、厂内食堂和浴室、卫生间等用水。

2.纺织业

(1)棉、麻、化纤及混纺机织物基准染整产品为标准品,将标准品折合系数为 1,标准品的百米坯布重量为(10.0~14.0)kg/100 m,布幅宽度为 152c m 及以下。

(2)真丝绸机织物基准染整产品为标准品,将标准品折合系数为 1,标准品的百米坯布重量为(6.0~8.0)kg/100 m,布幅宽度为 114 cm 及以下。

(3)精梳毛织物基准染整产品为标准品,将标准品折合系数为 1,标准品的百米坯布重量为(20.0~30.0)kg/100 m,布幅宽度为 150 cm。

(4)当染整产品不同时,可根据织物的长度、幅宽、厚度等,按照 FZ/T 01002—2010 中附录 B 进行换算。

(5)精梳毛织物标准品重量为 30.0 kg/100 m 时取水量;粗梳毛织物标准品重量为 60.0 kg/100 m 时取水量。

(6)坯绸、印染机织物的基准产品为标准品,标准品布重为 6.0 kg、幅宽为 114 cm。当产品不同时,参照 GB/T 18916.21—2016 附录 A 进行折算,标准品折合系数为基准值 1.00。

(7)表中生丝、绢丝、坯绸、色丝、真丝绸针织物、真丝绸机织物的取水量均为以桑蚕茧为原料时的定额值。当原料为柞蚕茧时,以上丝绸产品取水定额指标值按照比桑蚕茧为原料时增加 10%计算。

3.造纸和纸制品

(1)高得率半化学本色木浆及半化学草浆按本色化学木浆执行;机械木浆按化学机械木浆执行。

(2)经抄浆机生产浆板时,允许在本定额的基础上增加 10 m$^3$/t。

(3)生产漂白脱墨废纸浆时,允许在本定额的基础上增加 10 m$^3$/t。

(4)生产涂布类纸及纸板时,允许在本定额的基础上增加 10 m$^3$/t。

(5)纸浆的计量单位为吨风干浆(含水 10%)。

(6)纸浆、纸、纸板的取水量定额指标分别计。

(7)本部分不包括特殊浆种、薄页纸及特种纸的取水量。

4.水泥制造

使用湿法脱硫工艺的水泥产品,通用值增加 0.08 m$^3$/t,先进值增加 0.06 m$^3$/t。

**2. 重庆市建筑业和服务业用水定额**

重庆市建筑业和服务业用水定额见表 2。

**表 2　重庆市建筑业和服务业用水定额表**

| 序号 | 行业代码 | 行业名称 | 定额名称 | 定额单位 | 通用值 | 先进值 | 备注 |
|---|---|---|---|---|---|---|---|
| 1 | E4710 | 住宅房屋建筑 | 混凝土结构 | $m^3/m^2$ | 0.65 | | 商品混凝土 |
| 2 | | | 砖混结构 | $m^3/m^2$ | 0.75 | | |
| 3 | | | 其他 | $m^3/m^2$ | 1.0 | | |
| 4 | E5012 | 住宅装饰和装修 | 建筑装饰、装修 | $m^3/m^2$ | 0.06 | | |
| 5 | F5210 | 综合零售 | 百货店 | $m^3/(m^2 \cdot a)$ | 1.7 | 1.0 | |
| 6 | | | 大型超市 | $m^3/(m^2 \cdot a)$ | 2.0 | 1.2 | |
| 7 | | | 购物中心 | $m^3/(m^2 \cdot a)$ | 2.2 | 1.4 | |
| 8 | G5331 | 客运火车站 | 火车站 | L/(人·次) | 60 | 48 | |
| 9 | G5412 | 城市轨道交通 | 轨道交通站 | L/(人·次) | 1.5 | 1.2 | |
| 10 | G5441 | 客运汽车站 | 汽车站 | L/(人·次) | 25 | 20 | |
| 11 | G5449 | 其他道路运输辅助活动 | 高速路服务区 | $m^3/(m^2 \cdot a)$ | 6.0 | 4.8 | |
| 12 | G5530 | 水上运输辅助活动 | 港口 | L/(人·次) | 30 | 24 | |
| 13 | G5631 | 机场 | 机场 | L/(人·次) | 90 | 72 | |
| 14 | H6110 | 旅游饭店 | 四、五星级 | m³/(床·a) | 350 | 216 | 床位×出租率 |
| 15 | | | 三星级 | m³/(床·a) | 256 | 146 | |
| 16 | | | 一、二星级 | m³/(床·a) | 180 | 110 | |
| 17 | H6120 | 一般旅馆 | 星级以下 | m³/(床·a) | 125 | 70 | 床位×出租率 |
| 18 | H6210 | 正餐服务 | 中小型 | $m^3/(m^2 \cdot a)$ | 18.3 | 7.3 | ≤500 $m^2$ |
| 19 | | | 大型 | $m^3/(m^2 \cdot a)$ | 20.3 | 9.0 | >500 $m^2$ |
| 20 | H6220 | 快餐服务 | 快餐 | $m^3/(m^2 \cdot a)$ | 23.6 | 9.0 | |
| 21 | H6230 | 饮料及冷饮服务 | 茶馆服务、咖啡服务和酒吧服务 | $m^3/(m^2 \cdot a)$ | 9.7 | 3.7 | |
| 22 | H6299 | 其他未列明餐饮业 | 其他餐饮业服务 | $m^3/(m^2 \cdot a)$ | 10.0 | 7.0 | |

**续表 2**

| 序号 | 行业代码 | 行业名称 | 定额名称 | 定额单位 | 通用值 | 先进值 | 备注 |
|---|---|---|---|---|---|---|---|
| 23 | K7020 | 物业管理 | 写字楼 | $m^3/(m^2 \cdot a)$ | 1.85 | 1.15 | 无水冷中央空调 |
| 24 | | | | $m^3/(m^2 \cdot a)$ | 3.0 | 1.5 | 有水冷中央空调 |
| 25 | N7820 | 环境卫生管理 | 道路、场地浇洒 | $L/(m^2 \cdot d)$ | 2.0 | 1.5 | |
| 26 | N7840 | 绿化管理 | 绿化管理 | $L/(m^2 \cdot d)$ | 2.4 | 1.0 | |
| 27 | O8030 | 洗染服务 | 生活衣物 | L/kg | 42 | 28 | 中央洗衣工厂 |
| 28 | | | | L/kg | 80 | 55 | 完整洗衣店 |
| 29 | | | 公用纺织品 | L/kg | 30 | 15 | 医疗类 |
| 30 | | | | L/kg | 23 | 12 | 非医疗类 |
| 31 | O8040 | 理发及美容服务 | 理发店 | L/(人·次) | 20 | 15 | |
| 32 | | | 美容院 | L/(人·次) | 50 | 30 | |
| 33 | O8050 | 洗浴和保健养生服务 | $\leq$2 000 $m^2$ | $m^3/(m^2 \cdot a)$ | 7.5 | 4.0 | |
| 34 | | | 2 000~5 000 $m^2$ | $m^3/(m^2 \cdot a)$ | 5.5 | 3.0 | |
| 35 | | | >5 000 $m^2$ | $m^3/(m^2 \cdot a)$ | 4.5 | 2.5 | |
| 36 | O8110 | 汽车、摩托车等修理与维护 | 自动洗车(小型) | L/(辆·次) | 33 | 24 | |
| 37 | | | 自动洗车(中型) | L/(辆·次) | 36 | 28 | |
| 38 | | | 手动洗车(小型) | L/(辆·次) | 35 | 26 | |
| 39 | | | 手动洗车(中型) | L/(辆·次) | 38 | 30 | |
| 40 | P8310 | 学前教育 | 学前教育 | $m^3$/(人·a) | 18 | 11 | 标准人数 |
| 41 | P8320 | 初等教育 | 初等教育 | $m^3$/(人·a) | 18 | 11 | 标准人数 |
| 42 | P8330 | 中等教育 | 中等教育 | $m^3$/(人·a) | 26 | 15 | 标准人数 |
| 43 | P8340 | 高等教育 | 高等教育 | $m^3$/(人·a) | 85 | 45 | 标准人数 |
| 44 | P8391 | 职业技术培训 | 职业技术培训 | $m^3$/(人·a) | 26 | 15 | 标准人数 |
| 45 | Q8411 | 综合医院 | 三级医院住院部 | L/(床·日) | 1 120 | 710 | 开放床 |
| 46 | | | 二级及以下医院住院部 | L/(床·日) | 760 | 400 | 开放床 |
| 47 | | | 三级、二级及以下医院急诊部、门诊部 | L/(人·次) | 68 | 35 | 就诊人次数 |
| 48 | R8760 | 电影放映 | 影剧院 | $m^3/(m^2 \cdot a)$ | 3.7 | 2.6 | |
| 49 | R8831 | 图书馆 | 图书馆 | $m^3/(m^2 \cdot a)$ | 1.8 | 1.3 | |

## 续表 2

| 序号 | 行业代码 | 行业名称 | 定额名称 | 定额单位 | 通用值 | 先进值 | 备注 |
|---|---|---|---|---|---|---|---|
| 50 | R8832 | 档案馆 | 档案馆 | $m^3/(m^2 \cdot a)$ | 1.1 | 0.7 | |
| 51 | R8850 | 博物馆 | 博物馆 | $m^3/(m^2 \cdot a)$ | 2.2 | 1.8 | |
| 52 | R8921 | 体育场馆管理 | 室外人工滑雪场 | $m^3/(m^2 \cdot a)$ | 0.75 | 0.45 | |
| 53 | | | 高尔夫球场 | $m^3/(m^2 \cdot a)$ | 0.43 | 0.33 | |
| 54 | | | 室内游泳场馆 | L/( $m^2 \cdot d$) | 90 | 60 | 游泳池补水及其他杂用水 |
| 55 | | | 室外游泳场馆 | L/( $m^2 \cdot d$) | 110 | 90 | 游泳池补水及其他杂用水 |
| 56 | | | 游泳场馆淋浴 | L/(人·场) | 40 | 25 | 淋浴用水 |
| 57 | | | 综合性体育场馆 | $m^3/(m^2 \cdot a)$ | 1.0 | 0.5 | |
| 58 | R9011 | 歌舞厅娱乐活动 | 夜总会、歌舞厅 | $m^3/(m^2 \cdot a)$ | 3.0 | 2.4 | |
| 59 | R9012 | 电子游艺厅娱乐活动 | 电子游戏厅 | $m^3/(m^2 \cdot a)$ | 2.0 | 1.6 | |
| 60 | S9220 | 国家行政机构 | 机关 | $m^3/(人 \cdot a)$ | 38 | 15 | |
| 61 | 无 | 城市综合用水 | 超大城市 | L/(人·d) | 500 | | 常住人口≥1 000 万人 |
| 62 | | | 特大城市 | L/(人·d) | 500 | | 500 万人≤常住人口<1 000 万人 |
| 63 | | | Ⅰ型大城市 | L/(人·d) | 450 | | 300 万人≤常住人口<500 万人 |
| 64 | | | Ⅱ型大城市 | L/(人·d) | 450 | | 100 万人≤常住人口<300 万人 |
| 65 | | | 中等城市 | L/(人·d) | 410 | | 50 万人≤常住人口<100 万人 |
| 66 | | | Ⅰ型小城市 | L/(人·d) | 370 | | 20 万人≤常住人口<50 万人 |
| 67 | | | Ⅱ型小城市 | L/(人·d) | 330 | | 常住人口<20 万人 |

**续表 2**

| 序号 | 行业代码 | 行业名称 | 定额名称 | 定额单位 | 通用值 | 先进值 | 备注 |
|---|---|---|---|---|---|---|---|
| 68 | 无 | 城镇居民生活用水 | 超大城市 | L/(人·d) | 150 | | 常住人口≥1 000 万人 |
| 69 | | | 特大城市 | L/(人·d) | 140 | | 500 万人≤常住人口<1 000 万人 |
| 70 | | | Ⅰ型大城市 | L/(人·d) | 130 | | 300 万人≤常住人口<500 万人 |
| 71 | | | Ⅱ型大城市 | L/(人·d) | 120 | | 100 万人≤常住人口<300 万人 |
| 72 | | | 中等城市 | L/(人·d) | 110 | | 50 万人≤常住人口<100 万人 |
| 73 | | | Ⅰ型小城市 | L/(人·d) | 100 | | 20 万人≤常住人口<50 万人 |
| 74 | | | Ⅱ型小城市 | L/(人·d) | 90 | | 常住人口<20 万人 |
| 75 | 无 | 农村居民生活用水 | 乡镇居民 | L/(人·d) | 90 | | 主城都市圈 |
| 76 | | | | L/(人·d) | 85 | | 渝东北三峡库区 |
| 77 | | | | L/(人·d) | 82 | | 渝东南武陵山区 |
| 78 | | | 农村居民 | L/(人·d) | 85 | | 主城都市圈 |
| 79 | | | | L/(人·d) | 82 | | 渝东北三峡库区 |
| 80 | | | | L/(人·d) | 80 | | 渝东南武陵山区 |

建筑业和服务业用水定额合计 39 个行业,80 小项

**使用说明:**

一、宾馆(旅游饭店)用水定额指在一定时期,不同的节约用水条件下,按宾馆出租床位数核算的床均用水量,计算方法见《水利部关于印发宾馆等三项服务业用水定额的通知》(水节约〔2019〕284 号)。宾馆年用水量包括客房、餐饮、洗衣房、娱乐健身房、景观绿化、附属设备等与宾馆服务相关的用水量,不包括外租办公区、公寓、商场等用水量,对外营业达到一定规模餐位的宾馆餐饮用水量另计。

二、正餐服务指在一定场所内提供以中餐、晚餐为主的各种中西式炒菜和主食,并由服务员送餐上桌的餐饮活动;快餐服务指在一定场所内或通过特定设备提供快捷、便利的餐饮服务;饮料及冷饮服务指在一定场所内以提供饮料和冷饮为主的服务;其他餐饮服务是指提供全天就餐的简便餐饮服务等。

三、写字楼用水量指一定时期内(年),写字楼取自任何常规水源并被其第一次利用的水量总和,不包括外供水量和与本单位无关的用水量。用水定额按办公区面积核算。

四、城市道路冲洗用水定额指在一定时期,不同的节约用水条件下,按道路、场地浇洒面积核算的单位面积日用水量,按《水利部关于印发小麦等十项用水定额的通知》(水节约〔2020〕9 号)中的《服务业用水定额:环境卫生管理》规定的方法计算。

五、理发及美容用水量指一定时期内(年),理发及美容企业取自任何常规水源并被其第一次利用的水量总和。理发店用水量包括为顾客洗、理、染、烫等的用水量、场地清洁卫生等用水量,美容院用水量包括美容护理、皮肤保健、水疗等用水量、场地清洁卫生等用水量,不包括外供水量和与本单位无关的用水量。

六、洗浴用水指淋浴、盆浴、池浴、温泉、桑拿、SPA 、餐饮、住宿、冲厕、绿化、空调补水等各环节用水。

七、洗车场所用水是指用于清洗车辆的水,包括清洗车辆外部和内部用水、洗涤剂等的稀释用水、洗车工具的清洁用水以及场地清洗用水。手工洗车是指以人工使用高压水枪或手工器具为主对车辆进行清洗的洗车方式,自动洗车

是使用自动洗车机(通过电脑设置相关程序来实现自动清洗、打蜡、风干车的外部以及清洗轮毂和底盘等工作的洗车装置)对车辆进行清洗的洗车方式,洗车设备的年利用小时数据按照 5 000 小时计算。小型车是指 $M_1$ 类车辆,5 座(含)以下轿车和 SUV 等车型;中型车是指 $M_1$ 类车辆,5 座以上中大型 SUV 及 7 座(含)以下车型。洗车场所应配套建设污水收集与处理装置,确保处理后的水质达到 GB/T 18920 的要求,实现水的循环利用。洗车用水的重复利用率应大于 80%。

八、学校用水量指一定时期内(年)学校取自任何常规水源并被其第一次利用的水量总和,包括教学楼、办公楼、食堂、宿舍、浴室、实验室、体育场馆、图书馆、景观绿化、附属设备等与办学相关的用水量,不包括学校附属的子弟学校、家属区、宾馆等用水量,学校对外培训用水量另计,学校用水量达到一定规模的实验室用水量可另计。用水定额不再分住宿、非住宿,按学校标准人数核算,学校标准人数按《水利部关于印发宾馆等三项服务业用水定额的通知》(水节约〔2019〕284 号)中《服务业用水定额:学校》规定的方法计算。

九、综合医院住院部用水量包括住院部、医技部、教学科研、后勤、行政管理等用水量,不包括洗衣、制药、试验用水量和家属区、宿舍、幼儿园、招待所等外供用水量。承担一定规模教学科研任务的综合医院住院部用水调节系数 1.2。单位开放床日用水量计算方法执行《水利部关于印发综合医院等十一项服务业用水定额的通知》(水节约〔2021〕107 号)。

十、科技文化场馆(影剧院、博物馆、图书馆和档案馆)用水量指一定时期内(年),科技文化场馆取自任何常规水源并被其第一次利用的水量总和。包括办公、观众/读者、场地清洁卫生、空调、洗手间、景观绿化等与科技文化场馆服务相关的用水量,不包括外供水量和与本单位无关的用水量。用水定额按建筑面积核算。

十一、室外人工滑雪场用水量包括造雪用水、雪道植被灌溉用水、绿化用水、生活用水等。

十二、高尔夫球场用水包括果岭、发球台、球道、高草区、自然区等不同功能区灌溉用水,以及直接服务于高尔夫运动的餐饮、住宿、保洁等生活用水量,对外营业达到一定规模的酒店、餐饮等用水量另计。

十三、综合性体育场馆是指对社会公开开放,并适用一种以上不同运动项目的体育场或体育馆,不含冰雪、游泳、潜水项目体育场馆。

十四、机关用水量指一定时期内(年),机关取自任何常规水源并被其第一次利用的水量总和,包括办公楼、食堂、浴室、锅炉、空调、集体宿舍和绿化等与机关服务相关的用水量,不包括对外服务的政务大厅等用水量。用水定额按机关人数核算。机关人数指在编在岗职工和工作时间超过半年的非在编人员。用水定额按《水利部关于印发宾馆等三项服务业用水定额的通知》(水节约〔2019〕284 号)中《服务业用水定额:机关》的执行。

十五、以“天”为核算周期的定额,如果要换算成以“年”为核算周期的定额,可乘以 365 得到。

# 第九节　计划用水

## 水利部关于印发《计划用水管理办法》的通知

（水资源〔2014〕360号）

各流域机构，各省、自治区、直辖市水利（水务）厅（局），各计划单列市水利（水务）局，新疆生产建设兵团水利局：

为深入贯彻中央节水优先方针，落实最严格水资源管理制度，全面推进节水型社会建设，强化用水单位用水需求和过程管理，提高计划用水管理规范化精细化水平，根据《中华人民共和国水法》和《取水许可和水资源费征收管理条例》等法律法规，我部制定了《计划用水管理办法》。现印发你们，请遵照执行。

水利部

2014年11月5日

## 计划用水管理办法

**第一条**　为落实最严格水资源管理制度，强化用水需求和过程管理，控制用水总量，提高用水效率，依据《中华人民共和国水法》和《取水许可和水资源费征收管理条例》等法律法规，制定本办法。

**第二条**　对纳入取水许可管理的单位和其他用水大户（以下统称用水单位）实行计划用水管理。

**第三条**　用水单位用水计划的建议、核定、下达、调整及其相关管理活动，适用本办法。

**第四条**　行政区域内用水单位的年度计划用水总量不得超过本区域的年度用水总量控制指标。

**第五条**　水利部负责全国计划用水制度的监督管理工作，全国节约用水办公室负责具体组织实施。

流域管理机构依照法律法规授权和水利部授予的管理权限，负责所管辖范围内计划用水制度的监督管理工作，其直接发放取水许可证的用水单位计划用水相关管理工作，委托用水单位所在地省级人民政府水行政主管部门承担。县级以上地方人民政府水行政主管部门按照分级管理权限，负责本行政区域内计划用水制度的管理和监督工作。

**第六条**　用水单位的用水计划由年计划用水总量、月计划用水量、水源类型和用水用途构成。

年计划用水总量、水源类型和用水用途由具有管理权限的水行政主管部门（以下简称管理机关）核定下达，不得擅自变更。月计划用水量由用水单位根据核定下达的年计划用水总量自行确定，并上报管理机关备案。

纳入取水许可管理的用水单位，其用水计划中水源类型、用水用途应当与取水许可证明确的水源类型、取水用途保持一致；月计划用水量不得超过取水许可登记表明确的月度分配水量。

**第七条** 用水单位应当于每年 12 月 31 日前向管理机关提出下一年度的用水计划建议；新增用水单位应当在用水前 30 日内提出本年度用水计划建议。

**第八条** 用水单位提出用水计划建议时，应当提供用水计划建议表和用水情况说明材料。

用水计划建议表由省级人民政府水行政主管部门自行确定。用水情况说明应当包括用水单位基本情况、用水需求、用水水平及所采取的相关节水措施和管理制度。

管理机关应当将用水计划建议表示范文本和所需提交材料的目录在办公场所和政府网站公示，并逐步实行网上办理。

**第九条** 管理机关根据本行政区域年度用水总量控制指标、用水定额和用水单位的用水记录，按照统筹协调、综合平衡、留有余地的原则，核定用水单位的用水计划。

**第十条** 管理机关应当于每年 1 月 31 日前书面下达所管辖范围内用水单位的本年度用水计划；新增用水单位的用水计划，应当自收到建议之日起 20 日内下达。

逾期不能下达用水计划的，经管理机关负责人批准，可以延长 10 日，并应当将延长期限的理由告知用水单位。

**第十一条** 获得省级节水型企业、节水型单位称号的用水单位，下一年度用水计划根据实际需要上报管理机关备案。

**第十二条** 除停止用水及其他正当事由外，用水单位未在规定期限内提出用水计划建议的，管理机关应当书面告知其限期办理用水计划；逾期仍未办理的，按照用水单位所在行业先进用水水平核定其用水计划，并书面通知用水单位。

**第十三条** 用水单位调整年计划用水总量的，应当向管理机关提出用水计划调整建议，并提交计划用水总量增减原因的说明和相关证明材料。用水单位不调整年计划用水总量，仅调整月计划用水量的，应当重新上报管理机关备案。

**第十四条** 管理机关应当自收到用水单位的用水计划调整建议之日起 15 日内核定或者备案，并书面通知用水单位。

**第十五条** 用水单位具有下列情形之一的，管理机关应当核减其年计划用水总量：

（一）用水水平未达到用水定额标准的；

（二）使用国家明令淘汰的用水技术、工艺、产品或者设备的；

（三）具备利用雨水、再生水等非常规水源条件而不利用的。

**第十六条** 因重大旱情或者突发水污染事件等原因无法满足正常供水的，管理机关应当制定应急用水方案，经本级人民政府批准后，管理机关可以核减用水单位的计划用水量。重大旱情或者突发水污染事件影响解除后，应当即时恢复原用水状况。

**第十七条** 用水单位应当按照法律法规和有关技术标准要求，安装经质量技术监督部门检定合格的用水计量设施，并进行定期检查和维护，保证计量设施的正常运行。

用水单位有两个以上不同水源或者两类以上不同用途用水的，应当分别安装用水计量设施。未按规定安装用水计量设施，用水计量设施不合格或者运行不正常的，按照其设计最大取水能力或者取水设备额定流量全时程运行核定用水量。

**第十八条** 管理机关应当加强计划用水的指导、协调和监督检查，建立用水统计台账和重点用水单位监控名录，实施用水在线监控和动态管理。

用水单位应当建立健全用水原始记录和统计台账，按月向管理机关报送用水情况。

**第十九条** 用水单位月实际用水量超过月计划用水量10%的，管理机关应当给予警示。

用水单位月实际用水量超过月计划用水量50%以上，或者年实际用水量超过年计划用水总量30%以上的，管理机关应当督促、指导其开展水平衡测试，查找超量原因，制定节约用水方案和措施。

**第二十条** 用水单位超计划用水的，对超用部分按季度实行加价收费；有条件的地区，可以按月或者双月实行加价收费。

**第二十一条** 省级人民政府水行政主管部门应当于每年3月底前将本行政区域上一年度用水计划管理情况和本年度用水计划核定备案情况报送水利部，其中流域管理机构委托管理的应当同时报送相应流域管理机构。

**第二十二条** 省级行政区计划用水制度实施情况纳入国家实行最严格水资源管理制度考核。

**第二十三条** 违反本办法规定的，按照《中华人民共和国水法》和《取水许可和水资源费征收管理条例》等有关规定处罚。

**第二十四条** 本办法所称其他用水大户的类别和规模，由省级人民政府水行政主管部门确定。

**第二十五条** 本办法由水利部负责解释。

**第二十六条** 本办法自发布之日起执行。

# 全国节约用水办公室关于进一步推进计划用水管理覆盖工作的函

节水政函〔2023〕2 号

各流域管理机构,各省、自治区、直辖市水利(水务)厅(局):

为深入推进水资源节约集约利用,强化计划用水管理,提升计划用水管理水平,根据 2023 年全国水利工作会议要求,现就关于进一步推进年用水量 1 万立方米及以上工业和服务业单位计划用水管理覆盖工作函告如下。

## 一、用水单位

(一)本地区纳入取水许可管理年用水量 1 万立方米及以上工业和服务业用水单位。

(二)本地区公共供水管网内年用水量 1 万立方米及以上工业和服务业用水单位。

## 二、相关要求

**(一)黄河流域和京津冀地区**

黄河流域和京津冀地区相关省(自治区、直辖市)要继续按照《全国节约用水办公室关于加快推动黄河流域和京津冀地区计划用水管理覆盖工作的函》(节水政函〔2022〕2 号)要求,巩固提升全覆盖成果,及时将 2022 年度新增用水单位纳入计划用水管理,建立健全动态更新的计划用水管理台账,并于 2023 年 4 月底前,将《计划用水管理覆盖情况表》(见附件)纸质版连同电子版报送我办并抄送相关流域管理机构。

黄委、海委要依托 2023 年度节约用水监督检查,完善工作管理机制,持续加强黄河流域和京津冀地区计划用水管理全覆盖工作。

**(二)长江经济带**

长江经济带相关省(自治区、直辖市)要按照以下要求,确保实现年用水量 1 万立方米及以上工业和服务业单位计划用水管理全覆盖。

(1)长江经济带相关省(自治区、直辖市)要根据 2022 年实际用水量,于 2023 年 3 月底前,建立符合条件的用水单位台账。

(2)长江经济带相关省(自治区、直辖市)要全面落实《计划用水管理办法》,按照要求全面梳理台账内用水单位 2023 年度计划用水下达情况,填写《计划用水管理覆盖情况表》,于 2023 年 4 月底前,将《计划用水管理覆盖情况表》纸质版连同电子版报送我办并抄送长江委。

实行水务一体化的地区由所在地区水行政主管部门统一向省级水行政主管部门报送覆盖情况。未实行水务一体化地区的水行政主管部门,要主动协调公共供水管网内计划用水下达部门掌握相关数据,按时向省级水行政主管部门报送覆盖情况。

未在 2023 年 3 月底前完成全覆盖任务的省级水行政主管部门要制定整改方案,于 2023 年 4 月底前,与《计划用水管理覆盖情况表》一并报送我办并抄送长江委。

（3）长江委要依托2023年度节约用水监督检查，掌握计划用水全覆盖工作进展情况，督促整改存在问题，推动落实全覆盖责任。

（4）计划用水管理全覆盖工作将作为2023年度节水相关考核和监督管理重点内容，未按要求完成全覆盖任务的省级水行政主管部门应自2023年4月始每月底前报送一次覆盖情况。对推动全覆盖工作进度滞后的地区，我办将采取“一月一调度”方式加强督促，直至按要求完成全覆盖任务。

**（三）其他区域**

北方其他省（自治区）要按照长江经济带计划用水管理覆盖工作要求，做好本地区计划用水管理工作，确保年内实现全覆盖。

南方其他省（自治区）要参照长江经济带计划用水管理覆盖工作要求，做好本地区计划用水管理工作，力争年内实现全覆盖。请于2023年4月底前，将《计划用水管理覆盖情况表》纸质版连同电子版报送我办并抄送相关流域管理机构，如未实现全覆盖，应说明原因。未按要求完成全覆盖任务的省级水行政主管部门，应于2023年12月底前再次报送覆盖情况。

联系人：刘泽星、陈梅
电话：010-63207608/63207616
邮箱：jszcc@ mwr. gov. cn

附件：计划用水管理覆盖情况表

全国节约用水办公室
2023年2月2日

附件

## 计划用水管理覆盖情况表

________省（自治区、直辖市）

| 地级行政区名称 | 序号 | 年用水量1万立方米及以上工业和服务业用水单位名称 | 统一社会信用代码 | 是否从公共供水管网取水 | 是否直接从江河、湖泊、地下取水 | 取水许可证编号 | 取水许可审批取水量（万立方米） | 是否已下达2023年度用水计划 | 2022年度实际用水量（万立方米） | 2023年度用水计划下达量（万立方米） | 备注 |
|---|---|---|---|---|---|---|---|---|---|---|---|
| 地级行政区1 | 1 | | | | | | | | | | |
| | 2 | | | | | | | | | | |
| | 3 | | | | | | | | | | |
| | ⋮ | | | | | | | | | | |
| | 合计 | 用水单位总数量： | | | | | 审批总水量： | 已下达用水计划用水单位总数量： | 实际用水总量： | 下达总水量： | |
| 地级行政区2 | 1 | | | | | | | | | | |
| | 2 | | | | | | | | | | |
| | 3 | | | | | | | | | | |
| | ⋮ | | | | | | | | | | |
| | 合计 | 用水单位总数量： | | | | | 审批总水量： | 已下达用水计划用水单位总数量： | 实际用水总量： | 下达总水量： | |
| ⋮ | — | | | | | | | | | | |
| 省级行政区汇总 | | 用水单位总数量： | | | | | 审批总水量： | 已下达用水计划用水单位总数量： | 实际用水总量： | 下达总水量： | |

注：1. 有多个生产经营场所的单位应在名称栏中按生产经营场所分别列出。
2. 用水单位名称使用规范全称。

# 重庆市水利局关于印发《重庆市计划用水管理办法》的通知

（渝水〔2015〕19号）

各区县（自治县）水行政主管部门，各直属单位：

为认真贯彻中央节水优先治水方针，落实最严格水资源管理制度，全面推进节水型社会建设，强化用水单位用水需求和过程管理，提高计划用水管理规范化精细化水平，根据《水利部关于印发〈计划用水管理办法〉的通知》（水资源〔2014〕360号）要求，现将我局制定的《重庆市计划用水管理办法》印发给你们，请遵照执行。

重庆市水利局

2015年11月19日

## 重庆市计划用水管理办法

**第一条**　为落实最严格水资源管理制度，强化用水需求和过程管理，控制用水总量，提高用水效率，依据《中华人民共和国水法》和《取水许可和水资源费征收管理条例》、《水利部关于印发〈计划用水管理办法〉的通知》等规定，制定本办法。

**第二条**　对纳入取水许可管理的单位和其他用水大户（以下统称用水单位）实行计划用水管理。

**第三条**　用水单位用水计划的建议、核定、下达、调整及其相关管理活动，适用本办法。

**第四条**　行政区域内用水单位的年度计划用水总量不得超过本区域的年度用水总量控制指标。

**第五条**　重庆市水利局负责全市计划用水制度的监督管理工作，重庆市节约用水办公室负责具体组织实施，区县水行攻主管部门，负责本行政区域内计划用水制度的管理和监督工作。

**第六条**　用水单位的用水计划由年计划用水总量、水源类型和用水用途构成。

年计划用水总量、水源类型和用水用途由具有管理权限的主管部门（以下称管理机关）核定下达，不得擅自变更。

纳入取水许可管理的用水单位，其用水计划中水源类型、用水用途应当与取水许可证明确的水源类型、取水用途保持一致；月计划用水量不得超过取水许可登记表明确的月度分配水量。

**第七条**　用水单位应当于每年12月31日前向主管部门提出下一年度的用水计划建议；新增用水单位应当在用水前30日内提出本年度用水计划建议。

**第八条**　用水单位提出用水计划建议时，应当提供用水情况说明材料。

用水情况说明应当包括用水单位基本情况、用水需求、用水水平及所采取的相关节水措施和管理制度。主管部门应当逐步实行网上办理。

**第九条**　主管部门根据本行政区域年度用水总量控制指标、用水定额和用水单位的用水记录,按照统筹协调、综合平衡、留有余地的原则,核定用水单位的用水计划。

**第十条**　主管部门应当于每年 1 月 31 日前书面下达所管辖范围内用水单位的本年度用水计划;新增用水单位的用水计划,应当自收到建议之日起 20 日内下达。

逾期不能下达用水计划的,经主管部门负责人批准,可以延长 10 日,并应当将延长期限的理由告知用水单位。

**第十一条**　获得省级节水型企业、节水型单位称号的用水单位,下一年度用水计划根据实际需要报管理机关备案。

**第十二条**　除停止用水及其他正当理由外,用水单位未在规定期限内提出用水计划建议的,主管部门应当书面告知其限期办理用水计划;逾期仍未办理的,按照用水单位所在行业先进用水水平核定其用水计划,并书面通知用水单位。

**第十三条**　用水单位调整年计划用水总量的,应向主管部门提出用水计划调整建议并提交计划用水总量增减原因的说明和有关证明材料。

**第十四条**　管理机关应当自收到用水单位的用水计划调整建议之日起 15 日内核定或者备案,并书面通知用水单位。

**第十五条**　用水单位具有下列情形之一的,管理机关应当核减其年计划用水总量:

(一)用水水平未达到用水定额标准的;

(二)使用国家明令淘汰的用水技术、工艺、产品或者设备的;

(三)具备利用雨水、再生水等非常规水源条件而不利用的。

**第十六条**　因重大旱情或者突发水污染事件等原因无法满足正常供水的,主管部门应当制定应急用水方案,经本级人民政府批准后,主管部门可以核减用水单位的计划用水量。重大旱情或者突发水污染事件影响解除后,应当即时恢复原用水状况。

**第十七条**　用水单位应当按照法律法规和有关技术标准要求,安装经质量技术监督部门检定合格的用水计量设施,并进行定期检查和维护,保证计量设施的正常运行。

用水单位有两个以上不同水源或者两类以上不同用途用水的,应当分别安装用水计量设施。

未按规定安装用水计量设施,用水计量设施不合格或者运行不正常的,按照其设计最大取水能力或者取水设备额定流量全时程运行核定用水量。

**第十八条**　主管部门应当加强计划用水的指导、协调和监督检查,建立用水统计台账和重点用水单位监控名录,实施用水在线监控和动态管理。

用水单位应当建立健全用水原始记录和统计台账,按月向管理机关报送用水情况。

**第十九条**　用水单位月实际用水量超过月计划用水量 10%的,主管部门应当给予警示。

用水单位月实际用水量超过月计划用水量 50%以上,或者年实际用水量超过年计划用水总量 30%以上的,管理机关应当督促、指导其开展水平衡测试,查找超量原因,制定节约用水方案和措施。

**第二十条**　用水单位超计划用水的,对超用部分实行加价收费。

**第二十一条**　区县水行政主管部门应当于每年 3 月底前将本行政区域上一年度用水计划管理情况和本年度用水计划核定备案情况报送市级。

**第二十二条**　区县计划用水制度实施情况纳入国家实行最严格水资源管理制度考核。

**第二十三条**　违反本办法规定的，按照《中华人民共和国水法》和《取水许可和水资源费征收管理条例》等有关规定处罚。

**第二十四条**　本办法所称其他用水大户的类别和规模，由市水行政主管部门确定。

**第二十五条**　本办法由重庆市水利局负责解释。

**第二十六条**　本办法自发布之日起执行。

# 第十节　节水评价

## 水利部关于开展规划和建设项目节水评价工作的指导意见

（水节约〔2019〕136 号）

节约用水是解决我国水资源短缺、水生态损害、水环境污染问题的根本性措施，对于保障经济社会可持续发展具有重要作用。为了从源头上把好节约用水关口，促进水资源合理开发利用，现就开展规划和建设项目节水评价工作，提出如下意见。

一、重要意义

开展规划和建设项目节水评价工作，是落实习近平总书记提出的“节水优先、空间均衡、系统治理、两手发力”治水方针的重要举措；是使节水成为水资源开发、利用、保护、配置、调度前提的迫切要求；是保证规划和建设项目科学合理取用水，促进形成与水资源条件相适应的空间布局和产业结构的有效途径；是倒逼节约集约利用水资源，提升全社会用水效率的有力抓手。

二、总体要求

在规划和建设项目现有前期工作中突出节水的优先地位，强化规划制定、建设项目立项、取水许可中节水有关内容和要求；严格控制用水总量，合理确定规划和建设项目用水规模和结构，确保用水总量控制在流域水量分配方案、区域用水总量红线范围内；推动提高用水效率，对标国际国内同类地区先进用水水平，建立科学合理的节水评价标准，促使规划和建设项目高效用水；规范文本编制和严格审查把关，充分论证各类用水的必要性、合理性、可行性，提出客观公正的评价结论，从严叫停节水评价不通过的规划和建设项目。

三、评价范围

（一）与取用水相关的水利规划。包括区域供水工程规划、引水调水规划、水库建设规划、灌区建设规划等。

（二）与取用水相关的水利工程项目。包括蓄水工程、引水工程、提水工程、调水工程、地下水利用工程等。

（三）需开展水资源论证的相关规划。包括城镇新区规划、工业园区规划、经济技术开发区规划、高耗水行业的专项规划、涉及取用水的相关产业发展规划等。

（四）办理取水许可的非水利建设项目。包括直接从江河、湖泊、地下以及水库、渠道等取水，并需要申请取水许可的非水利建设项目。

从城市公共管网等取水的高耗水建设项目宜参照本意见开展节水评价。

四、评价环节

（一）水利规划应在规划制定阶段开展节水评价，在规划报告中编写节水评价章节。

（二）水利工程项目应在工程规划、项目立项阶段开展节水评价，在项目规划报告、项目建议书、项目可行性研究报告中编写节水评价章节。

（三）需开展水资源论证的相关规划，应在水资源论证阶段开展节水评价，在水资源论证报告书中编写节水评价章节。

（四）办理取水许可的非水利建设项目，应在取水许可阶段开展节水评价，在水资源论证报告书中将用水合理性分析等内容强化为节水评价章节。

## 五、评价内容

节水评价要分析规划和建设项目及其涉及区域的供用水水平、节水潜力，评价其取用水的必要性、可行性，分析节水指标的先进性，评估节水措施的实效性，合理确定其取用水规模，提出评价结论及建议。

（一）水利规划或需开展水资源论证的相关规划，重点分析现状供用水水平与节水潜力，供需水量预测成果及水资源配置方案的节水符合性、节水目标指标的合理性与先进性，节水措施的可行性与节水效果等，评价规划取用水的合理性与可行性。

（二）水利工程项目，重点分析现状供用水水平与节水潜力，供需水量预测成果及水资源配置方案的节水符合性，节水措施的可行性与节水效果等，评价水利工程项目供水的必要性与取用水规模的合理性。

（三）办理取水许可的非水利建设项目，重点分析用水节水相关政策的符合性，节水工艺技术、循环用水水平、用水指标的先进性等，评价建设项目取用水的必要性和规模的合理性。

## 六、实施管理

（一）实施主体。县级以上人民政府水行政主管部门和流域管理机构，按照规划审查审批、建设项目立项审查、取水许可的现有管理程序和分工，负责各自权限内的节水评价审查工作。

（二）技术审查。水行政主管部门或流域管理机构组织技术审查单位（专家）在对规划报告、项目建议书、项目可行性研究报告、水资源论证报告进行技术审查时，应形成节水评价是否通过审查的明确意见。

（三）结果应用。水利规划节水评价未通过审查的，不予审批；水利工程项目节水评价未通过审查的，不予通过项目规划、项目建议书、可行性研究报告审查；需开展水资源论证的规划，节水评价未通过审查的，不予通过规划水资源论证报告书审查；办理取水许可的非水利建设项目，节水评价未通过审查的，水资源论证报告不予通过技术审查。

## 七、保障措施

（一）加强组织领导。各级水行政主管部门要高度重视节水评价工作，认真组织实施，明确工作要求，积极担当作为，切实把好规划和建设项目的节水评价关。

（二）落实主体责任。各级水行政主管部门要加强对节水评价工作的监督管理和检查评估，业主单位应提供全面真实的基础资料，编制单位应按照技术要求科学规范编写节水评价章节，审查单位应客观公正地提出审查意见。

（三）完善制度规定。各级水行政主管部门要加强节水评价技术研究，及时修订规划与建设项目管理的有关法规、制度和规范，保证节水评价工作科学性和可操作性。

（四）夯实工作基础。各级水行政主管部门要建立节水评价登记制度，健全节水标准和取用水定额体系，强化取用水计量监测统计，深入开展节水评价宣传培训，加强节水评价人才队伍建设，为节水评价提供基础支撑。

水利部

2019 年 4 月 28 日

# 水利部办公厅关于印发《规划和建设项目节水评价技术要求》的通知

（办节约〔2019〕206号）

部机关有关司局，部直属有关单位，各省、自治区、直辖市水利（水务）厅（局），新疆生产建设兵团水利局：

依据《水利部关于开展规划和建设项目节水评价工作的指导意见》（水节约〔2019〕136号），为规范与取用水有关的规划和建设项目节水评价工作，明确节水评价的内容、技术方法与有关标准，我部制定了《规划和建设项目节水评价技术要求》，现印发施行。

水利部办公厅

2019年9月25日

## 规划和建设项目节水评价技术要求

### 1　总　则

1.1　依据《水利部关于开展规划和建设项目节水评价工作的指导意见》（水节约〔2019〕136号）的要求，为规范与取用水有关的规划和建设项目节水评价工作，明确节水评价的内容、技术方法与有关标准，制定本技术要求。

1.2　本技术要求适用于以下类型的规划和建设项目的节水评价工作。

（1）与取用水相关的水利规划（以下简称水利规划），主要包括：引水调水规划、水库建设规划、灌区建设规划等。

（2）需开展水资源论证的相关规划，主要包括：城镇新区规划、工业园区规划、经济技术开发区规划、高耗水行业专项规划、涉及取用水的相关产业发展规划等。

（3）与取用水相关的水利工程项目（以下简称水利工程项目），主要包括：蓄水工程、引水工程、提水工程、调水工程、地下水利用工程等。其中，大中型水资源开发利用建设项目（含新建、改扩建项目）的节水评价按照水利部印发的《大中型水资源开发利用建设项目节水评价篇章编制指南（试行）》（办规计函〔2018〕1691号）执行。

（4）办理取水许可的非水利建设项目（以下简称非水利建设项目），主要包括：直接从江河、湖泊、地下以及水库、渠道等取水或取用其他项目退水、排水，并需要申请取水许可的非水利建设项目。

其他类型规划或从城市公共供水管网取水的高耗水建设项目等可参照执行。

涉及取用水规模较小(地表水年取水量 10 万 $m^3$ 以下或地下水年取水量 5 万 $m^3$ 以下,另有规定的除外)的供水项目或水资源论证时按水资源论证表管理的建设项目、无供水功能的水电站项目,可不开展节水评价。

1.3　节水评价应符合国家相关法律法规政策和标准规范,满足用水总量和用水效率管控要求,与江河流域水量分配方案(协议)、相关规划中节水目标相协调,节水措施方案应符合当地实际情况、合理可行。

1.4　不同类型的规划或建设项目,应在不同阶段开展节水评价,评价深度应符合相应阶段的要求:

(1)水利规划,在规划编制阶段开展节水评价,在规划报告书中编写节水评价章节。

(2)需开展水资源论证的相关规划,在水资源论证阶段开展水评价,在规划水资源论证报告书中编写节水评价章节。

(3)水利工程项目,在工程规划、项目立项阶段开展节水评价,编写节水评价章节,并与其水资源论证报告书中的节水评价内容相衔接。

(4)非水利建设项目,在取水许可申请阶段开展节水评价,按照《建设项目水资源论证导则》(GB/T 35580)和本技术要求相关规定,在建设项目水资源论证报告书中将用水合理分析等内容强化为节水评价章节。

1.5　开展节水评价,应合理确定评价范围。

(1)水利规划及需开展水资源论证的相关规划,评价范围应以规划范围为基准,结合流域与行政区域水资源开发利用等方面管理要求,考虑行政区域完整性,综合确定评价范围。

(2)水利工程项目,评价范围应以工程供水范围为基准,考虑行政区域完整性,可结合工程规划范围适当扩大。

(3)非水利建设项目,评价范围原则上与建设项目水资源论证范围一致,重点分析建设项目所在行政区(一般为县级行政区)。

1.6　节水评价水平年,应与规划或建设项目的水平年一致,包括现状水平年、规划(设计)水平年(以下统称规划水平年)。

1.7　节水评价内容,应根据规划建设项目类型确定。

(1)规划及水利工程项目节水评价内容主要包括:现状节水水平评价与节水潜力分析、节水目标与指标评价、规划水平年节水符合性评价、节水措施方案与节水效果评价等。

(2)非水利建设项目节水评价内容主要包括:现状节水水平评价与节水潜力分析、用水工艺与用水过程分析、取用水规模合理性分析、节水措施方案与保障措施等。

1.8　应收集节水评价所需的相关资料,并满足适用性、协调性、可靠性和代表性要求,必要时可开展补充调查和监测工作。

1.9　应在节水评价章节中填报附录 C《节水评价登记表》。

1.10　规划及水利工程项目节水评价技术流程见图 1。

## 2　现状节水水平评价与节水潜力分析

2.1　基本要求

2.1.1　在现状供用水水平分析评价的基础上,从同类地区(行业)节水指标对比、节

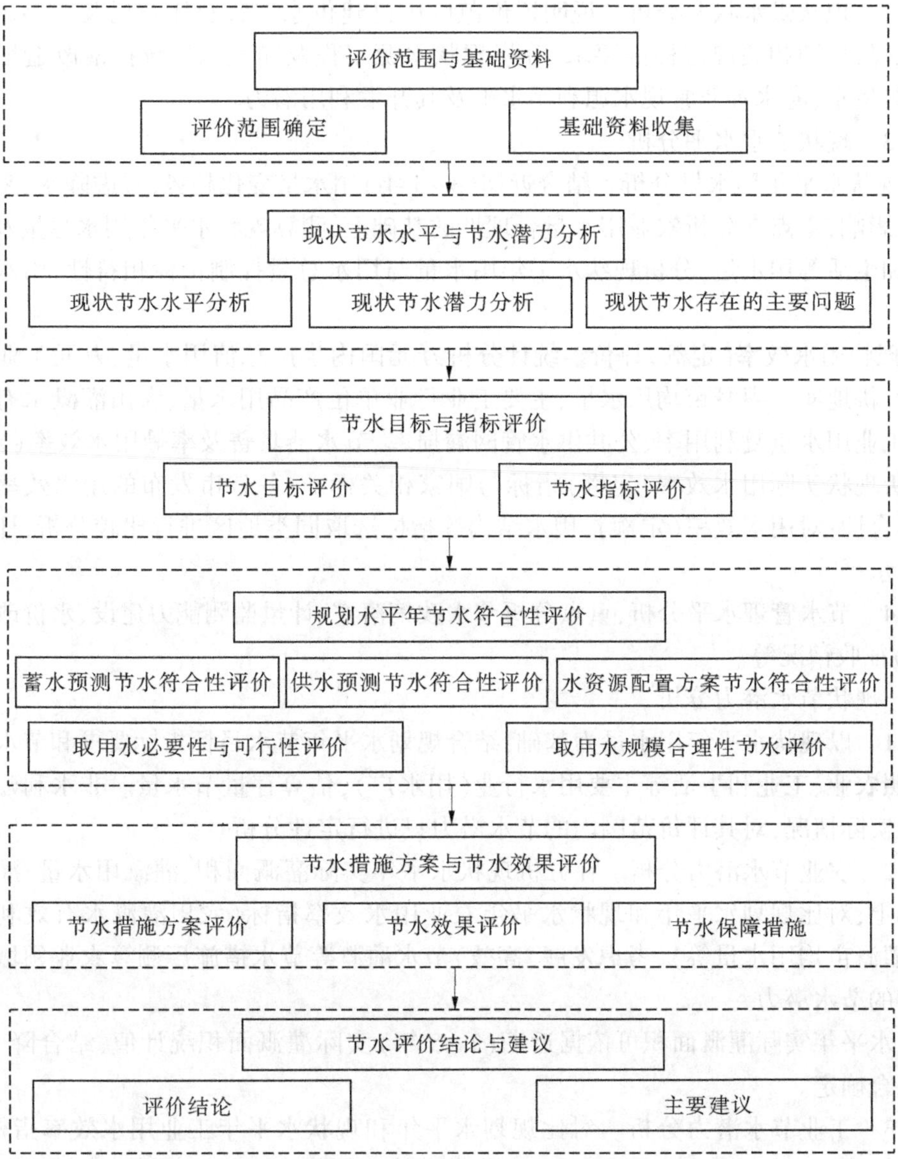


**图 1　规划及水利工程项目节水评价技术流程图**

水管理水平等方面，开展现状节水水平评价，分析现状节水存在的主要问题。

同类地区的选取，应统筹考虑水资源条件（含现有水源工程条件）、水文气象条件、经济社会发展水平、产业结构与种植结构、供水结构、用水模式等方面综合确定。

2.1.2　对照国内（外）同类地区（行业）先进节水水平，按照规划水平年节水目标指标的要求，结合现状节水水平及节水措施方案等，分析测算规划水平年节水潜力。

2.2　现状节水水平评价

2.2.1　现状基础资料选取。以现状水平年的实际供水、用水和节水资料作为现状节水水平评价的基础，必要时可采用近 3~5 年的平均值。

2.2.2　现状供水状况分析。说明评价范围内已建供水工程总体布局及主要供水工程运行状况；按照相关规范标准要求，分析现状水源工程及输配水系统挖潜改造增供能力；分析再生水；海水等非常规水源利用水平及其开发利用潜力。

2.2.3　现状节水水平分析

(1)现状水平年用水量分析。结合近期(3~5 年)用水量变化趋势，考虑降水、来水等不确定性影响，重点在分析农业用水量合理性的基础上，测算现状水平年用水总量及其农业、工业和生活等用水量，分析现状水平年用水量与用水总量控制指标相符性、用水结构合理性。

(2)现状用水效率(定额)评价。统计分析万元国内生产总值用水量、万元工业增加值用水量、耕地实际灌溉亩均用水量、主要工业行业单位产品用水量、农田灌溉水有效利用系数、工业用水重复利用率、公共供水管网漏损率、节水器具普及率等用水效率(定额)指标，分析现状实际用水效率(定额)指标与国家相关标准、各省市发布的用水效率管理指标的符合性；对用水效率(定额)、用水结构等指标选取同类地区进行比较分析，评价其现状节水水平。

2.2.4　节水管理水平分析，重点分析节水政策落实、计量监测能力建设、水价改革与水费(税)征收情况等。

2.3　现状节水潜力分析

2.3.1　以现状水平年用水量为基础，结合规划水平年节水目标指标要求和节水措施方案，按照农业、工业和生活等主要用水行业(用水户)，估算存量节水量。非水利建设项目可结合实际情况，对其评价范围内的节水潜力只进行定性分析。

2.3.2　农业节水潜力分析。在分析现状水平年实际灌溉面积、灌溉用水量、灌溉管理等基础上，对比规划水平年和现状水平年农业用水效率指标(农田灌溉水有效利用系数、实际灌溉亩均用水量等)，考虑发展(高效)节水灌溉等节水措施厂测算农业领域在规划水平年的节水潜力。

现状水平年实际灌溉面积可依据近期(3~5 年)实际灌溉面积统计值，结合降水、来水情况综合确定。

2.3.3　工业节水潜力分析。对比规划水平年和现状水平年工业用水效率指标(万元工业增加值用水量、单位产品用水量、公共供水管网漏损率、工业用水重复利用率等)，测算工业领域在规划水平年的节水潜力。

2.3.4　生活节水潜力分析。对比规划水平年和现状水平年生活用水效率指标(城乡居民人均生活用水量、公共供水管网漏损率、节水器具普及率等)，测算城乡生活领域在规划水平年的节水潜力。

2.4　现状节水存在的主要问题分析

2.4.1　可从与国内(外)同类地区(行业)用水节水先进水平差距、重点领域节水发展状况，节水工程措施与非工程措施实施情况、节水政策与监督管理等方面，分析现状节水存在的主要问题。

2.4.2　从经济社会发展水平、水资源条件、供用水状况及节水投入水平、政策执行能力、监管考核等方面,分析产生问题的主要原因。

## 3　节水目标与指标评价

3.1　基本要求

3.1.1　规划及水利工程项目应对提出的规划水平年节水目标与指标的合理性进行评价,宜对其先进性进行评价。

3.1.2　非水利建设项目应对提出的规划水平年用水、节水指标的合理性进行评价,宜对其先进性进行评价。

3.2　节水目标评价

3.2.1　从满足区域用水总量与用水效率管控要求、协调与已有规划确定的节水目标关系等方面,对提出的节水目标进行符合性评价。

3.2.2　应从水资源条件、现状用水节水水平、水资源供需状况、节水潜力等方面,对提出的节水目标进行合理性评价。

3.3　节水指标评价

3.3.1　根据规划或建设项目特点及评价深度,结合节水目标要求,对提出的节水指标进行代表性和合理性评价。

3.3.2　节水指标可分成用水总量指标、用水效率(定额)指标、其他指标等类型。不同规划或建设项目应从中筛选或增加体现所在区域、行业特点的代表性指标。

(1)用水总量指标。主要包括:用水总量控制指标、地下水控制开采量等。

(2)用水效率(定额)指标。主要包括:万元国内生产总值用水量、万元工业增加值用水量、实际灌溉亩均用水量、主要工业行业单位产品用水量、城镇居民生活用水定额、农村居民生活用水定额等用水定额指标,以及农田灌溉水有效利用系数、工业用水重复利用率、公共供水管网漏损率等效率指标。

(3)其他指标。主要包括:节水灌溉工程面积占比、高效节水灌溉面积占比、非常规水源利用水平、再生水利用率、节水器具普及率、取水用水计量率、水费(税)征收率、节水灌溉面积和高效节水灌溉面积、公共供水管网建设(改造)长度、水资源超载地区压减灌溉面积、地下水超采区压采量等。

3.3.3　评价节水目标指标先进性与可达性。

(1)用水效率(定额)指标宜具有先进性。分析用水效率(定额)指标与管理指标、相关标准、相关规划的相符性;结合水资源条件及水资源承载状况,评价用水效率(定额)指标的先进性。水资源超载地区或缺水地区用水效率(定额)指标应对照国内(外)同类地区先进水平;其他地区用水效率(定额)指标应优于国内同类地区平均水平。

(2)用水总量指标、地下水控制开采量、非常规水源利用量等水量指标应符合水资源管控要求,并与相关规划相协调。

(3)节水灌溉面积、高效节水灌溉面积、公共供水管网改造长度等规划建设发展指标,应因地制宜,符合实际,分析可达性。

3.3.4　规划水平年节水指标应与所采取的节水措施相协调,并考虑经济因素、社会发展环境条件可承受程度。

4 规划水平年节水符合性评价

4.1 基本要求

4.1.1 规划及水利工程项目,应结合需水预测、供水预测和水资源配置方案等节水符合性评价内容,按照节水要求分析论证取用水,必要性、可行性及取用水规模的合理性。

4.1.2 非水利建设项目,应在水资源论证报告书编制过程中,按照节水要求分析论证取用水必要性、可行性及取用水规模合理性。

4.2 需水预测节水符合性评价

4.2.1 规划或重大建设项目布局符合性评价。分析重大工程布局、经济社会发展指标、建设项目设计规模与区域水资源条件和管控要求的符合性,论证经济社会发展指标的可达性。

4.2.2 用水效率(定额)指标符合性评价。分析评价规划水平年所采用用水效率(定额)指标与管控指标、相关标准、相关规划的符合性。

4.2.3 需水量合理性评价。

(1)规划与水利工程项目需水量合理性分析。结合评价范围内近年来的实际用水资料进行用水量变化趋势分析,评价规划水平年需水量预测成果合理性;分析规划水平年需水总量与用水总量控制指标、相关分水方案(协议)的符合性;分析规划新增需水量与所在区域需水总量的协调性;分析用水结构的合理性。

对于农业灌溉需水量预测成果的评价,应重视基础资料的一致性分析,考虑灌溉需水量与降水补给的关系,分析农业作物种植结构和节水灌溉制度与所在地区水土资源条件的适应性,评价进一步节水的可能性。

(2)非水利建设项目需水量合理性分析。分析建设项目用水效率指标与相关标准的符合性及用水工艺的先进性;复核水量平衡分析成果,评价用水工艺和水循环利用水平;分析建设项目新增需水量对所在区域用水总量的影响,计入建设项目新增需水量后的区域用水总量不得超过用水总量控制指标、相关分水方案(协议)要求。

4.3 供水预测节水符合性评价。

4.3.1 从水源工程、制水工程、输配水工程等供水系统挖潜改造、合理配置、运行调度管理等方面,分析已有供水系统进一步提高供水量的可能性,按节水要求评价规划水平年供水量预测成果的合理性。

4.3.2 评价规划水平年再生水、海水等非常规水源利用量与相关规划或国家政策要求的符合性,分析进一步提高非常规水源利用水平的潜力。

4.4 水资源配置方案节水符合性评价

4.4.1 供水配置方案节水符合性评价。从水源与用水空间匹配、优水优用、输配水效率等方面评价供水工程布局的节水符合性;评价供水配置方案与水量分配方案(或协议)分水指标的符合性、与其他规划的协调性;评价非常规水源利用水平。

4.4.2 用水配置方案节水符合性评价。评价生活、工业、农业、生态等各类用水配置水量与用水总量控制指标的符合性,评价新增用水对区域用水总量及相关方用水的影响。

4.5　取用水必要性与可行性评价

4.5.1　结合现状及规划水平年缺水状况,考虑需水端节水和供水端挖潜,按节水要求评价新增取用水量的必要性;分析规划水平年新增需水量是否满足用水总量控制指标或分水指标管控要求,按节水要求评价新增取用水量的可行性。

4.5.2　对于涉及国家重大发展战略、扶贫开发或具有防洪等综合功能的规划或建设项目,在考虑综合效益与保障基本用水要求情况下,统筹分析论证其取用水的可行性。

4.6　取用水规模合理性节水评价

4.6.1　对于规划及水利工程项目,应在评价其取用水必要性与可行性基础上,分析评价范围内规划水平年不同来水情况下的缺水量、缺水性质,评价并复核其取用水规模的合理性。

4.6.2　非水利建设项目,应结合节水指标先进性与需水量预测成果合理性,评价并复核其取用水规模的合理性。

## 5　节水措施方案与节水效果评价

5.1　基本要求

5.1.1　应按照节水目标与指标要求,科学合理地制定节水措施方案。

5.1.2　应采用定量与定性相结合的方法,对节水措施方案的节水效果进行评价。

5.2　节水措施方案

5.2.1　对于规划及水利工程项,目的节水措施方案,应包括工程措施和非工程措施。节水工程措施要因地制宜,符合所在地区水资源开发利用实际,具有可行性和经济性;非工程措施要符合国家及地方政府相关政策要求,具有可操作性。

5.2.2　对于非水利类的建设项目,节水措施方案要体现节水工艺和用水过程的先进性,严格禁止使用国家淘汰的用水技术工艺和产品、设备;提出的各环节用水量和排水量控制措施要具有可行性,用水节水管理措施具有可操作性。

5.2.3　应加强非常规水源利用,要符合国家及地方政府关于促进非常规水源利用、将非常规水源纳入水资源统一配置等相关政策规定,提出的非常规水源利用方案要符合当地供用水实际情况。

5.3　节水效果评价

5.3.1　节水量分析。根据节水措施方案,结合节水潜力分析成果,明确节水量使用方向。节水量使用方向主要包括:满足新增需水量、减少地下水开采量、增加河湖生态水量等。

5.3.2　节水经济效果评价。主要包括:减少开源成本、减少供水成本、减少污水处理成本、提高用水效益等。

5.3.3　节水社会效果评价。主要包括:提高供水和用水保证率、提高社会公众节水意识等。

5.3.4　节水生态环境效果评价。主要包括:减少废污水排水量、减少地下开采量、减少新鲜水取水量、增加河湖生态水量等。

5.4　节水保障措施

5.4.1　应提出加强节水的组织保障措施。细化责任分工，确保节水措施落实到位，落实节水设施与主体工程同时设计、同时施工、同时投产的“三同时”制度。

5.4.2　应提出节水制度与节水管理保障措施；按照信息化管理要求，提出加强用水计量监测与统计方案，落实最严格水资源管理制度，加强监督考核，规范节水过程管理、目标管理等保障措施。

5.4.3　应提出节水能力建设方面的保障措施。持续加大节水投入，提出水价改革方案及相应配套补偿机制等。

## 6　节水评价结论与建议

6.1　应在规划报告、项目立项报告、水资源论证报告书等有关章节中，明确提出节水评价的结论与建议。

6.2　应对评价范围内的节水水平与节水潜力、规划或建设项目的取用水必要性与可行性、取用水规模的合理性及节水措施方案的可行性等方面提出结论性意见。

6.3　应提出落实节水措施方案、加强用水节水管理、强化节水保障措施等方面的相关建议。

## 附录 A　规划或水利工程项目节水评价章节编写提纲（参考）

一、现状节水水平与节水潜力分析

（一）节水评价范围

（二）现状节水水平评价

（三）现状节水潜力分析

（四）现状节水存在的主要问题

二、节水目标与指标评价

（一）节水目标评价

（二）节水指标评价

三、规划水平年节水符合性评价

（一）需水预测节水符合性评价

（二）供水预测节水符合性评价

（三）水资源配置方案节水符合性评价

（四）取用水必要性与可行性评价

（五）取用水规模合理性节水评价

四、节水措施方案与节水效果评价

(一)节水措施方案
(二)节水效果评价
(三)节水保障措施

五、节水评价结论与建议(应有明确结论与建议,可不单独成节)

(一)结论
(二)建议

## 附录 B　非水利建设项目节水评价章节编写提纲(参考)

一、现状节水水平评价与节水潜力分析

(一)现状节水水平评价
(二)现状节水潜力分析
(三)现状节水存在的主要问题

二、用水工艺与用水过程分析

(一)用水环节与用水工艺分析
(二)用水过程及水量平衡分析

三、取用水规模节水符合性评价

(一)节水指标先进性评价
(二)取用水规模合理性评价
(三)取用水规模核定

四、节水措施方案与保障措施

(一)节水措施方案
(二)节水保障措施

五、节水评价结论与建议(应有明确结论与建议,可不单独成节)

(一)结论
(二)建议

## 附录 C 《节水评价登记表》

**节水评价登记表**

水利规划□　　非水利规划□　　水利工程项目□　　非水利建设项目□

| | | | | | | | |
|---|---|---|---|---|---|---|---|
| 规划或建设项目名称 | | | | | | | |
| 一、基本情况 | 委托单位 | | | | 承担单位 | | |
| | 所在行政区域和流域 | | | | 评价范围 | | |
| | 评价范围水资源条件 | 年降水量(mm) | | 年蒸发量(mm) | | 人均水资源量($m^3$) | |
| 二、用水量与经济社会发展指标 | 指标名称 | 前 3 年 | | | 现状水平年 | 规划水平年 1 | 规划水平年 2 |
| | | ____年 | ____年 | ____年 | ____年 | ____年 | ____年 |
| | 用(需)水量(万 $m^3$) | | | | | | |
| | 农业用水占比(%) | | | | | | |
| | 工业用水占比(%) | | | | | | |
| | 生活用水占比(%) | | | | | | |
| | 总人口(万人) | | | | | | |
| | 地区生产总值(万元) | | | | | | |
| | 工业增加值(万元) | | | | | | |
| | 实际灌溉面积(万亩) | | | | | | |
| 三、节水指标 | 指标名称 | 现状水平年 | 规划水平年 1 | 规划水平年 2 | 国内现状平均值 | 同类地区现状平均值 | 同类地区现状先进值 |
| | 万元地区生产总值用水量(可比价,$m^3$) | | | | | | |
| | 万元工业增加值用水量(可比价,$m^3$) | | | | | | |
| | 农田灌溉水有效利用系数 | | | | | | |
| | 工业用水重复利用率(%) | | | | | | |
| | 耕地实际灌溉亩均用水量($m^3$/亩) | | | | | | |
| | 节水灌溉工程面积占比(%) | | | | | | |
| | 高效节水灌溉面积占比(%) | | | | | | |

**续表**

<table>
<tr><td rowspan="7">三、节水指标</td><td>指标名称</td><td colspan="2">现状水平年</td><td colspan="2">规划水平年 1</td><td colspan="2">规划水平年 2</td><td colspan="2">国内现状平均值</td><td colspan="2">同类地区现状平均值</td><td colspan="2">同类地区现状先进值</td></tr>
<tr><td>公共供水管网漏损率(%)</td><td colspan="2"></td><td colspan="2"></td><td colspan="2"></td><td colspan="2"></td><td colspan="2"></td><td colspan="2"></td></tr>
<tr><td>再生水利用率(%)</td><td colspan="2"></td><td colspan="2"></td><td colspan="2"></td><td colspan="2"></td><td colspan="2"></td><td colspan="2"></td></tr>
<tr><td>非常规水源利用水平(%)</td><td colspan="2"></td><td colspan="2"></td><td colspan="2"></td><td colspan="2"></td><td colspan="2"></td><td colspan="2"></td></tr>
<tr><td>生活节水器具普及率(%)</td><td colspan="2"></td><td colspan="2"></td><td colspan="2"></td><td colspan="2"></td><td colspan="2"></td><td colspan="2"></td></tr>
<tr><td>自选指标 1</td><td colspan="2"></td><td colspan="2"></td><td colspan="2"></td><td colspan="2"></td><td colspan="2"></td><td colspan="2"></td></tr>
<tr><td>⋮</td><td colspan="2"></td><td colspan="2"></td><td colspan="2"></td><td colspan="2"></td><td colspan="2"></td><td colspan="2"></td></tr>
<tr><td rowspan="5">四、用水定额</td><td>主要产品或行业名称</td><td colspan="2">农作物 1</td><td colspan="2">…</td><td colspan="2">工业产品 1</td><td colspan="2">…</td><td colspan="2">服务业 1</td><td colspan="2">…</td></tr>
<tr><td>现状水平年</td><td colspan="2"></td><td colspan="2"></td><td colspan="2"></td><td colspan="2"></td><td colspan="2"></td><td colspan="2"></td></tr>
<tr><td>规划水平年 1</td><td colspan="2"></td><td colspan="2"></td><td colspan="2"></td><td colspan="2"></td><td colspan="2"></td><td colspan="2"></td></tr>
<tr><td>规划水平年 2</td><td colspan="2"></td><td colspan="2"></td><td colspan="2"></td><td colspan="2"></td><td colspan="2"></td><td colspan="2"></td></tr>
<tr><td>国家或省级管控要求</td><td colspan="2"></td><td colspan="2"></td><td colspan="2"></td><td colspan="2"></td><td colspan="2"></td><td colspan="2"></td></tr>
<tr><td rowspan="2">五、用水总量控制</td><td>指标名称</td><td colspan="2">现状水平年</td><td colspan="2">现状水平年控制指标</td><td colspan="2">规划水平年 1 指标值</td><td colspan="2">规划水平年 1 控制指标</td><td colspan="2">规划水平年 2 指标值</td><td colspan="2">规划水平年 2 控制指标</td></tr>
<tr><td>用水总量(万 m³)</td><td colspan="2"></td><td colspan="2"></td><td colspan="2"></td><td colspan="2"></td><td colspan="2"></td><td colspan="2"></td></tr>
<tr><td rowspan="4">六、节水供水潜力</td><td rowspan="2"></td><td colspan="6">用水端节水潜力(万 m³)</td><td colspan="6">供水端挖潜增供(万 m³)</td></tr>
<tr><td colspan="2">合计</td><td>农业</td><td>工业</td><td colspan="2">生活</td><td colspan="2">合计</td><td colspan="2">供水系统提升</td><td colspan="2">非常规水源利用</td></tr>
<tr><td>规划水平年 1</td><td colspan="2"></td><td></td><td></td><td colspan="2"></td><td colspan="2"></td><td colspan="2"></td><td colspan="2"></td></tr>
<tr><td>规划水平年 2</td><td colspan="2"></td><td></td><td></td><td colspan="2"></td><td colspan="2"></td><td colspan="2"></td><td colspan="2"></td></tr>
<tr><td rowspan="2">七、取用水规模</td><td rowspan="2">新增取用水量(万 m³)</td><td colspan="2">规划水平年 1</td><td colspan="2">规划水平年 2</td><td colspan="2" rowspan="2">取用水规模(万 m³)</td><td colspan="2">现状水平年</td><td colspan="2">规划水平年 1</td><td colspan="2">规划水平年 2</td></tr>
<tr><td colspan="2"></td><td colspan="2"></td><td colspan="2"></td><td colspan="2"></td><td colspan="2"></td></tr>
</table>

**填表说明**：非水利建设项目在第“二”栏只填写规划水平年需水量、第“三”栏主要填写自选指标、第“六”栏不填写。

### 附录 D 术语解释

高耗水工业行业：包括钢铁、煤炭、火力发电、石化、化工、纺织、造纸、食品等行业。

高耗水服务业行业：包括洗浴、洗车、高尔夫球场、室外人工滑雪场、宾馆等行业。

节水灌溉面能占比：区域（地区）节水灌溉面积占有效灌溉面积比例。

高效节水灌溉面积占比：区域（地区）高效节水灌溉面积占有效灌溉面积比例。

非常规水源利用水平：区域（地区）非常规水源利用量占供水总量比例。

再生水利用率：区域（地区）再生水利用量占污水处理总量比例。

附件

## 节水评价指标及其参考标准

根据《水利部关于开展规划和建设项目节水评价工作的指导意见》（水节约（2019）136 号）和《规划和建设项目节水评价技术要求》，提出以下节水评价指标及其参考标准，供开展节水评价章节编制和审查工作时参考。

### 一、评价类型分区

考虑各地水资源条件和经济社会发展水平的差异，为便于地区间用水效率横向比较，将全国划分为 6 大评价类型分区，评价类型分区见表 1-1。

**表 1-1 评价类型分区**

| 分区名称 | 涉及省（自治区、直辖市） |
|---|---|
| 东北区 | 黑龙江省、吉林省、辽宁省 |
| 华北区 | 北京市、天津市、河北省、山西省、山东省、河南省 |
| 华中区 | 安徽省、江西省、湖北省、湖南省 |
| 东南区 | 上海市、江苏省、浙江省、福建省、广东省、海南省 |
| 西南区 | 广西壮族自治区、重庆市、四川省、贵州省、云南省、西藏自治区 |
| 西北区 | 内蒙古自治区、陕西省、甘肃省、青海省、宁夏回族自治区、新疆维吾尔族自治区 |

注：内蒙古自治区位于松花江流域的地区可参照东北区，河南位于黄淮海流域的地区可参照华北区，安徽位于淮河流域的地区可参照华北区。

### 二、不同分区现状节水评价指标参考表

根据《中国水利统计年鉴》《中国水资源公报》《中国城乡建设统计年鉴》等 2017 年统计数据整理分析，对全国和 6 类节水评价分区的 11 个节水评价指标，分别核算其平均水平、先进水平对应的指标值，指标值每 2~3 年动态发布一次。

**表 2-1 万元国内生产总值用水量**

| 分区＼指标 | 现状万元国内生产总值用水量(当年价)($m^3$) | | | | |
|---|---|---|---|---|---|
| | 平均水平 | 先进值及其所在省级行政区 | | 先进值及其所在城市(地区) | |
| 全国 | 73 | — | — | — | — |
| 东北区 | 110 | 55 | 辽宁 | 33 | 大连市、长春市、大兴安岭地区、辽源市、本溪市 |
| 华北区 | 36 | 14 | 北京 | 14 | 青岛市、烟台市、威海市、北京市、天津市 |
| 东南区 | 53 | 35 | 上海<br>浙江 | 15 | 深圳市、舟山市、厦门市、珠海市、宁波市 |
| 华中区 | 97 | 79 | 湖北 | 38 | 武汉市、长沙市、宜昌市、合肥市、淮北市 |
| 西南区 | 85 | 40 | 重庆 | 49 | 贵阳市、重庆市、成都市、昆明市、自贡市 |
| 西北区 | 166 | 42 | 陕西 | 29 | 延安市、铜川市、榆林市、西安市、包头市 |

注:数据根据《中国水资源公报》整理分析;参考表中先进值及其所在城市(地区)的先进值为五个城市(地区)的平均值,下同。

**表 2-2 万元工业增加值用水量**

| 分区＼指标 | 现状万元工业增加值用水量(当年价)($m^3$) | | | | |
|---|---|---|---|---|---|
| | 平均水平 | 先进值及其所在省级行政区 | | 先进值及其所在城市(地区) | |
| 全国 | 45.6 | — | — | — | — |
| 东北区 | 33.0 | 24.8 | 辽宁 | 14.8 | 沈阳市、绥化市、长春市、大连市、营口市 |
| 华北区 | 15.5 | 8 | 天津 | 6.3 | 烟台市、青岛市、威海市、天津市、滨州市 |
| 东南区 | 47.8 | 23.4 | 浙江 | 10.0 | 深圳市、厦门市、珠海市、舟山市、宁波市 |
| 华中区 | 71.9 | 63.3 | 湖北 | 30.9 | 合肥市、长沙市、淮北市、蚌埠市、武汉市 |
| 西南区 | 51.6 | 44,6 | 四川 | 29.0 | 自贡市、成都市、资阳市、遂宁市、南充市 |
| 西北区 | 29.2 | 164 | 陕西 | 11.6 | 榆林市、宝鸡市、鄂尔多斯市、延安市、锡林郭勒盟 |

注:数据根据《中国水资源公报》整理分析。

**表 2-3　农田灌溉水有效利用系数**

| 分区＼指标 | 现状农田灌溉水有效利用系数 | | |
|---|---|---|---|
| | 平均水平 | 先进值及其所在省级行政区 | |
| 全国 | 0.548 | — | — |
| 东北区 | 0.594 | 0.600 | 黑龙江 |
| 华北区 | 0.631 | 0.732 | 北京 |
| 东南区 | 0.565 | 0.736 | 上海 |
| 华中区 | 0.515 | 0.532 | 安徽 |
| 西南区 | 0.473 | 0.489 | 重庆 |
| 西北区 | 0.542 | 0.565 | 陕西 |

注：数据根据《中国水资源公报》整理分析。

**表 2-4　工业用水重复利用率**

| 分区＼指标 | 现状工业用水重复利用率(%) | | | | |
|---|---|---|---|---|---|
| | 平均水平 | 先进值及其所在省级行政区 | | 先进值及其所在城市(地区) | |
| 全国 | 89.5 | — | — | — | — |
| 东北区 | 89.5 | 94.5 | 辽宁 | 96.5 | 葫芦岛市、盘锦市、通化市、朝阳市、沈阳市 |
| 华北区 | 91.5 | 94.8 | 河南 | 97.1 | 沧州市、鹤壁市、南阳市、唐山市、许昌市 |
| 东南区 | 87.1 | 88.9 | 广东 | 93.0 | 广州市、连云港市、三明市、衢州市、深圳市 |
| 华中区 | 90.3 | 92.5 | 安徽 | 93.9 | 马鞍山市、合肥市、蚌埠市、武汉市、六安市 |
| 西南区 | 90.8 | 94.3 | 广西 | 94.6 | 柳州市、北海市、玉溪市、昆明市、成都市 |
| 西北区 | 90.8 | 89.6 | 陕西 | 92.7 | 银川市、兰州市、咸阳市、金昌市、包头市 |

注：数据根据《中国城乡建设统计年鉴》整理分析。

**表 2-5　耕地实际灌溉亩均用水量**

| 指标 / 分区 | 现状耕地实际灌溉亩均用水量($m^3$) | | |
|---|---|---|---|
| | 当年值 | 平均水平(近5年) | 最小值(近5年) |
| 全国 | 377 | 395 | 377 |
| 东北区 | 378 | 402 | 378 |
| 华北区 | 175 | 190 | 175 |
| 东南区 | 517 | 516 | 498 |
| 华中区 | 401 | 418 | 391 |
| 西南区 | 477 | 493 | 477 |
| 西北区 | 468 | 506 | 468 |

注:数据根据《中国水资源公报》整理分析。

**表 2-6　节水灌溉面积占比**

| 指标 / 分区 | 现状节水灌溉工程面积占比(%) | | | 现状高效节水灌溉面积占比(%) | | |
|---|---|---|---|---|---|---|
| | 平均水平 | 先进值及其所在省级行政区 | | 平均水平 | 先进值及其所在省级行政区 | |
| 全国 | 46.4 | — | — | 27.8 | — | — |
| 东北区 | 38.8 | 53.1 | 辽宁 | 32.1 | 43.5 | 辽宁 |
| 华北区 | 53.8 | 95.8 | 北京 | 44.0 | 89.8 | 北京 |
| 东南区 | 50.6 | 70.5 | 上海 | 9.3 | 38.7 | 上海 |
| 华中区 | 18.1 | 25.6 | 江西 | 5.6 | 11.3 | 湖北 |
| 西南区 | 46.6 | 54.7 | 四川 | 10.5 | 16.4 | 云南 |
| 西北区 | 65.3 | 66.4 | 甘肃 | 48.6 | 56.8 | 新疆 |

注:1. 数据根据《中国水利统计年鉴》整理分析;

2. 节水灌溉工程面积占比为区域(地区)节水灌溉面积占有效灌溉面积比例;

3. 高效节水灌溉面积占比为区域(地区)高效节水灌溉面积占有效灌溉面积比例。

**表 2-7　城市公共供水管网漏损率**

| 指标 / 分区 | 现状城市公共供水管网漏损率(%) | | | | |
|---|---|---|---|---|---|
| | 平均水平 | 先进值及其所在省级行政区 | | 先进值及其所在城市(地区) | |
| 全国 | 14.7 | — | — | — | — |
| 东北区 | 26.9 | 25.0 | 黑龙江 | 11.8 | 松原市、白城市、绥化市、大庆市、伊春市 |
| 华北区 | 13.9 | 9.9 | 山西 | 7.5 | 大同市、临沂市、晋城市、朔州市、东营市 |

续表 2-7

| 指标<br>分区 | 现状城市公共供水管网漏损率(%) | | | | |
|---|---|---|---|---|---|
| | 平均水平 | 先进值及其所在省级行政区 | | 先进值及其所在城市(地区) | |
| 东南区 | 13.2 | 10.8 | 浙江 | 6.6 | 珠海市、绍兴市、佛山市、台州市、丽水市 |
| 华中区 | 15.0 | 13.2 | 安徽 | 9.6 | 赣州市、马鞍山市、宜春市、新余市、孝感市 |
| 西南区 | 13.8 | 12.8 | 重庆 | 8.3 | 北海市、保山市、百色市、河池市、崇左市 |
| 西北区 | 12.3 | 9.2 | 甘肃 | 7.3 | 兰州市、阿克苏地区、张掖市、固原市、鄂尔多斯市 |

注:数据根据《中国城乡建设统计年鉴》整理分析。

表 2-8 非常规水源利用水平

| 指标<br>分区 | 现状再生水利用率(%) | | | 现状非常规水源利用水平(%) | | |
|---|---|---|---|---|---|---|
| | 平均水平 | 先进值及其所在省级行政区 | | 平均水平 | 先进值及其所在省级行政区 | |
| 全国 | 15.3 | — | — | 1.3 | — | — |
| 东北区 | 6.3 | 7.7 | 黑龙江 | 0.9 | 3.2 | 辽宁 |
| 华北区 | 34.7 | 60.6 | 北京 | 5.0 | 26.6 | 北京 |
| 东南区 | 15.3 | 22.8 | 广东 | 0.8 | 1.3 | 江苏 |
| 华中区 | 8.3 | 13.6 | 湖北 | 0.5 | 1.0 | 安徽 |
| 西南区 | 2.6 | 6.0 | 四川 | 0.8 | 2.0 | 云南 |
| 西北区 | 12.9 | 25.4 | 内蒙古 | 1.1 | 3.4 | 甘肃 |

注:1. 数据根据《中国城乡建设统计年鉴》《中国水资源公报》整理分析;

2. 再生水利用率为区域(地区)再生水利用量占污水处理总量比例;

3. 非常规水源利用水平为区域(地区)非常规水源利用量占供水总量比例。

表 2-9 生活节水器具普及率

| 指标<br>分区 | 现状生活节水器具普及率(%) | | |
|---|---|---|---|
| | 平均水平 | 先进值及其所在省级行政区 | |
| 全国 | 66.4 | 85.0 | — |
| 东北区 | 53.0 | 57.1 | 辽宁 |
| 华北区 | 76.2 | 100 | 天津 |
| 东南区 | 72.7 | 100 | 上海 |
| 华中区 | 57.1 | 87.2 | 安徽 |
| 西南区 | 52.5 | 62.4 | 重庆 |
| 西北区 | 41.3 | 91.9 | 宁夏 |

注:数据根据《水资源管理年报》整理分析。

# 重庆市水利局关于开展规划和建设项目节水评价工作的通知

（渝水节水〔2019〕3号）

各区县(自治县)、两江新区、万盛经开区水行政主管部门,局机关各处室、直属各单位:

节约用水是解决水资源短缺、水生态损害、水环境污染等问题的根本性措施,对于保障经济社会可持续发展具有重要作用。为了贯彻落实"节水优先"方针,从源头上把好节约用水关口,促进水资源合理开发利用,根据《水利部关于开展规划和建设项目节水评价工作的指导意见》(水节约〔2019〕136号)要求,现就我市开展规划和建设项目节水评价工作通知如下。

## 一、重要意义

开展规划和建设项目节水评价工作,是落实习近平总书记提出的"节水优先、空间均衡、系统治理、两手发力"治水方针的重要举措;是使节水成为水资源开发、利用、保护、配置、调度前提的迫切要求;是保证规划和建设项目科学合理取用水,促进形成与水资源条件相适应的空间布局和产业结构的有效途径;是倒逼节约集约利用水资源,提升全社会用水效率的有力抓手。

## 二、总体要求

在规划和建设项目现有前期工作中突出节水的优先地位,强化规划制定、建设项目立项、取水许可中节水有关内容和要求;严格控制用水总量,合理确定规划和建设项目用水规模和结构,确保用水总量控制在流域水量分配方案、区域用水总量红线范围内;推动提高用水效率,借鉴参考国内同类地区先进用水水平,建立科学合理的节水评价标准,促使规划和建设项目高效用水;规范文本编制和严格审查把关,充分论证各类用水的必要性、合理性、可行性,提出客观公正的评价结论,从严叫停节水评价不通过的规划和建设项目。

## 三、评价范围

(一)与取用水相关的水利规划。包括区域供水工程规划、引水调水规划、水库建设规划、灌区建设规划等。

(二)与取用水相关的水利工程项目。包括蓄水工程、引水工程、提水工程、调水工程、地下水利用工程等。

(三)需开展水资源论证的相关规划。包括城镇新区规划、工业园区规划、经济技术开发区规划、高耗水行业的专项规划、涉及取用水的相关产业发展规划等。

(四)办理取水许可的非水利建设项目。包括直接从江河、湖泊、地下以及水库、渠道等取水,并需要申请取水许可的非水利建设项目。

从城市公共管网等取水的高耗水建设项目宜参照本通知开展节水评价。

## 四、评价环节

(一)水利规划应在规划制定阶段开展节水评价,在规划报告中编写节水评价章节。

(二)水利工程项目应在工程规划、项目立项阶段开展节水评价,在项目规划报告、项目建议书、项目可行性研究报告中编写节水评价章节。

(三)需开展水资源论证的相关规划,应在水资源论证阶段开展节水评价,在水资源论证报告书中编写节水评价章节。

(四)办理取水许可的非水利建设项目,应在取水许可阶段开展节水评价,在水资源论证报告书中将用水合理性分析等内容强化为节水评价章节。

## 五、评价内容

节水评价要分析规划和建设项目及其涉及区域的供用水水平、节水潜力,评价其取用水的必要性、可行性,分析节水指标的先进性,评估节水措施的实效性,合理确定其取用水规模,提出评价结论及建议。

(一)水利规划或需开展水资源论证的相关规划,重点分析现状供用水水平与节水潜力,供需水量预测成果及水资源配置方案的节水符合性、节水目标指标的合理性与先进性,节水措施的可行性与节水效果等,评价规划取用水的合理性与可行性。

(二)水利工程项目,重点分析现状供用水水平与节水潜力,供需水量预测成果及水资源配置方案的节水符合性,节水措施的可行性与节水效果等,评价水利工程项目供水的必要性与取用水规模的合理性。

(三)办理取水许可的非水利建设项目,重点分析用水节水相关政策的符合性,节水工艺技术、循环用水水平、用水指标的先进性等,评价建设项目取用水的必要性和规模的合理性。

## 六、实施管理

(一)实施主体。各区县(自治县)水行政主管部门和局相关处室,按照规划审查审批、建设项目立项审查、取水许可的现有管理程序和分工,负责各自权限内的节水评价审查工作。

(二)技术审查。各区县(自治县)水行政主管部门和局相关处室组织技术审查单位(专家)在对规划报告、项目建议书、项目可行性研究报告、水资源论证报告进行技术审查时,应形成节水评价是否通过审查的明确意见。

(三)结果应用。水利规划节水评价未通过审查的,不予审批;水利工程项目节水评价未通过审查的,不予通过项目规划、项目建议书、可行性研究报告审查;需开展水资源论证的规划,节水评价未通过审查的,不予通过规划水资源论证报告书审查;办理取水许可的非水利建设项目,节水评价未通过审查的,水资源论证报告不予通过技术审查。

七、保障措施

（一）加强组织领导。各区县（自治县）水行政主管部门和局相关处室要高度重视节水评价工作，认真组织实施，明确工作要求，积极担当作为，切实把好规划和建设项目的节水评价关。

（二）落实主体责任。各区县（自治县）水行政主管部门和局相关处室要加强对节水评价工作的监督管理和检查评估；业主单位应提供全面真实的基础资料；编制单位应按照技术要求科学规范编写节水评价章节；审查单位应客观公正地提出审查意见。

（三）完善制度规定。各区县（自治县）水行政主管部门和局相关处室要加强节水评价技术研究，及时修订规划与建设项目管理的有关法规、制度和规范，保证节水评价工作科学性和可操作性。

（四）夯实工作基础。各区县（自治县）水行政主管部门和局相关处室要建立节水评价登记制度，健全节水标准和取用水定额体系，强化取用水计量监测统计，深入开展节水评价宣传培训，加强节水评价人才队伍建设，为节水评价提供基础支撑。

重庆市水利局

2019 年 5 月 22 日

# 重庆市水利局关于进一步规范节水评价登记工作的通知

（渝水便函〔2020〕799号）

各区县（自治县）、两江新区、重庆高新区、万盛经开区水行政主管部门：

从2019年开始，国务院已将节水评价纳入实施最严格水资源管理制度考核内容，《重庆市节水行动实施方案》也对规划和建设项目节水评价工作进行了安排。为进一步规范全市规划和建设项目节水评价工作，现就有关事项通知如下。

## 一、明确节水评价登记台账责任

各区县要按照《重庆市水利局关于开展规划和建设项目节水评价工作的通知》（渝水节水〔2019〕3号）和《重庆市水利局关于转发〈水利部办公厅关于印发规划和建设项目节水评价技术要求的通知〉的通知》（渝水便函〔2019〕397号）要求，做好本区域范围内的规划和建设项目节水评价及审查审批、登记备案工作。

同时，各区县要建立节水评价登记台账制度，理顺机关内部运行机制，明确审查审批、登记备案、汇总报送等责任，认真及时做好本辖区已经或正在开展节水评价的规划和建设项目（包括区县本级以及国家、市级项目）节水评价登记台账，落实专人填报《节水评价登记台账表》（见附件1）和《节水评价登记表》（见附件2）。

## 二、规范节水评价登记台账内容

节水评价登记台账反映各级审查区域内规划和建设项目节水评价的关键内容，以年度已经或正在开展节水评价的所有项目为登记对象，主要包括审查时间、规划或建设项目名称、类型、业主单位、技术审查单位、审查结论、新增取水量等，具体内容和汇总格式见附件1《节水评价登记台账表》。

节水评价登记反映规划和建设项目节水评价的概要内容，以年度已经或正在开展节水评价的单个项目为登记对象，主要包括基本情况、用水量与经济社会发展指标、节水指标、用水定额、用水总量控制、节水供水潜力、取用水规划等，具体内容见附件2《节水评价登记表》。

## 三、及时报送节水评价登记台账

2019年10月以后的规划和建设项目（包括区县本级以及国家、市级项目），各区县应在填写《节水评价登记表》的基础上建立登记台账，并于每年11月30日前将加盖公章的本年度《节水评价登记台账表》和《节水评价登记表》纸质件及电子文档报送至市节约用水办公室备案登记。

2020年11月30日前，应将2019年和2020年两个年度的《节水评价登记台账表》和

《节水评价登记表》一并报送市节约用水办公室。

四、其他要求

（一）各区县要高度重视节水评价工作，按照要求认真抓好组织实施，切实把好本区域内规划和建设项目的节水评价关，实行节水评价一票否决制度，从严叫停节水评价不通过项目。

（二）台账及登记信息应真实、准确、完整，规划和建设项目的可行性研究报告、水资源论证报告、节水评价审查意见等节水评价信息应建档保存备查。市水利局将把节水评价工作开展情况纳入对区县的考核，对未能如实、按时填报以及在各级“四不两直"暗访督察中出现问题的区县严肃追责。

（三）各区县要按照《重庆市节水行动实施方案》任务分工，探索突破，先行先试，在区域所有涉用水的规划和项目审批中实行节水评价制度，落实中央节约优先方针。

附件：1.《节水评价登记台账表》

2.《节水评价登记表》

重庆水利局

2020年10月12日

附件 1

## 节水评价登记台账表

| 序号 | 审查时间（月） | 规划或建设项目名称 | 类型 | 业主单位 | 技术审查单位 | 审查结论 | 新增取水量($m^3/a$) | | | |
|---|---|---|---|---|---|---|---|---|---|---|
| | | | | | | | 规划水平年 1 | | 规划水平年 2 | |
| | | | | | | | 审查前 | 审查后 | 审查前 | 审查后 |
| 1 | | | | | | | | | | |
| 2 | | | | | | | | | | |
| 3 | | | | | | | | | | |
| 4 | | | | | | | | | | |
| 5 | | | | | | | | | | |
| 6 | | | | | | | | | | |
| ⋮ | | | | | | | | | | |

________年度　　　　　　　　　　　　（区县/单位）________________

**注**：1. 各区县（单位）按年度汇总统计本区县（单位）已经或正在开展节水评价的规划和建设项目，按要求及时报送上级主管部门。

2. 规划和建设项目分为水利规划、非水利规划、水利工程项目和非水利建设项目四种类型。

3. 审查时间以出具审查结论的文件印发日期为准，审查结论以印发正式文件为准，分为通过和未通过两种情形。审查结论为通过时，需要审查前后的新增取用水量，并做必要的补充说明；审查未通过时，仅需填写审查前的新增取用水量。

附件 2

## 节水评价登记表

水利规划□　非水利规划□　水利工程项目□　非水利建设项目□

<table>
<tr><td colspan="2">规划或建设项目名称</td><td colspan="6"></td></tr>
<tr><td rowspan="3">一、基本情况</td><td>委托单位</td><td colspan="3"></td><td>承担单位</td><td colspan="2"></td></tr>
<tr><td>所在行政区域和流域</td><td colspan="3"></td><td>评价范围</td><td colspan="2"></td></tr>
<tr><td>评价范围水资源条件</td><td>年降水量(mm)</td><td></td><td>年蒸发量(mm)</td><td></td><td>人均水资源量($m^3$)</td><td></td></tr>
<tr><td rowspan="10">二、用水量与经济社会发展指标</td><td rowspan="2">指标名称</td><td colspan="3">前 3 年</td><td>现状水平年</td><td>规划水平年 1</td><td>规划水平年 2</td></tr>
<tr><td>____年</td><td>____年</td><td>____年</td><td>____年</td><td>____年</td><td>____年</td></tr>
<tr><td>用(需)水量(万 $m^3$)</td><td></td><td></td><td></td><td></td><td></td><td></td></tr>
<tr><td>农业用水占比(%)</td><td></td><td></td><td></td><td></td><td></td><td></td></tr>
<tr><td>工业用水占比(%)</td><td></td><td></td><td></td><td></td><td></td><td></td></tr>
<tr><td>生活用水占比(%)</td><td></td><td></td><td></td><td></td><td></td><td></td></tr>
<tr><td>总人口(万人)</td><td></td><td></td><td></td><td></td><td></td><td></td></tr>
<tr><td>地区生产总值(万元)</td><td></td><td></td><td></td><td></td><td></td><td></td></tr>
<tr><td>工业增加值(万元)</td><td></td><td></td><td></td><td></td><td></td><td></td></tr>
<tr><td>实际灌溉面积(万亩)</td><td></td><td></td><td></td><td></td><td></td><td></td></tr>
<tr><td rowspan="8">三、节水指标</td><td>指标名称</td><td>现状水平年</td><td>规划水平年 1</td><td>规划水平年 2</td><td>国内现状平均值</td><td>同类地区现状平均值</td><td>同类地区现状先进值</td></tr>
<tr><td>万元地区生产总值用水量(可比价,$m^3$)</td><td></td><td></td><td></td><td></td><td></td><td></td></tr>
<tr><td>万元工业增加值用水量(可比价,$m^3$)</td><td></td><td></td><td></td><td></td><td></td><td></td></tr>
<tr><td>农田灌溉水有效利用系数</td><td></td><td></td><td></td><td></td><td></td><td></td></tr>
<tr><td>工业用水重复利用率(%)</td><td></td><td></td><td></td><td></td><td></td><td></td></tr>
<tr><td>耕地实际灌溉亩均用水量($m^3$/亩)</td><td></td><td></td><td></td><td></td><td></td><td></td></tr>
<tr><td>节水灌溉工程面积占比(%)</td><td></td><td></td><td></td><td></td><td></td><td></td></tr>
<tr><td>高效节水灌溉面积占比(%)</td><td></td><td></td><td></td><td></td><td></td><td></td></tr>
</table>

**续表**

<table>
<tr><td rowspan="7">三、节水指标</td><td>指标名称</td><td>现状水平年</td><td>规划水平年1</td><td>规划水平年2</td><td>国内现状平均值</td><td>同类地区现状平均值</td><td>同类地区现状先进值</td></tr>
<tr><td>公共供水管网漏损率(%)</td><td></td><td></td><td></td><td></td><td></td><td></td></tr>
<tr><td>再生水利用率(%)</td><td></td><td></td><td></td><td></td><td></td><td></td></tr>
<tr><td>非常规水源利用水平(%)</td><td></td><td></td><td></td><td></td><td></td><td></td></tr>
<tr><td>生活节水器具普及率(%)</td><td></td><td></td><td></td><td></td><td></td><td></td></tr>
<tr><td>自选指标1</td><td></td><td></td><td></td><td></td><td></td><td></td></tr>
<tr><td>⋮</td><td></td><td></td><td></td><td></td><td></td><td></td></tr>
<tr><td rowspan="5">四、用水定额</td><td>主要产品或行业名称</td><td>农作物1</td><td>…</td><td>工业产品1</td><td>…</td><td>服务业1</td><td>…</td></tr>
<tr><td>现状水平年</td><td></td><td></td><td></td><td></td><td></td><td></td></tr>
<tr><td>规划水平年1</td><td></td><td></td><td></td><td></td><td></td><td></td></tr>
<tr><td>规划水平年2</td><td></td><td></td><td></td><td></td><td></td><td></td></tr>
<tr><td>国家或省级管控要求</td><td></td><td></td><td></td><td></td><td></td><td></td></tr>
<tr><td rowspan="2">五、用水总量控制</td><td>指标名称</td><td>现状水平年</td><td>现状水平年控制指标</td><td>规划水平年1指标值</td><td>规划水平年1控制指标</td><td>规划水平年2指标值</td><td>规划水平年2控制指标</td></tr>
<tr><td>用水总量(万 m³)</td><td></td><td></td><td></td><td></td><td></td><td></td></tr>
<tr><td rowspan="4">六、节水供水潜力</td><td></td><td colspan="4">用水端节水潜力(万 m³)</td><td colspan="3">供水端挖潜增供(万 m³)</td></tr>
<tr><td></td><td>合计</td><td>农业</td><td>工业</td><td>生活</td><td>合计</td><td>供水系统提升</td><td>非常规水源利用</td></tr>
<tr><td>规划水平年1</td><td></td><td></td><td></td><td></td><td></td><td></td><td></td></tr>
<tr><td>规划水平年2</td><td></td><td></td><td></td><td></td><td></td><td></td><td></td></tr>
<tr><td rowspan="2">七、取用水规模</td><td rowspan="2">新增取用水量(万 m³)</td><td>规划水平年1</td><td>规划水平年2</td><td rowspan="2">取用水规模(万 m³)</td><td>现状水平年</td><td>规划水平年1</td><td>规划水平年2</td></tr>
<tr><td></td><td></td><td></td><td></td><td></td></tr>
</table>

**填表说明**：非水利建设项目在第“二”栏只填写规划水平年需水量、第“三”栏主要填写自选指标、第“六”栏不填写。

# 第十一节　水价管理

## 国务院办公厅关于推进农业水价综合改革的意见

（国办发〔2016〕2 号）

各省、自治区、直辖市人民政府，国务院各部委、各直属机构：

农业是用水大户，也是节水潜力所在。长期以来，我国农田水利基础设施薄弱，运行维护经费不足，农业用水管理不到位，农业水价形成机制不健全，价格水平总体偏低，不能有效反映水资源稀缺程度和生态环境成本，价格杠杆对促进节水的作用未得到有效发挥，不仅造成农业用水方式粗放，而且难以保障农田水利工程良性运行。为建立健全农业水价形成机制，促进农业节水和农业可持续发展，经国务院同意，现提出以下意见：

一、总体要求

**（一）指导思想。**全面贯彻党的十八大和十八届三中、四中、五中全会精神，认真落实党中央、国务院决策部署，按照“四个全面”战略布局要求，牢固树立创新、协调、绿色、开放、共享的发展理念，围绕保障国家粮食安全和水安全，落实节水优先方针，加强供给侧结构性改革和农业用水需求管理，坚持使市场在资源配置中起决定性作用和更好发挥政府作用，政府和市场协同发力，以完善农田水利工程体系为基础，以健全农业水价形成机制为核心，以创新体制机制为动力，逐步建立农业灌溉用水量控制和定额管理制度，提高农业用水效率，促进实现农业现代化。

**（二）基本原则。**

坚持综合施策。加强农业水价改革与其他相关改革的衔接，综合运用工程配套、管理创新、价格调整、财政奖补、技术推广、结构优化等举措统筹推进改革。

坚持两手发力。既要使市场在资源配置中起决定性作用，促进农业节水，也要更好发挥政府作用，保障粮食等重要农作物合理用水需求，总体上不增加农民负担。

坚持供需统筹。既要强化供水管理，健全运行机制，提高供水服务效率，也要把需求管理摆在更加突出位置，全面提高农业用水精细化管理水平，推动农业用水方式转变。

坚持因地制宜。区分不同地区水资源禀赋、灌溉条件、经济发展水平、种植养殖结构等差异状况，结合土地流转、农业经营方式转变，尊重农民意愿，探索符合实际、各具特色的做法，有计划、分步骤推进。

**（三）总体目标。**用 10 年左右时间，建立健全合理反映供水成本、有利于节水和农田水利体制机制创新、与投融资体制相适应的农业水价形成机制；农业用水价格总体达到运行维护成本水平，农业用水总量控制和定额管理普遍实行，可持续的精准补贴和节水奖励机制基本建立，先进适用的农业节水技术措施普遍应用，农业种植结构实现优化调整，促进农业用水方式由粗放式向集约化转变。农田水利工程设施完善的地区要加快推进改革，通过3~5年努力率先实现改革目标。

## 二、夯实农业水价改革基础

**（四）完善供水计量设施。**加快供水计量体系建设，新建、改扩建工程要同步建设计量设施；尚未配备计量设施的已建工程要抓紧改造。严重缺水地区和地下水超采地区要限期配套完善。大中型灌区骨干工程全部实现斗口及以下计量供水；小型灌区和末级渠系根据管理需要细化计量单元；使用地下水灌溉的要计量到井，有条件的地方要计量到户。

**（五）建立农业水权制度。**以县级行政区域用水总量控制指标为基础，按照灌溉用水定额，逐步把指标细化分解到农村集体经济组织、农民用水合作组织、农户等用水主体，落实到具体水源，明确水权，实行总量控制。鼓励用户转让节水量，政府或其授权的水行政主管部门、灌区管理单位可予以回购；在满足区域内农业用水的前提下，推行节水量跨区域、跨行业转让。

**（六）提高农业供水效率和效益。**加强供给侧结构性改革，加快完善大中小微并举的农田水利工程体系。做好工程维修养护，保障工程良性运行。强化供水计划管理和调度，提高管理单位运行效率，强化监督检查，加强成本控制，建立管理科学、精简高效、服务到位的运行机制，保障合理的灌溉用水需求，有效降低供水成本。加强水费征收与使用管理。建立中央财政农田水利资金投入激励机制，重点向农业水价综合改革积极性高、工作有成效的地区倾斜。

**（七）加强农业用水需求管理。**在稳定粮食产量和产能的基础上，因地制宜调整优化种植结构。适度调减存在地表水过度利用、地下水严重超采等问题的水资源短缺地区高耗水作物面积。选育推广需水少的耐旱节水作物，建立作物生育阶段与天然降水相匹配的农业种植结构与种植制度。大力推广管灌、滴灌等节水技术，集成发展水肥一体化、水肥药一体化技术，积极推广农机农艺相结合的深松整地、覆盖保墒等措施，提升天然降水利用效率。开展节水农业试验示范和技术培训，提高农民科学用水技术水平。

**（八）探索创新终端用水管理方式。**鼓励发展农民用水自治、专业化服务、水管单位管理和用户参与等多种形式的终端用水管理模式。支持农民用水合作组织规范组建、创新发展，并充分发挥其在供水工程建设管理、用水管理、水费计收等方面的作用。推进小型水利工程管理体制改革，明晰农田水利设施产权，颁发产权证书，将使用权、管理权移交给农民用水合作组织、农村集体经济组织、受益农户及新型农业经营主体，明确管护责任。通过政府和社会资本合作（PPP）模式、政府购买服务等方式，鼓励社会资本参与农田水利工程建设和管护。

## 三、建立健全农业水价形成机制

**（九）分级制定农业水价。**农业水价按照价格管理权限实行分级管理。大中型灌区骨干工程农业水价原则上实行政府定价，具备条件的可由供需双方在平等自愿的基础上，按照有利于促进节水、保障工程良性运行和农业生产发展的原则协商定价；大中型灌区末级渠系和小型灌区农业水价,可实行政府定价,也可实行协商定价,具体方式由各地自行确定。加强政府定价成本监审,充分利用节水改造腾出空间,综合考虑供水成本、水资源稀缺程度以及用户承受能力等,合理制定供水工程各环节水价并适时调整。供水价格原则上应达到或逐步提高到运行维护成本水平;确有困难的地区要尽量提高并采取综合措施保障工程良性运行。水资源紧缺、用户承受能力强的地区,农业水价可提高到完全成本水平。

**(十)探索实行分类水价。**区别粮食作物、经济作物、养殖业等用水类型,在终端用水环节探索实行分类水价。统筹考虑用水量、生产效益、区域农业发展政策等,合理确定各类用水价格,用水量大或附加值高的经济作物和养殖业用水价格可高于其他用水类型。地下水超采区要采取有效措施,使地下水用水成本高于当地地表水,促进地下水采补平衡和生态改善。合理制定地下水水资源费(税)征收标准,严格控制地下水超采。

**(十一)逐步推行分档水价。**实行农业用水定额管理,逐步实行超定额累进加价制度,合理确定阶梯和加价幅度,促进农业节水。因地制宜探索实行两部制水价和季节水价制度,用水量年际变化较大的地区,可实行基本水价和计量水价相结合的两部制水价;用水量受季节影响较大的地区,可实行丰枯季节水价。

## 四、建立精准补贴和节水奖励机制

**(十二)建立农业用水精准补贴机制。**在完善水价形成机制的基础上,建立与节水成效、调价幅度、财力状况相匹配的农业用水精准补贴机制。补贴标准根据定额内用水成本与运行维护成本的差额确定,重点补贴种粮农民定额内用水。补贴的对象、方式、环节、标准、程序以及资金使用管理等,由各地自行确定。

**(十三)建立节水奖励机制。**逐步建立易于操作、用户普遍接受的农业用水节水奖励机制。根据节水量对采取节水措施、调整种植结构节水的规模经营主体、农民用水合作组织和农户给予奖励,提高用户主动节水的意识和积极性。

**(十四)多渠道筹集精准补贴和节水奖励资金。**统筹财政安排的水管单位公益性人员基本支出和工程公益性部分维修养护经费、农业灌排工程运行管理费、农田水利工程设施维修养护补助、调水费用补助、高扬程抽水电费补贴、有关农业奖补资金等,落实精准补贴和节水奖励资金来源。

## 五、保障措施

**(十五)落实地方责任。**各地区要进一步提高认识,把农业水价综合改革作为改革重点任务,积极推进落实。省级人民政府对本行政区域农业水价综合改革工作负总责,要切实加强组织领导,结合实际制定具体实施方案,明确改革时间表和分步实施计划,细化年度改革目标任务,建立健全工作机制,抓好各项措施落实。及时协调解决改革中遇到的困难和问题,定期总结改革经验,具备条件的要适时予以推广。

**(十六)加强指导协调。**发展改革委、财政部、水利部、农业部要认真履行职责,强化协调配合,加大对各地农业水价综合改革工作的指导和支持力度,每年向国务院报告进展情况。

**(十七)强化宣传引导。**各有关部门和地方各级人民政府要做好农业水价综合改革的政策解读,加强舆论引导,强化水情教育,引导农民树立节水观念、增强节水意识、提高有偿用水意识和节约用水的自觉性,为推进农业水价综合改革创造良好社会环境。

国务院办公厅

2016年1月21日

# 国家发改委 财政部 水利部 农业部 国土资源部关于扎实推进农业水价综合改革的通知

（发改价格〔2017〕1080号）

各省、自治区、直辖市发展改革委、物价局、财政厅（局）、水利（水务）厅（局）、农业厅（局、委、办）、国土资源厅：

为深入贯彻中发〔2017〕1号文件精神和国务院决策部署，认真落实《国务院办公厅关于推进农业水价综合改革的意见》（国办发〔2016〕2号，以下简称《意见》）有关要求，现就扎实推进农业水价综合改革工作通知如下。

## 一、切实把推进农业水价综合改革摆到更加重要位置

农业是用水大户，也是节水潜力所在。农业水价综合改革是农业节水工作的"牛鼻子"，事关农业可持续发展和国家水安全。加快推进农业水价综合改革，建立健全农业水价形成机制，提高农业用水效率，努力缓解我国日益尖锐的水资源供需矛盾，十分必要而紧迫。

2016年1月《意见》印发以来，各地认真落实主体责任，结合实际，积极开展相关工作，农业水价综合改革有序推进，但一些地区仍然存在对改革重要性和迫切性认识不够、农田水利基础设施薄弱、水管单位管理体制改革不到位、资金筹集整合面临困难等问题。

2017年中央1号文件明确指出，全面推进农业水价综合改革，加快建立合理水价形成机制和节水激励机制。现阶段要通过"花钱买机制"等方式，建立健全农业水价形成机制，同步建立精准补贴和节水奖励机制，总体上不增加农民负担，调动各方推进改革的积极性。各地要进一步提高认识，把思想和行动统一到党中央、国务院决策部署上来，坚持稳中求进工作总基调，紧紧围绕深入推进农业供给侧结构性改革，切实把农业水价综合改革摆到更加重要的位置，把农业节水作为方向性、战略性大事来抓，加强组织领导，加大工作力度，按照《意见》确定的目标和任务，积极稳妥推进农业水价综合改革，加快完善支持农业节水政策体系，促进水资源可持续利用，保障农业和经济社会可持续发展。

## 二、充分发挥好典型示范引领作用

要遵循因地制宜、试点先行的原则，选择具备条件的地区先行开展农业水价综合改革，抓好试点示范，探索可复制、可推广的经验，形成示范效应，以点带面，逐步推开。

**（一）将高效节水灌溉项目区全部纳入试点范围。**坚持"先建机制、后建工程"的原则，按照《"十三五"新增1亿亩高效节水灌溉面积实施方案》（水农〔2017〕8号）有关要求，"十三五"期间，每年安排的2 000万亩高效节水灌溉项目区要全部实施农业水价综合改革，同步开展工程建设与机制建立，率先完成改革任务。

**（二）进一步扩大试点县的实施范围。**已开展农业水价综合改革的县（区、市）要认真总结试点经验，进一步扩大改革实施范围，以点带面全县推进，特别是缺水和地下水超采地区要加大工作力度，加快推进改革，力争2020年底前率先完成改革任务。

**（三）具备条件的省份率先在全省范围内推开。**北京、上海、江苏、浙江等经济较为发达、工程基础较好、群众水商品意识较强的省份，要进一步加大改革资金投入力度，在全省（市）范围率先全面推进改革，力争2020年底前完成改革任务。部分条件好的市、县要在1~2年内率先完成改革任务，及早形成示范和引领效应。

**（四）其他省份重点加强示范推动。**暂不具备全面推开改革的省份要选择一些条件相对较好的地区，集中力量做好改革试点，积累经验，发挥示范带动作用，逐步全面推开。

**（五）总结推广典型经验。**要对改革试点工作及时总结，将一些成功的改革方案、工作方法、机制设计进行提炼，形成典型经验，以多种方式开展交流和推广，以典型引路，促进改革稳步推进。

## 三、协同配套推进体制机制改革

要按照《意见》明确的各项改革任务，立足实际，大胆创新，积极探索，统筹农业水价形成机制与精准补贴和节水奖励机制、工程建设和管护机制、用水管理机制的协同推进，在总体上不增加农民负担的前提下，建立健全促进农业节水的体制机制。

**（一）建立健全水价形成机制。**要按照有关规定，结合本省实际，明确农业水价成本核定、价格制定原则和方法。改革地区要加强成本监审，及时核定骨干工程、末级渠系水价，不具备成本监审条件的可暂以项目投资概算或可研报告为基础核定。在此基础上，统筹考虑供水成本、水资源稀缺程度、用户承受能力、补贴机制建立等因素，制定农业水价改革方案，把握好水价调整幅度和节奏，将农业水价一步或分步提高到运行维护成本水平，有条件地区提高到完全成本水平。县域内农业用水条件、工程状况相近的毗邻区域，要加强沟通衔接，执行水价应尽可能统一。

**（二）完善工程建设和管护机制。**加大力度推进农田灌排工程设施建设和改造，新建、改扩建农田水利工程要统一规划，统一建设标准，按照满足取用水管理和计量收费的需要，同步配套经济适用的计量设施。在开展农业水价综合改革的县（区、市），大中型灌区续建配套节水改造、高标准农田建设、新增千亿斤粮食田间工程、农业综合开发等涉及农田水利建设的项目要同步推进机制建立，明确将计量设施建设、相关机制建立作为项目实施的重要内容，投资缺口较大、短时间难以配备计量设施的已建井灌区可探索通过“以电折水”的方式做好计量工作。落实工程管护责任，采取多种方式吸引社会资本参与工程建设和管护。推进水管单位管理体制改革，提高运行效率和服务水平，有效降低供水成本。

**（三）建立精准补贴和节水奖励机制。**按照总体上不增加农民负担的原则，切实保护农民合理用水权益，改革地区要同步建立精准补贴和节水奖励机制，对定额内用水的提价部分由财政给予补贴，节约部分适当奖励；超定额用水不再予以补贴，并逐步实行累进加价制度。各省要加强对市县的工作指导，进一步增加并明确中央财政水利发展资金用于农业水价综合改革的规模，省级有关资金也要对改革工作予以支持。开展农业水价综合改革的市县要多渠道筹集落实奖补资金，统筹整合相关涉农涉水项目资金，优化政策设计，加强补贴资金绩效管理。

**（四）强化用水管理机制**。要严格农业用水总量控制，将农业水权明晰到农村集体经济组织、农民用水合作组织、农户等用水主体。按照适度从紧的原则，加强灌溉用水管理，及时修订用水定额。在稳定粮食产量和产能的基础上，适度调整水资源短缺地区作物种植结构，提高耐旱品种覆盖率。积极开展高标准节水农业示范区建设，推动普及喷灌、滴灌等节水灌溉技术，加大水肥一体化等农业节水技术推广力度。大力推进现代农业产业园建设，把节水机制作为重要评价标准。

## 四、完善保障措施

**（一）落实主体责任**。按照中发〔2017〕1号文件精神和《意见》要求，省级人民政府对本行政区域农业水价综合改革工作负总责，已成立农业水价综合改革领导小组或联席会议的省份，要进一步完善工作机制，有效发挥组织推动作用；尚未建立的必须在2017年6月底前建立。尚未出台总体实施方案和2017年度实施计划的省份，要细化实化年度计划，列出改革清单，落到具体地块，于2017年6月底前务必完成，按规定报送国家发展改革委、财政部、水利部、农业部（以下简称“四部门”）。四部门每年将各选取2个省份进行重点对口联系，加强指导督促。

**（二）建立绩效评价机制**。建立农业水价综合改革工作绩效评价机制，评价结果逐步纳入粮食安全省长责任制考核、最严格水资源管理制度考核。各地要相应建立改革台账、监督检查和绩效评价机制，推动各项任务落到实处。四部门将定期汇总各省改革工作进展情况，参照评价指标进行打分排序，每年通报一次，并抄报国务院办公厅，对改革推进不力、进展缓慢的省份，予以提醒和督促。

**（三）建立资金分配挂钩激励机制**。农业水价综合改革工作绩效评价有关指标的考核结果纳入中央财政水利发展资金绩效因素，与资金分配挂钩；在测算中央财政水利发展资金用于水利工程维修养护补助支出时，向开展改革的地区倾斜。中央安排的大中型灌区续建配套节水改造、高标准农田建设、新增千亿斤粮食田间工程、农业综合开发等其他涉及农田水利建设的资金也将逐步完善资金分配机制，与各地改革成效挂钩。省级有关部门在安排中央财政有关资金及省级相关资金时也应建立挂钩激励机制，加大对改革地区的支持力度。

**（四）营造良好改革氛围**。要注重加强农业水价综合改革的宣传引导，强化水情教育，引导农民树立节水观念，提高有偿用水意识，调动农民节水灌溉、应用节水技术的积极性和增强节约用水的自觉性。采取多种方式开展政策解读，及时宣传改革经验和成效，凝聚各方共识，为改革创造良好氛围。

附件：农业水价综合改革工作绩效评价办法（试行）

国家发展改革委　财政部　水利部　农业部　国土资源部

2017年6月6日

**续表**

| 评价类别 | 评价指标 | 分值 | 2017 年度评价标准 | 评价得分 |
| --- | --- | --- | --- | --- |
| 任务评价（80 分） | （四）夯实改革基础 | 26 | | |
| | 9. 配备完善供水计量设施 | 8 | 改革实施区域农业用水计量经济适用，大中型灌区骨干工程全部实现斗口及以下计量得 8 分，未全部实行的按斗口及以下计量的面积占实施范围的比例得分；小型灌区供水计量设施设置满足计量供水和计量收费得 8 分，部分满足的，按比例得分。改革实施范围内含大中型灌区、小型灌区、井灌区的按各自面积加权平均计算本项得分 | |
| | 10. 建立健全农业水权制度 | 6 | 1. 制定并及时修订完善灌溉用水定额的得 2 分；<br>2. 对改革实施区域实行农业用水总量控制得 2 分；<br>3. 将农业水权进一步细化分解到农村集体经济组织、用水合作组织、农户等得 2 分 | |
| | 11. 明确工程管护责任 | 3 | 1. 农田水利工程及设施产权清晰得 1 分；<br>2. 管护主体及责任落实得 2 分 | |
| | 12. 健全末级渠系管理组织 | 2 | 改革实施区域末级渠系管理组织覆盖率达到 100%得 2 分，低于 50%得 0 分，50%～100%按比例得分 | |
| | 13. 农业水费实收率 | 3 | 改革实施区域水费实收率不低于 95%的得 3 分，85%（含）～95%得 2 分，75%（含）～85%得 1 分，75%以下得 0 分 | |
| | 14. 推广节水技术 | 4 | 节水技术推广面积占年度计划的比例达到 100%得 4 分，低于 50%得 0 分，50%～100%按比例得分 | |

**续表**

| 评价类别 | 评价指标 | 分值 | 2017 年度评价标准 | 评价得分 |
|---|---|---|---|---|
| 任务评价（80 分） | （五）建立健全农业水价形成机制 | 20 | | |
| | 15. 建立健全农业水价相关管理办法 | 5 | 省级层面或改革县（市、区）农业水价成本监审和价格核定有相应管理办法或文件得 5 分 | |
| | 16. 合理测算并制定农业水价 | 13 | 1. 按照相关规定进行成本监审并合理测算改革实施区域农业水价得 3 分；<br>2. 合理制定改革实施区域农业水价调整计划得 4 分；<br>3. 改革实施区域骨干水利工程水价已明确调整到运行维护成本水平实施计划得 2 分；<br>4. 改革实施区域末级渠系已明确农业水价达到运行维护成本水平实施计划的面积（协商定价除外）比例达到 100%的得 2 分，低于 50%得 0 分，50%～100%按比例得分；<br>5. 农民水费负担合理、用户接受程度高得 2 分 | |
| | 17. 实施超定额累进加价制度 | 2 | 出台并执行超定额累进加价制度的得 2 分，其中出台制度得 1 分，改革实施区域落实制度得 1 分 | |
| | （六）建立精准补贴和节水奖励机制 | 20 | | |
| | 18. 出台精准补贴和节水奖励办法 | 6 | 2017 年底前省级层面或改革县（市、区）出台办法得 6 分，其中出台精准补贴办法得 4 分，节水奖励办法得 2 分 | |
| | 19. 落实精准补贴资金 | 10 | 实际落实精准补贴资金占改革实施区域需要落实资金的比例达到 100%得 10 分，低于 50%得 0 分，50%～100%按比例得分 | |
| | 20. 落实节水奖励资金 | 4 | 落实节水奖励资金占改革实施区域需要落实资金的比例达到 100%得 4 分，低于 50%得 0 分，50%～100%按比例得分 | |

**备注：**1. 改革实施面积是指已按照《意见》明确的各项改革任务同步启动相关工作的区域。

2. 完成改革任务是指在改革实施区域按照《意见》明确的总体目标和各项任务要求按期完成工作目标任务。

# 国家发改委 财政部 水利部 农业农村部关于加大力度推进农业水价综合改革工作的通知

（发改价格〔2018〕916号）

各省、自治区、直辖市发展改革委、物价局、财政厅（局）、水利（水务）厅（局）、农业厅（局、委、办）：

为深入贯彻中发〔2018〕1号文件精神，认真落实《国务院办公厅关于推进农业水价综合改革的意见》（国办发〔2016〕2号，以下简称《意见》）各项部署，进一步加大农业水价综合改革工作力度，做好2018年改革工作，现就有关事项通知如下。

## 一、坚定不移，持续推进农业水价综合改革

推进农业水价综合改革，促进农业节水和农业可持续发展，是坚持节水优先、空间均衡、系统治理、两手发力的必然要求，既是现实之需，更是长远发展之要。自《意见》印发以来，各地积极落实改革主体责任，以点带面，大胆探索，统筹协同推进农业水价形成机制、精准补贴和节水奖励机制、工程建设和管护机制、用水管理机制等各项工作。截至2017年底，全国改革实施面积累计达到5 200万亩以上，改革实施范围稳步扩大，节水成效初显，探索形成了一批典型做法和经验。但仍存在各地改革进展不平衡，"先建机制、后建工程"的要求尚未全面落实等问题，一些地区改革认识不到位，改革台账尚未建立，实施计划不够细化实化，改革激励机制不健全，影响了改革推进。

农业水价综合改革既是一项系统工程，也是一项长期任务，改革涉及面广，推进难度较大，需要驰而不息、久久为功。当前，改革正处于点上突破、面上布局的关键阶段，各地要深化认识，把思想和行动统一到党中央、国务院决策部署上来，切实把农业水价综合改革作为农业节水工作的"牛鼻子"来抓，坚持问题导向与目标导向相结合，立足当前、着眼长远，抓住关键、统筹兼顾，切实加大工作力度，落实好2018年各项改革任务，扎实有序推进农业水价综合改革取得实效。

## 二、对标对表，狠抓2018年各项改革任务落实

各地要进一步对标对表《意见》确定的改革目标和任务，按照《关于扎实推进农业水价综合改革的通知》（发改价格〔2017〕1080号）提出的"十三五"期间改革具体要求，细化落实2018年度实施计划，精心组织，大胆创新，突出改革重点，不断完善促进农业节水的体制机制，确保各项任务落到实处。

**（一）严格落实2018年改革计划。**根据各地2018年度改革实施计划，今年新增改革实施面积7 900万亩以上（各地计划新增改革实施面积见附件）。各地要尽快将计划新增面积分解到具体市、县和灌区，落实到具体地块，不折不扣扎实推进，确保各项改革举措落

地生根、见到实效。计划新增改革实施面积的落实情况将作为2018年度改革绩效评价的重要考核内容。

**（二）狠抓改革重点区域。**“十三五”期间每年新增的2 000万亩高效节水灌溉项目区、上年被批准认定的国家现代农业产业园要全部纳入年度改革实施计划，率先开展改革，力争打造改革样板，充分发挥典型引领示范作用。新建、改扩建农田水利工程要同步实施改革，建立促进农业节水的体制机制。大中型灌区续建配套节水改造、高标准农田建设、新增千亿斤粮食田间工程、农业综合开发等项目要同步推进机制建立，明确将计量设施建设、相关机制建立作为项目实施的重要内容。缺水和地下水超采地区要加大工作力度，农田水利工程设施完善的要率先完成改革任务，设施尚不完善的要加快补齐短板，尽快推进改革。

**（三）因地制宜设计改革方案。**统筹考虑当地水资源条件、种植结构、耕作方式、经济发展水平、用水习惯等因素，借鉴成熟的改革经验，按照分类施策原则，积极探索创新，形成适合本地实际的改革模式。计量设施建设方面，要合理细化计量单元，并按照经济适用的原则配备计量设施，可选择量水槽、量水堰、量水标尺等设施或“以电折水”等方式，满足基本的计量需求，有条件的地区可以运用信息化管理手段，实现精确计量；工程管护模式方面，可因地制宜选择农民用水合作组织管理、水管单位专业化管理、购买社会化服务等模式，建立健全农田灌排设施管护体制机制；定额管理方面，要根据本地水资源禀赋合理制定和适时修订农业用水定额，缺水和地下水超采地区要从紧核定用水定额，引导农民科学灌溉；农业水价方面，要抓紧制定水价调整方案，合理把握调价幅度和节奏，用户承受能力相对较强的缺水地区和地下水超采区，要将水价一步提高到运行维护成本水平，有条件的提高到完全成本水平；奖补资金筹集方面，要多渠道、多方式落实资金，特别是要加强对现有财政补贴、项目资金的整合与统筹使用，鼓励将奖补资金支出纳入财政预算；节水奖励方式上，可选择现金返还、水权回购、节水设施购置奖补、优先用水等形式，调动用水户节水积极性。

**（四）协同配套推进改革实施。**坚持“先建机制、后建工程”，以水价机制为核心，以奖补机制为保障，以工程和计量设施建设为硬件基础，以“总量控制、定额管理”为制度基础，以工程管护机制为重要依托，统筹推进农业水价综合改革，形成促进农业节水的政策合力，避免单兵突进。要充分利用设施节水、农艺节水、管理节水等措施腾出的空间，及时推进水价改革，合理调整农业用水价格，避免产生新的历史欠账。在提高水价的同时，要通过推进设施节水、农艺节水和管理节水，促进省工省时和增产增收，建立精准补贴和节水奖励机制等方式，总体不增加农民负担。

## 三、进一步完善工作机制，强化组织领导

各地要高度重视，增强统筹能力，细化落实责任，加快完善上下联动、分级负责、激励有效、督促到位的改革工作机制，推动农业水价综合改革不断深化。

**（一）建立改革台账。**要尽快对本省（区、市）农业水价综合改革有关情况进行全面摸底，梳理各市、县和灌区种植结构、灌溉方式、工程状况、计量设施、水权制度、管护模式、供水成本、水价水平、水费收取、财政补贴等方面的现状，明确需实施改革的总面积及相应改

革任务,2018 年底前完成改革台账的建立工作,并将有关数据录入水价改革信息管理系统,制定改革路线图和时间表,明确相应责任单位,加强对本省(区、市)改革工作的统筹。

**(二)规范计划编制。**今后,各地要于当年 12 月底前正式下发下一年度改革实施计划,同时报送国家发展和改革委员会、财政部、水利部、农业农村部(以下简称"四部门")。年度改革实施计划要明确当年新增改革实施面积,包括全部当年新增高效节水灌溉项目区和上年被批准认定的国家现代农业产业园的面积,并将改革实施面积分解到各市、县和具体灌区;要制定当年改革重点任务清单,给出量化指标,明确时间节点,全面落实改革责任。

**(三)加强考核督导。**四部门将根据 2017 年度绩效评价工作情况,研究完善《农业水价综合改革工作绩效评价办法(试行)》;各地也要根据实际情况,建立和完善改革绩效评价工作机制,进一步发挥评价工作的导向激励作用。继续发挥重点联系制度作用,今年,发展改革委重点联系四川、甘肃,财政部重点联系湖南、广东,水利部重点联系山西、福建,农业农村部重点联系黑龙江、云南;各地也要相应建立省级部门与改革市县的重点联系制度,定期深入基层改革试点区域跟踪调研,指导和督促地方有针对性地开展工作。

附件:2018 年各省(区、市)计划新增改革实施面积

国家发展和改革委员会 财政部 水利部 农业农村部

2018 年 6 月 22 日

附件

**2018 年各省(区、市)计划新增改革实施面积**

单位:万亩

| 省份 | 2018 年计划新增改革实施面积 |
|---|---|
| 合计 | 7 995 |
| 北京 | 8 |
| 天津 | 98 |
| 河北 | 400 |
| 山西 | 235 |
| 内蒙古 | 310 |
| 辽宁 | 66 |
| 吉林 | 226 |
| 黑龙江 | 260 |

**续表**

| 省份 | 2018 年计划新增改革实施面积 |
|---|---|
| 上海 | 100 |
| 江苏 | 1 500 |
| 浙江 | 276 |
| 安徽 | 78 |
| 福建 | 51 |
| 江西 | 43 |
| 山东 | 1 354 |
| 河南 | 200 |
| 湖北 | 66 |
| 湖南 | 33 |
| 广东 | 15 |
| 广西 | 100 |
| 海南 | 4 |
| 重庆 | 55 |
| 四川 | 336 |
| 贵州 | 20 |
| 云南 | 400 |
| 西藏 | 4 |
| 陕西 | 720 |
| 甘肃 | 300 |
| 青海 | 43 |
| 宁夏 | 70 |
| 新疆 | 624 |

**备注:**上述面积含近两年尚未实施改革的高效节水灌溉项目区和国家现代农业产业园。

# 重庆市人民政府办公厅关于推进农业水价综合改革(试点)的实施意见

(渝府办发〔2016〕150号)

各区县(自治县)人民政府,市政府有关部门,有关单位:

为贯彻落实《国务院办公厅关于推进农业水价综合改革的意见》(国办发〔2016〕2号),建立健全农业水价形成机制,促进农业节水和农业可持续发展,结合我市实际,经市政府同意,现就推进农业水价综合改革(试点)工作提出如下实施意见:

## 一、试点总体要求

**(一)指导思想。**认真贯彻党中央、国务院和市委、市政府决策部署,围绕保障粮食安全和水安全,落实节水优先方针,加强供给侧结构性改革和农业用水需求管理,坚持使市场在资源配置中起决定性作用和更好发挥政府作用,按照"统筹兼顾、两手发力,积极稳妥、因地制宜,分类指导、分步实施"的原则,以配套完善水利工程体系为基础,以明晰工程产权和水权为前提,以健全农业水价形成机制为核心,以创新体制机制为动力,逐步建立农业用水总量控制和定额管理制度,提高农业用水效率,促进实现农业现代化。

**(二)改革目标及试点范围。**用10年左右时间,建立健全充分体现我市水资源供需状况、合理反映供水成本、有利于节水和农田水利体制机制创新、与投融资体制相适应的农业水价形成机制;农业用水价格总体达到运行维护成本水平,农业用水总量控制和定额管理普遍实行,可持续的精准补贴和节水奖励机制、农业水权交易和政府回购机制基本建立,先进适用的农业节水技术措施普遍应用,农业种植结构实现现代化调整,促进农业用水方式由粗放式向集约化转变。2016—2018年,选择条件成熟大足区、荣昌区、梁平县先行试点,率先实现改革目标;其他区县(自治县)选择有条件的区域,积极探索、稳妥推进农业水价综合改革,推广试点经验,到2025年基本完成改革任务。

## 二、扎实做好推进农业水价改革的基础性工作

**(三)完善供水计量设施。**加强供给侧结构性改革,推进农田水利工程建设和改造,完善大中小微并举的农田水利工程体系。加快供水计量体系建设,新建、改扩建工程要同步建设计量设施,已建工程要加快改造、配套计量设施,大中型灌区骨干工程全部实现斗口及以下计量供水,小型灌区和末级渠系根据管理需要细化计量单元,由农民用水合作组织负责管理和计量,鼓励高效农业灌区实行智能化精确计量。

**(四)推进工程确权颁证。**巩固农村集体水利资产清产核资成果,按照"谁投资、谁所有"原则,明晰农田水利设施所有权和使用权,建立"两证一书"(所有权证、使用权证和管护协议书)制度。建立工程产权移交制度,将使用权、管理权移交给农民用水合作组织、

农村集体经济组织、受益农户及新型农业经营主体,明确管护责任,落实管护经费。小型农田水利设施使用权可以采取承包、租赁、转让、抵押、股份合作等方式流转交易。

**(五)建立农业水权制度。**修订完善《重庆市农业用水定额》,建立农业用水总量控制和定额管理制度,以供定需、定额灌溉,推动农村水权制度建设,逐步形成节约转让、超用加价的节水激励机制。以区县(自治县)用水总量控制指标为基础,按照灌溉用水定额将农业初始水权指标细化分配到农村集体经济组织、农民用水合作组织、受益农户等用水主体,核发水权证。鼓励用水主体将节约水量用于农村产权流转交易平台有偿转让或结转使用,政府或其授权的水行政主管部门、灌区管理单位可利用节水奖励基金等对节约水量进行回购。在满足区域内农业用水的前提下,推行节水量跨区域、跨行业转让。

**(六)提高农业供水效率和效益。**建立农业灌溉用水信息管理系统,加强工程维修养护,保障工程良性运行。强化供水计划管理和调度,提高水管单位运行效率,强化监督检查,加强成本控制,建立管理科学、精简高效、服务到位的运行机制,保障合理的灌溉用水需求,有效降低供水成本。

**(七)加强农业用水需求管理。**推进农业灌溉实验站建设,科学确定土壤墒情和农作物需水定额。在稳定农业生产能力的基础上,建立与区域水资源条件、气候条件、产业规划相匹配的农业种植结构和耕作制度。按照"以水定产"原则,在水资源短缺地区适度调减高耗水作物种植面积,鼓励种植耗水少、附加值高的经济作物,努力发展设施农业。推广管灌、滴灌等节水技术,集成发展水肥一体化、水肥药一体化技术,推广农机农艺相结合的深松整地、覆盖保墒等措施,提升天然降水利用效率。开展节水农业试验示范和技术培训,提高农民科学用水技术水平。

**(八)探索创新终端用水管理方式。**鼓励发展农民用水自治、专业化取水、水管单位管理和用户参与等多种形式的终端用水管理模式。推进乡镇水利站(片区或流域站)、农民用水合作组织标准化、规范化建设,充分发挥其在工程建设、初始水权配置、定额管理、水量分配、水费计收等方面的作用。

**(九)鼓励民间和社会资本参与。**采取先建后补、以奖代补、财政贴息以及村民自建等方式,加大对农户、村组集体、农民专业合作组织等新型农业经营主体实施农田水利项目的支持力度。在不改变农田水利设施用途前提下,鼓励其所有权、使用权转租、抵押融资。通过政府和社会资本合作(PPP)、政府购买服务等方式,鼓励社会资本参与农田水利工程建设和管护。

## 三、建立健全农业水价形成机制

**(十)加强农业供水成本测算。**供水管理单位要严格按照国家发展改革委、水利部《水利工程供水定价成本监审办法(试行)》(发改价格〔2006〕310号)和水利部《水利工程供水价格核算规范(试行)》(水财经〔2007〕470号)等要求,建立供水成本定期测算制度。科学测算水利工程供水成本,逐步实现成本定价。

**(十一)明确农业水价定价权限。**农业水价按照价格管理权限实行分级管理。大型水利工程、跨区县(自治县)水利工程、市属及主城区中型水利工程供水价格由市价格主管部门制定;小型水利工程、非市属级及主城区外中型水利工程供水价格由区县(自治县)人民政府制定。农村集体所有、用户自建自管自用、供方与终端用户签订供水价格协议的水利工程供水,由供需双方协商定价。

**(十二)合理核定农业水价。**综合考虑供水成本、水资源稀缺程度以及农业用水户承受能力,合理制定供水工程各环节水价并适时调整。供水价格原则上应达到或逐步提高到运行维护成本水平;确有困难的地区要尽量提高并采取综合措施保障工程良性运行;水资源紧缺、用户承受能力强的地区,农业水价可提高到完全成本水平。地理位置相邻、水资源条件相似的小型灌区探索实行区域统一水价。对粮油作物、经济作物、养殖业等不同用水类型,在终端用水环节实行分类水价。实行农业用水定额管理,逐步实行超定额累进加价制度,合理确定阶梯和加价幅度,促进农业节水。用水量年际变化较大的,因地制宜探索实行由基本水价和计量水价构成的"两部制"水价。

**(十三)加强水费征收监管。**完善水价公示制度,由供水管理单位公开用水指标、实用水量、水价标准、水费额度,增强水费征收的透明度,坚决防止乱加价、乱收费。加强水费的使用监督,严禁乱挪用、乱开支,切实提高水费使用效益。

## 四、建立精准补贴和节水奖励机制

**(十四)建立精准补贴机制。**在完善水价形成机制的基础上,建立与节水成效、调价幅度、财力状况相匹配的农业用水精准补贴机制。补贴标准根据定额内用水成本与运行维护成本的差额确定。重点补贴种粮农民定额内用水,超定额用水部分不予补贴。

**(十五)建立节水奖励机制。**逐步建立易于操作、用户普遍接受的农业用水节水奖励机制。对积极采用喷灌、微灌等高效节水灌溉和水肥、水肥药一体化技术,积极实施种植结构调整将高耗水作物改种耐旱作物的规模经营主体、农民用水合作组织和农户,给予节水奖励,提高用户主动节水的意识和积极性。

**(十六)多渠道筹集奖补资金。**按照分级管理、分级负责原则,区县(自治县)人民政府统筹各级财政安排的水管单位公益性人员基本支出、农田水利工程维修养护补助经费、收缴的加价水费、上级补助的专项资金以及社会捐助等,落实精准补贴和节水奖励资金来源。具体补贴、奖励标准、对象和方式由各区县(自治县)人民政府自行确定。

## 五、建立健全保障机制

**(十七)加强组织领导。**各区县(自治县)人民政府要进一步提高认识,把农业水价综合改革(试点)纳入农业农村体制改革重点任务,积极推进落实,切实加强组织领导和统筹协调,结合实际制定具体的实施方案,建立健全工作机制,落实工作责任,明确改革时间表和分步实施计划,如期完成改革任务。

**(十八)明确部门职责。**发展改革、物价部门要强化对推进农业水价综合改革(试点)工作的统筹协调,逐步完善供水价格管理政策,建立农业水价形成机制。财政部门要多渠道筹集市级及以上补助资金,加强资金管理。水利部门要配套完善工程体系和供水计量设施,推进确权颁证,建立健全农业水权制度。农业部门要大力推广节水技术,加强农业用水需求管理。民政、工商部门要做好农民用水合作组织注册、登记和管理工作。市政府有关部门要按照各自职责,加强沟通,密切配合,加大对农业水价 综合改革(试点)工作的督促指导。

**(十九)加强宣传引导。**各区县(自治县)人民政府和市政府有关部门要做好农业水价综合改革的政策解读,加强舆论引导,强化水情教育,引导农民树立节水观念、增强节水意识、提高有偿用水和节约用水的自觉性,营造良好的农业水价改革环境。

**(二十)建立奖惩机制。**市政府有关部门要建立"信誉+竞争"立项机制,农田水利资金重点向农业水价综合改革积极性高、工作成效突出的区县(自治县)倾斜,做到与农业水价综合改革工作同步安排、同步实施、同步考核验收。

重庆市人民政府办公厅

2016年8月5日

# 重庆市水利局 重庆市发展改革委 重庆市物价局等 6 个单位关于扎实推进农业水价综合改革（试点）工作的通知

（渝水〔2017〕194 号）

各区县（自治县）、万盛经开区水行政主管部门、发展改革委、财政局、农委、国土房管局：

按照国家发展和改革委员会、财政部、水利部、农业部、国土资源部《关于扎实推进农业水价综合改革的通知》（发改价格〔2017〕1080 号）有关要求，为深入贯彻落实市政府办公厅《关于推进农业水价综合改革（试点）的实施意见》（渝府办发〔2016〕150 号，以下简称《实施意见》）精神，现就扎实推进农业水价综合改革（试点）工作通知如下：

## 一、切实把推进农业水价综合改革摆到更加重要位置

农业是用水大户，也是节水潜力所在。农业水价综合改革是农业节水工作的“牛鼻子”，事关全市农业可持续发展和水安全。加快推进农业水价综合改革，建立健全农业水价形成机制，提高农业用水效率，努力缓解我市水资源供需矛盾，十分必要而紧迫。2017 年中央 1 号文件明确指出，全面推进农业水价综合改革，加快建立合理水价形成机制和节水激励机制。现阶段要通过“花钱买机制”等方式，建立健全农业水价形成机制，同步建立精准补贴和节水奖励机制，总体上不增加农民负担，调动各方推进改革的积极性。各地要进一步提高认识，切实把思想和行动统一到党中央、国务院和市委、市政府决策部署上来，坚持稳中求进工作总基调，紧紧围绕深入推进农业供给侧结构性改革，切实把农业水价综合改革摆到更加重要的位置，把农业节水作为方向性、战略性大事来抓，加强组织领导，加大工作力度，按照《实施意见》确定的目标和任务，积极稳妥推进农业水价综合改革，加快完善支持农业节水政策体系，促进水资源可持续利用，保障农业和经济社会可持续发展。

## 二、充分发挥好典型示范引领作用

要遵循因地制宜、试点先行的原则，选择具备条件的区域先行开展农业水价综合改革，抓好试点示范，探索可复制、可推广的经验，形成示范效应，以点带面，逐步推开。

**（一）扎实推进农业水价综合改革试点区建设。**大足、荣昌、梁平 3 个农业水价综合改革试点区的高效节水灌溉项目区，耕地已流转的农业产业区、设施农业区、特色林果业区，以及耕地未流转、属于水利工程有效灌溉范围的传统农业种植区全部纳入试点范围，加大工作力度，扎实推进改革，力争 2018 年底前率先完成改革任务，形成示范和引领效应。

**（二）将高效节水灌溉项目区全部纳入试点范围。**坚持“先建机制、再建工程”的原

则，按照《重庆市"十三五"新增70万亩高效节水灌溉面积实施方案》（渝水〔2017〕69号）有关要求，每年安排其他非试点区县的高效节水灌溉项目区要全部实施农业水价综合改革试点，同步开展工程建设与机制建立，率先完成改革任务。

**（三）总结推广典型经验。**要对改革试点工作及时总结，将一些成功的改革方案、工作方法、机制设计进行提炼，形成典型经验，以多种方式开展交流和推广，以典型引路，促进改革稳步推进。切实做好信息报送工作，每年6月20日前和11月20日前将上半年和全年改革工作进展情况上报市水利局、市发展改革委、市物价局、市财政局、市农委、市国土房管局（以下简称"六部门"）。同时，以简报、专报等形式及时上报本地区推进改革的经验做法、重要情况、发现的问题以及有关建议等。

## 三、协同配套推进体制机制改革

要按照《实施意见》明确的各项改革任务，立足实际，大胆创新，积极探索，统筹农业水价形成机制与精准补贴和节水奖励机制、工程建设和管护机制、用水管理机制的协同推进，在总体上不增加农民负担的前提下，建立健全促进农业节水的体制机制。

**（一）建立健全水价形成机制。**要按照有关规定，结合本地实际，明确农业水价成本核定、价格制定原则和方法。改革地区要加强成本监审，及时核定骨干工程、末级渠系水价，不具备成本监审条件的可暂以项目投资概算或可研报告为基础核定。在此基础上，统筹考虑供水成本、水资源稀缺程度、用户承受能力、补贴机制建立等因素，制定农业水价改革试点方案，把握好水价调整幅度和节奏，将农业水价一步或分步提高到运行维护成本水平，有条件地区提高到完全成本水平。区县辖区内农业用水条件、工程状况相近的毗邻区域，要加强沟通衔接，执行水价应尽可能统一。

**（二）完善工程建设和管护机制。**积极统筹整合，加大力度推进农田灌排工程设施建设和改造，新建、改扩建农田水利工程要统一规划，统一建设标准，按照满足取用水管理和计量收费的需要，同步配套经济适用的计量设施。在开展农业水价综合改革试点的区县，大中型灌区、高标准农田建设、新增千亿斤粮食田间工程、农业综合开发等涉及农田水利项目要同步推进机制建立，明确将计量设施建设、相关机制建立作为项目实施的重要内容。落实工程管护责任，采取多种方式吸引社会资本参与工程建设和管护。深化水管单位管理体制改革，提高运行效率和服务水平，有效降低供水成本。

**（三）建立精准补贴和节水奖励机制。**按照总体上不增加农民负担的原则，切实保护农民合理用水权益，改革地区要同步建立精准补贴和节水奖励机制，对定额内用水的提价部分由财政给予补贴，节约部分适当奖励；超定额用水不再予以补贴，并逐步实行累进加价制度。有关区县要多渠道筹集落实奖补资金，统筹整合相关涉农涉水项目资金，优化政策设计，加强补贴资金绩效管理。

**（四）强化用水管理机制。**要严格农业用水总量控制，将农业水权明晰到农村集体经济组织、农民用水合作组织、农户等用水主体。按照适度从紧的原则，加强灌溉用水管理，及时修订用水定额。在稳定粮食产量和产能的基础上，适度调整水资源短缺地区作物种植结构，提高耐旱品种覆盖率。积极开展高标准节水农业示范区建设，推动普及喷灌、滴灌等节水灌溉技术，加大水肥一体化等农业节水技术推广力度。大力推进现代农业产业园建设，把节水机制作为重要评价标准。

四、完善保障措施

**（一）落实主体责任**。按照《实施意见》要求，区县人民政府对本行政区域农业水价综合改革工作负总责，成立农业水价综合改革领导小组或联席会议，进一步完善工作机制，有效发挥组织推动作用。同时及时制定出台改革实施方案和2017年度改革实施计划，细化实化年度计划，列出改革清单，落到具体地块，于2017年8月底前务必完成，按规定报送六部门。六部门每年定期不定期组织进行重点督导。

**（二）建立绩效评价机制**。建立农业水价综合改革工作绩效评价机制，评价结果逐步纳入对区县人民政府粮食安全责任制考核、最严格水资源管理制度考核。各地要相应建立改革台账、监督检查和绩效评价机制，推动各项任务落到实处。六部门将定期汇总有关区县改革工作进展情况，参照评价指标进行打分排序，每年通报一次，并抄报市政府办公厅，对改革推进不力、进展缓慢的区县，予以提醒和督促。

**（三）建立资金分配激励机制**。农业水价综合改革工作绩效评价有关指标的考核结果纳入中央、市级财政水利发展资金绩效因素，与资金分配挂钩；在测算中央、市级财政水利发展资金用于水利工程维修养护补助支出时，向开展改革的地区倾斜。市级安排的大中型灌区续建配套节水改造、高标准农田建设、新增千亿斤粮食田间工程、农业综合开发等其他涉及农田水利建设的资金也将逐步完善资金分配机制，与各地改革成效挂钩，加大对改革地区的支持力度。

**（四）营造良好改革氛围**。要注重加强农业水价综合改革的宣传引导，强化水情教育，引导农民树立节水观念，提高有偿用水意识，调动农民节水灌溉、应用节水技术的积极性和增强节约用水的自觉性。采取多种方式开展政策解读，及时宣传改革经验和成效，凝聚各方共识，为改革创造良好氛围。

附件：重庆市区县农业水价综合改革工作绩效评价办法（试行）

重庆市水利局 重庆市发展和改革委员会 重庆市农业委员会
重庆市物价局 重庆市财政局 重庆市国土资源和房屋管理局
2017年8月23日

附件

## 重庆市区县农业水价综合改革工作绩效评价办法（试行）

按照国家发展和改革委员会、财政部、水利部、农业部、国土资源部《关于扎实推进农业水价综合改革的通知》（发改价格〔2017〕1080号）要求，为贯彻落实市政府办公厅《关于推进农业水价综合改革（试点）的实施意见》（渝府办发〔2016〕150号，以下简称《实施意见》）精神，落实区县人民政府改革主体责任，充分发挥评价工作的导向激励作用，加快推进农业水价综合改革,特制定本办法。

## 一、评价对象

有关区县(自治县)农业水价综合改革工作。

## 二、评价内容与指标

按照《实施意见》明确的农业水价综合改革总体目标和任务要求,评价内容分为工作开展情况和任务完成情况,有关指标的分值和评价标准将根据改革工作进展情况进行相应调整。工作评价着重对工作机制落实责任、加强信息报送和宣传等工作落实情况进行评价,共设置6项细化评价指标;任务评价围绕改革实施范围及夯实改革基础、水价形成机制和奖补机制等改革重点任务进行评价,共设置14项细化评价指标。具体评价指标详见附表。

## 三、评价方法与程序

(一)评价方法。评价工作采取自评自查与重点抽查相结合的方式。

(二)评价程序。评价采取以下步骤:

1. 区县自评。有关区县对照本办法设置的评价指标,总结评价期内农业水价综合改革工作推进和任务完成情况,进行自评打分,于当年12月30日前将自评结果和评价依据(相关文件或证明材料)上报市水利局、市发展改革委、市物价局、市财政局、市农委、市国土房管局(以下简称"六部门")。

2. 初步评议。六部门结合日常督导检查情况,对自评结果进行初步评议。

3. 抽查评价。六部门按照一定比例确定抽查区县,并组成工作组进行实地评价。

4. 综合评定。六部门对初评结果和抽查评价结果进行审议,对照评价指标打分并确定等级。

5. 发文公布。评价结果于次年4月底前由六部门联合发文公布。

(三)评价等次确定。本评价采用标准分制(标准分=实际得分÷各区县最高分×100),满分为100分。评价结果分为4个等级,得分85分以上为优秀,75分以上85分以下为良好,60分以上75分以下为合格,60分以下为不合格(以上包括本数,以下不包括本数)。

## 四、评价结果应用

(一)本评价结果逐步纳入区县政府粮食安全责任制考核、最严格水资源管理制度考核。

(二)本评价结果作为中央、市级安排资金绩效因素,与中央、市级财政水利发展资金、大中型灌区续建配套节水改造、高标准农田建设、新增千亿斤粮食田间工程、农业综合开发等涉及农田水利建设的资金分配挂钩。

附表

## 重庆市区县农业水价综合改革工作绩效评价指标

| 评价类别 | 评价指标 | 分值 | 2017年度评价标准 | 评价得分 |
|---|---|---|---|---|
| 工作评价（20分） | （一）区县层面工作机制落实责任 | 15 | | |
| | 1. 区县领导小组或联席会议制度建立及履职情况 | 4 | 1. 2016年底前建立得2分,2017年6月底前建立得1分;<br>2. 定期或不定期召开会议研究部署推进改革工作得2分 | |
| | 2. 区县改革监督检查和绩效评价机制建立和工作开展情况 | 3 | 1. 2017年9月底前建立得2分;<br>2. 检查评价工作开展到位得1分 | |
| | 3. 区县改革激励机制建立及工作开展情况 | 3 | 2017年9月底前建立区县资金（涉及农田水利建设的）分配和改革成效挂钩机制,并有效开展工作得3分 | |
| | 4. 制定年度实施计划 | 5 | 1. 2016年11月底前出台得2分,2017年6月底前出台得1分;<br>2. 根据部门职能分工细化年度改革任务得1分;<br>3. 将改革实施面积细化分解到灌区得2分,否则不得分 | |
| | （二）加强信息报送和宣传 | 5 | | |
| | 5. 做好信息报送工作 | 3 | 1. 按有关规定及时报送半年和全年改革工作进展情况及下一年度实施计划得2分;<br>2. 做好简报、典型经验交流等其他信息报送的得1分 | |
| | 6. 做好宣传引导 | 2 | 舆论宣传工作得力,各方反映良好得2分 | |
| 任务评价（80分） | （三）改革实施范围 | 14 | | |
| | 7. 实际实施面积占年度计划实施面积的比例(%) | 4 | 实际实施面积占年度计划实施面积的比例达到100%得4分,低于50%得0分,50%~100%按比例得分 | |
| | 8. 累计完成改革任务的有效灌溉面积占应完成实施面积的比例(%) | 10 | 累计完成改革任务的有效灌溉面积占应完成实施面积的比例达到100%得10分,其他按比例得分 | |

续表

| 评价类别 | 评价指标 | 分值 | 2017年度评价标准 | 评价得分 |
|---|---|---|---|---|
| 任务评价（80分） | （四）夯实改革基础 | 26 | | |
| | 9. 配备完善供水计量设施 | 8 | 改革实施区域农业用水计量经济适用，大中型灌区骨干工程全部实现斗口及以下计量得8分，未全部实行的按斗口及以下计量的面积占实施面积的比例得分；小型灌区供水计量设施设置满足计量供水和计量收费得8分，部分满足的，按比例得分。改革区域内含大中型灌区、小型灌区的按各自面积加权平均计算本项得分 | |
| | 10. 建立健全农业水权制度 | 6 | 1. 制定并及时修订完善灌溉用水定额的得2分；<br>2. 对改革实施区域实行农业用水总量控制得2分；<br>3. 将农业水权进一步细化分解到农村集体经济组织、用水合作组织、农户等得2分 | |
| | 11. 明确末级渠系工程管护责任 | 3 | 1. 农田水利工程及设施产权清晰得1分；<br>2. 管护主体及责任落实得2分 | |
| | 12. 健全末级渠系管理组织 | 2 | 改革实施区域末级渠系管理组织覆盖率达到100%的得2分，低于50%得0分，50%～100%按比例得分 | |
| | 13. 农业水费实收率 | 3 | 改革实施区域水费实收率不低于95%的得3分，85%（含）～95%得2分，75%（含）～85%得1分，75%以下得0分 | |
| | 14. 推广节水技术 | 4 | 节水技术推广面积占年度计划的比例达到100%得4分，低于50%得0分，50%～100%按比例得分 | |

续表

| 评价类别 | 评价指标 | 分值 | 2017 年度评价标准 | 评价得分 |
|---|---|---|---|---|
| 任务评价（80 分） | （五）建立健全农业水价形成机制 | 20 | | |
| | 15. 建立健全农业水价相关管理办法 | 5 | 区县农业水价成本监审和价格核定有相应管理办法或文件得 5 分 | |
| | 16. 合理测算并制定农业水价 | 13 | 1. 按照相关规定进行成本监审并合理测算改革实施区域农业水价得 3 分；<br>2. 合理制定改革实施区域农业水价调整计划得 4 分；<br>3. 改革实施区域骨干水利工程水价已明确调整到运行维护成本水平实施计划得 2 分；<br>4. 改革实施区域末级渠系已明确农业水价达到运行维护成本水平实施计划的面积（协商定价除外）比例达到 100%的得 2 分，低于 50%得 0 分，50%～100%按比例得分；<br>5. 农民水费负担合理、用户接受程度高得 2 分 | |
| | 17. 实施超定额累进加价制度 | 2 | 出台并执行超定额累进加价制度的得 2 分，其中出台制度得 1 分，改革实施区域落实制度得 1 分 | |
| | （六）建立精准补贴和节水奖励机制 | 20 | | |
| | 18. 出台精准补贴和节水奖励办法 | 6 | 2017 年底前区县出台办法的得 6 分，其中出台精准补贴办法得 4 分，节水奖励办法得 2 分 | |
| | 19. 落实精准补贴资金 | 10 | 实际落实精准补贴资金占改革实施区域需要落实资金的比例达到 100%得 10 分，低于 50%得 0 分，50%～100%按比例得分 | |
| | 20. 落实节水奖励资金 | 4 | 落实节水奖励资金占改革实施区域需要落实资金的比例达到 100%得 4 分，低于 50%得 0 分，50%～100%按比例得分 | |

注：1. 改革实施面积是指已按照《实施意见》明确的各项改革任务同步启动相关工作的区域。

2. 完成改革任务是指在改革实施区域按照《实施意见》明确的总体目标和各项任务要求按期完成工作目标任务。

重庆市水利局办公室

2017 年 8 月 28 日

# 重庆市物价局 重庆市水利局关于加强农业水价管理的指导意见

（渝价〔2018〕89 号）

各区县(自治县)发展改革委、水行政主管部门，万盛经开区发展改革局、水务局：

为深入推进农业水价综合改革，建立健全农业水价形成机制，进一步规范农业用水价格管理，维护供水双方合法权益，促进农业节水，保障农田水利工程正常运行，根据《国务院办公厅关于推进农业水价综合改革的意见》（国办发〔2016〕2 号）、国家发展改革委等五部委《关于扎实推进农业水价综合改革的通知》（发改价格〔2017〕1080 号）、《重庆市人民政府办公厅关于推进农业水价综合改革(试点)的实施意见》（渝府办发〔2016〕150 号）等有关规定，结合我市农业水价综合改革实际，提出如下指导意见。

## 一、农业水价管理形式

农业水价，即农业用水价格，是指由水利工程直接供应的粮食作物、经济作物用水和水产养殖用水价格。

大中型灌区骨干工程农业水价原则上实行政府定价，具备条件的可由供需双方在平等自愿的基础上，按照有利于促进节水、保障工程良性运行和农业生产发展的原则协商定价；大中型灌区末级渠系和小型灌区农业水价，可以实行政府定价，也可以协商定价，具体方式由各地根据实际情况确定。

实行政府定价的农业水价，由区县(自治县)价格主管部门会同水行政主管部门制定。跨区县的大中型灌区骨干工程农业水价应按属地原则分别制定。

## 二、农业水价核定原则

**(一)因地制宜，统筹兼顾。**按照"总体上不增加农民负担"和"先建机制、后建工程"的总体要求，根据当地灌溉条件、种养殖结构、土地流转、农业经营方式等实际情况，统筹考虑供水成本、水资源稀缺程度、用户承受能力、补贴机制建立等因素合理制定农业水价，并根据相关因素变化情况进行动态调整。

**(二)补偿成本，逐步到位。**农业水价总体按照补偿运行维护成本核定，不计税金和利润，原则上应达到或者逐步达到运行维护成本水平，确有困难的区县要尽量提高并采取综合措施保障工程良性运行；水资源紧缺、用户承受能力较强的区县，可按达到完全成本水平进行核定，附加值高的经济作物和养殖业用水价格可达到微利水平。

**(三)差别定价，区域平衡。**农业水价应根据用水类型，实行分类水价。原则上按单个工程、灌溉单元或工程管护单元分别核定农业水价；区县辖区内或者农业用水条件、工程状况相近的毗邻区域，要加强政策衔接，执行水价应尽可能统一。

## 三、农业水价定价成本构成及核定

农业水价定价成本由运行维护费、固定资产折旧费构成。运行维护费指维持农业供水正常运行所发生的费用,包括职工薪酬、动力费、材料费、修理费、其他费用等。其中,职工薪酬指为保障农业供水水利工程正常运行所需的人员费用支出。动力费是指水利工程运行过程中直接耗用的电力、燃油等费用。材料费指水利工程运行过程中实际消耗的原材料、辅助材料、备品备件等费用。修理费指泵站设备、固定渠系建筑物的拆卸、检修、零部件更换及维护保养等费用。

固定资产折旧费指与农业供水相关的固定资产按其原值和规定的折旧年限计提的费用。未投入实际使用的、不能提供价值有效证明的、由政府补助或者社会无偿投入的资产,不得计提折旧费用。固定资产折旧方法采用年限平均法,残值率一般按3%~5%计算。

实行政府定价的,核定农业水价定价成本应当按照《政府制定价格成本监审办法》(国家发展改革委令〔2017〕第8号)规定开展成本监审或成本调查。不具备成本监审或成本调查条件的,可暂以项目投资概算或可行性研究报告为基础,进行成本测算并制定试行价格。

## 四、农业水价的核定方法

**(一)计量水价。**农业用水应实行计量水价。

单一制水价=运行维护费÷农业用水年平均供水量。采用完全成本核定水价的地区,核定农业水价时,供水成本中应增加固定资产折旧费。

农业用水量年际变化较大的地区,可实行基本水价和计量水价相结合的两部制水价。

农业用水年平均供水量按照近5年平均实际供水量核定,严重干旱或者洪涝灾害年份数据不纳入测算。采用完全成本核定两部制水价的地区,基本水价和计量水价各分摊50%的固定资产折旧费。

**(二)差别化价格机制。**区分粮食作物、经济作物、养殖业等用水类型,在终端用水环节实行分类水价,用水量大或者附加值高的经济作物和养殖业用水价格应高于其他用水类型。统筹考虑用水量、生产效益、区域农业发展政策等,合理确定各类用水价格水平,供水量或需水量受季节变化影响较大的地区,可探索推行丰枯峰谷水价。

**(三)超定额累进加价制度。**农业用水实行定额管理,各区县应根据当地水资源禀赋、不同类型用水需求等因素制定农业用水定额,按照"多用水多付费"的原则,逐步建立健全超定额累进加价制度。区分不同作物和养殖产品,以用水定额为基准,以低于以及高出定额一定幅度,合理制定阶梯、降低或者加价幅度,通过激励约束机制,促进农业节水。

## 五、保障措施

**(一)加强组织领导。**各区县要高度重视,精心组织,根据农业水价综合改革要求,结合本地实际,切实加强组织领导,建立相应工作机制,细化农业水价制定原则、方法,科学制定本地区农业水价改革方案,明确农业水价调整计划。

**（二）注重部门协同。**各区县价格、水行政主管部门要加强与相关部门的沟通协作，统筹协调农业水价管理工作，及时解决农业水价综合改革过程中存在的困难和问题。

**（三）履行法定程序。**农业水价实行政府定价的，各区县价格主管部门要按照《政府制定价格行为规则》有关要求，严格履行政府定价相关程序，合理核定农业水价。

**（四）加强监管指导。**各区县价格、水行政主管部门及相关部门要按照职能职责加强对水费收支和价格行为的监管，督促指导供水单位完善成本核算制度，强化水价、水费公示，接受农业用水户监督。

**（五）加强政策宣传。**要加强政策解读和舆论引导，强化水情教育，凝聚改革共识，引导用户树立节水观念，增强节水意识，提高有偿用水和节约用水的自觉性。

本意见自 2018 年 7 月 1 日起试行，试行期 2 年。

重庆市物价局 重庆市水利局

2018 年 6 月 19 日

# 国家发改委 住建部关于加快建立健全城镇非居民用水超定额累进加价制度的指导意见

（发改价格〔2017〕1792号）

各省、自治区、直辖市发展改革委、物价局、住房城乡建设厅 建委、市政管委、水务局），海南省水务厅，新疆生产建设兵团发展改革委、建设局：

为深入贯彻党的十八届三中全会精神，落实《中共中央 国务院关于推进价格机制改革的若干意见》（中发〔2015〕28号）和《国务院关于印发水污染防治行动计划的通知》（国发〔2015〕17号）有关要求，经商工业和信息化部、国家标准委，现就建立健全城镇非居民用水超定额累进加价制度，提出以下意见。

## 一、重要意义

我国水资源短缺，人均占有量低。随着城镇化进程的加快.，城镇缺水形势日益严峻。目前，非居民用水占全国城镇供水总量的比例约50%，提高非居民用户节水意识，引导非居民用户，特别是高耗水行业和用水大户节水，是缓解水资源供需矛盾、保障国家水安全的重要举措。建立健全非居民用水超定额累进加价制度，有利于充分发挥价格机制在水资源配置中的调节作用，对促进水资源可持续利用和城镇节水减排，推动供给侧结构性改革，推进绿色发展具有十分重要的意义。

近年来，一些地方结合当地实际，出台了非居民用水超定额累进加价政策，取得了一定成效，但多数地区尚未建立有关制度，出台政策的部分地区在制度设计上也有待完善。为进一步促进节约用水，发挥价格杠杆的调节作用和用水定额的引导作用，必须全面推行非居民用水超定额累进加价制度。

## 二、总体要求和基本原则

**（一）总体要求。**建立健全非居民用水超定额累进加价制度，要以严格用水定额管理为依托，以改革完善计价方式为抓手，通过健全制度、完善标准、落实责任、保障措施等手段，提高用水户节水意识，促进水资源节约集约利用和产业结构调整。2020年底前，各地要全面推行非居民用水超定额累进加价制度。

**（二）基本原则。**一是坚持因地制宜。根据各地经济社会发展水平、水资源禀赋清况、用户承受能力等因素，制定符合当地实际的政策方案。二是保障合理需求。科学制定定额标准、确定分档水量和加价标准，保障非居民用户合理用水需求。三是积极稳妥推进。率先对条件较为成熟的重点行业和用水大户实行超定额累进加价，不断积累经验，完善政策，逐步全面推开。

## 三、主要内容

**(一)实施范围**。非居民用水超定额累进加价实施范围为城镇公共供水管网供水的非居民用水户。

**(二)用水定额**。各地可选用国家分行业取用水定额标准,也可结合当地非居民用户的生产、经营用水实际情况,制定严于国家标准的分行业用水定额,为建立健全非居民用水超定额累进加价制度奠定基础。已经制定用水定额标准的,要根据经济发展状况、水资源禀赋变化和技术进步等因素,及时修订完善。

**(三)分档水量和加价标准**。各地要根据用水定额,充分考虑水资源稀缺程度、节水需要和用户承受能力等因素,合理确定分档水量和加价标准。原则上水量分档不少于三档,二档水价加价标准不低于0.5倍,三档水价加价标准不低于1倍,具体分档水量和加价标准由各地自行确定。对"两高一剩"(高耗能、高污染、产能严重过剩)等行业要实行更高的加价标准的,加快淘汰落后产能,减少污水排放,促进产业结构转型升级。缺水地区要根据实际情况加大加价标准,充分反映水资源稀缺程度。

**(四)加价项目**。非居民用水超定额累进加价原则上仅为自来水价加价,不包含水资源费、污水处理和各种附加。

**(五)计费周期**。计量缴费周期由各地在充分考虑非居民用户用水习惯和生产周期性差异等因素的基础上自行确定,可以月、季度或年度作为一个周期进行核定。

**(六)资金用途**。实行超定额用水累进加价形成的收入要"取之于水,用之于水",主要作为供水企业收入,用于管网及户表改造、完善计量设施和水质提升等;也可提取一定比例,用于对节水成效突出的企业进行奖励,用于企业节水技术改造、节水技术工艺推广等。资金征收和使用具体管理办法由地方制定。城镇自备水源用户取水,按照《国家发展改革委 财政部 水利部关于水资源费征收标准有关问题的通知》(发改价格〔2013〕29号)的有关规定累进收取水资源费。

## 四、保障措施和工作要求

**(一)落实主体责任**。按照《国务院关于印发水污染防治行动计划的通知》(国发〔2015〕17号)要求,各省级人民政府对本行政区域内建立健全非居民用水超定额累进加价制度负主体责任。各地要切实负起责任,按照国家有关规定和本意见要求,结合本省(自治区、直辖市)实际,于2018年6月底前制定本省(自治区、直辖市)非居民用水超定额累进加价的具体实施方案,明确推进非居民用水超定额累进加价的进度和时限要求。已出台相关制度的地区应根据本意见要求,进一步完善和细化有关政策规定。各地有关部门要加强协作,建立工作机制,共同做好工作。价格主管部门主要负责做好分档水量划分和加价标准制定等工作;城镇供水主管部门主要负责做好计费周期确定和超定额用水的核定等工作。

**(二)推进成本监审和公开**。各地在建立健全非居民用水超定额累进加价制度的同时,要加强对供水企业成本的常态化监审,进一步健全供水企业信息披露机制,继续推进供水企业成本公开和定价成本监审结论公开,扩大公众参与范围和程度,主动接受社会监督。

**（三）完善配套措施。**各地要多渠道筹集资金，加快完善用水计量设施，积极推行智能化管理，提高用水计量效率和精准度，为建立健全超定额累进加价制度提供更有利的基础条件。各地可根据实际情况，探索建立节水激励机制，对用户定额内用水的节约部分给予适当奖励。鼓励有条件的地区探索水权交易试点，对节约的水权进行交易。

**（四）加强督导检查。**省级价格和城镇供水主管部门要加强对辖区内市县的工作指导、督导和检查，将建立健全非居民用水超定额累进加价制度各项要求落实到位，取得实效。2020 年底前，每年 6 月和 12 月要向国家发展改革委、乡建设部报送本地推进城镇非居民用水超定额累进加价制度工作进展情况。国家发展改革委、住房城乡建设部将适时检查通报各地工作落实情况。

**（五）强化宣传引导。**各地要加强舆论宣传，强化水情教育，大力宣传我国水资源紧缺现状，引导各用水主体树立节水观，提高节约用水自觉性。采取多种方式开展政策解读，适时宣传政策成效，及时回应社会关切，凝聚各方共识，创造良好舆论氛围。

国家发展和改革委员会 住房城乡建设部

2017 年 10 月 12 日

# 重庆市物价局关于规范主城区城市供水价格分类管理的通知

（渝价〔2015〕278号）

各区县（自治县）发展改革委，北部新区发改统计局、万盛经开区发改局，重庆市水务资产经营有限公司：

为规范水价分类管理，推进水价改革，根据国家发展和改革委员会、住建部《关于做好城市供水价格管理工作有关问题的通知》（发改价格〔2009〕1789号）的有关规定，经市政府批准，现就规范主城区城市供水价格分类管理有关事项通知如下：

一、主城区城市供水价格分类

主城区城市供水价格分类为：居民生活用水价格、非居民生活用水价格和特种用水价格。

二、主城区供水价格

各类用水综合水价由自来水价格（含水资源费0.10元/$m^3$）和污水处理费构成，居民污水处理费为1.00元/$m^3$，非居民和特种行业污水处理费为1.30元/$m^3$。

（一）居民生活用水价格。按照国家有关政策规定，主城区居民生活用水实行阶梯价格，具体执行价格另文下发。

（二）设立特种用水价格。按照国家有关政策规定，增设特种用水类别。对主城区洗车、洗浴（含浴足）、高尔夫球场用水实行特种用水价格，其中洗车行业用水综合水价按7.00元/$m^3$执行，（含浴足）高尔夫球场用水综合水价按10.65元/$m^3$执行。

（三）非居民生活用水价格。除居民生活用水和特种用水外，其余用水统一按非居民生活用水价格执行。非居民生活用水综合水价按现行价格4.55元/$m^3$执行。

机关团体及事业单位等用水由现行居民生活用水类别改按非居民生活用水类别执行，即综合水价为4.55元/$m^3$。

学校、养老福利机构、部队等非居民用户，按照国家有关政策，综合水价由3.50元/$m^3$调整为3.60元/$m^3$。

三、执行范围

主城区城市公共供水企业（不含乡镇水厂）服务的用水户。

四、执行时间

本通知自2016年1月1日起执行。

五、有关要求

(一)各区县(自治县)价格主管部门要积极理顺水价结构,规范水价分类,逐步将供水价格简化为居民生活用水、非居民生活用水和特种用水三类。

(二)供水企业要做好政策宣传工作,加强成本管理,挖潜增效,提高供水服务质量,严格执行各分类水价政策。

(三)水价调整涉及面广、影响较大,各区县(自治县)价格主管部门要会同相关行业主管部门加强价格监督检查,促进相关行业加强价格自律,维护市场正常价格秩序。

重庆市物价局

2015 年 12 月 3 日

# 重庆市物价局关于建立主城区居民用水阶梯价格制度的通知

（渝价〔2015〕279号）

各区县（自治县）发展改革委，北部新区发改统计局、万盛经开区发改局，重庆市水务资产经营有限公司，有关二次供水服务单位：

为推进水价改革，引导居民节约用水，促进水资源可持续利用，根据国家发展和改革委员会、住建部《关于加快建立完善城镇居民用水阶梯价格制度的指导意见》（发改价格〔2013〕2676号）的有关规定，经市政府批准，决定在主城区建立居民用水阶梯价格制度，现就有关事项通知如下：

一、主城区居民阶梯水价

以年度作为计费周期，第一阶梯水量为每户每年260 $m^3$ 及以下，综合水价按现行3.50元/$m^3$ 执行；第二阶梯水量为每户每年261～360 $m^3$（含），综合水价在第一阶梯基础上加价0.72元/$m^3$，即4.22元/$m^3$；第三阶梯水量为361 $m^3$ 及以上，综合水价在第一阶梯基础上加价2.40元/$m^3$，即5.90元/$m^3$。

二、相关政策

（一）污水处理费、水资源费、二次供水加压运行服务费不实行阶梯计价，仍按现行标准执行。

（二）合表居民用户不实行阶梯价格，综合水价按现行3.50元/$m^3$ 执行。

（三）人口较多的居民家庭，人数超过4人，每增加1人每户每年各阶梯基础水量增加60 $m^3$。用户凭身份证和户口簿（居住证），每年到供水企业营业厅办理水量核增手续。

三、执行范围

主城九区城市公共供水企业（不含乡镇水厂）服务的“一户一表”居民用水户；有关二次供水服务单位管理的居民用水户。

四、执行时间

本通知自2016年1月1日起执行。

五、有关要求

（一）供水企业要认真执行居民阶梯水价政策，积极推进户表改造工作，提高抄表到户率，为推行居民阶梯水价创造条件，完善阶梯水价抄表、计价、收费等细则，不断提高服务水平。

(二)主城以外区县(自治县)的居民阶梯水价制度,当地政府应按规定尽快建立。

(三)居民阶梯水价涉及面广、政策性强,各区县(自治县)价格主管部门和供水企业须做好宣传解释工作,确保政策顺利实施。

重庆市物价局

2015年12月30日

# 重庆市物价局 重庆市城市管理委员会 重庆市经济信息委 重庆市水利局关于印发《重庆市建立健全城镇非居民用水超定额累进加价制度实施方案》的通知

（渝价〔2018〕117号）

各区县（自治县）发展改革委、城市供水行政主管部门、经济信息委、水行政主管部门，两江新区市场监管局、城管局、经济运行局，万盛经开区发展改革局、城管局、经济信息局、水务局：

《重庆市建立健全城镇非居民用水超定额累进加价制度实施方案》已报经市政府同意，现印发你们，请认真贯彻落实。

重庆市物价局 重庆市城市管理委员会

重庆市经济和信息化委员会 重庆市水利局

2018年7月31日

## 重庆市建立健全城镇非居民用水超定额累进加价制度实施方案

为深入贯彻落实党的十九大精神和《中共中央 国务院关于推进价格机制改革的若干意见》（中发〔2015〕28号）、《国务院关于印发水污染防治行动计划的通知》（国发〔2015〕17号）有关精神，创新完善生态环保价格机制，促进水资源节约和高效利用，推动形成绿色生产方式和消费方式，根据国家发展改革委、住建部《关于加快建立健全城镇非居民用水超定额累进加价制度的指导意见》（发改价格〔2017〕1792号）有关要求，结合我市实际，制定本实施方案。

一、重要意义

我国是一水资源严重短缺的国家，随着经济社会发展，水资源的瓶颈制约日益凸显，水安全在国家总体安全中的位置更加重要。我市人均水资源量仅为全国平均水平的4/5左右，且水资源分布不均衡，部分地区水资源紧缺状况尤为突出，水资源利用效率不高，粗放、浪费用水问题仍然存在。目前，非居民用水占我市城镇供水总量的比例约50%，严格用水定额管理，建立健全非居民用水超定额累进加价制度，发挥价格机制对水资源配置的调节作用，引导非居民用户特别是高耗水行业和用水大户节约用水，对缓解水资源供需矛盾、促进水资源可持续利用、推进绿色发展和高质量发展具有十分重要的意义。

## 二、总体要求和基本原则

**(一)总体要求。** 以严格用水定额管理为依托,以改革完善计价方式为抓手,加快建立健全制度、制定完善定额标准、合理制定价格政策、层层压实工作责任、切实落实保障措施,发挥定额的约束作用和价格机制的调节作用,不断提高用户节水意识,促进水资源节约高效利用和产业结构调整。采取先试点、后扩面方式积极稳妥推进,2020年底前,在全市范围内推行非居民用水超定额累进加价制度。

**(二)基本原则。** 一是坚持因地制宜。在遵循国家总体要求的前提下,结合我市经济发展水平、水资源禀赋、用户承受能力、用户用水特性等因素,制定符合实际的具体政策措施。二是保障合理需求。科学制定各行业用水定额标准,合理确定分档水量和加价幅度,保障非居民用户合理用水需求。三是积极稳妥推进。坚持先易后难的原则,先期在条件成熟、定额易于核定的重点行业和用水大户推行,积累经验后再逐步全面推开。既要积极推进建立健全制度,又要充分调研论证,确保政策制定合理、平稳实施。

## 三、主要内容

**(一)实施范围。** 非居民用水超定额累进加价制度实施范围为城镇公共供水管网供水的非居民用水户。

**(二)进度安排。** 2018年开展调研论证和方案拟定,2019年1月起在市级机关和钢铁、水泥、电解铝、平板玻璃等4个行业试点推行。2019年逐步扩大至高等院校及化工(合成氨、烧碱)、造纸、印染、食品(啤酒)等重点高耗水行业。各区县(自治县)在按进度推进上述行业的同时,可根据实际情况扩大实施范围。2020年底前全面推选非居民用水超定额累进加价制度。

**(三)定额管理。** 非居民用户用水定额按照本市已修订颁布的用水定额标准执行,用水定额标准根据经济社会发展、水资源禀赋变化及科技进步等因素适时进行修订完善。用户超定额用水由城镇供水主管部门会同行业主管部门、供水企业进行核定;具备条件的也可委托第三方机构开展初核,报城镇供水主管部门核定。用户用水定额相关数据纳入市、区县(自治县)城市节水管理系统。

**(四)分档水量和水价。** 非居民用水超定额累进加价水量原则上分为三档,分别为定额内、超定额30%内、超定额30%以上。各档水价分别为:定额内按各地非居民用水价格执行;超定额30%内,超定额部分加价不低于0.5倍;超定额30%以上,超定额部分加价不低于1倍。市、区县价格主管部门按照价格管理权限,会同相关部门可综合考虑经济社会发展水平、水资源禀赋、用户承受能力等因素,制定具体的水量分档和加价幅度,报政府同意后实施。

对"两高一剩"(高耗能、高污染、产能严重过剩)等行业实行更高的加价标准,加快淘汰落后产能,减少污水排放,促进产业结构转型升级。城镇自备水源用户取水,按照《国家发展改革委 财政部 水利部关于水资源费征收标准有关问题的通知》(发改价格〔2013〕29号)及本市有关规定累进收取水资源费,水资源费改税后按相关规定执行。

**(五)加价项目。** 非居民用水超定额累进加价为自来水价加价,不包含水资源费、污水处理费和各种附加。

**(六)计费周期**。计量缴费周期在充分考虑非居民用户用水习惯和生产周期性差异等因素的基础上合理确定,原则上以年度作为一个周期进行核定。

**(七)资金用途**。实行超定额用水累进加价形成的收入坚持“取之于水,用之于水”,主要作为供水企业收入,用于管网及户表改造、完善计量设施和水质提升等;也可提取一定比例,用于对节水成效突出的企业进行奖励,用于企业节水技术改造、节水技术工艺推广等。资金征收和使用具体管理办法由市、区县城市供水行政主管部门另行制定。

四、保障措施和工作要求

**(一)落实主体责任**。根据《重庆市人民政府关于印发贯彻落实国务院水污染防治行动计划实施方案的通知》(渝府发〔2015〕69号),各区县(自治县)人民政府是建立非居民用水超定额累进加价制度的实施主体。各区县(自治县)要高度重视,加强组织领导,完善工作机制,细化制定工作方案,确保工作顺利推进取得实效。

**(二)加强部门协作**。市、区县(自治县)价格、供水、经信、水利及行业主管部门要加强协作,统筹推进相关工作。价格主管部门负责牵头制定非居民用水超定额累进加价政策。市城管委、市经济信息委负责会同市水利局等部门制定和完善行业用水定额标准。城市水行政主管部门负责超定额累进加价资金征收和使用管理办法制定、计费周期确定及超定额用水核定工作。水行政主管部门负责按照国家有关规定,加强城镇自备水源用户超计划或超定额取水累进收取水资源费工作。各相关行业主管部门配合做好非居民用水超定额累进加价政策实施工作。

**(三)推进成本监审和公开**。市、区县(自治县)价格主管部门在建立健全非居民用水超定额累进加价制度的同时,加强对供水企业成本的常态化监审,按照我市成本信息公开有关规定,强化对供水企业成本公开和定价成本监审结论公开,主动接受社会监督。

**(四)完善配套措施**。城镇供水企业、供水主管部门要加快完善用水计量设施,建立完善信息化系统,逐步实施数据采集、定额核定等智能化管理,提高用水计量效率和精准度,为非居民用水超定额累进加价制度的实施提供有利的基础条件。市、区县(自治县)政府有关部门,可根据实际情况,积极探索建立节水激励机制,对用户定额内节约用水部分给予适当奖励。

**(五)加强督导检查**。市价格、城市供水、经信及水行政主管部门按各自职能职责加强对主城以外各区县(自治县)工作的指导、督导和检查,保障实施方案各项要求落实到位。2020年底前,各区县(自治县)每年6月30日和12月31日前要将当地推进城镇非居民用水超定额累进加价制度工作进展情况报市价格主管部门和城市供水行政主管部门。

**(六)强化宣传引导**。市级、各区县(自治县)相关部门要加强政策解读,强化水情教育,凝聚各方共识,引导形成自觉节水观念,为非居民用水超定额累进加价制度的建立实施创造良好氛围。根据工作推进情况,适时开展政策成效宣传报道,回应社会关切。

# 重庆市发展改革委关于印发《中心城区非居民用水超定额累进加价制度》的通知

(渝发改规范〔2020〕1号)

各区县(自治县)人民政府,市政府各部门,有关单位:

《中心城区非居民用水超定额累进加价制度》已经市政府同意,现印发给你们,请遵照执行。

鉴于疫情对经济社会的影响,为支持实体经济发展,中心城区工商业用户暂缓执行,具体执行时间另行通知。中心城区以外的区县,应加快出台本地区非居民用水超定额累进加价制度。

重庆市发展和改革委员会

2020年12月28日

## 中心城区非居民用水超定额累进加价制度

根据《国务院关于印发水污染防治行动计划的通知》(国发〔2015〕17号)、《国家发展改革委 住房城乡建设部关于加快建立健全城镇非居民用水超定额累进加价制度的指导意见》(发改价格〔2017〕1792号)精神,结合我市实际,建立中心城区非居民用水超定额累进加价制度。

### 一、实施范围

非居民用水超定额累进加价制度实施范围为中心城区(渝中区、大渡口区、江北区、沙坪坝区、九龙坡区、南岸区、北碚区、渝北区、巴南区、两江新区、重庆高新区,下同)城市公共供水管网供水的非居民用水户。中心城区乡镇公共供水管网非居民用水超额累进加价制度,由区政府按规定建立。

### 二、分档水量和加价标准

非居民用水超定额累进加价水量分为三档:一档为定额内,按价格主管部门公布的非居民分类用水综合水价标准执行;二档为超定额30%以内(不含30%),超过部分按分类用水综合水价扣减水资源费、污水处理费和各种附加后的价格(以下简称"基准供水价格")标准加价0.5倍执行;三档为超定额30%以上,超过部分按基准供水价格标准加价1倍执行。

为加快淘汰落后产能,促进产业结构转型升级,整改期内的落后产能企业用水超定额累进加价水量分为三档：一档为定额内，按价格主管部门公布的非居民分类用水综合水价标准执行；二档为超定额30%以内（不含30%），超过部分按基准供水价格标准加价1倍执行；三档为超定额30%以上，超过部分按基准供水价格标准加价1.5倍执行。整改期内落后产能企业名单由市经济信息委提供。

三、定额管理

非居民用水定额按照我市颁布的各行业用水定额标准核定，各行业用水定额标准由市行业主管部门及时修订完善，按程序审核发布实施。非居民超定额用水由各区城市供水主管部门会同行业主管部门、供水企业核定。

四、计费周期

以年度作为一个计费周期。

五、资金用途

非居民超定额用水累进加价形成的收入坚持“取之于水，用之于水”，主要用于供水企业管网及户表改造，完善计量设施和水质提升等，也可提取一定比例对节水成效突出的企业进行奖励，用于企业节水技术改造、节水技术工艺推广等。非居民用水超定额累进加价资金收取和使用管理办法由市城市管理局另行制定。

六、工作要求

**（一）强化组织保障。**实施非居民用水超定额累进加价制度是发挥价格机制在水资源配置中的调节作用，引导非居民用户提高节水意识，推动供给侧结构性改革和绿色发展的重要举措。各区要高度重视，加强组织领导，强化部门协作，完善工作机制，确保非居民用水超定额累进加价制度的顺利实施。

**（二）完善配套措施。**供水主管部门、供水企业要加快完善用水计量设施，不断提高用水计量效率和精准度，推进信息化系统建设，逐步实现数据采集、定额核定等智能化管理，为非居民用水超定额累进加价制度全面落地提供有利条件。

**（三）强化宣传引导。**各区要做好政策解读，宣传引导各用水主体树立节水观念，提高节水自觉性，推动非居民用水超定额累进加价制度实施取得实效。

七、执行时间。

自2021年1月1日起执行。

# 重庆市城市管理局关于印发《重庆市中心城区非居民用水超定额累进加价收费实施细则(试行)》的通知

(渝城管局发〔2021〕6号)

各区县(自治县)城市供水主管部门,市水务集团,市水投集团,有关单位:

为全面落实中心城区非居民用水超定额累进加价制度,市城市管理局制定了《重庆市中心城区非居民用水超定额累进加价收费实施细则(试行)》,并经2021年第6次局长办公会审议通过,现印发给你们,请遵照执行。按照《重庆市发展和改革委员会关于印发中心城区非居民用水超定额累进加价制度的通知》(渝发改规范〔2020〕1号),鉴于疫情对经济社会的影响,为支持实体经济发展,中心城区工商业用户暂缓执行,具体执行时间以市价格主管部门通知文件为准。

重庆市城市管理局

2021年4月1日

## 重庆市中心城区非居民用水超定额累进加价收费实施细则(试行)

**第一条** 为加强节约用水管理,提高水资源的利用效率,进一步落实最严格水资源管理制度,建设资源节约型社会,指导和规范城市非居民用水超定额累进加价收费工作,根据《国务院关于印发水污染防治行动计划的通知》(国发〔2015〕17号)《国家发展改革委住房城乡建设部关于加快建立健全城镇非居民用水超定额累进加价制度的指导意见》(发改价格〔2017〕1792号)精神,结合本市实际,制定本细则。

**第二条** 本细则适用于本市中心城区(渝中区、大渡口区、江北区、沙坪坝区、九龙坡区、南岸区、北碚区、渝北区、巴南区、两江新区、重庆高新区,下同)由城市公共供水管网供水的非居民用水户(以下简称用水户)超定额用水累进加价水费的收费工作,其他区县可参照本细则自行制定收费细则。

**第三条** 用水户实际用水量超过用水定额标准的,应按《重庆市发展和改革委员会关于印发中心城区非居民用水超定额累进加价制度的通知》(渝发改规范〔2020〕1号)规定的中心城区分档水量和加价标准缴纳超定额累进加价水费。

**第四条** 超定额累进加价部分水费由供水企业收取,计费周期以年度作为一个周期,周期之间不累计、不结转。

**第五条** 对未分户安装水费结算水表的非居民用水户(包括表后含有居民用水的)原则上应采取分表计量,对确实无法分表计量的,由供水企业与用水户协商确定分类用水比例;同一用水户在同一用水地点存在多块结算水表的,供水企业可以将多块水表合并,作为一户处理。用户将多块水表合并作为一户处理的,户下水表的定额将合并统计核算。

**第六条**　对用水户用水超定额的核定使用年度核算制,采用先使用后核算方式。每年3月底前由辖区城市供水主管部门会同行业主管部门、供水企业进行核定。具备条件的也可委托第三方机构开展初核,报城市供水主管部门核定。

(一)国家或地方已出台用水定额标准的,严格按照用水定额标准执行。

(二)无用水定额标准的、季节用水波动较大、定额确定困难的用户可根据用水户近3年实际用水情况,综合考虑用水户的生产、生活情况及不可抗力等因素核定用水户年度定额水量。

**第七条**　辖区城市供水主管部门每年3月底前将核定的用水户年度定额水量发至各供水企业,供水企业每年6月底前根据用水户上一年度用水量及年度定额水量标准核定用水户是否超定额。对超定额部分,由供水企业按照分档收费标准对超定额累进加价部分的水费单独收取。

**第八条**　供水企业应在企业网站、营业厅等场所对用水户超定额累进加价收费范围和定额标准进行公示。供水企业应当对超定额累进加价收入单独记账,并在其年度成本信息中予以公开并说明,主动接受社会监督。

**第九条**　用水户每年需如实向辖区供水主管部门提供用水定额标准中涉及的相关信息和数据,收到加价部分缴费通知书后应按时向供水企业缴纳加价水费。用水户应做好计量设施的维护管理,协助抄表人员定期抄表;如遇计量设施更换,需做好数据的衔接工作。

**第十条**　用水户对缴纳的超定额加价水费有异议的,应在收到水费缴款通知单的5个工作日内向供水企业提出书面意见。供水企业在接到书面意见后5个工作日内进行回复,对供水企业的回复意见仍有异议的,可向辖区城市供水主管部门提出申请,城市供水主管部门在接到申请10个工作日内处理。

**第十一条**　辖区城市供水主管部门负责组织辖区供水企业具体实施辖区城市非居民用水户超定额累进加价收费工作,定期对定额管理和加价水费收取使用情况开展监督检查。

**第十二条**　用户应及时交纳加价水费,逾期未缴纳超定额累进加价水费的,将按《重庆市城市供水节水管理条例》相关规定执行。因供水企业原因造成加价水费计算或收取错误的,供水企业应当及时予以纠正。

**第十三条**　本细则自2021年5月1日起实施。

# 第十二节　合同节水

## 国家发改委 水利部 税务总局关于推行合同节水管理促进节水服务产业发展的意见

(发改环资〔2016〕1629 号)

各省、自治区、直辖市、计划单列市及新疆生产建设兵团发展改革委、水利厅(水利局)、国家税务局、地方税务局:

合同节水管理是指节水服务企业与用水户以合同形式,为用水户募集资本、集成先进技术,提供节水改造和管理等服务,以分享节水效益方式收回投资、获取收益的节水服务机制。推行合同节水管理,有利于降低用水户节水改造风险,提高节水积极性;有利于促进节水服务产业发展,培育新的经济增长点;有利于节水减污,提高用水效率,推动绿色发展。为贯彻落实《中共中央关于制定国民经济和社会发展第十三个五年规划的建议》中关于推行合同节水管理的要求,现提出以下意见:

一、总体要求

牢固树立创新、协调、绿色、开放、共享五大发展理念,坚持节水优先、两手发力,以节水减污、提高用水效率为核心,加强政府引导和政策支持,促进节水服务产业发展,加快节水型社会建设。

**(一)基本原则**

坚持市场主导。充分发挥市场配置资源的决定作用,鼓励社会资本参与,发展统一开放、竞争有序的节水服务市场。

坚持政策引导。落实水资源消耗总量和强度双控行动,完善约束和激励政策,营造良好的政策和市场环境,培育发展节水服务产业。

坚持创新驱动。以科技创新和商业模式创新为支撑,推动节水技术成果转化与推广应用,促进节水服务企业提高服务能力,改善服务质量。

坚持自律发展。完善节水服务企业信用体系,强化社会监督与行业自律,促进节水服务产业健康有序发展。

**(二)发展目标**

到 2020 年,合同节水管理成为公共机构、企业等用水户实施节水改造的重要方式之一,培育一批具有专业技术、融资能力强的节水服务企业,一大批先进适用的节水技术、工艺、装备和产品得到推广应用,形成科学有效的合同节水管理政策制度体系,节水服务市场竞争有序,发展环境进一步优化,用水效率和效益逐步提高,节水服务产业快速健康发展。

## 二、重点领域和典型模式

**（一）重点领域**

公共机构。切实发挥政府机关、学校、医院等公共机构在节水领域的表率作用，采用合同节水管理模式，对省级以上政府机关、省属事业单位、学校、医院等公共机构进行节水改造，加快建设节水型单位；严重缺水的京津冀地区，市县级以上政府机关要加快推进节水改造。

公共建筑。推进写字楼、商场、文教卫体、机场车站等公共建筑的节水改造，引导项目业主或物业管理单位与节水服务企业签订节水服务合同，推行合同节水管理。

高耗水工业。在高耗水工业中广泛开展水平衡测试和用水效率评估，对节水减污潜力大的重点行业和工业园区、企业，大力推行合同节水管理，推动工业清洁高效用水，大幅提高工业用水循环利用率。

高耗水服务业。结合开展违规取用水、偷采地下水整治专项行动，在高尔夫球场、洗车、洗浴、人工造雪滑雪场、餐饮娱乐、宾馆等耗水量大、水价较高的服务企业，积极推行合同节水管理，开展节水改造。

其他领域。在高效节水灌溉、供水管网漏损控制和水环境治理等项目中，以政府和社会资本合作、政府购买服务等方式，积极推行合同节水管理。

**（二）典型模式**

节水效益分享型。节水服务企业和用水户按照合同约定的节水目标和分成比例收回投资成本、分享节水效益的模式。

节水效果保证型。节水服务企业与用水户签订节水效果保证合同，达到约定节水效果的，用水户支付节水改造费用，未达到约定节水效果的，由节水服务企业按合同对用水户进行补偿。

用水费用托管型。用水户委托节水服务企业进行供用水系统的运行管理和节水改造，并按照合同约定支付用水托管费用。

在推广合同节水管理典型模式基础上，鼓励节水服务企业与用水户创新发展合同节水管理商业模式。

## 三、加快推进制度创新

**（一）强化节水监管制度**

落实水资源消耗总量和强度双控制度，完善节水的法律法规体系，把节水的相关制度要求纳入法制化轨道。制（修）订完善取水许可、水资源有偿使用、水效标识管理、节水产品认证等方面的规章制度，落实节水要求。健全并严格落实责任和考核制度，把节水作为约束性指标纳入政绩考核。加强节水执法检查，严厉查处违法取用水行为。依据法规和制度，优化有利于节水的政策和市场环境。

**（二）完善水价和水权制度**

加快价格改革。全面实行城镇居民阶梯水价、非居民用水超计划超定额累进加价制度。稳步推进农业水价综合改革，建立健全合理反映供水成本、有利于节水和农田水利体制机制创新、与投融资体制相适应的农业水价形成机制。建立完善水权交易市场。因地制宜探索地区间、行业间、用水户间等多种形式的水权交易,鼓励和引导水权交易在规范的交易平台实施。完善水权制度体系,落实水权交易管理办法。鼓励通过合同节水管理方式取得的节水量参与水权交易,获取节水效益。

**(三)加强行业自律机制建设**

加强节水服务企业信用体系建设,建立相关市场主体信用记录,纳入全国信用信息共享平台。探索对严重失信主体实施跨部门联合惩戒,对诚实守信主体实施联合激励,引导节水服务市场主体加强自律,制定节水服务行业公约,建立完善行业自律机制,不断提高节水服务行业整体水平。鼓励龙头企业、设备供应商、投资机构、科研院所成立节水服务产业联盟,支持联盟成员实现信息互通、优势互补。

**(四)健全标准和计量体系**

建立合同节水管理技术标准体系,为合同节水管理提供较完备的相关技术标准和规范性文件。加强用水计量管理,完善用水计量监控体系,加强农业、工业等取水计量设施建设,督促供水单位和用水户按规定配备节水计量器具,积极开展用水计量技术服务。依托现有的国家和社会检测、认证资源,提升节水技术产品检测能力。建立节水量第三方评估机制,确保节水效果可监测、可报告、可核查,明确争议解决方式。

## 四、培育发展节水服务市场

**(一)培育壮大节水服务企业**

鼓励具有节水技术优势的专业化公司与社会资本组建具有较强竞争力的节水服务企业,鼓励节水服务企业优化要素资源配置,加强商业和运营模式创新,不断提高综合实力和市场竞争力。充分发挥水务等投融资平台资金、技术和管理优势,培育发展具有竞争力的龙头企业,形成龙头企业+大量专业化技术服务企业的良性发展格局。

**(二)创新技术集成与推广应用**

及时制定和发布国家鼓励和淘汰的用水工艺、技术、产品和装备目录。充分发挥国家科技重大专项、科技计划专项资金等作用,支持企业牵头承担节水治污科技项目等关键技术攻关,鼓励发展一批由骨干企业主导、产学研用紧密结合的节水服务产业技术创新联盟,集成推广先进适用的节水技术、产品。充分发挥国家科技推广服务体系的重要作用,积极开展节水技术、产品和前沿技术的评估、推荐等服务。

**(三)改善融资环境**

鼓励合同节水管理项目通过发行绿色债券募资。鼓励金融机构开展绿色信贷,探索运用互联网+供应链金融方式,加大对合同节水管理项目的信贷资金支持。有效发挥开发性和政策性金融的引导作用,积极为符合条件的合同节水管理项目提供信贷支持。鼓励金融资本、民间资本、创业与私募股权基金等设立节水服务产业投资基金,各级政府投融资平台可通过认购基金股份等方式予以支持。合同节水管理项目要充分利用政府性融资担保体系,建立政银担三方参与的合作模式。

**(四)加强财税政策支持**

符合条件的合同节水管理项目,可按相关政策享受税收优惠。研究鼓励合同节水管理发展的税收支持政策，完善相关会计制度。各地、各有关部门要利用现有资金渠道和政策手段，对实施合同节水管理的项目予以支持。鼓励有条件的地方，通过加强政策引导，推动高耗水工业、服务业和城镇用水开展节水治污技术改造，培育节水服务产业。

（五）组织试点示范

利用5年左右时间，重点在公共机构、公共建筑、高耗水工业和服务业、公共水域水环境治理、经济作物高效节水灌溉等领域，分类建成一批合同节水管理试点示范工程。生态文明先行示范区、节水型社会试点示范地区、节水型城市等应当积极推行合同节水管理，形成示范带头效应。及时总结经验，广泛宣传推行合同节水管理的重要意义和明显成效，提高全社会对合同节水管理的认知度和认同感，促进节水服务产业发展壮大。

## 五、组织实施

国家发展和改革委员会、水利部统筹组织合同节水管理工作，制定并完善相关制度、标准和规范，积极开展试点示范，及时总结模式经验。地方各级发展改革部门、水行政主管部门、税务主管部门根据本意见要求，加强协调配合，落实工作责任，扎实开展工作，确保各项任务措施落到实处，务求尽快取得实效，形成合力，促进节水服务产业持续快速发展。

国家发展和改革委员会 水利部 税务总局

2016年7月27日

# 全国节约用水办公室关于加快推动合同节水管理工作的函

（节水管函〔2022〕4 号）

各省、自治区、直辖市水利（水务）厅（局），新疆生产建设兵团水利局：

为深入推进合同节水管理工作，了解和掌握各地合同节水管理现状，根据 2022 年水利系统节约用水工作会议要求，现就加快推动合同节水管理工作函告如下。

## 一、加大合同节水管理工作力度

合同节水管理是运用市场机制推进节水工作的重要举措，《中华人民共和国国民经济和社会发展第十四个五年规划和 2035 年远景目标纲要》和《国家节水行动方案》提出要大力推广合同节水管理服务模式。水利部党组高度重视合同节水管理工作，将合同节水管理作为衡量节水工作成效的重要内容，并纳入 2022 年水利改革工作要点和节水考核。各省级水行政主管部门要充分认识合同节水管理是两手发力落实节水优先方针的重要举措，按照年度节约用水工作会议要求，探索建立合同节水管理激励措施，积极促进合同节水管理项目实施，确保 2022 年本省项目数量和投资金额比 2021 年双增长，2021 年实施合同节水管理项目不足 5 个的，2022 年要力争达到 5 个以上。

## 二、加强合同节水管理服务平台运用

2021 年 12 月，合同节水管理服务平台正式上线（网址：http://htjs.waterconserving.cn）。该平台依托“节水中国”网站建设，是集政策标准、行业资讯、项目案例、技术产品、咨询服务等合同节水管理相关信息于一体的服务平台。

（一）各省级水行政主管部门要围绕合同节水管理工作，大胆实践、主动作为，创新思路，推广节水咨询、诊断、设计、融资、改造、托管等服务模式，多渠道开展项目对接，发挥好用水户和节水服务企业间的桥梁纽带作用。

（二）各省级水行政主管部门要及时了解本地合同节水管理项目实施情况，按要求完成项目信息报送。我办将通过合同节水管理服务平台不定期公布各省合同节水管理工作进展情况，并对进度滞后的省份加强督促指导。

（三）各省级水行政主管部门要重视合同节水管理宣传培训，及时将取得的显著成绩、创新做法、鲜活经验、亮点工作等，向合同节水管理服务平台投稿宣传；通过平台交流工作动态、政策解读、经验做法等，形成推广合同节水管理服务模式的良好氛围。

## 三、按时报送合同节水管理项目信息

（一）各省级水行政主管部门要按照统一管理、不重不漏、信息完整、更新及时的原则，组织开展合同节水管理项目的信息填报、审核和日常管理等工作，确保统计调查的项目信息真实、全面、准确。

(二)各省级水行政主管部门要于每季度最后一个月 30 日前,通过合同节水管理服务平台网站首页,点击右上角【统计报送登录】按钮,完成项目信息填报。每年 12 月 10 日前,将从平台导出的本年度合同节水管理项目汇总表审核盖章后,上传至合同节水管理服务平台或联系邮箱。

(三)各省级水行政主管部门要于 2022 年 8 月 20 日前,通过合同节水管理服务平台,完成 2022 年第 1、2 季度的合同节水管理项目信息填报工作。

## 四、信息咨询

联系人:王葳

联系电话:010-63203723

平台技术支持:王盛楠

联系电话:010-63203804

联系邮箱:zhjzgb@163.com

合同节水管理服务平台网址:

http://htjs.waterconserving.cn

全国节约用水办公室

2022 年 8 月 4 日

# 重庆市水利局办公室关于加强合同节水管理工作的通知

渝水办节水〔2022〕1号

各区县(自治县)、两江新区、西部科学城重庆高新区、万盛经开区水行政主管部门:

为进一步深入推进合同节水管理工作,现就加强合同节水管理工作有关事项通知如下。

## 一、充分认识推行合同节水管理的重要性

《国家节水行动方案》《重庆市节水行动实施方案》都明确提出要大力推广合同节水管理服务模式,水利部已将合同节水管理作为衡量节水工作成效的重要内容,并纳入了2022年节水考核。推行合同节水管理是两手发力落实节水优先方针的重要举措,有利于降低用水户节水改造风险,提高节水积极性;有利于促进节水服务产业发展,培育新经济增长点;有利于节水减污,提高用水效率,推动绿色发展。

## 二、推行合同节水管理的重点领域和典型模式

### (一)合同节水管理重点领域

各区县要在公共机构、公共建筑、高耗水工业、高耗水服务业,以及高效节水灌溉、供水管网漏损控制和水环境治理等重点领域积极推行合同节水管理。

### (二)合同节水管理典型模式

要准确理解合同节水管理的典型模式,宣传指导用水户因地制宜合理选择相应的合同节水管理模式,积极促进合同节水管理项目实施。

1. 节水效益分享型。节水服务企业和用水户按照合同约定的节水目标和分成比例收回投资成本、分享节水效益的模式。此模式优点在于由服务企业提供节水改造所需资金和技术,用水户负担小,缺点在于资金回收周期长,一般适用于用水量及节水潜力较大用水户。此模式当前在学校、医院中应用较多。

2. 节水效果保证型。节水服务企业与用水户签订节水效果保证合同达到约定节水效果的,用水户支付节水改造费用;未达到约定节水效果的,由节水服务企业按合同对用水户进行补偿。此模式优点在于机动灵活、执行周期短,缺点在于需用水户负担资金投入,一般适用于用水量较小、节水技术简单的用水户。此模式当前在机关事业单位中应用较多。

3. 用水费用托管型。用水户委托节水服务企业进行供用水系统的运行管理和节水改造,并按照合同约定支付用水托管费用。此模式优点在于可以从取供用耗排全过程解决水浪费问题,缺点在于对服务企业要求比较高,一般适用于用水环节多、节水技术复杂的用水户。此模式当前主要在工业企业、高效节水灌溉项目中应用。

同时,在推广合同节水管理典型模式的基础上,鼓励节水服务企业与用水户创新发展合同节水管理商业模式。

## 三、大力推进合同节水管理工作

各区县要积极围绕合同节水管理工作,探索建立合同节水管理激励措施,大胆实践、主动作为、创新思路,有效促进合同节水管理项目实施。要宣传推广节水咨询、诊断、设计、融资、改造、托管等服务模式,多渠道开展项目对接,切实发挥好用水户和节水服务企业间的桥梁纽带作用。要重视合同节水管理宣传培训,及时梳理总结取得的显著成绩、创新做法、鲜活经验、亮点工作,积极向我局及媒体投稿宣传,以形成推广合同节水管理服务模式的良好氛围。

## 四、切实做好合同节水管理项目信息统计报送

各区县水行政主管部门要发挥合同节水管理统筹作用,落实工作人员,及时了解掌握本区域各行业合同节水管理项目实施情况按照“统一管理、不重不漏、信息完整、更新及时”的原则建立区域内合同节水管理项目统计制度,组织开展好合同节水管理项目的信息填报、审核和日常管理等工作,确保合同节水管理项目信息真实、全面、准确。

**(一)填报时间**

请各区县水行政主管部门及时收集本区域各领域各行业开展的合同节水管理项目,第一时间通过系统进行填报;每季度最后一个月 15 日前汇总当季情况并在系统查漏补缺。市水利局将在每季度末进行审核并汇总上报全国节约用水办公室。

每年 12 月 5 日前请各区县从系统导出本年度合同节水管理项目汇总表经审核盖章后,将扫描件发送至联系人邮箱。

2022 年 1~9 月的合同节水管理项目请于 11 月 11 日前完成填报和纸质材料报送。同时收集整理 2021 年及以前年度的合同节水管理项目材料,于 11 月 30 日前录入系统并将盖章后的纸质材料寄送至市水利局。

**(二)填报方式**

请通过重庆水利办公系统用国家水资源管理系统(重庆)用户名、密码登录(网址 http://10.55.52.196:8015/index),再从【用水效率控制】—【市场机制】—【合同节水管理项目实施情况台账】模块完成合同节水项目信息填报。

重庆市水利局办公室

2022 年 10 月 26 日

(联系人:陈俊高;联系电话:89079172;电子邮箱:12784304@qq.com)

# 住建部办公厅 国家发改委办公厅 水利部办公厅 工信部办公厅关于加强城市节水工作的指导意见

（建办城〔2021〕51 号）

各省、自治区住房和城乡建设厅、发展改革委、水利厅、工业和信息化厅（经济和信息化厅），直辖市住房和城乡建设（管）委（城市管理局）、发展改革委、水务局、水利局、工业和信息化局（经济和信息化局、经济和信息化委），海南省水务厅，新疆生产建设兵团住房和城乡建设局、发展改革委、水利局、工业和信息化局：

加强城市节水工作，是进入新发展阶段推进城市绿色低碳发展的必然要求。目前，我国城市节水不平衡、不充分的问题仍然较为突出，部分城市空间布局和规模与水资源、水生态、水环境承载能力不相适应，城市水系统建设的整体性有待提高，城市供排水基础设施仍需补短板，全社会的节水意识还需要进一步提升。为提升城市水资源集约节约水平，提高城市节水系统性，深入推进城市节水工作，现提出以下意见。

## 一、总体要求

**（一）指导思想。**以习近平新时代中国特色社会主义思想为指导，全面贯彻党的十九大和十九届二中、三中、四中、五中、六中全会精神，深入贯彻习近平生态文明思想，突出新发展理念对城市节水的引领作用，坚持以水定城、以水定地、以水定人、以水定产，全面、系统加强城市节水工作，深入推进节水型城市建设，实现节水、治污、减排相互促进，推动城市高质量发展。

**（二）基本原则。**

节水优先、系统谋划。把城市节水放在城市发展和水务相关工作的优先位置，提升城市用水效率。提升城市节水工作的系统性，强化用水总量、用水定额、用水效率控制，落实节水减排、海绵城市建设理念，提高水资源承载能力，构建自然健康水循环系统。

因地制宜、分类施策。根据本地水资源禀赋和经济技术水平等因素分区分类开展城市节水工作，实施差别化节水措施。

政府主导、社会参与。落实城市人民政府城市节水工作主体责任。加大宣传教育力度，培养人民群众节水意识，让节约用水成为每个单位、每个家庭、每个人的自觉行动。

试点示范、标杆引领。开展试点示范，发挥标杆引领作用，探索形成可复制、可推广的城市节水新模式、新机制，以点带面促进城市节水高质量发展。

**（三）总体目标。**到 2025 年，全国城市用水效率进一步提升，海绵城市建设理念深入人心，城市节水制度进一步健全，全国城市公共供水管网漏损率力争控制在 9% 以内，全国地级及以上缺水城市再生水利用率达到 25% 以上，京津冀地区达到 35% 以上，黄河流域中下游力争达到30%。到2035年,城市发展基本适配水资源承载能力。

## 二、构建城市健康水循环体系

**(四)形成与水资源水环境相适应的城市规模与布局。**坚持以水定城,尊重地域自然特征和约束条件,减少城市开发建设对自然生态的影响,保护山水城格局,实现水城相融,人与自然和谐共生。以水资源承载能力和水生态环境容量为基础,合理确定城市规模、空间结构、开发建设密度和强度,优化城市功能布局。编制实施城市节水规划,并将城市节水要求落实到各领域专项规划中。缺水城市应当禁止或限制发展高耗水产业,禁止违背自然条件挖湖造景。

**(五)推进海绵城市建设。**有条件的地方积极推进海绵城市建设,加大雨水收集综合利用设施建设力度,通过"渗、滞、蓄、净、用、排"等措施,加强城市吸水、蓄水、净水、释水的能力。城市新区建设和新建项目要落实调蓄空间、雨水径流和竖向管控等要求,增加下沉式绿地、植草沟、人工湿地、砂石地面和自然地面等软性透水地面。老城区改造要以解决易涝易淹点和缓解水资源短缺等问题为导向,结合老旧小区改造、绿地景观、市政道路建设等,因地制宜建设绿色屋顶、旱溪、干湿塘等滞水渗水设施,提高雨水资源就地消纳、就地利用的水平。到2025年,城市可渗透地面面积比例力争达到40%。

**(六)完善城市生态基础设施体系。**强化城市开发建设管控,全面实施生态修复和功能完善工程,保护和修复山体林地湿地,拓展城市周边雨洪调蓄空间。统筹城市水系统、绿地系统和基础设施系统建设,提高城市水资源涵养、蓄积、净化能力,增加城市内自然蓄水空间,建设蓝绿交织、灰绿相融、连续完整的城市生态基础设施体系。加大再生水、雨水等非常规水资源的利用,多渠道保障城市水资源可持续供应,构建城市健康水循环。

## 三、着力提高城市用水效率

**(七)推动再生水就近利用、生态利用、循环利用。**科学统筹规划城镇污水处理及再生水利用设施,以现有污水处理厂为基础,合理布局再生水利用基础设施。结合城市组团式发展,合理设置分布式、小型化、智能化市政生活污水处理及再生利用设施,并统一纳入市政污水收集、处理及再生利用体系。将再生水用于生态景观、工业生产、城市绿化、道路清扫、车辆冲洗、建筑施工、城市杂用等领域,减少城市新鲜水取用量和污水外排量。缺水城市特别是水质型缺水城市,积极推进区域再生水循环利用。高尔夫球场、人工滑雪场等特种行业推广使用循环用水技术、设备和工艺,优先利用再生水、雨水等非常规水源。

**(八)狠抓城市供水管网漏损控制。**因地制宜明确管网漏损治理工程实施方案,加快实施智能化改造、管网更新改造和管网分区计量等供水管网漏损治理工程。指导各地摸清供水管网等设施底数,有条件的地方要建立基于各种传感器和物联网的智能化管理系统,监测和精准识别管网漏损点位。结合实施城市更新行动、老旧小区改造、二次供水设施改造等,对超过合理使用年限、材质落后或受损失修的供水管网进行更新改造,采用先进适用、质量可靠的供水管网管材和柔性接口。加快推进"一户一表"改造。对市政、绿化、消防、环卫等用水,实行全面计量管理,禁止"包干用水"。推进供水管网分区计量,逐步实现供水管网的网格化、精细化管理。建设一批供水管网漏损控制示范城市,形成可复制、可推广的管网漏损控制模式。

**（九）大力推进工业节水。**加强工业企业用水定额管理，开展水效对标达标，积极应用先进适用节水技术装备，实施节水改造。加大工业利用废水、再生水、雨水、海水等非常规水资源力度，京津冀、黄河流域的缺水城市要推动市政污水处理及再生利用设施运营单位与重点用水企业、园区合作，将市政污水、再生水作为工业用重要水源，减少企业新水取用量，形成产城融合废水高效循环利用新模式，探索建设可复制推广的试点工程。完善企业用水监测计量体系，提高用水效率。

**（十）推广节水产品（设备）和工艺。**开展城市节水关键技术和产品研发，积极推广技术先进、成熟适用、节水效益显著的节水产品（设备）和工艺，促进节水技术产业化应用，加快培育和发展高质量节水产品市场。推广普及节水型生活用水器具，公共建筑必须使用节水器具。推行水效标识制度，对节水潜力大、适用面广的用水产品实行水效标识管理，扩大产品覆盖品目，打击水效虚标行为，逐步淘汰水效等级较低产品。

## 四、加强节水型城市建设

**（十一）不断深化节水型城市建设。**完善和提升节水型城市评价标准。充分发挥国家节水型城市对城市节水工作的示范引领和带动作用，以建设节水型城市为抓手，系统提升城市节水工作，缺水城市应达到国家节水型城市标准要求。将城市节水相关基础设施改造工作纳入城市更新行动，统筹供水安全保障、海绵城市建设、黑臭水体治理等工作。

**（十二）积极推进社会单元节水工作。**推动全社会共建共治共享，充分挖掘企事业单位、社区（小区）等社会单元的节水潜力，有关部门协同推动节水型企业、节水型单位、节水型社区（小区）建设，推广节水型器具、节水设备和节水工艺，提高用水效率，筑牢城市节水的社会基础。各地应结合实际，出台鼓励社会单元节水的政策或措施。结合绿色社区创建行动，充分发挥社区在家庭、单位等整个社会网络中的纽带作用，推动节水理念、节水方法、节水窍门进社区。广泛发动群众、组织群众参与，形成绿色发展方式和生活方式。

## 五、完善城市节水机制

**（十三）加强用水定额管理。**强化计划用水与定额管理制度实施，省级有关行业主管部门应当按职责研究制定和完善相关行业用水定额，报同级水行政主管部门和质量监督检验行政主管部门审核同意后，由省级人民政府公布。各城市全面推进非居民用水超定额累进加价制度实施。

**（十四）推进节水"三同时"管理。**新建、改建和扩建工程的节水设施必须与主体工程同时设计、同时施工、同时投入使用。鼓励通过工程建设项目审批管理系统加强"三同时"相关信息共享。推动建筑节水，鼓励绿色建筑选用更高节水性能的节水器具。

**（十五）加大宣传教育。**充分利用世界水日、中国水周、全国城市节约用水宣传周广泛开展城市节水宣传教育，组织节水宣传进社区、进校园、进企业等活动，建立健全城市节水宣传长效机制，积极探索群众喜闻乐见的宣传形式，进一步提高城市节水宣传工作实效。

六、保障措施

**（十六）落实责任**。制定和完善城市基础设施建设和市政公用事业方面的节水制度和具体标准，完善城市节水政策支撑体系。强化统筹，将城市节水工作任务分解落实到相关部门和主要供水用水单位，形成全社会节水合力。加大投入，发挥考核引导作用，健全保障措施，形成城市节水长效工作机制。

**（十七）完善价格机制**。完善居民阶梯水价制度，充分发挥价格机制在水资源节约、用水需求调节方面的作用，抑制不合理的用水需求。城市供水价格监管周期原则上为3年，经测算需要调整供水价格的，应及时调整到位，价格调整幅度较大的，可以分步调整到位。放开再生水定价，通过与供水价格形成合理价差，引导各类用水户提高使用非常规水资源的积极性和主动性。

**（十八）强化支持政策落实**。积极发挥中央预算内投资引导带动作用，支持国家节水型城市建设，对符合条件的节水效益显著、示范效应强、特色突出的城市节水项目予以补助。落实节水相关增值税、所得税、环境保护税等优惠政策，进一步引导建设节水市场机制，积极推广合同节水管理，引导社会资本加大城市节水投入，探索更加灵活的合同节水效益分享方式，发展节水服务市场，激发各类市场主体活力，不断探索依靠市场机制推动城市节水的路径和模式。

住房和城乡建设部办公厅　国家发展改革委办公厅
水利部办公厅　工业和信息化部办公厅
2021年12月17日

# 住建部 国家发改委关于印发《国家节水型城市申报与评选管理办法》的通知

建城〔2022〕15 号

各省、自治区住房和城乡建设厅、发展改革委,直辖市住房和城乡建设(管)委(城市管理局)、水务局、发展改革委,海南省水务厅,新疆生产建设兵团住房和城乡建设局、发展改革委:

现将修订后的《国家节水型城市申报与评选管理办法》印发给你们,请遵照执行。

住房和城乡建设部 国家发展和改革委员会

2022 年 1 月 26 日

## 国家节水型城市申报与评选管理办法

为落实国家节水行动要求,推动城市高质量和可持续发展,坚持"以水定城、以水定地、以水定人、以水定产",把节水放在优先位置,规范国家节水型城市申报与评选管理,制定本办法。

一、总则

(一)本办法适用于国家节水型城市的申报、评选、动态管理及复查等工作。

(二)国家节水型城市申报与评选管理遵循自愿申报、动态管理和复查的原则。

(三)住房和城乡建设部会同国家发展改革委负责国家节水型城市申报与评选管理工作。

二、申报主体

设市城市(含直辖市的区)人民政府。

三、评选区域范围

设市城市(含直辖市的区)本级行政区域。

四、申报条件

申报国家节水型城市称号的城市(以下简称申报城市)应符合以下条件:

(一)城市节水法规政策健全。有城市节约用水,水资源管理,供水、排水、用水管理,地下水保护,非常规水利用方面的地方性法规、规章和规范性文件。

（二）城市节水管理主管部门明确，职责清晰，人员稳定，日常节水管理规范。推动落实各项节水制度，开展全国城市节水宣传周以及日常的节水宣传，开展城市节水的日常培训等。

（三）建立城市节水统计制度。有用水计量与统计管理办法，或者关于城市节水统计制度批准文件，城市节水统计至少开展2年以上。

（四）建立节水财政投入制度。有稳定的年度节水财政投入，能够支持节水基础管理、节水设施建设与改造、节水型器具推广、节水培训以及宣传教育等活动的开展。

（五）城市节水制度健全。有计划用水与定额管理、节水"三同时"、污水排入排水管网许可、取水许可、城市节水奖惩等具体制度或办法并实施；居民用水实行阶梯水价，非居民用水实行超定额累进加价；有关于特种行业用水管理、鼓励再生水利用等的价格管理办法。

（六）编制并有效实施城市节水规划。城市节水中长期规划由具有相应资质的机构编制，并经本级政府或上级政府主管部门批准实施。编制海绵城市建设规划，出台海绵城市规划建设管控相关制度，将海绵城市建设要求落实到城市规划建设管理全过程。

（七）推进智能化供水节水管理。建立城市供水节水数字化管理平台，能够支持节水统计、计划用水和超定额管理。

（八）申报国家节水型城市，须通过省级住房和城乡建设、发展改革（经济和信息化、工业和信息化，下同）主管部门预评选满1年（含）以上。

（九）近3年内（申报当年及前两年自然年内，下同）未发生城市节水、重大安全、污染、破坏生态环境、破坏历史文化资源等事件，未发生违背城市发展规律的破坏性"建设"等行为，未被省级以上人民政府或住房和城乡建设主管部门通报批评。

近3年内受到城市节水方面相关媒体曝光，并造成重大负面影响的，自动取消参评资格。

## 五、申报程序和评选时间

（一）国家节水型城市评选每2年开展一次，奇数年为申报年，偶数年为评选年。

（二）申报城市对照《国家节水型城市评选标准》进行自评，自评达标后分别报省级住房和城乡建设、发展改革主管部门提出申请。

（三）省级住房和城乡建设、发展改革主管部门对照《国家节水型城市评选标准》进行初审，提出初审意见，对符合申报条件、初审总分达90分（含）以上的城市，于申报年的12月31日前将申报材料联合报送住房和城乡建设部、国家发展改革委。

（四）直辖市的区（不含县）自评达到90分的，由直辖市住房和城乡建设（管）委（城市管理局、水务局）、发展改革委于申报年的12月31日前将申报材料联合报送住房和城乡建设部、国家发展改革委。

（五）直辖市自评达到90分的，由直辖市人民政府于申报年的12月31日前将申报材料报送住房和城乡建设部、国家发展改革委。

（六）住房和城乡建设部、国家发展改革委受理申报材料，并于评选年的12月31日前完成评选工作。

## 六、申报材料

通过省级初审的城市,采用线上线下相结合的申报方式提交申报材料,考核年限为申报或复查年之前的2年。申报材料(包括申报卷、评选指标、支撑材料等3卷材料)要真实准确、简明扼要,支撑材料的种类、出处及统计口径明确,有关资料和表格填写规范。由国家相关部门正式发布的指标或地方在其他工作中已上报的指标无须额外提供证明材料。

申报卷主要包括:

(一)申报城市人民政府批准的国家节水型城市申报书;

(二)省级住房和城乡建设、发展改革主管部门的初审意见;

(三)国家节水型城市创建工作组织与实施方案;

(四)国家节水型城市创建工作总结;

(五)城市自体检报告(应包括国家节水型城市评选标准各项指标);

(六)国家节水型城市自评结果及有关依据资料;

(七)评选区域范围示意地图;

(八)城市概况,包括城市基础设施建设情况、城市水环境概况、产业结构特点、主要用水行业及单位等;

(九)反映创建工作的影像资料(5分钟内)或图片资料;

(十)不少于4个能够体现本地特色和创新的节水示范项目。

## 七、评选组织管理

(一)住房和城乡建设部、国家发展改革委结合专家专业优势等因素,负责组建评选专家组(以下简称专家组),其成员由管理人员和技术人员组成。专家组负责申报材料预审、现场考评及综合评议等具体工作。

参与申报城市所在省、自治区、直辖市组织的省级初审工作,或为申报城市提供技术指导的专家,原则上不得参与对该申报城市的考评工作。

(二)申报城市在申报材料和评选过程中有弄虚作假行为的,取消当年申报资格。

(三)国家节水型城市评选和复查的日常工作由住房和城乡建设部负责。

## 八、评选程序

**(一)申报材料预审**

专家组负责申报材料预审,形成预审意见。

**(二)第三方评价**

住房和城乡建设部、国家发展改革委组织第三方机构,结合城市体检,对国家节水型城市建设情况进行评价。评价结果作为评选的重要参考。

**(三)社会满意度调查**

住房和城乡建设部、国家发展改革委组织第三方机构,调查了解当地居民社会节水意识情况。社会满意度调查结果作为评选的重要参考。

**（四）现场考评**

根据预审意见、第三方评价和社会满意度调查结果，由专家组提出现场考评建议名单，报住房和城乡建设部、国家发展改革委审核。对通过审核的申报城市，由专家组进行现场考评。

申报城市至少应在专家组抵达前两天，在当地不少于两个主要媒体上向社会公布专家组工作时间、联系电话等相关信息，便于专家组听取各方面的意见、建议，并接受当地居民报名参与现场考评。

现场考评主要程序：

1. 听取申报城市的创建工作汇报；

2. 查阅申报材料及有关的原始资料；

3. 专家现场检查，按照考评内容，各类抽查点合计不少于12个，其中示范项目不少于3个；

4. 专家组选定当地居民代表参与现场考评，并将其意见作为现场考评意见的重要参考；

5. 专家组成员在独立提出评选意见和评分结果的基础上，经集体讨论，形成现场考评意见；

6. 专家组就现场考评中发现的问题及建议进行反馈；

7. 专家组将现场考评意见书面报住房和城乡建设部、国家发展改革委。

**（五）综合评议**

住房和城乡建设部、国家发展改革委共同组织综合评议，形成综合评议意见，确定国家节水型城市建议名单。

**（六）公示及命名**

国家节水型城市名单在住房和城乡建设部、国家发展改革委门户网站进行公示，公示期为10个工作日。公示无异议的，由两部委正式命名。

## 九、动态管理及复查工作

国家节水型城市命名有效期为5年。国家节水型城市每年向住房和城乡建设部、国家发展改革委报告上一年度城市节水工作基础数据，报送截止日期为当年8月31日。

（一）已获国家节水型城市命名的城市人民政府应于有效期满前一年向省级住房和城乡建设、发展改革主管部门提出复查申请，并提交自评报告。未申请复查的，称号不再保留。国家节水型城市复查按照现行的评选管理办法和评选标准开展。

（二）省级住房和城乡建设、发展改革主管部门于有效期满前半年完成对本行政区域内获得国家节水型城市称号的城市复查，将复查报告（附电子版）联合报送住房和城乡建设部、国家发展改革委。获命名直辖市由直辖市人民政府于有效期满前半年将复查材料报送住房和城乡建设部、国家发展改革委。

（三）住房和城乡建设部、国家发展改革委受理省级（含直辖市）复查申请材料，于有效期满前组织完成抽查，视情况直接组织对地方进行复查。复查程序参照评选程序。

（四）复查通过的城市，继续保留其称号；对于未通过复查且在一年内整改不到位的，撤销其称号;保留称号期间发生城市节水、重大安全、污染、破坏生态环境、破坏历史文化资源等事件,违背城市发展规律的破坏性“建设”等行为的,给予警告直至撤销称号。被撤销国家节水型城市称号的城市,不得参加下一申报年度申报评选。

发现省级住房和城乡建设、发展改革主管部门复查过程中存在弄虚作假行为的,暂停受理该省(自治区、直辖市)下一申报年度国家节水型城市申报。

## 十、附则

(一)本办法由住房和城乡建设部、国家发展改革委负责解释。

(二)《国家节水型城市申报与考核办法》《国家节水型城市考核标准》(建城〔2018〕25号)同时废止。

附件:国家节水型城市评选标准

附件

## 国家节水型城市评选标准

| 序号 | 目标 | 指标 | 指标释义 | 指标类型 | 具体要求 | 评分标准 |
|---|---|---|---|---|---|---|
| 1 | 一、生态宜居 | 城市可渗透地面面积比例 | [城市建成区内具有渗透能力的地表(含水域)面积÷城市建成区总面积]×100% | 导向指标 | 黑龙江省、吉林省、辽宁省、西藏自治区、新疆维吾尔自治区、新疆生产建设兵团不低于40%,其他省(自治区、直辖市)不低于45% | 6分。<br>评选年限内,城市可渗透地面面积比例达到标准得6分;每低1%扣0.5分,扣完为止 |
| 2 | | 自备井关停率 | (城市公共供水管网覆盖范围内关停的自备井数÷城市公共供水管网覆盖范围内的自备井总数)×100% | 底线指标 | 100% | 4分。<br>评选年限内,城市公共供水管网覆盖范围内的,自备井关停率达100%得3分;<br>每低5%扣1分,扣完为止。<br>在地下水超采区,连续两年无各类建设项目和服务业新增取用地下水,得1分,有新增取水的,不得分 |
| 3 | | 城市公共供水管网漏损率 | [(城市公共供水总量-城市公共供水注册用户用水量)÷城市公共供水总量]×100%-修正值<br>其中,城市公共供水注册用户用水量是指水厂将水供出厂外后,各类注册用户实际使用到的水量,包括计费用水量和免费用水量。计费用水量指收费供应的水量,免费用水量指无偿使用的水量 | 底线指标 | 按《城镇供水管网漏损控制及评定标准》(CJJ 92)规定核算后的漏损率≤9% | 7分。<br>评选年限内,城市公共供水管网漏损率达到标准得5分,漏损率在达到标准的基础上,每降低1个百分点,加1分,最高加2分;<br>每超过标准1个百分点(未达标),扣2分,扣完为止 |

**续表**

| 序号 | 目标 | 指标 | 指标释义 | 指标类型 | 具体要求 | 评分标准 |
|---|---|---|---|---|---|---|
| 4 | 一、生态宜居 | 城市水环境质量 | 提高城市生活污水收集效能,改善城市水环境质量 | 导向指标 | 建成区旱天无生活污水直排口,无生活污水管网空白区,无黑臭水体 | 5 分。<br>评选年限内,建成区范围内旱天无生活污水直排口、无生活污水管网空白区、无黑臭水体得 5 分;<br>发现 1 个旱天污水直排口扣 1 分,扣完为止;<br>发现 1 个生活污水管网空白区扣 2 分,扣完为止;<br>有黑臭水体的,本项指标不得分 |
| 5 | | 城市居民人均生活用水量 | 城市居民家庭年生活用水总量(新水量)÷(城市居民总户数×每户平均人数)<br>其中,每户平均人数按最近一次人口普查统计数据确定 | 导向指标 | 不高于《城市居民生活用水量标准》(GB/T 50331) | 4 分。<br>评选年限内,达到《城市居民生活用水量标准》(GB/T 50331)得 4 分;未达标,不得分 |
| 6 | | 节水型居民小区覆盖率 | (节水型居民小区或社区居民户数÷城市居民总户数)×100%<br>节水型居民小区(社区)是指由省级或市级人民政府有关部门向社会公布的小区(社区) | 导向指标 | ≥10% | 6 分。<br>评选年限内,节水型居民小区覆盖率达到 10%,得 6 分;每低 1%扣 1 分,扣完为止 |
| 7 | 二、安全韧性 | 用水总量 | 各类用水户取用的包括输水损失在内的毛水量 | 底线指标 | 不超过下达的用水总量控制指标 | 5 分。<br>评选年限内,本行政区用水总量不超过下达的用水总量控制指标,得 5 分;<br>其余情况不得分 |

**续表**

| 序号 | 目标 | 指标 | 指标释义 | 指标类型 | 具体要求 | 评分标准 |
|---|---|---|---|---|---|---|
| 8 | 二、安全韧性 | 万元工业增加值用水量 | 年工业用水量(按新水量计)÷年城市工业增加值<br>其中,工业用水量是指工矿企业在生产过程中用于制造、加工、冷却(包括火电直流冷却)、空调、净化、洗涤等方面的用水量,按新水量计,不包括企业内部的重复利用水量。统计口径为规模以上工业企业或全口径工业企业,按国家统计局相关规定执行 | 导向指标 | 低于全国平均值的50%或年降低率≥5% | 5分。<br>评选年限内,达到标准得5分;<br>每低2%或增长率每低1%扣2分,该项分值扣完为止 |
| 9 | | 再生水利用率 | (1)对京津冀地区与地级及以上缺水城市:(城市再生水利用量÷城市污水处理厂处理总量)×100%<br>(2)对其他城市:按再生水、海水、雨水、矿井水、苦咸水等非常规水资源利用总量占城市用水总量(新水量+非常规水量)的比例计算。计算公式:(城市非常规水资源利用总量÷城市用水总量)×100%<br>城市再生水利用量是指污水经处理后出水水质符合《城市污水再生利用》系列标准等相应水质标准的再生水,包括城市污水处理厂再生水和建筑中水用于工业生产、景观环境、市政杂用、绿化、车辆冲洗、建筑施工等方面的水量,不包括工业企业内部的回用水。鼓励结合黑臭水体整治和水生态修复,推进污水再生利用 | 导向指标 | 京津冀地区≥35%;<br>京津冀以外的地级及以上缺水城市≥25%;<br>其他城市≥25%或年增长率≥5% | 7分。<br>评选年限内,达到标准得7分;每低2%或增长率每低1%扣2分;<br>高出标准的,每增加5%加1分,最高加2分 |

**续表**

| 序号 | 目标 | 指标 | 指标释义 | 指标类型 | 具体要求 | 评分标准 |
|---|---|---|---|---|---|---|
| 10 | 二、安全韧性 | 居民家庭一户一表率 | （建成区内居民抄表到户总水量÷建成区内居民家庭用水总量）×100% | 导向指标 | ≥90% | 5分。<br>评选年限内，居民家庭一户一表率达90%以上，得5分；<br>每低5%，扣2分，扣完为止 |
| 11 | | 节水型生活用水器具市场抽检合格率 | （抽检的生活用水器具市场在售节水生活用水器具样品数量÷总抽检样品数量）×100%<br>以地方有关部门对生活用水器具市场抽检结果为依据 | 底线指标 | 100% | 3分。<br>评选年限内，达到标准得3分。<br>若有销售淘汰用水器具的，本项指标不得分 |
| 12 | | 非居民单位计划用水率 | （已下达用水计划的公共供水非居民用水单位实际用水量÷公共供水非居民用水单位的用水总量）×100% | 导向指标 | ≥90% | 4分。<br>评选年限内，非居民单位计划用水率达90%以上，得4分；<br>每低5%，扣2分，扣完为止 |
| 13 | | 节水型单位覆盖率 | {节水型单位年用水总量（新水量）÷[年城市用水总量（新水量）－年城市工业用水总量（新水量）－年城市居民生活用水量（新水量）]}×100%<br>节水型单位是指由省级或市级人民政府有关部门向社会公布的非居民、非工业用水单位 | 导向指标 | ≥15% | 5分。<br>评选年限内，达到标准得5分，每低1%扣1分，该项分值扣完为止 |

**续表**

| 序号 | 目标 | 指标 | 指标释义 | 指标类型 | 具体要求 | 评分标准 |
|---|---|---|---|---|---|---|
| 14 | 二、安全韧性 | 工业用水重复利用率 | （工业生产过程中使用的年重复利用水量÷年工业用水总量）×100%，不含电厂<br>其中，年工业用水总量＝年工业生产新水量+年工业重复利用水量 | 导向指标 | ≥83% | 4分。<br>评选年限内，达到标准得4分；<br>每低1%，扣1分，扣完为止 |
| 15 | | 工业企业单位产品用水量 | 某行业（企业）年生产用水总量（新水量）÷某行业（企业）年产品产量（产品数量）<br>考核用水量排名前10位（地级市）或前5位（县级市）的工业行业单位产品用水量 | 导向指标 | 不大于国家发布的GB/T 18916定额系列标准或省级部门制定的地方定额 | 4分。<br>评选年限内，达到标准得4分，每有一个行业取水指标超过定额扣2分 |
| 16 | | 节水型企业覆盖率 | ［节水型企业年用水总量（新水量）÷年城市工业用水总量（新水量）］×100%<br>节水型企业是指由省级或市级人民政府有关部门向社会公布的用水企业 | 导向指标 | ≥20% | 5分。<br>评选年限内，达到标准得5分，每低2%扣1分 |
| 17 | 三、综合类 | 万元地区生产总值（GDP）用水量 | 年用水总量（新水量）÷年地区生产总值，不包括第一产业 | 导向指标 | 低于全国平均值的40%或年降低率≥5% | 6分。<br>评选年限内，达到标准得6分；低于全国平均值的50%，但高于平均值的40%时，扣3分；其他情况不得分 |
| 18 | | 节水资金投入占比 | （城市节水财政投入÷城市本级财政支出）×100% | 导向指标 | ≥0.5‰ | 5分。<br>城市节水财政投入占本级财政支出的比例≥0.5‰，得5分；每低0.1‰，扣2分，扣完为止 |

**续表**

| 序号 | 目标 | 指标 | 指标释义 | 指标类型 | 具体要求 | 评分标准 |
|---|---|---|---|---|---|---|
| 19 | 三、综合类 | 水资源税(费)收缴率 | [实收水资源税(费)÷应收水资源税(费)]×100%<br>其中,应收水资源税(费)是指不同水源种类及用水类型的水资源税(费)标准与其取水量之积的总和 | 导向指标 | ≥95% | 5分。<br>评选年限内,水资源税(费)收缴率不低于95%,得5分;每低2%,扣1分,扣完为止 |
| 20 | | 污水处理费(含自备水)收缴率 | [实收污水处理费(含自备水)÷应收污水处理费(含自备水)]×100%<br>其中,应收污水处理费(含自备水)是指各类用户核算污水排放量与其污水处理费收费标准之积的总和 | 导向指标 | ≥95% | 5分。<br>评选年限内,污水处理费(含自备水)收缴率不低于95%,得5分;每低2%扣1分,扣完为止 |

**注**:计算过程中应优先采用《城市统计年鉴》《城市建设统计年鉴》或地方其他年鉴等统计数据。

# 重庆市城市管理局 重庆市发展改革委关于印发《重庆市节水型城市申报与评选管理办法》和《重庆市节水型城市评选标准》的通知

（渝城管局〔2022〕81 号）

各区县（自治县，两江新区、重庆高新区、万盛经开区）城市节水主管部门、发展改革部门：

为进一步推进我市城市节水工作，按时完成“水十条”明确的城市节水工作和节水型城市创建任务，按照《住房和城乡建设部 国家发展改革委关于印发国家节水型城市申报与评选管理办法的通知》（建城〔2022〕15 号）精神，制定了《重庆市节水型城市申报与评选管理办法》和《重庆市节水型城市评选标准》，现印发给你们，请结合实际组织做好重庆市节水型城市申报、复查及日常管理工作。

联系人：马洪兵，联系电话：67886050、18008398100。

重庆市城市管理局 重庆发展和改革委员会

2022 年 7 月 29 日

## 重庆市节水型城市申报与评选管理办法

为落实国家节水行动要求，推动城市高质量和可持续发展，坚持“以水定城、以水定地、以水定人、以水定产”，把节水放在优先位置，规范重庆市节水型城市申报与评选管理，制定本办法。

一、总则

（一）本办法适用于重庆市节水型城市的申报、评选、动态管理及复查等工作。需申报国家节水型城市区按《住房和城乡建设部 国家发展改革委关于印发国家节水型城市申报与评选管理办法的通知》（建城〔2022〕15 号）执行。

（二）重庆市节水型城市申报与评选管理遵循自愿申报、动态管理和复查的原则。

（三）重庆市城市管理局会同重庆市发展和改革委员会负责重庆市节水型城市申报与评选管理工作。

二、申报主体

区县（自治县）人民政府（含两江新区、高新区、万盛经开区管理委员会）。

三、评选区域范围

申报区县（自治县）城市建成区（不含乡、镇、村）全部范围。

## 四、申报条件

申报重庆市节水型城市称号的区县应符合以下条件：

（一）城市节水法规政策执行有力，规范性文件配套健全。严格执行城市节约用水，水资源管理，供水、排水、用水管理，地下水保护，非常规水利用方面的法律法规，结合本地实际制定城市节水管理方面规范性文件。

（二）城市节水管理主管部门明确，人员稳定，职责清晰，日常节水管理规范。推动落实各项节水制度，开展全国城市节水宣传周以及日常的节水宣传，开展城市节水的日常培训等。

（三）建立城市节水统计制度。有用水计量与统计管理办法，或者关于城市节水统计制度批准文件，城市节水统计至少开展2年以上。

（四）建立节水投入制度。多渠道筹集资金，通过社会资本投入、财政补助等方式保障每年有稳定的节水投入，支持节水基础管理、节水设施建设与改造、节水型器具推广、节水培训以及宣传教育等活动的开展。

（五）城市节水制度健全。有计划用水与定额管理、节水“三同时”、污水排入排水管网许可、取水许可、城市节水奖惩等具体制度或办法并实施；居民用水实行阶梯水价，非居民用水实行超定额累进加价；有关于特种行业用水管理、鼓励再生水利用等的价格管理办法。

（六）编制并有效实施城市节水规划。城市节水中长期规划由具有相应资质的机构编制，并经本级政府或上级政府主管部门批准实施。编制海绵城市建设规划，出台海绵城市规划建设管控相关制度，将海绵城市建设要求落实到城市规划建设管理全过程。

（七）提高城市供节水智慧化水平。从城市供水、节水统计、计划用水和超定额加价管理等方面推进智慧化管理。

（八）近3年内（申报当年及前两年自然年，下同）未发生城市节水、重大安全、污染、破坏生态环境、破坏历史文化资源等事件，未发生违背城市发展规律的破坏性“建设”等行为，未被区县级及以上人民政府或市城市供节水主管部门通报批评。

## 五、申报程序和评选时间

（一）重庆市节水型城市每年开展一次，申报截止期为每年7月31日；

（二）申报区县（自治县）对照《重庆市节水型城市评选标准》进行自评，自评达到90分（含）以上，将申报材料分别报重庆市城市管理局、重庆市发展和改革委员会。

（三）重庆市城市管理局、重庆市发展和改革委员会受理申报材料，并于12月31日前完成评选工作。

## 六、申报材料

书面申报材料一式三份，并附电子版光盘两份。申报材料要真实准确、简明扼要，包括申报卷、评选指标、支撑材料3卷材料。支撑材料的种类、出处及统计口径要明确、统一，有关资料和表格填写要规范。申报材料、数据资料要真实可靠，不得弄虚作假。

申报卷主要包括：

（一）申报区县人民政府批准的重庆市节水型城市申报书；

（二）重庆市节水型城市创建工作组织与实施方案；

（三）重庆市节水型城市创建工作总结；

（四）城市自体检报告（应包括重庆市节水型城市评选标准各项指标）；

（五）评选区域范围示意地图；

（六）城市节水社会满意度调查情况；

（七）城市概况，包括城市基础设施建设情况、城市水环境概况、产业结构特点、主要用水行业及单位等；

（八）不少于2个能够体现本区县（自治县）城市特色和创新的节水示范项目。

## 七、评选组织管理

（一）重庆市城市管理局、重庆市发展和改革委员会结合专家优势等因素，负责组建评选专家组（以下简称专家组），其成员由管理人员和技术人员组成。专家组负责申报材料预审、现场考评及综合评议等具体工作。

为申报区县（自治县）提供技术指导的专家，不得参与对该申报区县（自治县）的考评工作。

（二）申报区县（自治县）在申报材料和评选过程中有弄虚作假行为的，取消当年申报资格。

（三）重庆市节水型城市评选和复查的日常工作由重庆市城市管理局负责。

## 八、评选程序

（一）申报材料预审。专家组负责申报材料齐全性、基本指标是否达标等预审，形成预审意见。

（二）第三方评价。重庆市城市管理局、重庆市发展和改革委员会组织第三方机构，结合城市体检，对国家节水型城市建设情况进行评估。评价报告作为评选重要参考。

（三）现场考评。根据预审意见和第三方评价报告，由专家组提出现场考评建议名单，经重庆市城市管理局、重庆市发展和改革委员会审核通过后。由专家组进行现场考评。

申报区县（自治县）在当地不少于两个主要媒体上向社会公布专家组工作时间、联系电话等信息，便于专家组听取各方面的意见、建议，并接受当地居民报名参与现场考评。

现场考评主要程序：

1. 听取申报区县（自治县）的创建工作汇报；

2. 查阅申报材料及有关的原始资料；

3. 专家组现场检查，按照考评内容，各类抽查点合计不少于5个，其中示范项目不少于2个；

4. 专家组选定当地居民代表参与现场考评，并将其意见作为现场考评意见的重要参考；

5. 专家组成员在独立提出评价意见和评分结果的基础上，经专家组集体讨论，形成现场考评意见；

6. 专家组就现场考评中发现的问题及建议进行现场反馈；

7. 专家组将现场考评意见书面报重庆市城市管理局、重庆市发展和改革委员会。

（四）综合评议。重庆市城市管理局、重庆市发展和改革委员会共同组织综合评议，形成综合评议意见，确定重庆市节水型城市建议名单。

（五）公示及命名。重庆市节水型城市建议名单在重庆市城市管理局、重庆市发展和改革委员会网站进行公示，公示期为 10 个工作日。公示无异议的，由重庆市城市管理局、重庆市发展和改革委员会正式命名。

## 九、动态管理及复查工作

重庆市节水型城市称号命名有效期 5 年。获得重庆市节水型城市的区县（自治县）每年 12 月 31 日前向重庆市城市管理局、重庆市发展和改革委员会报送上一年度城市节水工作基础数据。

（一）已获重庆市节水型城市命名的区县（自治县）应于有效期满前一年向重庆市城市管理局、重庆市发展和改革委员会提出复查申请，并提交自评报告。未申请复查的，称号不再保留。重庆市节水型城市复查按照现行的评选管理办法和评选标准开展。

（二）重庆市城市管理局、重庆市发展和改革委员会受理复查申请材料，于有效期满前组织完成复查，复查程序参照评选程序。

（三）复查通过的城市，继续保留重庆节水型城市称号；对未通过复查且在一年内整改不到位的，撤销其称号。保留称号期间，发生城市节水、重大安全、污染、破坏生态环境、破坏历史文化资源等事件，违背城市发展规律的破坏性“建设”等行为的，给予警告直至撤销称号。被撤销称号的区县（自治县）两年内不得参加重庆市节水型城市申报评选。

## 十、附则

（一）本办法由重庆市城市管理局、重庆市发展和改革委员会负责解释。

（二）本办法于 2022 年 12 月 1 日至 2025 年 12 月 31 日执行，原《重庆市节水型城市申报与评价办法》和《重庆市节水型城市评价标准》（渝城管〔2019〕92 号）自行废止。

## 重庆市节水型城市评选标准

| 序号 | 目标 | 指标 | 指标释义 | 指标类型 | 具体要求 | 评分标准 |
|---|---|---|---|---|---|---|
| 1 | 一、生态宜居 | 城市可渗透地面面积比例 | [建成区内具有渗透能力的地表(含水域)面积÷城市建成区总面积]×100% | 导向指标 | 不低于40% | 6分。<br>评价年限内,城市可渗透地面面积比例达到标准得6分;每低1%扣0.5分,扣完为止 |
| 2 |  | 自备井关停率 | (城市公共供水管网覆盖范围内关停的自备井数÷城市公共供水管网覆盖范围内的自备井总数)×100% | 底线指标 | 95%。且在地下水超采区,连续两年无各类建设项目和服务业新增取用地下水 | 4分。<br>评选年限内,城市公共供水管网覆盖范围内的,自备井关停率达95%得3分;每低5%扣1分,扣完为止。<br>在地下水超采区,连续两年无各类建设项目和服务业新增取用地下水,得1分,有新增取水的,不得分 |
| 3 |  | 城市公共供水管网漏损率 | [城市公共供水总量-城市公共供水注册用户用水量)÷城市公共供水总量]-修正值,其中城市公共供水注册用户用水量是指水厂将水供出厂外后,各类注册用户实际使用到的水量,包括计费用水量和免费用水量。计费用水量指收费供应的水量,免费用水量指无偿使用的水量 | 底线指标 | 按《城镇供水管网漏损控制及评定标准》(CJJ 92)规定核算后≤9% | 7分。<br>评选年限内,城市公共供水管网漏损率达到标准得5分;漏损率在达到标准的基础上,每降低1个百分点,加1分,最高加2分;每超过标准1个百分点(未达标)扣2分,扣完为止 |

**续表**

| 序号 | 目标 | 指标 | 指标释义 | 指标类型 | 具体要求 | 评分标准 |
|---|---|---|---|---|---|---|
| 4 | 一、生态宜居 | 城市水环境质量 | 城市生活污水收集处理水平及城市水体水质状况 | 导向指标 | 建成区旱天无生活污水直排口，无生活污水管网空白区，城市生活污水集中收集率、集中处理率达到目标要求，无黑臭水体 | 5分。<br>评选年限内，建成区范围内旱天无生活污水直排口，无生活污水管网空白区，城市生活污水集中收集率、集中处理率达到目标要求得5分；发现一个旱天污水直排口扣1分，扣完为止；发现1个生活污水管网空白区扣1分，扣完为止；城市生活污水集中收集率未达到目标要求的，每低1%，扣1分，扣完为止；有黑臭水体的，本项指标不得分 |
| 5 | | 城市居民生活用水量 | 城市居民家庭年生活用水总量(新水量)÷(城市居民总户数×每户平均人数)，其中每户平均人数按最近一次人口普查统计数据确定 | 导向指标 | 不高于《城市居民生活用水量标准》(GB/T 50331)的指标 | 4分。<br>评选年限内，达到《城市居民生活用水量标准》(GB/T 50331)得4分；未达标，不得分 |
| 6 | | 节水型居民小区覆盖率 | 节水型居民小区或社区居民户数与城市居民总户数的比值 | 导向指标 | ≥10% | 6分。<br>评选年限内，节水型居民小区覆盖率达到10%得6分；每低1%扣1分，扣完为止 |
| 7 | 二、安全韧性 | 用水总量 | 指各类用水户取用的包括输水损失在内的毛水量 | 底线指标 | 不超过下达的用水总量控制指标 | 5分。<br>评选年限内，本行政区用水总量不超过下达的用水总量控制指标，得5分。其余情况不得分 |

续表

| 序号 | 目标 | 指标 | 指标释义 | 指标类型 | 具体要求 | 评分标准 |
| --- | --- | --- | --- | --- | --- | --- |
| 8 | 二、安全韧性 | 万元工业增加值用水量 | 年工业用水量(按新水量计)÷年工业增加值,其中,工业用水量是指工矿企业在生产过程中用于制造、加工、冷却(包括火电直流冷却)、空调、净化、洗涤等方面的用水量,按新水量计,不包括企业内部的重复利用量。统计口径为规模以上工业企业或全口径工业企业,按国家统计局相关规定执行 | 导向指标 | 低于全国平均值的 50%或年降低率≥5% | 5 分。<br>评选年限内,达到标准得 5 分,每低 2%或增长率每低 1%扣 2 分;该项分值扣完为止 |
| 9 | | 再生水利用率 | (1)缺水城市:城市再生水利用总量占污水处理总量的比例。<br>(2)其他城市:再生水、雨水、矿井水、苦咸水等非常规水资源利用总量占城市用水总量(新水量+非常规水量)的比例 | 导向指标 | ≥15%或年增长率≥5% | 7 分。<br>评选年限内,达到标准得 7 分;每低 2%或增长率每低 1%扣 2 分;高出标准的,每增加 5%加 1 分,最高加 2 分 |
| 10 | | 居民家庭一户一表率 | (建成区内居民抄表到户总水量÷建成区内家庭用水总量)×100% | 导向指标 | ≥90% | 5 分。<br>评选年限内,居民家庭一户一表率 90%以上,得 5 分,每低 5%或扣 2 分;该项分值扣完为止 |
| 11 | | 节水型生活用水器具市场抽检合格率 | (抽检的生活用水器具市场在售节水生活用水器具样品数量÷总抽检样品数量)×100%<br>以地方有关部门对生活用水器具市场抽检结果为依据 | 底线指标 | 100% | 3 分。<br>评选年限内,达到标准得 3 分,若有销售淘汰用水器具的,本项指标不得分 |

**续表**

| 序号 | 目标 | 指标 | 指标释义 | 指标类型 | 具体要求 | 评分标准 |
|---|---|---|---|---|---|---|
| 12 | 二、安全韧性 | 非居民单位计划用水率 | （已下达用水计划的非居民用水单位实际用水量÷非居民用水单位用水总量）×100% | 底线指标 | ≥90% | 4分。<br>评选年限内，非居民单位计划用水率达90%以上，得4分，每低5%，扣2分，扣完为止 |
| 13 | | 节水型单位覆盖率 | ｛节水型单位年用水量总量（新水量）÷［年城市用水总量（新水量）－年城市工业用水总量（新水量）－年城市居民用水总量（新水量）］｝×100%，节水型单位是指由本级人民政府或有关部门向社会公布的非居民、非工业用水单位 | 导向指标 | ≥10% | 5分。<br>评选年限内，达到标准得5分，每低1%扣2分；该项分值扣完为止 |
| 14 | | 工业用水重复利用率 | （工业生产过程中使用的年重复利用水量÷年工业用水总量）×100%，不含电厂。其中，年工业用水总量＝年工业生产新水量+年工业重复利用水量 | 导向指标 | ≥60% | 4分。<br>评选年限内，达到标准得4分，每低1%扣1分；该项分值扣完为止 |
| 15 | | 工业企业单位产品用水量 | 某行业（企业）年生产用水总量（新水量）÷某行业（企业）年产品产量（产品数量）。考核用水量排名前10位的工业行业单位产品用水量 | 导向指标 | 不大于国家发布的GB/T 18916定额系列标准或省级部门制定的地方定额 | 4分。<br>评选年限内，达到标准得4分，每有一个行业取水指标超过定额扣2分 |

**续表**

| 序号 | 目标 | 指标 | 指标释义 | 指标类型 | 具体要求 | 评分标准 |
|---|---|---|---|---|---|---|
| 16 | 二、安全韧性 | 节水型企业覆盖率 | 节水型企业年用水总量（新水量）÷年城市工业用水总量（新水量）×100%。<br>节水型企业是指由本级人民政府或有关部门向社会公布的用水企业 | 导向指标 | ≥15% | 5分。<br>评选年限内，达到标准得5分，每低2%扣1分；该项分值扣完为止 |
| 17 | 三、综合类 | 万元地区生产总值（GDP）用水量 | 年用水量（按新水量计）与年地区生产总值的比值，不包括第一产业 | 导向指标 | 低于全国平均值的40%或年降低率≥5% | 6分。<br>评选年限内，达到标准得6分；低于全国平均值的50%，但高于全国值的40%时扣3分；其他情况不得分 |
| 18 | | 城市节水资金投入 | 城市节水投入占本级财政支出的比例 | 导向指标 | ≥1‰ | 5分。<br>城市节水投入占本级财政支出的比例≥1‰，得5分；每低0.1‰，扣1分，扣完为止 |
| 19 | | 水资源费（税）收缴率 | 实收水资源费（税）与应收水资源费（税）的比值，应收水资源费（税）是指不同水源种类及用水类型的水资源费（税）标准与其取水量之积的总和 | 导向指标 | ≥95% | 5分。<br>评选年限内，水资源税（费）收缴率不低于95%得5分，每低2%扣1分，扣完为止 |
| 20 | | 污水处理费（含自备水）收缴率 | 实收污水处理费（含自备水）与应收污水处理费（含自备水）的比值，应收污水处理费（含自备水）是指各类用户核算污水排放量与其污水处理费收费标准之积的总和 | 导向指标 | ≥95% | 5分。<br>评选年限内，污水处理费（含自备水）收缴率不低于95%得5分，每低2%扣2分，扣完为止 |

注：计算过程中应优先采用《城市统计年鉴》《城市建设统计年鉴》或地方其他年鉴等统计数据。

# 第十四节　节水型社会

## 水利部关于开展县域节水型社会达标建设工作的通知

（水资源〔2017〕184 号）

各省、自治区、直辖市水利（水务）厅（局），新疆生产建设兵团水利局：

为深入贯彻节水优先方针，落实 2017 年中央一号文件要求，全面推进节水型社会建设，实现水资源可持续利用，水利部决定在全国范围内开展县域节水型社会达标建设工作。现将有关事项通知如下：

### 一、充分认识开展县域节水型社会达标建设的重要意义

在总结节水型社会建设试点经验的基础上，全面开展县域节水型社会达标建设，是落实节水优先方针的重要举措，对加快实现从供水管理向需水管理转变，从粗放用水方式向高效用水方式转变，从过度开发水资源向主动节约保护水资源转变，具有十分重要的意义。通过推进县域节水型社会达标建设，可以全面提升全社会节水意识，倒逼生产方式转型和产业结构升级，促进供给侧结构性改革，更好满足广大人民群众对美好生态环境需求，增强县域经济社会可持续发展能力，促进社会文明进步。

各级水行政主管部门要切实增强责任感和使命感，认真贯彻中央新时期水利工作方针，加快推进县域节水型社会达标建设，把节水型社会建设作为方向性、战略性举措来抓，将节水贯穿到经济社会发展和生产生活全过程。

### 二、明确县域节水型社会达标建设的目标任务

**（一）总体目标**

到 2020 年，北方各省（自治区、直辖市）40%以上县（区）级行政区、南方各省（自治区、直辖市，西藏除外）20%以上县（区）级行政区应达到《节水型社会评价标准（试行）》（以下简称《标准》，见附件）要求。

**（二）主要任务**

1. 指导推动各县级行政区开展节水型社会达标建设。各省级水行政主管部门，要按照《“十三五”水资源消耗总量和强度双控行动方案》《节水型社会建设“十三五”规划》《全民节水行动计划》确定的目标任务，统筹制定县域节水型社会达标建设工作实施方案，明确县域节水型社会达标建设的总体目标、年度任务和实施计划，落实保障措施，按目标要求推进县域节水型社会达标建设，并于 2017 年 6 月底前报我部。

2. 组织开展辖区内县域节水型社会达标考核工作。各省级水行政主管部门要广泛动员各县级人民政府积极推进节水型社会建设，强化分类指导，组织实施技术评估和达标考核。

3. 加强宣传推广。各级地方水行政主管部门要积极争取当地政府及宣传部门的支持，创新节水宣传方式，积极营造全民参与节水的社会氛围。各省级水行政主管部门要及

时提炼总结辖区内县域节水型社会达标建设经验做法,加大培训和宣传工作力度,引领带动节水型社会建设。

## 三、规范县域节水型社会建设达标考核程序

县域节水型社会建设达标考核按照自评、技术评估、验收和备案的程序进行。

**(一)自评**。县级人民政府按照《标准》进行自评,自评得分达到85分以上的,申请并提交相关申报材料。申报材料应包括:节水型社会建设规划(或实施方案)、自评分情况及逐项说明材料、节水型社会建设工作总结和相关影像资料。

**(二)技术评估**。各省级节约用水办公室组织有关单位和有关市级水行政主管部门进行技术评估,形成技术评估意见。

**(三)验收**。各省级水行政主管部门对通过技术评估的县级行政区进行现场验收;对通过验收且公示无异议的,认定其达到《标准》要求。

**(四)备案**。各省级水行政主管部门应于每年12月底前,将本年度县域节水型社会达标建设工作总结、达标评定结果及通过评定的县级行政区节水型社会建设相关材料报我部备案。

县域节水型社会申报及评定工作每年度组织一次。各省级水行政主管部门可结合各地实际,进一步细化考核工作要求。

## 四、切实落实县域节水型社会达标建设的保障措施

**(一)加强组织领导,健全工作体制**。各省级水行政主管部门要将县域节水型社会达标建设纳入重要议事日程,主要领导亲自抓,及时研究和协调解决工作中的重大问题。各省级节约用水办公室承担日常工作,要进一步健全机构,加强监督管理和业务指导,为有序推进节水型社会达标建设提供有力组织保障。

**(二)创新支持方式,加大资金保障**。各级水行政主管部门要按照水资源费征收使用管理规定,加大对水资源节约、保护和管理工作的支持力度。大力推行合同节水管理等模式,形成基于市场机制的节水服务模式,鼓励社会资本投入。各省级水行政主管部门要指导和督促县级人民政府充分发挥公共财政在节水型社会建设中的重要作用,建立节水投资稳步增长机制。积极探索"以奖代补"等方式对县级节水型社会建设工作给予资金补助。

**(三)落实目标责任,强化考核监管**。各省级水行政主管部门要会同有关部门建立县域节水型社会达标建设目标考核机制,把目标任务逐级分解落实到各地区,并实行动态管理,三年一复验,对达不到《标准》要求的,取消命名。我部将组织有关单位,对各地县域节水型社会建设工作情况进行监督检查,并在最严格水资源管理制度考核中,突出县域节水型社会达标建设要求。

附件:节水型社会评价标准(试行)

水利部

2017年5月9日

附件

# 节水型社会评价标准(试行)

## 一、适用范围

本标准适用于县级行政区和直辖市所属区(县)节水型社会评价工作。

## 二、必备条件

1. 最严格水资源管理制度、水资源消耗总量和强度双控行动确定的控制指标全部达到年度目标要求。

2. 近两年实行最严格水资源管理制度考核结果为良好及以上。

3. 节水管理机构健全,职责明确、人员齐备。

## 三、评价方法

1. 除标准特别指出之外,应当采用上一年的资料和数据进行评价计算得分。

2. 总分 85 分以上者认定为达到节水型社会标准要求。

3. 如遇缺项,则该项不得分,评价总分按照公式进行折算,折算公式为:评价总分=(实际总得分-加分项得分)×100/(100-缺项对应分值)+加分项得分。加分项不计入缺项。

## 节水型社会评价赋分表

| 序号 | 评价类别 | 评价内容 | 评分标准 | 分数 |
|---|---|---|---|---|
| 1 | 用水定额管理 | 严格各行业用水定额管理,强化定额使用 | 在水资源论证、取水许可、节水载体认定等工作中严格执行用水定额,得8分。在近两年上级部门水资源管理监督检查中,发现一例未按规定使用用水定额的,扣1分,扣完为止 | 8 |
| 2 | 计划用水管理 | 纳入计划用水管理的城镇非居民用水单位[1]数量占应纳入计划用水管理的城镇非居民用水单位数量的比例 | 所占比例达到100%,得10分;每低3%,扣1分,扣完为止 | 10 |
| 3 | 用水计量 | 农业灌溉用水计量率[2]:农业灌溉用水计量水量占农业灌溉用水总量的比例 | 北方地区[3]:农业灌溉用水计量率≥80%,得5分;每低4%,扣1分,扣完为止 | 10 |
| | | | 南方地区[3]:农业灌溉用水计量率≥60%,得5分;每低4%,扣1分,扣完为止 | |
| | | 工业用水计量率:工业用水计量水量与工业用水总量的比值 | 工业用水计量率为100%,得5分;每低3%,扣1分,扣完为止。规模以上工业企业[4]用水计量率必须达到100%,否则本项得0分 | |
| 4 | 水价机制 | 推进农业水价综合改革,建立健全农业水价形成机制,推进农业水权制度建设,建立农业用水精准补贴和节水奖励机制 | 农业水价综合改革实际实施面积占计划实施面积[5]比达到100%,得2分;每低2%,扣0.1分,扣完为止 | 16 |
| | | | 实际执行水价加精准补贴(补贴工程运行维护费部分)占运行维护成本比达到100%,得2分;每低2%,扣0.1分,扣完为止 | |
| | | 实行居民用水阶梯水价制度 | 城镇居民生活用水实行阶梯水价制度,得4分;未实行,得0分 | |
| | | 实行非居民用水超计划超定额累进加价制度 | 非居民用水实行超计划超定额累进加价制度,得4分;未实行,得0分 | |
| | | 水资源费征缴 | 按标准足额征缴水资源费,得4分;在近两年上级部门水资源管理监督检查中,发现1例未足额征缴的,扣1分,扣完为止 | |

**续表**

| 序号 | 评价类别 | 评价内容 | 评分标准 | 分数 |
|---|---|---|---|---|
| 5 | 节水“三同时”管理 | 新(改、扩)建建设项目执行节水设施与主体工程同时设计、同时施工、同时投产制度 | 新(改、扩)建建设项目全部执行节水“三同时”管理制度,得6分;在近两年上级部门水资源管理监督检查中,发现1例未落实节水“三同时”制度的,扣1分,扣完为止 | 6 |
| 6 | 节水载体建设 | 节水型企业建成率:重点用水行业[6]节水型企业数量与重点用水行业企业总数的比值 | 北方地区:节水型企业建成率≥50%,得6分;每低3%,扣1分,扣完为止 | 18 |
| | | | 南方地区:节水型企业建成率≥40%,得6分;每低3%,扣1分,扣完为止 | |
| | | 公共机构节水型单位建成率:公共机构节水型单位数量与公共机构[7]总数的比值 | 公共机构节水型单位建成率≥50%,得6分;每低3%,扣1分,扣完为止 | |
| | | 节水型居民小区建成率:节水型居民小区数量与居民小区[8]总数的比值 | 北方地区:节水型居民小区建成率≥20%,得6分;每低1%,扣2分,扣完为止 | |
| | | | 南方地区:节水型居民小区建成率≥15%,得6分;每低1%,扣2分,扣完为止 | |
| 7 | 供水管网漏损控制 | 公共供水管网漏损率:城镇公共供水总量和有效供水量之差与供水总量的比值 | 公共供水管网漏损率≤10%(各地区可根据《城市供水管网漏损控制及评定标准》(CJJ 92—2016)对10%的评价值进行修订,按照修订值进行评分),得8分;每高1%,扣1分,扣完为止 | 8 |
| 8 | 生活节水器具推广 | 全面推动公共场所[9]、居民家庭使用生活节水器具 | 公共场所和新建小区居民家庭全部采用节水器具,得8分;发现1例未使用,扣1分,扣完为止。(初评抽查的公共场所和居民家庭不少于10个) | 8 |

续表

| 序号 | 评价类别 | 评价内容 | 评分标准 | 分数 |
|---|---|---|---|---|
| 9 | 再生水[10]利用 | 再生水利用率:经过处理并再次利用的污水量与污水总量的比值(指市政处理部分,不含企业内部循环利用部分) | 北方地区:再生水利用率≥20%,得 8 分;每低 1%,扣 1 分,扣完为止 | 8 |
| | | | 南方地区:再生水利用率≥15%,得 8 分;每低 1%,扣 1 分,扣完为止 | |
| 10 | 社会节水意识 | 开展节水宣传教育活动 | 经常性开展节水公益宣传活动,普及水情知识和节水知识,得 4 分;未开展,得 0 分 | 8 |
| | | 公众具有明显的节水意识 | 通过电话、网络等方式进行公众节水意识调查[11],70%以上的调查对象具有明显的节水意识,得 4 分;每低 5%,扣 1 分,扣完为止 | |
| 11 | 加分项 | 节水标杆示范 | 区域内有企业、公共机构、产品、灌区被评为国家级或省级水效领跑者或节水标杆单位(企业),加 3 分 | 3 |
| | | 实行节水激励政策 | 本级财政对节水项目建设、节水技术推广等实行补贴或其他优惠等激励政策,加 4 分 | 4 |
| | | 推广喷灌、微灌、管道输水等高效节水灌溉技术 | 北方地区高效节水灌溉率[12]≥40%,南方地区高效节水灌溉率≥30%,加 3 分 | 3 |

**说明:**

[1]城镇非居民用水单位是指纳入取水许可管理和从公共供水管网取水的工业、服务业用水单位。

[2]农业灌溉用水计量率是指有计量设施的农业取水口灌溉取水量占灌溉总取水量的比例。

[3]北方地区包括北京、天津、河北、山西、内蒙古、辽宁、吉林、黑龙江、山东、河南、陕西、甘肃、宁夏、新疆等14个省(自治区、直辖市)。其他省(自治区、直辖市)为南方地区,包括江河源头区的青海、西藏。

[4]规模以上工业企业是指年主营业务收入在2 000万元以上的工业企业。

[5]农业水价综合改革实际实施面积是指县级行政区(含直辖市所辖区、县)自部署实施农业水价综合改革以来已实施的总面积,计划实施面积是指计划实施的总面积。

[6]重点用水行业包括火电、钢铁、纺织染整、造纸、石油炼制、化工、食品等行业。

[7]公共机构是指县(区)级机关和县(区)直事业单位。

[8]居民小区是指由物业公司统一管理、实行集中供水的城镇居民小区。

[9]公共场所是指公用建筑物、活动场所及其设施等。

[10]再生水是指污水经过适当处理后,达到一定的水质指标,满足某种使用要求,可以再次利用的水。

[11]公众节水意识调查由县级行政区(含直辖市所辖区、县)自主开展,在评价时重点对调查工作进行核查。

[12]高效节水灌溉率是指高效节水灌溉面积占灌溉面积的比例。

# 水利部关于印发《县域节水型社会达标建设管理办法》的通知

（水节约〔2021〕379号）

各流域管理机构，各省、自治区、直辖市水利（水务）厅（局），新疆生产建设兵团水利局：

《县域节水型社会达标建设管理办法》已经水利部2021年第21次部务会审议通过，现印发给你们，请遵照执行。

水利部

2021年12月15日

## 县域节水型社会达标建设管理办法

### 第一章　总　则

**第一条**　为深入贯彻落实节水优先方针，规范和促进县域节水型社会达标建设（以下简称达标建设），根据《中华人民共和国水法》《国家节水行动方案》等有关要求，制定本办法。

**第二条**　本办法适用于达标建设的组织、申请、审核和监督管理等工作。

本办法所称县域包括直辖市所辖区，设区市所辖区，县（县级市、自治县、旗）等。

经济开发区等区域的节水型社会达标建设可参照本办法进行管理。

**第三条**　达标建设工作坚持政府主导、社会参与；注重实效、持续推进；严格审核、动态管理的原则。

**第四条**　水利部负责达标建设的组织指导、标准制定、复核认定和监督管理等工作。

流域管理机构根据职责分工，负责达标建设的复核、监管等工作。

省级水行政主管部门负责推动县级人民政府开展达标建设，组织开展审核、监管、评估等工作。

**第五条**　依据水利部制定发布的节水型社会评价标准，对开展达标建设的县（区）进行评价。对满足用水总量和强度控制指标要求，且评价总分在85分及以上的，认定为节水型社会建设达标县（区）（以下简称达标县）。

### 第二章　申请与审核

**第六条**　省级水行政主管部门应制定本辖区达标建设实施方案，明确达标建设的总体目标、年度任务和实施计划，组织市级水行政主管部门落实工作任务，推动县级人民政府开展达标建设。

**第七条**　县级人民政府应落实主体责任，组织制定达标建设具体方案，分解落实目标任务和保障措施，建立健全工作机制，确保按期完成达标建设任务。

**第八条**　经自查达到节水型社会评价标准要求的县(区),由县级人民政府向省级水行政主管部门提出审核申请。申请材料包括:

(一)申请文件;

(二)达标建设工作报告,包括组织领导、资金投入、主要做法、建设成效等内容;

(三)指标完成情况、具体说明及必要佐证材料。

**第九条**　省级水行政主管部门负责达标建设审核,主要包括:

(一)审核申请材料的合规性和真实性;

(二)依据节水型社会评价标准,审核指标完成情况;

(三)现场核查相关指标完成情况。

**第十条**　省级水行政主管部门对通过审核的县(区)名单予以公示,公示期不少于5个工作日。省级水行政主管部门应对公示期收到的投诉和举报问题,组织调查核实。

**第十一条**　省级水行政主管部门于每年12月底前,将本年度达标建设审核情况及必要佐证材料形成省级年度达标建设工作报告上报水利部。

## 第三章　复核与监管

**第十二条**　水利部组织流域管理机构按照职责分工对备案县(区)的达标建设情况进行复核。复核包括资料复核和现场复核。

**第十三条**　资料复核主要对备案资料合规性、审核程序规范性、指标赋分合理性和各项建设指标完成情况进行核验。

**第十四条**　现场复核主要对资料复核中发现需要现场核实的问题、相关指标完成情况等进行复核。现场复核县(区)比例一般不低于上报县(区)总数的20%。

**第十五条**　水利部根据复核情况进行审议,审议通过后公告达标县名单。

**第十六条**　达标县应建立长效机制,严格落实用水总量和强度控制指标要求,巩固深化节水成效,推动达标建设提质增效。

**第十七条**　流域管理机构和省级水行政主管部门应对达标县进行日常监管,督促达标县对发现的问题限期整改。对整改后仍不满足节水型社会评价标准的县(区),应上报水利部取消其达标县命名。被取消达标县命名的三年内不得重新申请。

**第十八条**　省级水行政主管部门对达标县每五年开展一次评估,并将评估结果于当年12月底前报送水利部。经评估发现未持续巩固达标建设成果、已不满足节水型社会评价标准的县(区),水利部取消其达标县命名。被取消达标县命名的三年内不得重新申请。

**第十九条**　将达标建设工作及成效列入相关节水考核。

水利部在政策、经济、技术等方面,加强对达标县节水工作的支持。省级水行政主管部门可根据实际情况,加大对达标县的奖励和支持力度。

**第二十条**　达标建设管理工作应严格遵守相关工作程序和要求,对存在弄虚作假、徇私舞弊的,依法依规进行处理,并取消申请资格或取消命名。

## 第四章　附　则

**第二十一条**　节水型社会评价标准按水利部印发的《节水型社会评价标准(试行)》执行。根据节水工作发展,水利部适时对评价标准进行修订。

**第二十二条**　本办法自印发之日起施行。

# 重庆市水利局 重庆市发展改革委 重庆市财政局等9部门关于全面推进节水型社会建设的指导意见

(渝水〔2016〕82号)

各区县(自治县)、万盛经开区水行政主管部门,发展改革委,财政局,经济信息委,教委(教育局),环保局,供排水主管部门,机关事务管理局,节约用水办公室:

建设节水型社会是贯彻落实新时期治水方针和践行五大发展理念的重要工作,是推进水生态文明建设的主要内容,为做好我市节水型社会建设,提出以下意见,请遵照执行。

## 一、充分认识节水型社会建设的重要意义

水是生命之源、生产之要、生态之基,是人类生存和发展不可替代的资源,是经济社会可持续发展的基础。我市人均水资源不足,时空分布不均,各行业用水效率和效益较低,用水粗放、浪费水的现象较为普遍,缺水已经成为经济发展和社会进步的重要制约因素。建设节水型社会是解决我市缺水问题最根本、最有效的战略措施,也是坚持以人为本,树立五大发展理念的必然要求。通过节水型社会的建设,将使水资源的利用效率和效益得到提高,生态环境得到改善,可持续发展能力不断增强,促进人与自然的和谐相处,为全面建成小康社会打下坚实的基础具有重大和深远的经济和社会意义。各有关部门要高度重视,采取切实有力的措施,认真做好节水型社会建设工作。

## 二、总体要求

### (一)指导思想

以党的十八大以来一系列重要会议精神为指导,全面落实中央"节水优先"的治水方针,牢固树立五大发展新理念,贯彻落实重庆市生态文明建设总体部署,以提高水资源利用效率和效益为核心,以全面实行最严格的水资源管理制度为重点,以水资源统一管理为保障,以制度创新为动力,以转变经济增长方式、调整经济结构、加快技术进步为根本,转变用水观念、创新发展模式,综合采取法律、经济、行政、技术等手段,促进经济社会发展与水资源承载能力相协调,为全面建设小康社会提供水资源保障。

### (二)基本原则

1. 坚持协调的原则。在更加注重水资源节约同时,加快形成节约资源的产业结构、生产方式和消费方式,实行经济社会可持续发展。

2. 坚持以人为本与解决实际问题相结合的原则。正确处理人与水资源的关系,着力解决突出的水资源浪费问题,实现人与水资源和谐共生、协调发展,为社会提供更加优良的深层发展环境。

3. 坚持全面节约与体现特色相结合的原则。推进节水型社会建设，要结合我市水资源自身特点，在全面提高水资源利用效率和效益同时，重点围绕节水防污型社会建设，减少水污染排放，维护良好的水生态环境。

4. 坚持政府主导与调动各方参与相结合的原则。充分发挥政府在节水型社会建设中的引导、组织、协调和推动作用，充分发挥市场对水资源配置的决定性作用，规范和引导全社会用水行为，激发全社会参与节水型社会建设的积极性和创造力，形成全民共建节水型社会的基本格局。

5. 坚持因地制宜与改革创新相结合的原则。既要考虑我市各方面的实际情况，因地制宜地推进节水型社会建设，又要以改革创新的思路和办法深化体制机制改革和推进科技创新，以健全的制度体系和科技进步推动节水型社会建设。

**（三）目标任务**

到 2020 年，全市节水型社会建设要迈出实质性步伐、取得明显效果，缺水区县建成区达到国家节水型城市标准要求，水资源利用效率和效益显著提高，水生态环境明显改善，全市用水总量控制在 97 亿立方米以内，万元 GDP 用水量比 2010 年下降 29%以上。农田灌溉水有效利用系数达到 0.5 以上；万元工业增加值用水量比 2010 年下降 30%以上，重点行业单位产品用水量达到或接近国内先进水平，工业用水重复利用率达到 70%以上；城镇公共供水管网漏损率控制在 10%以内，城镇节水器具普及率 90%以上，城市再生水利用率达 10%以上，缺水城市再生水利用率达到 20%以上；市级行政单位全部建成节水型公共机构。

## 三、主要工作任务及分工

**（一）全面谋划节水型社会建设。**区县有关部门要按照“节水优先”的治水方针，全面谋划节水型社会建设工作，认真编制区县节水型社会建设规划，将节水型社会建设规划主要内容纳入本级政府国民经济和社会发展五年总体规划，强化对节水型社会建设指导，各有关部门要按照节水规划落实好各项工作任务。区县节水型社会建设规划在今年 11 底前报本级人民政府批准后报市级相关部门备案。（发展改革委、水利部门牵头，有关部门配合）

**（二）推进农业节水。**加快骨干水源工程、区域水资源配置工程和五小水利工程建设，合理调整农业生产布局、农作物种植结构，积极发展林果业和养殖业节水，优化用水结构，缓解重点农业生产区的用水压力，提高农业用水总体保障水平。优先推进粮食主产区和严重缺水地区节水灌溉发展，积极推广喷灌、微灌、滴灌、低压管灌等高效节水灌溉技术。大力推广改土蓄水、保土蓄水、工程蓄水、覆盖保水、农耕农艺抗旱节水、节水技术设备应用等综合配套技术，提高土壤吸纳和保持水分的能力。加强水资源统一管理，实行农业取水许可和水资源论证制度，强化农业用水管理和监督；明确农业节水工程设施管护主体，落实管护责任；合理确定灌溉用水定额，完善农业用水计量设施，逐步实行按计量收费，推行灌溉用水总量控制和定额管理；完善农业节水社会化服务体系，加强技术指导和示范培训；积极推行农业节水信息化，在有条件的灌区实行灌溉用水自动化、数字化管理。（水利部门牵头，有关部门配合）

**（三）推进城镇生活节水。**开展节水型城市建设，大力发展城乡供水一体化。推进用水户计划用水管理。加强供水管网更新改造和维护管理，不断降低供水管网的漏损率。定期开展用水效率评价，强化节水技术改造和用水节水管理，强化温泉、游泳、洗车、高尔夫球场、宾馆、饭店和餐饮服务业等的用水节水管理。（供排水主管部门牵头，有关部门配合）

**（四）推进工业节水。**加强企业新建、扩建用水管理，强化用水计量器具监督和检测，开展节水型企业示范工程创建工作，公布全市重点工业行业节水标杆企业和标杆指标，发挥示范带动作用。积极推广污水处理再生利用，提高工业用水重复利用率，降低单位产品取水量。加强节水技术改造，完善企业内部节水管理，严格按照规定配备各级用水计量器具，建立用水统计台账。（经济信息委、水利、供排水主管部门牵头，有关部门配合）

**（五）推进公共机构节水。**进一步完善公共机构节水管理制度，建立健全节水管理岗位责任制，强化节水日常管理，开展多种形式的节水宣传活动，鼓励学校将节水知识纳入教学内容，建设中小学节水教育社会实践基地，建设节水型公共机关、学校等。［机关事务管理局、教委（教育局）牵头，有关部门配合］

**（六）大力发展非常规水源开发利用。**把再生水、矿井水利用作为水资源和节约用水规划的重要内容，纳入水资源统一配置，鼓励和支持非常规水源开发利用。对取用污水处理回用水的免征水资源费。研究出台再生水相关价格政策。城市建设必须考虑和建设再生水利用系统，城市绿化、城市道路清洗、生态景观等用水，必须优先使用再生水。有条件的地方要以城镇污水处理厂为中心，建设区域性系统再生水和中水回用系统示范工程，推行分质供水，逐步提高城市污水处理回用比例。鼓励城镇大型公共建筑、居住小区内建设区域性系统再生水和中水回用示范项目，推广城市建筑再生水和中水利用技术。鼓励引导“海绵城市”建设。煤、锰等主要矿山采区积极建设矿井水利用工程，对采矿排水由本企业回收利用的给予规费优惠。（发展改革委、水利、供排水主管部门牵头，有关部门配合）

**（七）切实加强用水管理。**落实建设项目节水“三同时”制度。新建、改建和扩建项目应当制订节水措施方案，保证节水设施与主体工程同时设计、同时施工、同时投入使用“三同时”制度。严格行业用水定额管理。把用水定额作为水资源论证、取水许可审批、计划用水下达、节水型企业、节水城市考核的重要依据。适时开展《重庆市用水定额》修订工作。加强计划用水管理。各地要依据确定的用水总量控制指标，制定年度用水计划，对年度用水实行总量管理。要对纳入取水许可管理的取水单位和年用水达到一定规模的其他用水大户实行计划用水管理，严格监督用水计划执行情况，实行超计划、超定额累进加价。定期组织开展对重点取用水单位的水平衡测试工作，对用水水平未达到用水定额标准的用水户，或者使用国家明令淘汰的用水技术工艺、产品或者设备的用水户，水行政主管部门要核减其年度计划用水量。限制高耗水工业项目和高耗水服务业发展。全面完成重庆市水资源管理信息系统建设，基本完成重点取水户在线远传计量设施的安装，对取用水户计量设施正常运行进行监督管理。（水利、供排水主管部门牵头，有关部门配合）

**（八）广泛推广节水型器具和产品。**严格执行国家节水型生活用水器具标准。城镇所有新建、改建和扩建的公共和民用建筑，应采用符合节水标准的用水器具。在政府采购

中,必须采购符合水效标准和其他节水标准的用水器具。(水利、供排水主管部门牵头,有关部门配合)

## 四、保障措施

**(一)加强组织领导**。把推进节水型社会纳入政府重要议事日程,建立政府负总责、相关部门齐抓共管的节水型社会建设工作机制,建立以政府主导、水利牵头、多部门协作、公众参与的建设机制,明确相关部门的职责分工,抓好任务分解落实,加强组织协调,强化组织保障。

**(二)强化考核**。各有关部门根据实际情况把节水型社会建设工作纳入区县党委政府经济社会发展综合实际政绩考核内容,以考核为抓手,强化目标责任管理,推动节水型社会建设。

**(三)加大资金投入力度**。鼓励拓宽投资渠道,整合各有关部门节水专项资金,建立长期和稳定的节水型社会建设投入机制,加大对节水型社会建设支持。优化支出结构,加强对水资源监测能力建设、节水改造、技术推广应用、节水载体建设以及中水回用等非常规水资源利用工程的支持。对节水型社会建设成效明显的区县给予重点支持。

**(四)加快形成节水型水价机制**。按照水资源状况、不同产业和行业用水特点、经济发展水平与社会承受能力,建立不同地区的水资源费征收标准体系,同时对超计划、超定额取水累进征收水资源费。居民用水实行阶梯水价制度,非居民用水实行超计划、超定额累进加价制度,拉开高耗水行业与其他行业的水价差价。

**(五)健全执法监督体系**。各地要加快推进水资源信息管理系统建设,建立全市水资源监控管理平台,健全全市水资源监测网络,提升全市水资源监控能力。抓紧制订取水计量设施标准,加强取水户取用水计量监控设施建设。把执法检查作为节水工作的日常内容,严厉查处违法取用水行为。定期开展对高耗水工业、服务业的节水执法专项检查和用水计量执法检查,强化高耗水行业节水监管。

**(六)加强宣传引导**。各地要充分利用世界水日、全国城市节水宣传周、节能宣传周等契机,大力开展节水宣传,普及节水知识和技能,不断提高公众的水资源忧患意识和节约意识,形成爱水、惜水、护水的良好范围。

重庆市水利局 重庆市发展和改革委员会 重庆市财政局<br>
重庆市经济和信息化委员会 重庆市教育委员会 重庆市环保局<br>
重庆市市政管理委员会 重庆市机关事务管理局 重庆市节约用水办公室<br>
2016 年 6 月 16 日

# 重庆市水利局关于印发《重庆市县域节水型社会达标建设申报与考核工作细则》的通知

（渝水节水〔2019〕5 号）

各区县（自治县）、万盛经开区、两江新区水行政主管部门：

为深入贯彻落实“节水优先”方针，进一步规范和指导全市县域节水型社会达标建设工作，根据水利部《关于开展县域节水型社会达标建设的通知》（水资源〔2017〕184 号）要求和我市实际，制定了《重庆市县域节水型社会达标建设申报与考核工作细则》。现印发给你们，请遵照执行。

重庆市水利局

2019 年 10 月 31 日

## 重庆市县域节水型社会达标建设申报与考核工作细则

为深入贯彻落实“节水优先”方针，加快推进我市节水型社会建设工作，落实《水利部关于开展县域节水型社会达标建设工作的通知》（水资源〔2017〕184 号）要求，结合我市实际，制定县域节水型社会达标建设申报与考核工作细则。

### 一、适用范围

本细则适用于县域节水型社会达标建设的申报、考核、复核和管理。

### 二、申报范围

县级行政区，包括全市 40 个区（县、自治县）（含万盛经开区、两江新区）。

### 三、申报时间和考核年限

县域节水型社会达标建设申报与考核工作每年进行一次，复查自命名之日起每 3 年进行一次。市水利局在组织考核和复查评估当年的 10 月底前受理申报与复查材料。

### 四、申报材料

书面申报材料一式 8 份，并附电子版光盘 1 份。申报材料分为四卷。第一卷为申报书及必备条件，包括申报书（附件 2）、必备条件说明及对应的支撑材料；第二卷为节水型社会建设规划或实施方案等；第三卷为自评估报告，包括县域节水型社会达标建设创建工作方案、创建工作总结、区县当年基本情况表等内容；第四卷为指标完成情况及支撑材料，包括逐项指标自评说明及支撑材料、县域节水型社会达标建设指标完成情况表等。每卷材料都要有目录和页码，装订成册。各项指标支撑材料的种类、出处及统计口径要明确、统一，有关资料和表格填写要规范。

申报材料主要包括：

（一）由区县人民政府申请县域节水型社会达标建设申报书（附件2）；

（二）必备条件按照《节水型社会评价标准（试行）》（附件1）逐项说明，并附对应的支撑材料；

（三）节水型社会达标建设规划或实施方案（须附本级政府批准文件）；

（四）县域节水型社会达标建设创建工作方案（重点反映创建工作的组织领导、责任分工、进度计划及完成创建任务的措施等）；

（五）县域节水型社会达标建设创建工作总结（包括创建工作组织与实施情况、近3~5年来节水型社会建设的主要做法、指标完成情况、建设工作成效、值得推广的经验、存在问题和下一步打算等）；

（六）区县当年基本情况表（附件3）；

（七）《节水型社会评价标准（试行）》（详见附件1）逐项指标自评情况及有关依据资料（要求每项评分给出具体计算过程、数据来源，并附有关数据来源材料相关内容的复印件；数据来源材料必须是经上级行业主管部门或者相关权威部门正式确认的年鉴、公报、报表等；国家级、省级、区县级节水型城市、节水型企业（单位）、节水型居民小区等节水载体创建成功的证明文件；与上级相关资料有矛盾的，以上级资料为准）；

（八）县域节水型社会达标建设创建工作影像资料（10分钟内）；

（九）其他能够体现节水工作成效和特色的资料。

## 五、申报与考核程序

按照水利部要求，达标考核按照自评、技术评估、验收和总结、复查的程序进行。

（一）自评。区县人民政府按照《节水型社会评价标准（试行）》进行自评，自评得分达到85分以上的，向市水利局申请并提交相关申报材料。

（二）技术评估。市节约用水办公室组织市级技术评估专家组至考核区县进行现场技术评估，主要程序如下：

1. 会议统一听取申报区县的创建工作汇报；

2. 评审专家查阅申报材料及有关原始材料；

3. 评审专家现场检查，按照考核内容，各类抽查点不少于2个；

4. 专家组成员在独立提出考核意见和评分结果的基础上，经专家组集体讨论，形成专家组技术评估意见；专家组需就考核中发现的问题及建议进行现场反馈。

（三）验收与公示。市水利局对通过技术评估的达标区县进行现场验收，对通过验收的县级行政区，在市水利局门户网站上公示5天，公示无异议的，认定其达到《节水型社会评价标准（试行）》要求，由市水利局通报命名。

（四）总结及备案。市水利局于每年12月底前，将本年度全市开展县域节水型社会达标建设工作总结、达标评定结果及通过评定的县级行政区节水型社会建设相关材料报水利部备案。县域节水型社会建设创建成功的区县人民政府每年11月底前向市水利局上报上一年度县域节水型建设工作总结。

(五)复查。在复查年份,被复查区县需编制上报复查自评估报告,包括近三年来的节水工作总结,《节水型社会评价标准(试行)》逐项指标自评说明及支撑材料等。复查程序如下:

1. 复查年度的11月底前,市水利局组织对全市应纳入复核的区县进行复查,12月底前,将复查报告(附电子版)报水利部。

2. 水利部有复查规定的从其规定。

3. 对经复核不合格的区县,市水利局责令限期整改;整改后仍然不合格的,撤销命名。

## 六、考核评审组织管理

市水利局负责组织实施全市县域节水型社会达标创建工作,负责区县创建工作的技术指导、组织申报材料初步审核、现场技术评估(含现场检查)与验收、上报备案、复查等达标建设创建日常工作。

采用临时聘任的方式组建市级技术评估专家组,负责对申报材料进行现场技术评估(含现场检查)、综合评审,形成技术评估意见。

参与申报区县的自评工作,或为申报区县提供技术指导的专家,原则上不能成为该申报区县的市级技术评估专家组成员。

申报区县要实事求是准备申报材料,数据资料要真实可靠,不得弄虚作假;若发现造假行为,取消当年申报资格。

附件:1. 节水型社会评价标准(试行)
　　2. 重庆市县域节水型社会达标建设申报书
　　3. 省(自治区、直辖市)县(区)2019年基本情况表

附件1

# 节水型社会评价标准(试行)

## 一、适用范围

本标准适用于县级行政区和直辖市所属区(县)节水型社会评价工作。

## 二、必备条件

1. 最严格水资源管理制度、水资源消耗总量和强度双控行动确定的控制指标全部达到年度目标要求(须提交申报年度上一年的指标完成情况及市级证明文件)。

2. 近两年实行最严格水资源管理制度考核结果为良好及以上(须提交申报年度前两年市级最严格水资源管理考核结果通报文件)。

3. 节水管理机构健全，职责明确、人员齐备（须提交区县编制主管部门成立节水管理机构的文件及人员名单）。

## 三、评价方法

1. 除标准特别指出之外，应当采用上一年的资料和数据进行评价计算得分。

2. 总分 85 分以上者认定为达到节水型社会标准要求。

3. 如遇缺项，则该项不得分，评价总分按照公式进行折算，折算公式为：评价总分=（实际总得分-加分项得分）×100/（100-缺项对应分值）+加分项得分。加分项不计入缺项。

## 节水型社会评价赋分表

| 序号 | 评价类别 | 评价内容 | 评分标准 | 分数 | 支撑材料要求及有关情况说明 |
|---|---|---|---|---|---|
| 1 | 用水定额管理 | 严格各行业用水定额管理,强化定额使用 | 在水资源论证、取水许可、节水载体认定等工作中严格执行用水定额,得8分。在近两年上级部门水资源管理监督检查中,发现一例未按规定使用用水定额的,扣1分,扣完为止 | 8 | 1. 行业用水定额制定文件,或者转发市级出台的相关标准及文件;<br>2. 近两年开展的水资源论证、取水许可、节水型载体认定、节水评估、用水审计等项目清单表及项目报告书中包含用水定额使用情况的内容节选;<br>3. 近两年国家级、流域委、市级等上级单位监督检查发现的问题清单及整改情况材料;<br>4. 其他开展用水定额日常管理有关材料 |
| 2 | 计划用水管理 | 纳入计划用水管理的城镇非居民用水单位[1]数量占应纳入计划用水管理的城镇非居民用水单位数量的比例 | 所占比例达到100%,得10分;每低3%,扣1分,扣完为止 | 10 | 1. 明确纳入计划用水管理的城镇非居民用水单位规模的相关文件;<br>2. 应纳入和已纳入计划用水管理的城镇非居民用水单位名录表;<br>3. 已纳入计划用水管理的城镇非居民用水单位当年用水的申请文件和主管部门的计划下达文件;<br>4. 其他开展计划用水日常管理有关材料 |
| 3 | 用水计量 | 农业灌溉用水计量率[2]:农业灌溉用水计量水量占农业灌溉用水总量的比例 | 农业灌溉用水计量率≥60%,得5分;每低4%,扣1分,扣完为止 | 10 | 1. 农业灌溉用水总量,以当年水资源公报中本区县的农田灌溉用水量为准,载有农业灌溉用水量的公报复印件;<br>2. 农业灌溉计量水量,采用安装计量设施的水量统计数据或者采用计量设施控制灌溉面积、计量电量等指标进行折算,安装计量设施的灌溉面积当年计量汇总表、年终总结等;<br>3. 取水许可台账名录表,需载明当年许可水量、水量用途、水资源计费水量等主要内容;<br>4. 其他农业灌溉水量计量有关材料 |

**续表**

| 序号 | 评价类别 | 评价内容 | 评分标准 | 分数 | 支撑材料要求及有关情况说明 |
| --- | --- | --- | --- | --- | --- |
| 3 | 用水计量 | 工业用水计量率:工业用水计量水量与工业用水总量的比值 | 工业用水计量率为100%,得5分;每低3%,扣1分,扣完为止。规模以上工业企业[3]用水计量率必须达到100%,否则本项得0分 | 10 | 1. 工业用水总量,以当年水资源公报或考核数据中工业用水量为准,附载有工业用水量的公报复印件;<br>2. 规模以上工业企业名录表及计量用水台账资料;<br>3. 取水许可台账名录表,需载明当年许可水量、水量用途、水资源计费水量等主要内容;<br>4. 其他工业水量计量有关材料 |
| 4 | 水价机制 | 推进农业水价综合改革,建立健全农业水价形成机制,推进农业水权制度建设,建立农业用水精准补贴和节水奖励机制 | 农业水价综合改革实际实施面积占计划实施面积[4]比达到100%,得2分;每低2%,扣0.1分,扣完为止。实际执行水价加精准补贴(补贴工程运行维护费部分)占运行维护成本比达到100%,得2分;每低2%,扣0.1分,扣完为止 | 16 | 1. 出台的农业水价综合改革文件或实施计划、农业用水精准补贴政策文件、节水奖励机制等;<br>2. 农业水价综合改革计划实施面积和实际实施面积的证明材料;<br>3. 实际执行水价加精准补贴(补贴工程运行维护费部分)经费的证明材料及运行维护成本测算材料。<br>4. 其他农业水价综合改革有关材料 |
| | | 实行居民用水阶梯水价制度 | 城镇居民生活用水实行阶梯水价制度,得4分;未实行,得0分 | | 1. 出台的居民用水阶梯水价政策文件;<br>2. 实际执行居民用水阶梯水价的证明材料;<br>3. 其他实行居民用水阶梯水价制度有关材料 |
| | | 实行非居民用水超计划超定额累进加价制度 | 非居民用水实行超计划超定额累进加价制度,得4分;未实行,得0分 | | 1. 出台的非居民用水超计划超定额累进加价政策文件;<br>2. 实际执行计划用水户超计划用水累进加价制度的证明材料;<br>3. 其他执行计划用水户超计划用水累进加价制度有关材料 |

续表

| 序号 | 评价类别 | 评价内容 | 评分标准 | 分数 | 支撑材料要求及有关情况说明 |
| --- | --- | --- | --- | --- | --- |
| 4 | 水价机制 | 水资源费征缴 | 按标准足额征缴水资源费，得4分；在近两年上级部门水资源管理监督检查中，发现1例未足额征缴的，扣1分，扣完为止 | 16 | 1. 出台的水资源费征收标准的政策文件；<br>2. 近两年水资源费征收票据、台账和财务部门出具的使用情况说明，近两年国家级、流域委、市级等上级单位监督检查发现的问题清单及整改情况材料；<br>3. 其他水资源费征缴有关材料 |
| 5 | 节水“三同时”管理 | 新(改、扩)建建设项目执行节水设施与主体工程同时设计、同时施工、同时投产制度 | 新(改、扩)建建设项目全部执行节水“三同时”管理制度，得6分；在近两年上级部门水资源管理监督检查中，发现1例未落实节水“三同时”制度的，扣1分，扣完为止 | 6 | 1. 出台的建设项目节水“三同时”政策文件；<br>2. 近两年新(改、扩)建建设项目清单表，以及开展建设项目节水“三同时”工作的相关材料，包括节水在设计、施工、验收等阶段的文件或节选资料；<br>3. 其他节水“三同时”管理有关材料 |
| 6 | 节水载体建设 | 节水型企业建成率：重点用水行业[5]节水型企业数量与重点用水行业企业总数的比值 | 节水型企业建成率≥40%，得6分；每低3%，扣1分，扣完为止 | 18 | 1. 规模以上重点用水行业企业名录表和已创成节水型企业的重点用水行业企业名录表；<br>2. 重点用水行业包括规模以上火电、钢铁、纺织染整、造纸、石油炼制、化工、食品等行业；<br>3. 节水型企业创建水平衡测试、验收、发布文件等证明材料；<br>4. 节水型企业包括国家级、市级、区县级节水型企业；<br>5. 其他节水型企业创建有关材料 |
| | | 公共机构节水型单位建成率：公共机构节水型单位数量与公共机构[6]总数的比值 | 公共机构节水型单位建成率≥50%，得6分；每低3%，扣1分，扣完为止 | | 1. 区县级机关及直属事业单位名录表和已创成节水型单位的公共机构名录表；<br>2. 节水型单位创建的验收、发布文件等证明材料；<br>3. 节水型单位包括国家级、市级、区县级节水型单位；<br>4. 其他节水型单位创建有关材料 |
| | | 节水型居民小区建成率：节水型居民小区数量与居民小区[7]总数的比值 | 节水型居民小区建成率≥15%，得6分；每低1%，扣2分，扣完为止 | | 1. 由物业公司统一管理、实行集中供水的城镇居民小区名录表和已创成节水型小区的名录表；<br>2. 节水型小区创建的验收、发布文件等证明材料；<br>3. 节水型小区包括国家级、市级、区县级节水型小区；<br>4. 其他节水型小区创建有关材料 |

续表

| 序号 | 评价类别 | 评价内容 | 评分标准 | 分数 | 支撑材料要求及有关情况说明 |
|---|---|---|---|---|---|
| 7 | 供水管网漏损控制 | 公共供水管网漏损率：城镇公共供水总量和有效供水量之差与供水总量的比值 | 公共供水管网漏损率≤10%（各地区可根据《城市供水管网漏损控制及评定标准》（CJJ 92—2016）对10%的评价值进行修订，按照修订值进行评分），得8分；每高1%，扣1分，扣完为止 | 8 | 1. 供水部门提供的城市公共供水总量数据和有效供水量资料；<br>2. 有效供水量，以区县供水部门当年的售水量为准，当年售水量汇总表；<br>3. 根据《城市供水管网漏损控制及评定标准》（CJJ 92—2016）对评价值进行修订的相关支撑材料；<br>4. 其他供水管网漏损控制有关材料 |
| 8 | 生活节水器具推广 | 全面推动公共场所[8]、居民家庭使用生活节水器具 | 公共场所和新建小区居民家庭全部采用节水器具，得8分；发现1例未使用，扣1分，扣完为止。（初评抽查的公共场所和居民家庭不少于10个） | 8 | 1. 市场监督局关于节水型器具的证明文件；<br>2. 当年开展公共场所、居民家庭使用生活节水器具情况抽查的部署文件；<br>3. 节水器具使用抽查情况报告（抽查的公共场所和居民家庭不少于10个）；<br>4. 其他生活节水器具推广有关材料 |
| 9 | 再生水[9]利用 | 再生水利用率：经过处理并再次利用的污水量与污水总量的比值（指市政处理部分，不含企业内部循环利用部分） | 再生水利用率≥15%，得8分；每低1%，扣1分，扣完为止 | 8 | 1. 污水总量，以当年水资源公报数据为准，载有污水排放量的公报复印件；<br>2. 经过处理并再次利用的污水量统计表；<br>3. 再生水利用设施建设及运营管理有关证明材料；<br>4. 其他再生水利用有关材料 |

**续表**

| 序号 | 评价类别 | 评价内容 | 评分标准 | 分数 | 支撑材料要求及有关情况说明 |
|---|---|---|---|---|---|
| 10 | 社会节水意识 | 开展节水宣传教育活动 | 经常性开展节水公益宣传活动，普及水情知识和节水知识，得4分；未开展，得0分 | 8 | 1. 开展节水宣传活动的部署文件及相关证明材料（文件、照片、视频、总结等）；<br>2. 其他节水宣传教育活动相关材料 |
| | | 公众具有明显的节水意识 | 通过电话、网络等方式进行公众节水意识调查[10]，70%以上的调查对象具有明显的节水意识，得4分；每低5%，扣1分，扣完为止 | | 1. 开展公众节水意识调查的部署材料；<br>2. 节水意识调查工作开展情况以及调查结果报告；<br>3. 其他开展公众节水意识调查活动有关材料 |
| 11 | 加分项 | 节水标杆示范 | 区域内有企业、公共机构、产品、灌区被评为国家级或省级水效领跑者或节水标杆单位（企业），加3分 | 3 | 1. 区域内被评为国家级或省级水效领跑者或节水标杆单位的发布文件等证明材料；<br>2. 其他有关材料 |
| | | 实行节水激励政策 | 本级财政对节水项目建设、节水技术推广等实行补贴或其他优惠等激励政策，加4分 | 4 | 1. 出台的节水激励政策文件；<br>2. 实际执行节水激励政策的证明材料；<br>3. 其他实行节水激励政策的有关材料 |
| | | 推广喷灌、微灌、管道输水等高效节水灌溉技术 | 高效节水灌溉率[11] ≥30%，加3分 | 3 | 1. 高效节水灌溉面积、有效灌溉面积以当年水利统计年鉴或考核数据为准；<br>2. 附载有高效节水灌溉面积、有效灌溉面积的水利统计年鉴复印件，考核结果文件或其他数据来源支撑材料 |

**注：**上表中所有支撑材料需加盖材料来源单位公章。

**说明：**

[1]城镇非居民用水单位是指纳入取水许可管理和从公共供水管网取水的工业、服务业用水单位。

[2]农业灌溉用水计量率是指有计量设施的农业取水口灌溉取水量占灌溉总取水量的比例。

[3]规模以上工业企业是指年主营业务收入在2 000万元以上的工业企业。

[4]农业水价综合改革实际实施面积是指县级行政区(含直辖市所辖区、县)自部署实施农业水价综合改革以来已实施的总面积,计划实施面积是指计划实施的总面积。

[5]重点用水行业包括火电、钢铁、纺织染整、造纸、石油炼制、化工、食品等行业。

[6]公共机构是指区县级机关和区县直事业单位。

[7]居民小区是指由物业公司统一管理、实行集中供水的城镇居民小区。

[8]公共场所是指公用建筑物、活动场所及其设施等。

[9]再生水是指污水经过适当处理后,达到一定的水质指标,满足某种使用要求,可以再次利用的水。

[10]公众节水意识调查由县级行政区(含直辖市所辖区、县)自主开展,在评价时重点对调查工作进行核查。

[11]高效节水灌溉率是指高效节水灌溉面积占灌溉面积的比例。

附件 2

# 重庆市县域节水型社会达标建设申报书

申报单位：　　区(县)人民政府　　申报时间：　年　月　日

<table>
<tr><td colspan="4">县域节水型社会达标建设及创建工作情况</td></tr>
<tr><td colspan="4"></td></tr>
<tr><td colspan="4">申报意见：<br><br>盖章：××区(县)人民政府<br>××××年××月××日</td></tr>
<tr><td>联系人</td><td></td><td>联系电话(座机/手机)</td><td></td></tr>
</table>

附件 3

## ________省(自治区、直辖市)________县(区)2019 年基本情况表

| 序号 | 指标 | 单位 | 指标值 |
|---|---|---|---|
| 1 | 区域面积 | 平方公里 | |
| 2 | 耕地面积 | 万亩 | |
| 3 | 常住人口 | 万人 | |
| | 其中:城镇人口 | 万人 | |
| | 农业人口 | 万人 | |
| | 城镇化水平 | % | |
| 4 | 国内生产总值 | 亿元 | |
| | 其中:第一产业 | 亿元 | |
| | 第二产业 | 亿元 | |
| | 第三产业 | 亿元 | |
| 5 | 用水总量 | 万方 | |
| | 其中:农业用水 | 万方 | |
| | 工业用水 | 万方 | |
| | 生活用水 | 万方 | |
| | 生态用水 | 万方 | |
| 6 | 地表水供水 | 万方 | |
| | 地下水供水 | 万方 | |
| | 其他水源供水 | 万方 | |
| 7 | 万元国内生产总值用水量 | 方 | |
| | 万元工业增加值用水量 | 方 | |
| | 农田灌溉水有效利用系数 | | |